住房和城乡建设部"十四五"规划教材

教育部高等学校工程管理和工程造价专业教学指导分委员会规划推荐教材

高等学校工程管理专业应用型系列教材

工程结构

ENGINEERING STRUCTURE

李启明　总主编

何培玲　许成祥　主　编

谷　倩　主　审

中国建筑工业出版社

图书在版编目（CIP）数据

工程结构 = ENGINEERING STRUCTURE / 何培玲，许成祥主编 . — 北京：中国建筑工业出版社，2023.12
住房和城乡建设部"十四五"规划教材　教育部高等学校工程管理和工程造价专业教学指导分委员会规划推荐教材　高等学校工程管理专业应用型系列教材
ISBN 978-7-112-29061-1

Ⅰ.①工…　Ⅱ.①何…②许…　Ⅲ.①工程结构 – 高等职业教育 – 教材　Ⅳ.① TU3

中国国家版本馆 CIP 数据核字（2023）第 155643 号

本书共有 11 章，通过对本书的学习，学生可以系统掌握工程结构设计的基本理念、工程结构设计方法、工程结构相关设计规范等内容，为学生将来从事工程结构设计相关工作奠定良好基础。

本书在内容表达上紧密结合现行最新规范标准，忠实于标准的条文内容，也在设计和计算过程中严格遵照执行。本书在重点章节知识讲解后附有相应例题，体现知识与能力的结合，力求反映教材实用性的特点。为了方便读者系统掌握工程结构设计，本书还编写了单向板肋梁楼盖设计、双向板肋梁楼盖设计、楼梯设计、单层工业厂房设计等大型综合性设计案例，同时附带本书涉及的规范标准，读者可以通过扫描书中二维码轻松获取上述电子资源。

本书可作为高等学校工程管理专业教材，也可供从事工程技术和科研人员参考。

为了更好地支持相应课程的教学，我们向采用本书作为教材的教师提供教学课件，有需要者可与出版社联系，邮箱：jckj@cabp.com.cn，电话：（010）58337285，建工书院 https://edu.cabplink.com（PC 端）。

责任编辑：张　晶　冯之倩
责任校对：赵　力

住房和城乡建设部"十四五"规划教材
教育部高等学校工程管理和工程造价专业教学指导分委员会规划推荐教材
高等学校工程管理专业应用型系列教材

工程结构
ENGINEERING STRUCTURE

李启明　总主编
何培玲　许成祥　主　编
谷　倩　主　审
*
中国建筑工业出版社出版、发行（北京海淀三里河路 9 号）
各地新华书店、建筑书店经销
北京雅盈中佳图文设计公司制版
北京圣夫亚美印刷有限公司印刷
*
开本：787 毫米 ×1092 毫米　1/16　印张：$25\frac{1}{2}$　字数：681 千字
2024 年 4 月第一版　2024 年 4 月第一次印刷
定价：69.00 元（赠教师课件）
ISBN 978-7-112-29061-1
　　　（41793）

教材编审委员会名单

主　任：李启明

副主任：高延伟　杨　宇

委　员：（按姓氏笔画排序）

　　　　王延树　叶晓甄　冯东梅　刘广忠　祁神军　孙　剑　严　玲

　　　　杜亚丽　李　静　李公产　李玲燕　何　梅　何培玲　汪振双

　　　　张　炜　张　晶　张　聪　张大文　张静晓　陆　莹　陈　坚

　　　　欧晓星　周建亮　赵世平　姜　慧　徐广翔　彭开丽

出版说明

党和国家高度重视教材建设。2016 年，中办国办印发了《关于加强和改进新形势下大中小学教材建设的意见》，提出要健全国家教材制度。2019 年 12 月，教育部牵头制定了《普通高等学校教材管理办法》和《职业院校教材管理办法》，旨在全面加强党的领导，切实提高教材建设的科学化水平，打造精品教材。住房和城乡建设部历来重视土建类学科专业教材建设，从"九五"开始组织部级规划教材立项工作，经过近 30 年的不断建设，规划教材提升了住房和城乡建设行业教材质量和认可度，出版了一系列精品教材，有效促进了行业部门引导专业教育，推动了行业高质量发展。

为进一步加强高等教育、职业教育住房和城乡建设领域学科专业教材建设工作，提高住房和城乡建设行业人才培养质量，2020 年 12 月，住房和城乡建设部办公厅印发《关于申报高等教育职业教育住房和城乡建设领域学科专业"十四五"规划教材的通知》（建办人函〔2020〕656 号），开展了住房和城乡建设部"十四五"规划教材选题的申报工作。经过专家评审和部人事司审核，512 项选题列入住房和城乡建设领域学科专业"十四五"规划教材（简称规划教材）。2021 年 9 月，住房和城乡建设部印发了《高等教育职业教育住房和城乡建设领域学科专业"十四五"规划教材选题的通知》（建人函〔2021〕36 号）。为做好"十四五"规划教材的编写、审核、出版等工作，《通知》要求：（1）规划教材的编著者应依据《住房和城乡建设领域学科专业"十四五"规划教材申请书》（简称《申请书》）中的立项目标、申报依据、工作安排及进度，按时编写出高质量的教材；（2）规划教材编著者所在单位应履行《申请书》中的学校保证计划实施的主要条件，支持编著者按计划完成书稿编写工作；（3）高等学校土建类专业课程教材与教学资源专家委员会、全国住房和城乡建设职业教育教学指导委员会、住房和城乡建设部中等职业教育专业指导委员会应做好规划教材的指导、协调和审稿等工作，保证编写质量；（4）规划教材出版单位应积极配合，做好编辑、出版、发行等工作；（5）规划教材封面和书脊应标注"住房和城乡建设部'十四五'规划教材"字样和统一标识；（6）规划教材应在"十四五"期间完成出版，逾期不能完成的，不再作为《住房和城乡建设领域学科专业"十四五"规划教材》。

住房和城乡建设领域学科专业"十四五"规划教材的特点，一是重点以修订教育部、住房和城乡建设部"十二五""十三五"规划教材为主；二是严格按照专业标准规范要求编写，体现新发展理念；三是系列教材具有明显特点，满足不同层次和类型的学校专业教学要求；四是配备了数字资源，适应现代化教学的要求。规划教材的出版凝聚了作者、主审及编辑的心血，得到了有关院校、出版单位的大力支持，教材建设管理过程有严格保障。希望广大院校及各专业师生在选用、使用过程中，对规划教材的编写、出版质量进行反馈，以促进规划教材建设质量不断提高。

住房和城乡建设部"十四五"规划教材办公室

2021 年 11 月

序　一

教育部高等学校工程管理和工程造价专业教学指导分委员会（以下简称教指委），是由教育部组建和管理的专家组织。其主要职责是在教育部的领导下，对高等学校工程管理和工程造价专业的教学工作进行研究、咨询、指导、评估和服务。同时，指导好全国工程管理和工程造价专业人才培养，即培养创新型、复合型、应用型人才；开发高水平工程管理和工程造价通识性课程。在教育部的领导下，教指委根据新时代背景下新工科建设和人才培养的目标要求，从工程管理和工程造价专业建设的顶层设计入手，分阶段制定工作目标、进行工作部署，在工程管理和工程造价专业课程建设、人才培养方案及模式、教师能力培训等方面取得显著成效。

《教育部办公厅关于推荐2018—2022年教育部高等学校教学指导委员会委员的通知》（教高厅函〔2018〕13号）提出，教指委应就高等学校的专业建设、教材建设、课程建设和教学改革等工作向教育部提出咨询意见和建议。为贯彻落实相关指导精神，中国建筑出版传媒有限公司（中国建筑工业出版社）将住房和城乡建设部"十二五""十三五""十四五"规划教材以及原"高等学校工程管理专业教学指导委员会规划推荐教材"进行梳理、遴选，将其整理为67项，118种申请纳入"教育部高等学校工程管理和工程造价专业教学指导分委员会规划推荐教材"，以便教指委统一管理，更好地为广大高校相关专业师生提供服务。这些教材选题涵盖了工程管理、工程造价、房地产开发与管理和物业管理专业主要的基础和核心课程。

这批遴选的规划教材具有较强的专业性、系统性和权威性，教材编写密切结合建设领域发展实际，创新性、实践性和应用性强。教材的内容、结构和编排满足高等学校工程管理和工程造价专业相关课程要求，部分教材已经多次修订再版，得到了全国各地高校师生的好评。我们希望这批教材的出版，有助于进一步提高高等学校工程管理和工程造价本科专业的教学质量和人才培养成效，促进教学改革与创新。

教育部高等学校工程管理和工程造价专业教学指导分委员会

2023年7月

序　二

近年来，我国建筑业迎来转型升级、快速发展，新模式、新业态、新技术、新产品不断涌现；全行业加快向质量效益、集成创新、绿色低碳转型升级。新时期蓬勃发展的建筑行业也对高等院校专业建设、应用型人才培养提出了更高的要求。与此同时，国家大力推动的"双一流"建设与"金课"建设也为广大高等院校发展指明了方向、提供了新的契机。高等院校工程管理类专业也应紧跟国家、行业发展形势，大力推进专业建设、深化教学改革，培养复合型、应用型工程管理专业人才。

为进一步促进高校工程管理专业教育教学发展，推进工程管理专业应用型教材建设，中国建筑出版传媒有限公司（中国建筑工业出版社）在深入调研、广泛听取全国各地高等院校工程管理专业实际需求的基础上，组织相关院校知名教师成立教材编审委员会，启动了高等学校工程管理专业应用型系列教材编写、出版工作。2018年、2019年，教材编审委员会召开两次编写工作会议，研究、确定了工程管理专业应用型系列教材的课程名单，并在全国高校相关专业教师中遴选教材的主编和参编人员。会议对各位主编提交的教材编写大纲进行了充分讨论，力求使教材内容既相互独立，又相互协调，兼具科学性、规范性、普适性、实用性和适度超前性。教材内容与行业结合，为行业服务；教材形式上把握时代发展动态，注重知识呈现方式多样化，包括慕课教材、数字化教材、二维码增值服务等。本系列教材共有16册，其中有12册入选住房和城乡建设部"十四五"规划教材，教材的出版受到住房和城乡建设领域相关部门、专家的高度重视。对此，出版单位将与院校共同努力，致力于将本系列教材打造成为高质量、高水准的教材，为广大院校师生提供最新、最好的专业知识。

本系列教材的编写出版，是高等学校工程管理类专业教学内容变革、创新与教材建设领域的一次全新尝试和有益拓展，是推进专业教学改革、助力专业教学的重要成果，将为工程管理一流课程和一流专业建设作出新的贡献。我们期待与广大兄弟院校一道，团结协作、携手共进，通过教材建设为高等学校工程管理专业的不断发展作出贡献！

高等学校工程管理专业应用型系列教材编审委员会

中国建筑出版传媒有限公司

2021年9月

前　言

"工程结构"是工程管理专业一门重要的专业基础课，为适应大多数高校培养应用型高技术人才的要求，提高学生的工程能力和创新能力，"工程结构"课程的教学既要注重基本概念和基本理论的讲授，又要努力提高学生综合运用知识和理论的能力，突出实践内容的重要性，强化应用型人才的专业技能和工程实际技术的培养。

本书在编写内容上重点突出，依据现行规范标准将工程结构设计基本原理和概念与经典例题结合，力求符合工程实际，书中设置的例题类型齐全，题意清晰、完整，解题过程规范，叙述层次分明，图文并茂，帮助读者学习理解。每章在章节最后还配备相应的思考与练习题，供读者复习使用。本书同时提供涉及的规范标准和综合设计案例，读者可以通过扫描二维码轻松获取。

本书由具有丰富教学经验和工程实践经历的人员编写，共11章，分别为第1章工程结构引论（许成祥）、第2章轴心受力构件承载力计算（潘金龙）、第3章受弯构件正截面承载力计算（潘金龙）、第4章受弯构件斜截面承载力计算（何培玲）、第5章偏心受力构件承载力计算（张芳芳）、第6章钢筋混凝土结构构件的变形、裂缝宽度验算和耐久性（刘晓强）、第7章预应力混凝土构件设计（臧华）、第8章钢筋混凝土梁板结构设计（张芳芳）、第9章单层厂房结构设计（刘晓强）、第10章混凝土多高层房屋结构设计（何培玲、潘金龙）、第11章砌体结构设计（何培玲）。

本书由何培玲（南京工程学院）、许成祥（武汉科技大学）担任主编，谷倩（武汉理工大学）担任主审，参编人员有潘金龙（南京工业大学浦江学院）、刘晓强（山东科技职业学院）、臧华（南京工程学院）、张芳芳（大同大学），全书由何培玲、潘金龙统稿。本书在编写过程中，参考了大量的同类文献，在此向相关作者表示感谢。

由于编者水平有限，编写中难免有不足之处，敬请读者批评指正。

编者

目　录

第1章　工程结构引论

【本章要点及学习目标】

（1）本章主要涉及结构极限状态的基本概念、近似概率的极限状态设计法及其极限状态实用设计表达式；混凝土和钢筋两种材料的力学性能，以及钢筋和混凝土之间的黏结性能。

（2）掌握工程结构极限状态的基本概念，包括结构上的作用、作用效应、结构的功能要求、设计基准期、承载能力极限状态、正常使用极限状态和耐久性极限状态等。

（3）了解结构可靠度的基本原理；熟悉近似概率极限状态设计法；掌握极限状态实用设计表达式。

（4）熟悉混凝土立方体强度、轴心抗压强度、轴心抗拉强度及相互间的关系；掌握单轴受压混凝土的应力—应变全曲线及其数学模型。

（5）了解重复荷载下混凝土的疲劳性能以及复合应力状态下的混凝土强度；熟悉混凝土徐变、收缩；熟悉钢筋的品种和级别；掌握钢筋的应力—应变全曲线特性。

（6）了解钢筋的冷加工性能、重复荷载下钢筋的疲劳性能；掌握钢筋与混凝土共同工作的性能。

1.1　概述

1.1.1　工程结构术语

土木工程（Civil Engineering）是建造各类工程设施的科学技术的统称。它既指所应用的材料、设备和所进行的勘测、设计、施工、保养、维修等技术活动，也指工程建设的对象，即建造在地上或地下、陆上或水中，直接或间接为人类生活、生产、军事、科研服务的各种工程设施，例如房屋、道路、铁路、管道、隧道、桥梁、运河、堤坝、港口、电站、飞机场、海洋平台、给水排水以及防护工程等。结构（Structure）是指能承受各种作用并具有适当刚度的由各连接部件有机组合而成的系统。工程结构（Engineering Structure）是指在房屋、桥梁、铁路、公路、水工、海工、港口、地下等工程的建筑物、构筑物和设施中，以建筑材料制成的各种承载构件相互连接成一定形式的组合体。结构构件（Structural Member）是指结构在物理上可以区分出的部件。结构体系（Structural

System）是指结构中的所有承重构件及其共同工作的方式。工程结构的功能（Function of Engineering Structure）要求工程结构除满足使用和美观的需求外，还需抵御自然界的各种作用。

1.1.2　工程结构的类型

随着建筑材料与工程力学的发展以及人类生产和生活的需要，工程结构的类型也由简单类型逐渐发展到复杂类型。工程结构基本元件按其受力特点可划分为梁、板、柱、拱、壳和索（拉杆）六大类，这些基本元件可以独立作为结构应用，在大多数情况下常组合为式样复杂的结构类型应用。实际工程结构中，常用的基本类型有梁、板、柱、桁架、拱、排架、框架、折板结构、壳体结构、网架结构、悬索结构、剪力墙、筒体结构、悬吊结构、板柱结构、墙板结构、充气结构等。

工程结构按其构成的形式可划分为实体结构和组合结构两大类。实体结构是指结构体本身是实心的结构，如坝、桥墩、基础等。组合结构是指由若干个基本元件连接组成的结构，如房屋、桥梁、码头等。结构中两个或两个以上基本元件共同连接处称为接点。接点处只能承受拉力、压力称为铰接；同时能承受弯矩等其他作用力称为刚接。当结构与作用外力在同一平面内，计算时按平面受力考虑，则称该结构为平面结构；当结构与承受外力不在同一平面内，计算时按空间受力考虑，则称该结构为空间结构。

1.1.3　建筑结构的种类

建筑结构是由建筑构件（梁、板、柱、墙、基础等）形成的具有一定空间功能，并能承受建筑物各种作用的骨架结构。

1. 按结构材料分类

（1）混凝土结构。以混凝土为主制成的结构，包括素混凝土结构、钢筋混凝土结构和预应力混凝土结构等，其应用范围极广，是目前土木建筑工程中应用最多的一种结构形式。

素混凝土结构是指无筋或不配置受力钢筋的混凝土结构。素混凝土结构由于承载力低、性质脆，很少用来作为重要的承力结构，一般主要用于承受压力的结构，如重力堤坝、支墩、基础、挡土墙、地坪、水泥混凝土路面、飞机场跑道及砌块等。

钢筋混凝土结构是指配置受力普通钢筋的混凝土结构。在钢筋混凝土结构中，主要利用混凝土的抗压能力及钢筋的抗拉和抗压能力。常用的钢筋混凝土构件，按其主要受力特点可分为：①受弯构件，如板、梁、楼盖等；②受压构件，如柱、剪力墙、筒、屋架的压杆等；③受拉构件，如水池的池壁、屋架的拉杆等；④受扭构件，如框架结构的边梁、吊车梁等。

预应力混凝土结构是由配置受力的预应力筋，通过张拉或其他方法建立预加应力的混凝土结构。预应力混凝土结构由于抗裂性好、刚度大、强度高，适宜建造一些跨度大、荷载重及有抗裂抗渗要求的结构，如大跨屋架、桥梁、水池等。

钢筋混凝土结构和预应力混凝土结构常用作土木工程中的主要承重结构。在多数情况下，混凝土结构是指钢筋混凝土结构。

（2）钢结构。以钢材为主制作的结构，主要由型钢和钢板等制成的钢梁、钢柱、钢桁架等构件组成。各构件或部件之间通常采用焊缝、螺栓或铆钉连接。常用建筑钢结构体系有：单层钢结构、多高层钢结构及大跨度钢结构。钢结构行业通常分为轻型钢结构、高层钢结构、住宅钢结构、空间钢结构和桥梁钢结构五大子类。在全球范围内，特别是发达国家和地区，钢结构在建筑工程领域中得到广泛应用。

（3）组合结构。同一截面或各杆件由两种或两种以上材料制作的结构，通常有两种结构：钢与混凝土组合结构、组合砌体结构。

钢与混凝土组合结构是指用型钢或钢板焊（或冷压）成钢截面，再在其四周或内部浇灌混凝土，使混凝土与型钢形成整体共同受力的结构。国内外常用的组合结构有：压型钢板与混凝土组合楼板、钢与混凝土组合梁、型钢混凝土结构（也叫劲性混凝土结构）、钢管混凝土结构、外包钢混凝土结构五大类。由于是钢和混凝土两种材料的合理组合充分发挥了钢材抗拉强度高、塑性好和混凝土抗压性能好的优点，弥补各自的缺点，在各国建设中得到迅速发展。

组合砌体结构是由砖砌体和钢筋混凝土面层或钢筋砂浆面层组成的组合砖砌体构件，适用于轴向力偏心距 e 超过 $0.7y$（y 为截面重心到轴向力所在偏心方向截面边缘的距离），或 e 较大，无筋砌体承载力不足而截面尺寸又受到限制的情况。

（4）砌体结构。由块体和砂浆砌筑而成的墙、柱作为建筑物主要受力构件的结构，是砖砌体、砌块砌体和石砌体结构的统称。砖砌体包括烧结普通砖、烧结多孔砖、蒸压灰砂普通砖、蒸压粉煤灰普通砖、混凝土普通砖、混凝土多孔砖的无筋和配筋砌体。砌块砌体包括混凝土砌块、轻集料混凝土砌块的无筋和配筋砌体。石砌体包括各种料石和毛石的砌体。

砌体结构可按所用材料、砌法以及在结构中所起作用等进行分类。按照材料不同砌体可分为：砖砌体、砌块砌体及石砌体；按砌体中有无配筋可分为：无筋砌体、配筋砌体；按实心与否可分为：实心砌体、空斗砌体；按在结构中所起的作用不同可分为：承重砌体、自承重砌体。

砌体结构因材料来源广泛、易于就地取材、造价低等优点而应用广泛，但制作黏土砖不仅会毁坏大量的农田，而且会对环境造成污染，常用工业废料和地方性材料代替黏土实心砖。

（5）木结构。以木材为主制作的构件承重的结构，包括方木原木结构、胶合木结构和轻型木结构。方木原木结构是指承重构件主要采用方木或原木制作的建筑结构。胶合木结构是指承重构件主要采用胶合木制作的建筑结构，也称层板胶合木结构。轻型木结构是指用规格材、木基结构板或石膏板制作的木构架墙体、楼板和屋盖系统构成的建筑结构。

由于受自然条件限制，我国的木材相当缺乏，仅在山区、林区和农村有一定的采用。

2. 按承重体系分类

（1）墙承重结构。以墙体作为建筑物主要承重构件的结构。适用于内部空间要求不大的低层和多层建筑物，如住宅、宿舍、教学楼、办公楼等。

（2）排架结构。由屋架（或屋面梁）、柱和基础组成，柱与屋架铰接，与基础刚接。该结构适合用于单层的工业厂房。

（3）框架结构。由梁和柱为主要构件组成的承受竖向和水平作用的结构。采用框架结构的房屋墙体不承重，仅起到围护和分隔作用。

（4）剪力墙结构。由剪力墙组成的承受竖向和水平作用的结构。剪力墙，又称抗风墙或抗震墙、结构墙，是指在房屋或构筑物中主要承受风荷载或地震作用引起的水平荷载和竖向荷载的墙体。这种结构是高层住宅采用最为广泛的一种结构形式。

（5）框架—剪力墙结构。由框架和剪力墙共同承受竖向和水平作用的结构。在框架结构中设置部分剪力墙，使框架和剪力墙两者结合起来，共同抵抗水平荷载的空间结构。框架—剪力墙结构充分发挥了剪力墙和框架各自的优点，因此，在高层建筑中采用框架—剪力墙结构比框架结构更经济合理。

（6）板柱—剪力墙结构。由无梁楼板和柱组成的板柱框架与剪力墙共同承受竖向和水平作用的结构。该结构是近年来发展较快的新型结构形式。大型商场、书库、仓储楼、饭店、公寓、多高层写字楼及综合楼、地下停车场等对空间要求较高的建筑更适宜采用此形式。

（7）筒体结构。由竖向筒体为主组成的承受竖向和水平作用的建筑结构。筒体结构的筒体分剪力墙围成的薄壁筒和由密柱框架或壁式框架围成的框筒等。筒体结构是采用钢筋混凝土墙围成侧向刚度很大的筒体，其受力特点与一个固定于基础上的筒形悬臂构件相似。常见的有框架内单筒结构、单筒外移式框架外单筒结构、框架外筒结构、筒中筒结构和成组筒结构。

（8）大跨度空间结构。横向跨越 60m 以上空间的各类结构可称为大跨度空间结构。常用的大跨度空间结构形式包括折板结构、壳体结构、网架结构、悬索结构、充气结构、篷帐张力结构等。

3. 按建筑物层数分类

《民用建筑设计统一标准》GB 50352—2019 规定，民用建筑按地上建筑高度或层数进行分类：建筑高度不大于 27.0m 的住宅建筑、建筑高度不大于 24.0m 的公共建筑及建筑高度大于 24.0m 的单层公共建筑为低层或多层民用建筑；建筑高度大于 27.0m 的住宅建筑和建筑高度大于 24.0m 的非单层公共建筑，且高度不大于 100.0m 的，为高层民用建筑；建筑高度大于 100.0m 的为超高层建筑。

1.2 结构设计要求

1.2.1 结构的功能要求

《建筑结构可靠性设计统一标准》GB 50068—2018 规定，结构在规定的设计使用年限内应满足下列功能要求：①能承受在施工和使用期间可能出现的各种作用；②保持良好的使用性能；③具有足够的耐久性能；④当发生火灾时，在规定的时间内可保持足够的承载力；⑤当发生爆炸、撞击、人为错误等偶然事件时，结构能保持必要的整体稳固性，不出现与起因不相称的破坏后果，防止出现结构的连续倒塌。

建筑结构必须满足的 5 项功能中，①、④、⑤三项是结构安全性要求，②是结构适用性要求，③是结构耐久性要求，三者可概括为结构的可靠性要求。即结构在规定的时间内（如设计基准期为 50 年），在规定的条件下（正常设计、正常施工和正常使用维护），完成预定功能（安全性、适用性和耐久性）的能力。

结构设计时，应根据下列要求采取适当的措施，使结构不出现或少出现可能的损坏：①避免、消除或减少结构可能受到的危害；②采用对可能受到的危害反应不敏感的结构类型；③采用当单个构件或结构的有限部分被意外移除或结构出现可接受的局部损坏时，结构的其他部分仍能保存的结构类型；④不宜采用无破坏预兆的结构体；⑤使结构具有整体稳固性。

结构设计中，提高结构设计的用量，如加大结构构件的截面尺寸或钢筋数量，或提高材料性能要求，总是能够增加或改善结构的安全性、适应性和耐久性要求，但这将使结构造价提高，不符合经济要求。因此，结构设计要根据实际情况，解决好结构可靠性与经济性之间的矛盾，既要保证结构具有适当的可靠性，又要尽可能降低造价，做到经济合理。

1.2.2 设计基准期

设计基准期为确定可变作用等取值而选用的时间参数，它是结构可靠度分析的一个时间坐标。设计基准期是为确定可变作用的取值而规定的标准时段，它不等同于结构的设计使用年限。设计如需采用不同的设计基准期，则必须相应确定在不同的设计基准期内最大作用的概率分布及其统计参数。我国对普通房屋和建筑物取用的设计基准期为 50 年。

设计使用年限为设计规定的结构或结构构件不需进行大修即可按其预定目的使用的年限，它是基础设施工程、房屋建筑的地基基础工程和主体结构工程的最低保修期限，为设计文件规定的该工程的"合理使用年限"。设计使用年限是设计规定的一个时段，在这一规定时段内，结构只需进行正常的维护而不需进行大修就能按预期目的使用，完成预定的功能，即建筑结构在正常使用的维护下所应达到的使用年限，如达不到这个年限则意味着在设计、施工、使用与维护的某一或某些环节上出现了非正常情况，应查找原因。所谓"正常维护"包括必要的检测、防护及维修。

1.2.3　结构的极限状态

整个结构或结构的一部分超过某一特定状态就不能满足设计规定的某一功能要求，此特定状态称为该功能的极限状态。对于结构的各种极限状态，《建筑结构可靠性设计统一标准》GB 50068—2018 和《混凝土结构设计规范》（2015 年版）GB 50010—2010 均规定明确的标志及极值。极限状态可分为三类：承载能力极限状态、正常使用极限状态和耐久性极限状态。

1. 承载能力极限状态

这种极限状态对应结构或结构构件达到最大承载能力或不适于继续承载的变形的状态。结构或结构构件出现下列状态之一时，应认定为超过了承载能力极限状态：①结构构件或连接因超过材料强度而破坏，或因过度变形而不适于继续承载；②整个结构或其一部分作为刚体失去平衡；③结构转变为机动体系；④结构或结构构件丧失稳定；⑤结构因局部破坏而发生连续倒塌；⑥地基丧失承载力而破坏；⑦结构或结构构件的疲劳破坏。

混凝土结构的承载能力极限状态计算应包括下列内容：①结构构件应进行承载力（包括失稳）计算；②直接承受重复荷载的构件应进行疲劳验算；有抗震设防要求时，应进行抗震承载力计算；③必要时尚应进行结构的倾覆、滑移、漂浮验算；④对于可能遭受偶然作用，且倒塌可能引起严重后果的重要结构，宜进行防连续倒塌设计。

承载能力极限状态可理解为结构或结构构件发挥允许的最大承载能力的状态。结构构件由于塑性变形而使其几何形状发生显著改变，虽未达到最大承载能力，但已彻底不能使用，也属于达到这种极限状态。

2. 正常使用极限状态

这种极限状态对应结构或构件达到正常使用的某项规定限值的状态。结构或结构构件出现下列状态之一时，应认为超过了承载力极限状态：①影响正常使用或外观的变形；②影响正常使用的局部损坏；③影响正常使用的振动；④影响正常使用的其他特定状态。

混凝土结构构件应根据其使用功能及外观要求，按下列规定进行正常使用极限状态验算：①对需要控制变形的构件，应进行变形验算；②对不允许出现裂缝的构件，应进行混凝土拉应力验算；③对允许出现裂缝的构件，应进行受力裂缝宽度验算；④对舒适度有要求的楼盖结构，应进行竖向自振频率验算。

正常使用极限状态可理解为结构或构件达到使用功能上允许的某个限值的状态。例如，某些构件必须控制变形、裂缝才能满足使用要求，因为过大的变形会造成房屋内粉刷层剥落、填充墙和隔断墙开裂及屋面积水等后果；过大的裂缝会影响结构的耐久性；过大的变形、裂缝也会造成用户心理上的不安全感。

3. 耐久性极限状态

这种极限状态对应结构或结构构件在环境影响下出现的劣化达到耐久性能的某项规

定限值或标志的状态。当结构或结构构件出现下列状态之一时，应认定为超过了耐久性极限状态：①影响承载能力和正常使用的材料性能劣化；②影响耐久性能的裂缝、变形、缺口、外观、材料削弱等；③影响耐久性能的其他特定状态。

结构耐久性是指在服役环境作用和正常使用维护条件下，结构抵御结构性能劣化（或退化）的能力，因此，在结构全寿命性能变化过程中，原则上结构劣化过程的各个阶段均可以选作耐久性极限状态的基准。

1.2.4 结构上的作用

结构上的作用是指施加在结构上的集中力或分布力（直接作用也称为荷载）和引起结构外加变形或约束变形的原因（间接作用）。

结构上的作用可按下列性质分类：

1. 按随时间的变化分类

（1）永久作用。在设计使用年限内始终存在且其量值变化与平均值相比可以忽略不计的作用；或其变化是单调的并趋于某个限值的作用。永久作用可分为以下几类：结构自重、土压力、水位不变的水压力、预应力、地基变形、混凝土收缩、钢材焊接变形、引起结构外加变形或约束变形的各种施工因素。

（2）可变作用。在设计使用年限内其量值随时间变化，且其变化与平均值相比不可忽略不计的作用。可变作用可分为以下几类：使用时人员和物件等荷载、施工时结构的某些自重、安装荷载、车辆荷载、吊车荷载、风荷载、雪荷载、冰荷载、多遇地震、正常撞击、水位变化的水压力、扬压力、波浪力及温度变化。

（3）偶然作用。在设计使用年限内不一定出现，而一旦出现其量值很大，且持续期很短的作用。偶然作用可分为以下几类：撞击、爆炸、罕遇地震、龙卷风、火灾、极严重的侵蚀及洪水作用。

2. 按空间位置的变化分类

（1）固定作用。在结构上具有固定空间分布的作用。当固定作用在结构某一点上的大小和方向确定后，该作用在整个结构上的作用即得以确定。

（2）自由作用。在结构上给定的范围内具有任意空间分布的作用。

3. 按结构的反应特点分类

（1）静态作用。使结构产生的加速度可以忽略不计的作用；

（2）动态作用。使结构产生的加速度不可忽略不计的作用。

在上述作用的举例中，地震作用和撞击既可作为可变作用，也可作为偶然作用，这完全取决于对结构重要性的评估，对于一般结构，可以按规定的可变作用考虑。由于偶然作用是指在设计使用年限内不太可能出现的作用，因而对重要结构，除了可采用重要性系数的办法以提高安全度外，也可以通过偶然设计状况将作用按量值较大的偶然作用来考虑，其意图是要求一旦出现意外作用时，结构也不至于发生灾难性的后果。

4. 按有无限值分类

（1）有界作用。具有不能被超越的且可确切或近似掌握界限值的作用。

（2）无界作用。没有明确界限值的作用。

5. 其他分类

例如，当进行结构疲劳验算时，可按作用随时间变化的低周性和高周性分类；当考虑结构徐变效应时，可按作用在结构上持续期的长短分类。

作用按不同性质进行分类，是出于结构设计规范化的需要，例如，吊车荷载，按随时间变化的分类属于可变荷载，应考虑它对结构可靠性的影响；按随空间变化的分类属于自由作用，应考虑它在结构上的最不利位置；按结构反应特点的分类属于动态荷载，还应考虑结构的动力响应。

1.2.5　作用效应 S 和结构或结构构件抗力 R

作用效应 S 指由作用引起的结构或构件的反应，如弯矩、扭矩、位移等。当作用为集中力或分布力时，其效应可称为荷载效应。

由于结构上的作用是不确定的随机变量，所以作用效应 S 一般说来也是一个随机变量。以下主要讨论荷载效应，荷载 Q 与荷载效应 S 之间，可以近似按线性关系考虑，即：

$$S = CQ \qquad (1-1)$$

式中，常数 C 为荷载效应系数。例如，集中荷载 P 作用在简支梁的跨中处，最大弯矩 $M = (1/4)PL$，M 就是荷载效应，L/4 就是荷载效应系数，L 为梁的计算跨度。

由于荷载 Q 是随机变量，根据式（1-1）可知，荷载效应 S 也应为随机变量。

结构抗力 R 是指结构或构件承受作用效应和环境影响的能力，如承载能力等。影响结构抗力的主要因素是结构构件材料性能 f、截面几何参数 a 以及计算模式的精确性 p 等。结构构件材料性能 f 是指结构构件中材料的各种物理力学性能，如强度、弹性模量、泊松比、收缩、膨胀等。截面几何参数 a 是指结构构件的截面几何特征，如高度、宽度、面积、混凝土保护层厚度、箍筋间距等。计算模式的精确性 p 是指抗力计算所采用的基本假设和计算公式与实际结构构件抗力之间的差异。

结构构件抗力 R 是构件材料力学性能和几何关系的函数。由于材料的力学性能和几何特征具有随机性，设计规范中采用的设计模式也具有随机性，因此，结构构件抗力 R 一般是由若干随机变量组成的随机函数。

1.2.6　结构功能函数

结构的工作状态可以用作用效应 S 和结构抗力 R 的关系式来描述，这种关系式称为结构"功能函数"，用 Z 来表示：

$$Z = R - S = g(R, S) \qquad (1-2)$$

它可以用来表示结构的三种工作状态：当 Z > 0 时，表明该结构能够完成预定的功能，处于可靠状态；当 $Z < 0$ 时，表明该结构不能完成预定的功能，处于失效状态；当 $Z = 0$ 时，表明该结构处于极限状态。这就是用功能函数所描述的结构工作状态。其中，$Z = g(R, S) = R - S = 0$，称为结构的"极限状态方程"。

结构极限状态设计应符合：$Z = R - S \geqslant 0$。

1.3　概率极限状态设计法

1.3.1　结构可靠度

结构在规定的时间内、规定的条件下，完成预定功能的能力称为结构的可靠性，是结构安全性、适用性和耐久性的总称。

结构在规定的时间内、规定的条件下，完成预定功能的概率称为结构的可靠度。可见，可靠度是对结构可靠性的一种定量描述，亦即概率度量。规定的时间是指设计使用年限，所有的统计分析均以该时间区间为准；规定的条件是指正常设计、正常施工、正常使用和维护的条件，不包括非正常条件，例如人为的错误等。

1.3.2　失效概率与可靠指标

结构能够完成预定功能的概率称为可靠概率 p_s；结构不能完成预定功能的概率称为失效概率 p_f。显然，二者是互补的，即 $p_s + p_f = 1.0$。因此，结构可靠性也可用结构的失效概率来度量，失效概率越小，结构可靠度越大。

假定结构抗力 R 和荷载效应 S 都服从正态分布，R 和 S 互相独立。设结构抗力 R 的平均值为 μ_R，标准差为 σ_R；荷载效应 S 的平均值为 μ_S，标准差为 σ_S。由概率论可知，结构功能函数 $Z = R - S$ 也服从正态分布，其平均值及标准差分别为 $\mu_Z = \mu_R - \mu_S$ 和 $\sigma_Z = \sqrt{\sigma_R^2 + \sigma_S^2}$。功能函数 Z 的概率密度分布曲线如图 1-1 所示，图中 $f(Z)$ 为 Z 的概率密度分布函数。

$Z = R - S < 0$ 的事件出现的概率就是失效概率 p_f：

$$
\begin{aligned}
p_f &= P(Z = R - S < 0) = \int_{-\infty}^{0} f(Z)\,\mathrm{d}Z \\
&= \int_{-\infty}^{0} \frac{1}{\sqrt{2\pi}\sigma_Z} \exp\left[-\frac{(Z - \mu_Z^2)}{2\sigma_Z^2}\right] \mathrm{d}Z
\end{aligned}
\tag{1-3}
$$

失效概率 p_f 可以用图 1-1 中的阴影面积表示。

现将 Z 的正态分布 $N(\mu_Z, \sigma_Z)$ 转换为标准正态分布 $N(0, 1)$，引入标准随机变量：

$$
t = \frac{Z - \mu_Z}{\sigma_Z}, \quad \mathrm{d}Z = \sigma_Z \mathrm{d}t
$$

当 $Z \to -\infty$，$t \to -\infty$；当 $Z = 0$，$t = -\dfrac{\mu_Z}{\sigma_Z}$

将上式代入式（1-3），得：

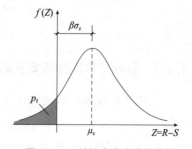

图 1-1　Z 的概率密度分布曲线

$$p_{f} = \int_{-\infty}^{-\frac{\mu_{Z}}{\sigma_{Z}}} \frac{1}{\sqrt{2\pi}} \exp\left[-\frac{t^{2}}{2}\right] dt = 1 - \Phi\left(\frac{\mu_{Z}}{\sigma_{Z}}\right) = \Phi\left(-\frac{\mu_{Z}}{\sigma_{Z}}\right) \tag{1-4}$$

式中，$\Phi(\ )$ 为标准正态分布函数值。

令：

$$\beta = \frac{\mu_{Z}}{\sigma_{Z}} = \frac{\mu_{R} - \mu_{S}}{\sqrt{\sigma_{R}^{2} + \sigma_{S}^{2}}} \tag{1-5}$$

可得：

$$p_{f} = \Phi(-\beta) \tag{1-6}$$

$$p_{s} = 1 - p_{f} = 1 - \Phi(-\beta) = \Phi(\beta) \tag{1-7}$$

式（1-6）、式（1-7）分别表示了结构的失效概率 p_{f}、结构可靠概率 p_{s} 与结构可靠指标 β 之间的关系。

由图 1-1 可见，β 与 p_{f} 之间存在对应关系。β 值越大，失效概率 p_{f} 就越小；β 值越小，失效概率 p_{f} 就越大。因此，β 与 p_{f} 一样可作为度量结构可靠度的数值指标，故称 β 为结构的可靠指标。

【例 1-1】受永久荷载 q 作用的钢筋混凝土拱，其拉杆轴力 $N = ql^{2}/(8f)$，其中 $l = 15$m，$f = 3$m。钢筋混凝土拉杆截面 $b \times h = 250$mm × 200mm，配有 2φ18 钢筋，$A_{s} = 509$mm^{2}；设永久荷载 q 为正态分布，平均值 $\mu_{q} = 14$kN/m，变异系数 $\delta_{q} = 0.07$；钢材屈服强度 f_{y} 为正态分布，平均值 $\mu_{fy} = 374$kN/m，变异系数 $\delta_{fy} = 0.08$。不考虑结构尺寸的变异和计算公式精度的不准确性。求此拉杆的可靠指标 β。

【解】（1）作用效应 S 的统计参数

$$\mu_{S} = \frac{l^{2}}{8f} \mu_{q} = \frac{15^{2}}{8 \times 3} \times 14 = 131.25\text{kN}$$

$$\sigma_{S} = \mu_{N} \cdot \delta_{q} = 131.25 \times 0.07 = 9.19\text{kN}$$

（2）钢筋混凝土拱抗力 R 的统计参数

$$\mu_{R} = \mu_{fy} A_{s} = 374 \times 509 = 190.37\text{kN}$$

$$\sigma_{R} = \mu_{R} \cdot \sigma_{fy} = 190.37 \times 0.08 = 15.23\text{kN}$$

（3）可靠指标 β

$$\beta = \frac{\mu_{R} - \mu_{S}}{\sqrt{\sigma_{R}^{2} + \sigma_{S}^{2}}} = \frac{190.37 - 131.25}{\sqrt{15.23^{2} + 9.19^{2}}} = 3.32$$

1.3.3 目标可靠指标与安全等级

结构功能函数的失效概率 p_{f} 小到某种可接受的程度或可靠指标 β 大到某种可接受的程度，就认为该结构处于有效状态，即 $p_{f} \leqslant [p_{f}]$ 或 $\beta \geqslant [\beta]$。

结构按承载能力极限状态设计时，要保证其完成预定功能的概率不低于某一允许的水平，应对不同情况下的可靠指标值作出规定，即目标可靠 [β] 值。《建筑结构可靠性设计统一标准》GB 50068—2018 根据结构的安全等级和破坏类型，在对代表性的构件进行可靠度分析的基础上，规定了按承载能力极限状态设计时的目标可靠指标 [β] 值，见表1-1。延性破坏是指结构构件在破坏前有明显的变形或其他预兆；脆性破坏是指结构构件在破坏前无明显的变形或其他预兆。

建筑结构的安全等级及结构构件承载能力极限状态的可靠指标　　表 1-1

安全等级	破坏后果	结构构件承载能力极限状态的可靠指标 [β] 值	
		延性破坏	脆性破坏
一级	很严重：对人的生命、经济、社会或环境影响很大	3.7	4.2
二级	严重：对人的生命、经济、社会或环境影响较大	3.2	3.7
三级	不严重：对人的生命、经济、社会或环境影响较小	2.7	3.2

此外，建筑结构设计时应根据结构破坏可能产生的后果（危及人的生命、造成经济损失、产生社会或环境影响等）的严重性，采用不同的安全等级，并对其可靠指标作适当调整。建筑结构的安全等级划分见表1-1。结构构件正常使用极限状态的可靠指标，根据可逆程度宜取 0 ~ 1.5。可逆程度较高的结构构件取较低值，可逆程度较低的结构构件取较高值。

建筑物中各类结构构件的安全等级宜与结构的安全等级相同，对其中部分结构构件的安全等级可进行调整，但不得低于三级。

1.4　极限状态的实用设计表达式

1.4.1　荷载分类和荷载代表值

1. 荷载分类

《建筑结构荷载规范》GB 50009—2012 将结构上的荷载分为三类，分别为：①永久荷载，如结构自重、土压力、预应力等；②可变荷载，如楼面活荷载、屋面活荷载、积灰荷载、吊车荷载、风荷载和雪荷载等；③偶然荷载，如爆炸、撞击等。

荷载代表值是设计中用以验算极限状态所采用的荷载量值，如标准值、组合值、频遇值和准永久值。建筑结构设计时，对不同荷载应采用不同的代表值。永久荷载采用标准值作为代表值；可变荷载应根据设计要求采用标准值、组合值、频遇值或准永久值作为代表值；偶然荷载应按建筑结构使用的特点确定其代表值。

2. 荷载标准值

荷载标准值是荷载的基本代表值，为设计基准期内最大荷载统计分布的特征值（如均值、众值、中值或某个分位值）。由于最大荷载值是随机变量，因此，原则上应由设计基准期（50 年）荷载最大值概率分布的某一分位数来确定。但是，有些荷载并不具备充分的统计参数，只能根据已有的工程经验确定，故实际上荷载标准值取值的分位数并不统一。

可变荷载标准值由《建筑结构荷载规范》GB 50009—2012 给出，设计时可直接查用。如住宅、宿舍、旅馆、办公楼、医院病房、教室、试验室等楼面均布荷载标准为 $2.0kN/m^2$；教室、食堂、餐厅、一般资料档案室等楼面均布荷载标准为 $2.5kN/m^2$ 等。

3. 荷载准永久值

荷载准永久值是对可变荷载，在设计基准期内，其超越的总时间约为设计基准一半的荷载值。可变荷载准永久值为可变荷载标准值乘以荷载准永久值系数 ψ_q。荷载准永久值系数 ψ_q 由《建筑结构荷载规范》GB 50009—2012 给出。如教室，楼面均布荷载标准为 $2.5kN/m^2$，荷载准永久值系数 ψ_q 为 0.5，则活荷载准永久值为 $2.5 \times 0.5 = 1.25kN/m^2$。

4. 荷载频遇值

荷载频遇值是对可变荷载，在设计基准期内，其超越的总时间约为规定的较小比率或超越频率为规定频率的荷载值。可变荷载频遇值为可变荷载标准值乘以荷载频遇值系数 ψ_f。荷载频遇值系数 ψ_f 由《建筑结构荷载规范》GB 50009—2012 给出。如教室，楼面均布荷载标准为 $2.5kN/m^2$，荷载频遇值系数 ψ_f 为 0.6，则活荷载频遇值为 $2.5 \times 0.6 = 1.50kN/m^2$。

5. 荷载组合值

荷载组合值是指对可变荷载，使组合后的荷载效应在设计基准内的超越概率，能与该荷载单独出现时的相应概率趋于一致的荷载值；或使组合后的结构具有统一规定的可靠指标的荷载值。可变荷载组合值为可变荷载标准值乘以荷载组合值系数 ψ_c。荷载组合值系数 ψ_c 由《建筑结构荷载规范》GB 50009—2012 给出。如教室，楼面均布荷载标准为 $2.5kN/m^2$，荷载组合值系数 ψ_c 为 0.7，则活荷载组合值为 $2.5 \times 0.7 = 1.75kN/m^2$。

1.4.2　材料强度的标准值和设计值

1. 取值原则

材料强度标准值 f_k 是结构设计时所采用的材料强度的基本代表值，也是生产中控制材料性能质量的主要指标。

钢筋和混凝土的材料强度标准值是按标准试验方法测得的具有不小于 95% 保证率的强度值，即：

$$f_k = f_m - 1.645\sigma = f_m (1-1.645\delta) \tag{1-8}$$

式中，f_k、f_m 分别为材料强度的标准值和平均值；σ、δ 分别为材料强度的标准差和变异系数。

钢筋和混凝土的强度设计值由相应材料强度标准值与其分项系数的比值确定，即：

$$f_d = f_k / \gamma_d \tag{1-9}$$

式中，f_d 为材料强度设计值；γ_d 为材料分项系数。

2. 混凝土强度标准值和设计值

混凝土轴心抗压强度标准值 f_{ck} 和轴心抗拉强度标准值 f_{tk}，是假定与立方体强度具有相同的变异系数，由立方体抗压强度标准值 $f_{cu,k}$ 推算得到的。

混凝土轴心抗压强度标准值 f_{ck}，可由其强度平均值 $f_{c,m}$ 按概率和试验分析来确定。

因
$$f_{ck} = f_{c,m}(1-1.645\delta) \tag{1-10}$$

$$f_{c,m} = \alpha_{c1} f_{cu,m} \tag{1-11}$$

α_{c1} 为棱柱体强度平均值 $f_{c,m}$ 与立方体强度 $f_{cu,m}$ 的比值。

故
$$f_{ck} = f_{c,m}(1-1.645\delta) = \alpha_{c1} f_{cu,m}(1-1.645\delta) = \alpha_{c1} f_{cu,k} \tag{1-12}$$

考虑到结构中混凝土实体强度与立方体试件混凝土强度之间的差异，根据以往经验，结合试验数据分析并参考其他国家的有关规定，对试件混凝土强度修正系数取值 0.88。此外，还考虑混凝土脆性折减系数 α_{c2}，则：

$$f_{ck} = 0.88 \alpha_{c1} \alpha_{c2} f_{cu,k} \tag{1-13}$$

棱柱体强度与立方体强度之比值 α_{c1}：对混凝土 C50 及以下取值 0.76，对 C80 取值 0.82，中间按线性规律变化。混凝土脆性折减系数 α_{c2}：对混凝土 C40 及以下取值 1.0，对 C80 取值 0.87，中间按线性规律变化。

轴心抗拉强度标准值 f_{tk}，与轴心抗压强度标准值的确定方法和取值类似，由轴心抗拉强度平均值 $f_{t,m}$ 按概率和试验分析确定，并考虑试件混凝土强度修正系数 0.88 和脆性系数 α_{c2}，则：

$$\begin{aligned} f_{tk} &= 0.88 \alpha_{c2} \times 0.395 f_{cu,k}^{0.55}(1-1.645\delta)^{0.45} \\ &= 0.348 \alpha_{c2} f_{cu,k}^{0.55}(1-1.645\delta)^{0.45} \end{aligned} \tag{1-14}$$

式中，混凝土的变异系数 δ 按表 1-2 取用。

混凝土的变异系数 δ　　　　　　　　　　　　表 1-2

混凝土强度等级	C20	C25	C30	C35	C40	C45	C50	C55	C60 ~ C80
变异系数 δ	0.18	0.16	0.14	0.13	0.12	0.12	0.11	0.11	0.10

混凝土强度标准值见附表 1。

混凝土各种强度设计值与其标准值之间的关系为：

$$f_c = f_{ck} / \gamma_c \tag{1-15}$$

$$f_t = f_{tk} / \gamma_c \tag{1-16}$$

式中，f_c 为混凝土轴心抗压强度设计值；f_t 为混凝土轴心抗拉强度设计值；γ_c 为混凝土的材料分项系数，取值为 1.40。

混凝土强度设计值见附表 2。

3. 钢筋强度标准值和设计值

《混凝土结构设计规范》（2015 年版）GB 50010—2010 规定，钢筋的强度标准值应具有不小于 95% 的保证率。热轧钢筋的强度标准值根据屈服强度确定，用 f_{yk} 表示。预应力钢绞线、钢丝和热处理钢筋的强度标准值根据极限抗拉强度确定，用 f_{ptk} 表示。

钢筋强度设计值与其标准值之间的关系为：

$$f_s = f_{sk} / \gamma_s \tag{1-17}$$

式中，f_s 为钢筋强度设计值；γ_s 为钢筋的材料分项系数，对 HPB300、HRB400 钢筋取值 1.10；对预应力钢丝、钢绞线和热处理钢筋取值 1.20。

普通钢筋强度标准值和设计值见附表 3 和附表 4。

1.4.3 承载能力极限状态设计表达式

承载能力极限状态设计表达式为：

$$\gamma_0 S \leqslant R \tag{1-18}$$

$$R = R\ (f_c,\ f_s,\ a_k,\ \cdots\cdots) \tag{1-19}$$

式中，γ_0 为结构重要性系数，不应小于表 1-3 的规定；S 为作用组合的效应设计值；R 为结构或结构构件的抗力设计值；$R(\ )$ 为结构或结构构件的承载力设计值，应按各有关建筑结构设计规范确定；f_c、f_s 分别为混凝土强度和钢筋强度的设计值；a_k 为几何参数标准值，当几何参数的变异性对结构性能有明显的不利影响时，可另增减一个附加值考虑其不利影响。

结构重要性系数 γ_0 　　　　　　　　　　　　　　　表 1-3

结构重要性系数	对持久设计状况和短暂设计状况			对偶然设计状况和地震设计状况
	安全等级			
	一级	二级	三级	
γ_0	1.1	1.0	0.9	1.0

对于承载能力极限状态，应按荷载效应的基本组合和偶然组合进行荷载（效应）组合。基本组合的效应设计值 S 按式（1-20）的最不利值确定：

$$S = S\left(\sum_{i \geqslant 1} \gamma_{Gi} G_{ik} + \gamma_P P + \gamma_{Q1} \gamma_{L1} Q_{1k} + \sum_{j > 1} \gamma_{Qj} \psi_{cj} \gamma_{Lj} Q_{jk} \right) \tag{1-20}$$

式中，$S(\ )$ 为作用组合的效应函数；G_{ik} 为第 i 个永久作用的标准值；P 为预应力作用的有关代表值；Q_{1k} 为第 1 个可变作用的标准值；Q_{jk} 为第 j 个可变作用的标准值；γ_{Gi} 为第 i 个永久作用的分项系数，按表 1-4 采用；γ_P 为预应力作用的分项系数，按表 1-4 采用；γ_{Q1} 为第 1 个可变作用的分项系数，按表 1-4 采用；γ_{Qj} 为第 j 个可变作用的分项系数，按表 1-4 采用；γ_{L1}、γ_{Lj} 分别为第 1 个和第 j 个考虑结构设计使用年限的荷载调整系数，按表 1-5 采用；ψ_{cj} 为第 j 个可变作用的组合值系数，应按现行有关标准的规定采用。

建筑结构的作用分项系数　　　　　　表 1-4

作用分项系数 适用情况	当作用效应对 承载力不利时	当作用效应对 承载力有利时
γ_G	1.3	≤ 1.0
γ_P	1.3	≤ 1.0
γ_Q	1.5	0

建筑结构考虑结构设计使用年限的荷载调整系数 γ_L　　　　表 1-5

结构的设计使用年限（年）	γ_L
5	0.9
50	1.0
100	1.1

当作用与作用效应按线性关系考虑时，基本组合的效应设计值 S 按式（1-21）的最不利值计算：

$$S = \sum_{i\geq 1}\gamma_{Gi}S_{Gik}+\gamma_P S_P + \gamma_{Q1}\gamma_{L1}S_{Q1k}+\sum_{j>1}\gamma_{Qj}\psi_{cj}\gamma_{Lj}S_{Qjk} \tag{1-21}$$

式中，S_{Gik} 为第 i 个永久作用标准值的效应；S_P 为预应力作用有关代表值的效应；S_{Q1k}、S_{Qjk} 分别为第 1 个和第 j 个可变作用标准值的效应。

对于工程中常用的一般排架、框架结构，基本组合可采用简化规则，并应按下列组合值中取最不利值确定：

$$S = \gamma_G S_{Gk}+\gamma_Q S_{Q1k} \tag{1-22}$$

$$S = \gamma_G S_{Gk}+ 0.9\sum_{i\geq 1}^{n}\gamma_{Qi}S_{Qik} \tag{1-23}$$

偶然组合的效应设计值按式（1-24）确定：

$$S = S\left(\sum_{i\geq 1}G_{ik}+P+A_d+(\psi_{f1}或\psi_{q1})Q_{1k}+\sum_{j>1}\psi_{qj}Q_{jk}\right) \tag{1-24}$$

式中，A_d 为偶然作用的设计值；ψ_{f1} 为第 1 个可变作用的频遇值系数，应按有关标准的规定采用；ψ_{q1}、ψ_{qj} 分别为第 1 个和第 j 个可变作用的准永久值系数，应按有关标准的规定采用。

当作用与作用效应按线性关系考虑时，偶然组合的效应设计值按式（1-25）计算：

$$S = \sum_{i \geqslant 1} S_{Gik} + S_P + S_{Ad} + (\psi_{f1}\text{或}\psi_{q1}) S_{Q1k} + \sum_{j > 1} \psi_{qj} S_{Qjk} \tag{1-25}$$

式中，S_{Ad} 为偶然作用效应的组合设计值。

【例 1-2】受均布荷载作用的上人屋面板，计算跨度 $l = 4.0\text{m}$。板的自重、抹灰层等永久荷载标准值：$g_k = 10.0\text{kN/m}$；屋面活荷载标准值：$q_{1k} = 1.20\text{kN/m}$；屋面雪荷载标准值：$q_{sk} = 0.30\text{kN/m}$，求简支板跨中弯矩设计值 M。

【解】由《建筑结构荷载规范》GB 50009—2012 查得，雪荷载的组合系数 ψ_c 为 0.7。

（1）简支板跨中弯矩标准值

屋面永久荷载引起的跨中弯矩标准值：$M_{GK} = S_{Gk} = \dfrac{1}{8} g_k l^2 = \dfrac{1}{8} \times 10 \times 4^2 = 20.0\text{kN·m}$

屋面活荷载引起的跨中弯矩标准值：$M_{QLK} = S_{Q1k} = \dfrac{1}{8} q_{1k} l^2 = \dfrac{1}{8} \times 1.2 \times 4^2 = 2.4\text{kN·m}$

屋面雪荷载引起的跨中弯矩标准值：$M_{QSK} = S_{Qik} = \dfrac{1}{8} q_{sk} l^2 = \dfrac{1}{8} \times 0.3 \times 4^2 = 0.6\text{kN·m}$

（2）简支板跨中弯矩设计值

$$M = \gamma_G S_{Gk} + \gamma_Q S_{Q1k} + \sum_{i=2}^{n} \gamma_{Qi} \psi_{ci} S_{Qik} = 1.3 \times 20.0 + 1.5 \times 2.4 + 1.5 \times 0.7 \times 0.6 = 30.23\text{kN·m}$$

1.4.4 正常使用极限状态设计表达式

对于正常使用极限状态，应根据不同的设计要求，采用荷载的标准组合、频遇组合或准永久组合，并应按下列设计表达式进行设计：

$$S \leqslant C \tag{1-26}$$

式中，C 为设计对变形、裂缝等规定的相应限值，应按有关结构设计标准的规定采用。

（1）标准组合应符合下列规定：

标准组合的效应值 S 按式（1-27）计算：

$$S = S \left(\sum_{i \geqslant 1} G_{ik} + P + Q_{1k} + \sum_{j > 1} \psi_{cj} Q_{jk} \right) \tag{1-27}$$

当作用与作用效应按线性关系考虑时，标准组合的效应值 S 按式（1-28）计算：

$$S = \sum_{i \geqslant 1} S_{Gik} + S_P + S_{Q1k} + \sum_{j > 1} \psi_{cj} S_{Qjk} \tag{1-28}$$

（2）频遇组合应符合下列规定：

频遇组合的效应值 S 按式（1-29）计算：

$$S = S\left(\sum_{i \geq 1} G_{ik} + P + \psi_{f1} Q_{1k} + \sum_{j > 1} \psi_{qj} Q_{jk}\right) \quad (1-29)$$

当作用与作用效应按线性关系考虑时，频遇组合的效应值 S 按式（1-30）计算：

$$S = \sum_{i \geq 1} S_{Gik} + S_P + \psi_{f1} S_{Q1k} + \sum_{j > 1} \psi_{qj} S_{Qjk} \quad (1-30)$$

式中：ψ_{f1} 为可变荷载 Q_1 的频遇值系数；ψ_{qj} 为可变荷载 Q_j 的准永久值系数。

（3）准永久组合应符合下列规定：

准永久组合的效应值 S 按式（1-31）计算：

$$S = S\left(\sum_{i \geq 1} G_{ik} + P + \sum_{j \geq 1} \psi_{qj} Q_{jk}\right) \quad (1-31)$$

当作用与作用效应按线性关系考虑时，准永久组合的效应值 S 按式（1-32）计算：

$$S = \sum_{i \geq 1} S_{Gik} + S_P + \sum_{j \geq 1} \psi_{qj} S_{Qjk} \quad (1-32)$$

【例1-3】求【例1-2】中，分别按标准组合、频遇组合及准永久组合计算的弯矩值 M。

【解】由《建筑结构荷载规范》GB 50009—2012 查得，上人屋面活荷载的组合系数为 0.7，频遇值系数为 0.5，准永久值系数为 0.4；雪荷载的组合系数为 0.7，频遇值系数为 0.6，准永久值系数为 0.5。

（1）按标准组合

$$M = S_{Gk} + S_{Q1k} + \sum_{i=2}^{n} \psi_{ci} S_{Qik} = 20.0 + 2.4 + 0.7 \times 0.6 = 22.82 \text{kN·m}$$

（2）按频遇组合

$$M = S_{Gk} + \psi_{fi} S_{Q1k} + \sum_{i=2}^{n} \psi_{qi} S_{Qik} = 20.0 + 0.5 \times 2.4 + 0.7 \times 0.6 = 21.62 \text{kN·m}$$

（3）按准永久组合

$$M = S_{Gk} + \sum_{i=1}^{n} \psi_{qi} S_{Qik} = 20.0 + 0.4 \times 2.4 + 0.5 \times 0.6 = 21.26 \text{kN·m}$$

1.5 钢筋混凝土材料的力学性能

1.5.1 钢筋

1. 钢筋的品种和牌号

（1）按钢筋外形分类

按外形的不同，钢筋可分为光面钢筋和变形钢筋。光面钢筋直径为 6 ~ 50mm，握裹性能稍差；变形钢筋直径一般大于 10mm，握裹性能好，变形钢筋有螺旋形、人字形和月牙形三种，如图 1-2 所示。

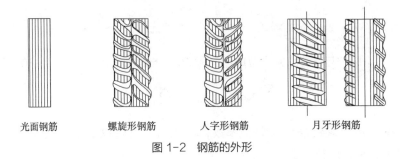

光面钢筋　　　螺旋形钢筋　　　人字形钢筋　　　月牙形钢筋

图 1-2　钢筋的外形

（2）按钢筋化学成分分类

按化学成分的不同，钢材可分为碳素钢和普通低合金钢。根据含碳量，碳素钢可分为低碳钢（含碳量 <0.25%）、中碳钢（含碳量为 0.25%～0.6%）、高碳钢（含碳量为 0.6%～1.4%）。含碳量越高，强度越高，但塑性与可焊性降低；反之，含碳量下降，强度降低，塑性与可焊性变好。在碳素钢中加入小于 5% 的合金元素（如硅、锰、钒、铬等），就构成强度高、塑性和低温冲击韧性好的普通低合金钢，这些合金元素虽然含量不多，但改善了钢材的塑性性能。

（3）按钢筋应力—应变曲线特点分类

根据应力—应变曲线特点的不同，钢筋可分为有明显屈服点（流幅）钢筋和无明显屈服点（流幅）钢筋。有明显屈服点的钢筋，又称为软钢；无明显屈服点的钢筋，又称为硬钢。

（4）按钢筋的加工方法分类

根据钢筋加工方法的不同，钢筋可分为热轧钢筋、热处理钢筋、冷加工钢筋、冷轧钢筋等。热轧钢筋是经热轧成型并自然冷却的成品钢筋，由低碳钢和普通合金钢在高温状态下压制而成。热处理钢筋是将特定的热轧钢筋再经过加热、淬火和回火等调质工艺处理的钢筋。热处理后，钢筋强度有较大提高，但塑性有所降低，经处理后的钢筋应力—应变曲线不再有明显的屈服点。钢筋冷加工方法有很多，如冷拉、冷拔。冷加工后的钢筋强度提高，塑性降低。冷轧钢筋是采用普通低碳钢或低合金钢热轧圆盘条为母材，经冷轧后在其表面形成具有三面或二面月牙形横肋的钢筋。

（5）《混凝土结构设计规范》（2015 年版）GB 50010—2010 中钢筋选用

热轧光面钢筋（Hot-rolled Plain Bars，缩写 HPB），是指经热轧成型，横截面通常为圆形，表面光滑的成品钢筋。普通热轧钢筋（Hot Rolled Bars，缩写 HRB），是指按热轧状态交货的钢筋。细晶粒热轧钢筋（Hot Rolled Bars of Fine-grains，缩写 HRBF，在热轧带肋钢筋的英文缩写后加"细"的英文"Fine"的首字母），是指在热轧过程中，通过控轧和控冷工艺形成的细晶粒钢筋。余热处理钢筋（Remained-heat-treatment Ribbed-steel Bars，缩写 RRB），是指热轧后利用热处理原理进行表面控制冷却，并利用芯部余热自身完成回火处理所得的成品钢筋。钢筋混凝土选用普通钢筋牌号、代表符号和直径范围见表 1-6。

普通钢筋牌号、代表符号和直径范围　　　　表 1-6

牌号	符号	公称直径 d（mm）
HPB300	Φ	6 ~ 22
HRB400 HRBF400 RRB400	Φ Φ^F Φ^R	6 ~ 50
HRB500 HRBF500	Φ Φ^F	6 ~ 50

2. 钢筋的强度与变形

（1）有明显屈服点的钢筋

图 1-3 所示为有明显流幅的钢筋的 σ—ε 曲线，亦即软钢的 σ—ε 曲线。由图 1-3 可见，轴向拉抻时，在比例极限 A 点前，材料处于弹性阶段，应力与应变的比值为常数，即为钢筋的弹性模量 E_s（见附表 5）。到达屈服上限 B' 点后钢筋开始塑流，应力降至屈服下限 B 点，经历一段波动小平台到 C 点，BC 的水平距离称为流幅或屈服台阶。上屈服点 B' 通常不稳定，下屈服点 B 比较稳定，称为屈服点或屈服强度。曲线过 C 点后，应力又继续上升，说明钢筋的抗拉能力又有所提高。曲线达最高点 D，相应的应力称为钢筋的极限强度，CD 段称为强化阶段。D 点后，试件在最薄弱处会发生较大的塑性变形，截面迅速缩小，出现颈缩现象，变形迅速增加，应力随之下降，直至 E 点断裂破坏。对有明显屈服点的钢筋，屈服点所对应的应力为屈服强度，是重要的力学指标。

另外，钢筋除满足强度要求外，还应具有一定的塑性变形能力，通常用伸长率和冷弯性能指标衡量钢筋的塑性。伸长率越大，说明材料的塑性越好。

（2）无明显屈服点的钢筋

图 1-4 为无明显流幅的钢筋 σ—ε 曲线，亦即硬钢的 σ—ε 曲线。对无明显流幅的钢筋取极限抗拉强度 85% 作为条件屈服点，加载至该点后对应的残余应变为 0.2%，钢筋强度的取值为 $0.85\sigma_b$，称条件屈服强度。σ_b 为国家标准规定的极限抗拉强度。钢筋的伸长率、冷弯性能与有明显流幅的钢筋相同。

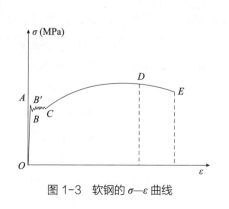

图 1-3　软钢的 σ—ε 曲线

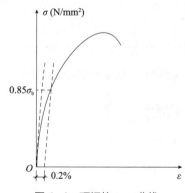

图 1-4　硬钢的 σ—ε 曲线

3. 钢筋的冷拉和冷拔

（1）冷拉

冷拉是用超过屈服强度的应力对热轧钢筋进行拉伸。如图1-5所示，当拉伸到K点（$\sigma_k > f_y$）后卸载，应力—应变曲线沿着KO'回到O'点，钢筋产生残余变形OO'。如果立即重新加载张拉，应力—应变曲线仍沿着$O'KDE$变化，即弹性模量不变。但屈服点从原来的B点提高到K点，说明钢筋的强度得到提高，但没有出现流幅，尽管极限破坏强度没有变，但延性降低，如图1-5虚线所示。如果停留一段时间后再进行张拉，应力—应变曲线沿着$O'KK'D'E'$变化，屈服点从K又提高到K'点，即屈服强度进一步提高，且流幅较明显，这种现象称为时效硬化。

温度对时效硬化影响很大，如HPB300级钢筋在常温下需要20d才能完成时效硬化，若温度为100℃时则仅需要2h。但如果对冷拉后的钢筋再次加温，则强度又降低到冷拉前的力学指标。

冷拉质量的控制有两个指标：即冷拉应力和冷拉率，即K（K'）点所对应的应力及其对应的应变OO'。对各种钢筋进行冷拉时，必须规定冷拉控制应力和控制应变（冷拉率），如果二者都必须满足其标准称为双控，仅满足控制冷拉率称为单控。但应注意，钢筋冷拉只能提高其抗拉强度，不能提高其抗压强度。

（2）冷拔

冷拔是将钢筋用强力数次拔过比其直径小的硬质合金模具。在冷拔过程中，钢筋受到纵向拉力和横向压力作用，其内部晶格发生变化，截面变小且长度增加，钢筋强度明显提高，但塑性则显著降低，且没有明显的屈服点，如图1-6所示。冷拔可以同时提高钢筋的抗拉强度和抗压强度。

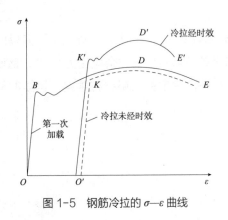

图1-5　钢筋冷拉的σ—ε曲线

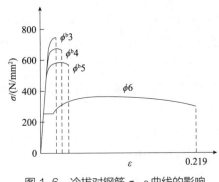

图1-6　冷拔对钢筋σ—ε曲线的影响

1.5.2　混凝土

1. 混凝土的强度

（1）立方体抗压强度

立方体抗压强度标准值$f_{cu,k}$系指按标准方法制作、养护的边长为150mm的立方体试块，在 28d 或设计规定龄期以标准试验方法测得的具有 95% 保证率的抗压强度。

《混凝土结构设计规范》（2015 年版）GB 50010—2010 规定，混凝土强度等级按立方体抗压强度标准值确定，共 14 个等级，即 C15、C20、C25、C30、C35、C40、C45、C50、C55、C60、C65、C70、C75、C80。

立方体抗压强度受试件尺寸、试验方法和龄期因素的影响。同一种混凝土材料，采用不同尺寸的立方体试件所测得的强度不同。尺寸越大，测得的强度越低。边长为 100mm 或 200mm 的立方体试件测得的强度要转换成边长为 150mm 试件的强度时，应分别乘以尺寸效应换算系数 0.95 或 1.05。

混凝土测定强度与试验方法有关，其中有两个因素影响最大：①加载速度，加载速度越快，所测得的数值越高。因此，通常规定的加载速度是每秒增加压力 0.3 ~ 0.8MPa；②压力机垫板与立方体试块接触面的摩擦阻力对试块受压后横向变形的约束作用，其破坏如图 1-7（a）所示。如果在接触面上涂一层油脂，使摩擦力减小到不能约束试件的横向变形的程度，其破坏如图 1-7（b）所示，后者测得的强度较前者低，《混凝土结构设计规范》（2015 年版）GB 50010—2010 规定采用前一种试验方法。

混凝土的立方体强度与龄期有关，如图 1-8 所示。图中曲线 1、2 分别代表在潮湿环境和干燥环境下测得的数据。混凝土的立方体抗压强度随着龄期逐渐增长，增长速度开始时较快，后来逐渐缓慢，强度增长过程往往要延续几年，在潮湿环境中往往延续更长。

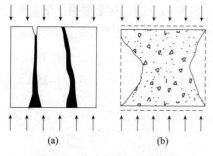

图 1-7　立方体抗压强度试块
（a）不涂油脂；（b）涂油脂

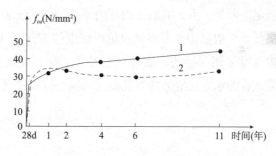

图 1-8　混凝土立方体强度随龄期变化

（2）轴心抗压强度

混凝土抗压强度与试件尺寸及其形状有关，为更好地反映构件的实际受压情况，采用棱柱体试件进行抗压试验。《混凝土结构设计规范》（2015 年版）GB 50010—2010 规定棱柱体试件试验测得的具有 95% 保证率的抗压强度为混凝土轴心抗压强度标准值 f_{ck}。

混凝土棱柱体抗压试验及试件破坏如图 1-9 所示。棱柱体试件的高度越大，试验机压板与试件之间摩擦力对试件高度中部的横向变形的约束影响越小，所以棱柱体试件的抗压强度比立方体的强度值小。棱柱体试件高宽比越大，强度越小，但当高宽比达到一定值后棱柱体抗压强度变化很小，因此试件的高宽比通常取 3 ~ 4。《混凝土物理力学性

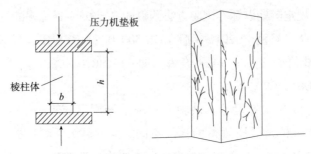

图 1-9　混凝土棱柱体抗压试验及试件破坏

能试验方法标准》GB/T 50081—2019 规定以 150mm × 150mm × 300mm 的棱柱体作为混凝土轴心抗压强度试验的标准试件，试件制作、养护和加载试验方法同立方体试件。

经过大量的试验数据统计分析，混凝土轴心抗压强度与立方体抗压强度之间关系如下：

$$f_{c, m} = \alpha_{c1} f_{cu, m} \tag{1-33}$$

式中，$f_{c, m}$ 为混凝土轴心抗压强度的平均值；$f_{cu, m}$ 为混凝土立方体抗压强度的平均值；α_{c1} 为棱柱体抗压强度与立方体抗压强度之比，并随着混凝土强度等级的提高而增大。对强度等级低于 C50 的混凝土，取 $\alpha_{c1}=0.76$；对强度等级为 C80 的混凝土，取 $\alpha_{c1}=0.82$；其间线性插值。

（3）轴心抗拉强度

混凝土的轴心抗拉强度可以采用直接轴心受拉的试验方法来测定，也可用间接的方法来测定。但是，由于混凝土内部的不均匀性、安装试件的偏差等，加上混凝土轴心抗拉强度很低，一般仅为立方体试块抗压强度的 1/18 ~ 1/10，所以，很难准确地测定抗拉强度。国内外常采用间接的方法来测定混凝土轴心抗拉强度，如图 1-10 所示。根据弹性理论，劈裂试验的水平拉应力即为混凝土的轴心抗拉强度 f_{tk}，可按式（1-34）、式（1-35）计算：

$$f_{t, s} = \frac{2P_u}{\pi d^2} （试件为立方体） \tag{1-34}$$

$$f_{t, s} = \frac{2P_u}{\pi l d} （试件为圆柱体） \tag{1-35}$$

式中，$f_{t, s}$ 为试件的劈裂试验的水平拉应力；P_u 为破坏荷载；d 为立方体试件边长或圆柱体试件直径；l 为圆柱体试件长度。

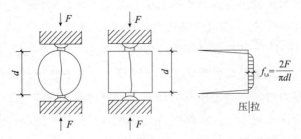

图 1-10　混凝土劈裂试验

试验表明，劈裂抗拉强度略大于直接受拉强度，劈裂抗拉试件大小对试验结果有一定影响，标准试件尺寸为 150mm × 150mm × 150mm。

《混凝土结构设计规范》（2015 年版）GB 50010—2010 考虑了从普通强度混凝土到高强度混凝土的变化规律，轴心抗拉强度标准值 f_{tk} 与立方体抗压强度标准值 $f_{cu,k}$ 关系见式（1–14）。

2. 复合应力状态下的混凝土强度

在实际工程结构中，混凝土多处于复杂的复合应力状态，如处于双向应力状态、三向受压应力状态、法向应力和剪应力共同作用状态等。

（1）双向应力状态下混凝土强度

对于双向应力状态，两个相互垂直的平面上作用有法向应力 σ_1 和 σ_2 时，双向应力状态下混凝土强度变化曲线如图 1–11 所示。

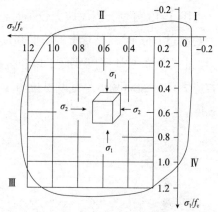

图 1–11　双向应力状态下的混凝土强度

当双向受压时（第Ⅲ象限），混凝土一向的强度随另一向压应力的增加而增加。双向受压混凝土的强度比单向受压混凝土的强度最多可提高约 27%。当双向受拉时（第Ⅰ象限），混凝土一向的抗拉强度与另一向拉应力大小基本无关，即抗拉强度和单向应力时的抗拉强度基本相等。当一向受拉、一向受压时（第Ⅱ、Ⅳ象限），混凝土一向的强度几乎随另一向应力的增加而呈线性降低。

（2）三向受压应力状态下的混凝土强度

混凝土在三向受压的情况下，由于受到侧向压力的约束作用，延迟和限制了沿轴线方向内部微裂缝的发生和发展，因而混凝土受压后的极限抗压强度和极限应变均有显著的提高和发展（图 1–12）。由试验得到的经验公式为：

$$f'_{cc} = f'_c + 4.1\sigma_2 \tag{1-36}$$

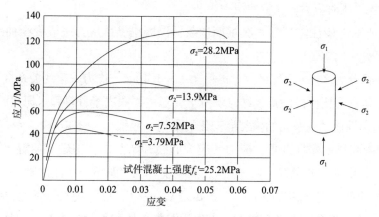

图 1–12　三向受压应力状态下的混凝土强度应力—应变曲线

式中，f'_{cc} 为三向受压状态混凝土圆柱体沿纵轴的抗压强度；f'_c 为混凝土单向受压时的抗压强度；σ_2 为侧向约束压应力。

在实际工程中，常利用三向受压混凝土的这种特性来提高混凝土构件的抗压强度和变形能力，如采用螺旋箍筋、加密箍筋以及钢管等约束混凝土。

（3）法向应力和剪应力共同作用下的混凝土强度

由图 1-13 可见，当压应力较小时，混凝土的抗剪强度随压应力的增大而增大；当压应力约超过 $0.6f_c$ 时，混凝土的抗剪强度随压应力的增大反而减小。也就是说由于存在剪应力，混凝土的抗压强度要低于单向抗压强度。由图 1-13 同时可见，混凝土的抗剪强度随拉应力的增大而减小。也就是说由于存在剪应力，混凝土的抗拉强度也要低于单向抗拉强度。

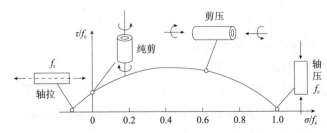

图 1-13　法向应力和剪应力共同作用下混凝土强度的变化规律

3. 混凝土的变形

混凝土的变形可分为两类：一类是受力变形，如混凝土在一次短期加载、荷载长期作用和重复荷载作用下产生的变形，本书仅对混凝土在一次短期加载和重复荷载作用下产生的变形进行重点介绍；另一类是非荷载原因引起的体积变形，如混凝土的收缩、膨胀以及温度变形等。

（1）一次短期加载下混凝土的变形性能

一次短期加载是指荷载从零开始单调增加至试件破坏，也称单调加载。

1）混凝土受压时应力—应变曲线

图 1-14 所示为棱柱体试件一次短期加载下混凝土受压应力—应变全曲线。曲线分为：上升段 OC、下降段 CE。

上升段 OC 分为 3 段：① OA 段，$\sigma = (0.3 \sim 0.4)f_c$，应力—应变关系接近直线，称为弹性阶段，$A$ 点为比例极限点，这时混凝土变形主要取决于骨料和水泥石的弹性变形，而水泥胶体的黏性流动以及初始微裂缝变化的影响一般很小。② AB 段，$\sigma = (0.3 \sim 0.8)f_c$，由于水泥凝胶体的塑性变形，应力—应变曲线开始凸向应力轴，随着 σ 加大，微裂缝开始扩展，并出现新的裂缝。在 AB 段，混凝土表现出明显的塑性性质，$\sigma = 0.8f_c$ 可作为混凝土长期荷载作用下的极限强度。③ BC 段，$\sigma > f_c$，微裂缝发展贯通，ε 增长更快，曲线曲率随荷载不断增加，应变加大，表现为混凝土体积加大，直至应力峰值点 C。峰

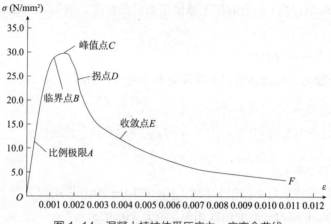

图 1-14　混凝土棱柱体受压应力—应变全曲线

值应力 σ_{max} 通常作为混凝土棱柱体的抗压强度 f_c，相应的应变称为峰值应变 ε_0，其值取 0.0015 ~ 0.0025，通常取 0.002。

下降段 CE：C 点以后，裂缝迅速发展、扩展、贯通，由于坚硬骨料颗粒的存在，沿裂缝面产生摩擦滑移，试件能继续承受一定的荷载，并产生变形，使应力—应变曲线出现下降段 CE。下降段曲线的凹向开始改变，即曲率为 0 的点 D 称为拐点。D 点以后，试件破裂，但破裂的碎块逐渐挤密，仍保持一定的应力，至收敛点 E，曲线平缓下降，这时贯通的主裂缝已经很宽，对无侧限的混凝土，E 点以后的曲线已失去结构意义。

2）混凝土应力—应变曲线数学模型

目前较常用的混凝土应力—应变曲线数学模型为：美国 E. Hognestad 建议模型（图 1-15）和德国 Rüsch 建议模型（图 1-16）。

① E.Hognestad 应力—应变曲线

该模型上升段为二次抛物线，下降段为斜直线，如图 1-15 所示。

上升段：$\varepsilon \leqslant \varepsilon_0$

$$\sigma = f_c\left[2\frac{\varepsilon}{\varepsilon_0} - \left(\frac{\varepsilon}{\varepsilon_0}\right)^2\right] \qquad (1-37)$$

下降段：$\varepsilon_0 \leqslant \varepsilon \leqslant \varepsilon_u$

$$\sigma = f_c\left[1 - 0.15\frac{\varepsilon - \varepsilon_0}{\varepsilon_u - \varepsilon_0}\right] \qquad (1-38)$$

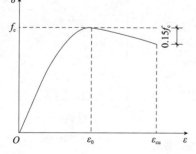

图 1-15　E.Hognestad 应力—应变曲线

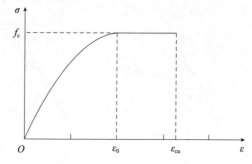

图 1-16　Rüsch 应力—应变曲线

式中，f_c 为峰值强度；ε_0 为对应于峰值应力时的应变，取 $\varepsilon_0=0.002$；ε_u 为极限压应变，取 $\varepsilon_u=0.0035$。

② Rüsch 应力—应变曲线

该模型上升段为二次抛物线，下降段为水平直线，如图 1-16 所示。

上升段：$\varepsilon \leqslant \varepsilon_0$

$$\sigma = f_c \left[2\frac{\varepsilon}{\varepsilon_0} - \left(\frac{\varepsilon}{\varepsilon_0} \right)^2 \right] \tag{1-39}$$

下降段：$\varepsilon_0 \leqslant \varepsilon \leqslant \varepsilon_u$

$$\sigma = f_c \tag{1-40}$$

《混凝土结构设计规范》（2015 年版）GB 50010—2010 采用的混凝土应力—应变曲线的数学模型与 Rüsch 应力—应变曲线相似，取 $\varepsilon_u = 0.0033$。

3）混凝土的变形模量

混凝土与弹性材料不同，受压应力—应变关系不是一条曲线，在不同的应力阶段，应力与应变之比的变形模量不是一个常数。混凝土的变形模量有弹性模量 E_c、割线模量 E_c' 和切线模量 E_c''。

①混凝土弹性模量 E_c。E_c 为应力—应变曲线原点处的切线斜率，称为混凝土弹性模量（见附表 6），$E_c = \tan\alpha$，如图 1-17（a）所示。由于要在混凝土一次加载应力—应变曲线上作原点的切线，找出 α 角是不容易作准确的，所以通用的做法是采用棱柱体（150mm × 150mm × 300mm）试件，先加载至 $\sigma = 0.5f_c$，然后卸载至零，再重复加载卸载。由于混凝土不是弹性材料，每次卸载至应力为零时，存在残余变形，随着加载次数增加（5 ~ 10 次），应力—应变曲线渐趋稳定并基本上趋于直线，该直线的斜率即定为混凝土的弹性模量。统计得混凝土弹性模量 E_c 与立方体强度 $f_{cu, k}$ 的关系为：

$$E_c = \frac{10^2}{2.2 + \dfrac{34.7}{f_{cu,k}}} \tag{1-41}$$

与弹性材料不同，混凝土进入塑性阶段后，初始的弹性模量 E_c 已不能反映这时的应力—应变性质，因此，有时用变形模量或切线模量来表示这时的应力—应变关系。

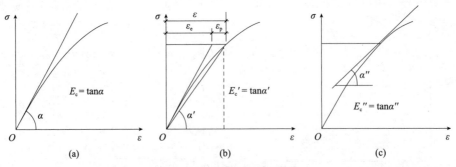

图 1-17　混凝土的变形模量
（a）弹性模量；（b）割线模量；（c）切线模量

②混凝土割线模量 E_c'。O 点至曲线任一点应力为 σ_c 处割线的斜率，称为任意点割线模量或称变形模量，$E_\mathrm{c}' = \tan\alpha'$，如图 1-17（b）所示。在弹塑性阶段，任一点的总变形 ε 均包含弹性变形 ε_e 和塑性变形 ε_p 两部分，即 $\varepsilon = \varepsilon_\mathrm{e} + \varepsilon_\mathrm{p}$，同时，将弹性变形 ε_e 与总变形 ε 的比值称为弹性系数 ν，即 $\nu = \varepsilon_\mathrm{e}/\varepsilon$。因此，有：

$$E_\mathrm{c}' = \frac{\sigma}{\varepsilon} = \frac{E_\mathrm{c}\varepsilon_\mathrm{e}}{\varepsilon} = \nu E_\mathrm{c} \qquad (1\text{-}42)$$

弹性系数 ν 随应力的增大而减小，其值为 0.5 ~ 1。

③混凝土切线模量 E_c''。在混凝土应力—应变曲线上某一应力值处作一切线，如图 1-17（c）所示，其应力增量与应变增量的比值称为对应于该应力值时混凝土的切线模量，$E_\mathrm{c}'' = \tan\alpha''$，如图 1-17（c）所示。$E_\mathrm{c}''$ 是一个变化的值，随着混凝土应力的增大而减小。

4）单向受拉时混凝土应力—应变关系

试验实测得到的混凝土轴心受拉时的应力—应变曲线如图 1-18 所示。可见，其形状与轴心受压时的应力—应变曲线相似，但其峰值应力和峰值应变比受压时小很多。

（2）重复荷载下混凝土的变形与疲劳

混凝土在荷载重复作用下引起的破坏称为疲劳破坏。吊车梁受到吊车荷载的重复作用、桥梁结构受到车辆荷载的重复作用、港口海岸结构受到波浪荷载的重复作用引起的损伤都属于疲劳破坏现象。

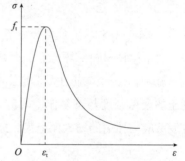

图 1-18　混凝土受拉时应力—应变曲线

混凝土棱柱体标准试件在一次荷载作用下的应力—应变曲线，如图 1-19（a）所示。当混凝土棱柱体一次短期加荷到 A，卸荷至零，此时加载曲线为 OA，卸载曲线为 AB。如果停留一段时间，再量测试件的变形，发现变形恢复一部分至 B'，则 BB' 恢复的变形称为弹性后效，而不能恢复的变形 $B'O$ 称为残余变形。由此可见，一次加卸荷过程的应力—应变图形，是一个环状曲线。

混凝土棱柱体在多次重复荷载作用下的应力—应变曲线，如图 1-19（b）所示。若加荷、卸荷进行循环往复：①若 σ_1 小于疲劳强度 f_c^f，在一定循环次数内，滞回环越来越小，趋于一条直线 CD。继续循环加载、卸载，混凝土将处于弹性工作状态。②加大应力至 σ_2（仍小于 f_c^f）时，荷载多次重复后，应力—应变曲线也接近直线 EF；CD 与 EF 直线都大致平行于在一次加载曲线的原点处所作的切线。③再加大应力至 σ_3（大于 f_c^f），则经过不多的循环次数，滞回环变成直线后继续循环，塑性变形会重新开始出现，而且塑性变形的累积变成发散，即累积塑性变形一次比一次大，且由凸向应力轴转变为凹向应变轴，如此循环若干次以后，由于累积变形超过混凝土的变形能力而破坏，破坏时裂缝小但变形大，这种现象称为疲劳。塑性变形收敛与不收敛的界限，就是材料的疲劳强度 f_c^f，大

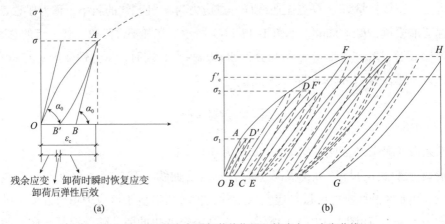

图 1-19　混凝土在重复荷载作用下的应力—应变曲线
（a）混凝土一次加卸载的应力—应变曲线；（b）混凝土多次重复加卸载的应力—应变曲线

致为（0.4 ~ 0.5）f_c。疲劳强度 f_c^f 与荷载的重复次数、荷载变化幅值及混凝土强度等级有关，通常以使材料破坏所需的荷载循环次数不少于 200 万次时的疲劳应力作为疲劳强度。

施加荷载时的应力大小是影响应力—应变曲线不同的发展和变化的关键因素，即混凝土的疲劳强度与重复作用时应力变化的幅度有关。在相同的重复次数下，疲劳强度随着疲劳应力比值的增大而增大，疲劳应力比值 ρ_c^f 按式（1-43）计算：

$$\rho_c^f = \frac{\sigma_{c, min}^f}{\sigma_{c, max}^f} \qquad (1-43)$$

式中，$\sigma_{c, min}^f$、$\sigma_{c, max}^f$ 分别为构件截面同一纤维上的混凝土最小应力及最大应力。

（3）混凝土的收缩

混凝土在空气中结硬时体积会缩小，这种现象称为混凝土的收缩。

混凝土的收缩变形随时间的增长过程如图 1-20 所示。混凝土的收缩值随时间的增长而增长，结硬初期收缩较快，1 个月大约可完成 1/2 的收缩，3 个月后收缩增长缓慢，一般在 2 年后趋于稳定，最终收缩应变大约为（2 ~ 5）$\times 10^{-4}$，一般取收缩应变值 3.0×10^{-4}。

引起收缩的重要因素是干燥失水，所以构件的养护条件、使用环境的温湿度均对混凝土的收缩有影响。使用环境的温度越高、湿度越低，收缩就越大，蒸汽养护的收缩值要小于常温养护的收缩值，这是因为在高温、高湿条件下养护可加快水化和凝结硬化作用。在工程中，养护不好或因混凝土构件的四周受约束而阻止混凝土收缩时，会使混凝土构件表面或水泥地面出现收缩裂缝。

试验还表明，水泥强度等级越高，制成的混凝土收缩越大；水泥用量越多、水灰比越大，收缩越大；骨料级配越好、弹性模量越大，收缩越小；养护时温、湿度越大，收缩越小；构件的体积与表面积比值大时，收缩小。

对钢筋混凝土构件来讲，收缩是不利的。当收缩受到约束时，收缩会使混凝土内部产生拉应力，进而导致构件开裂。在预应力混凝土结构中，收缩会导致预应力损失，降

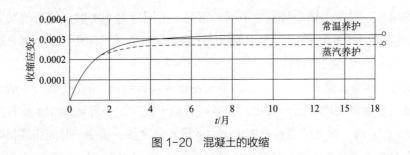

图 1-20　混凝土的收缩

低构件的抗裂性能。此外，对于某些对跨度比较敏感的超静定结构（如拱结构），混凝土的收缩也会引起不利的内力。

（4）混凝土的徐变

结构或材料承受的荷载或应力不变，应变或变形随时间增长的现象称为徐变。混凝土的徐变曲线如图 1-21 所示，总应变由收缩应变 ε_{sh}、加载时的瞬时应变 ε_{ci} 和由于荷载长期作用而产生的徐变 ε_{cr} 三部分组成。

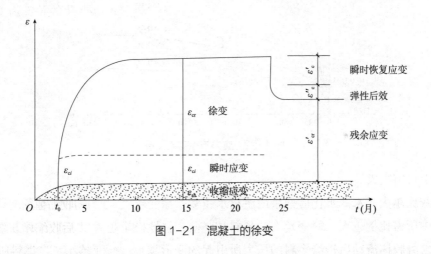

图 1-21　混凝土的徐变

徐变随时间的变化规律：前 4 个月徐变增长较快，半年内可完成总徐变量的 70% ~ 80%，以后增长逐渐缓慢，2 ~ 3 年后趋于稳定。

徐变 ε_{cr} 与加载时产生的瞬时变形 ε_{ci} 的比值称为徐变系数 φ，即 $\varphi = \varepsilon_{cr} / \varepsilon_{ci}$。当初始应力小于 $0.5f_c$ 时，2 ~ 3 年后徐变稳定，最终徐变系数 $\varphi = 2 ~ 4$。

徐变产生的原因，通常归结为：①混凝土中的水泥凝胶体在荷载长期作用下产生的黏性流动；②混凝土内部的微裂缝在荷载长期作用下不断地出现和发展。当应力较小时，徐变的发展以①原因为主；当应力较大时，则以②原因为主。

影响徐变的因素，可归纳为应力大小、材料组成、外部环境和龄期影响等方面。

（1）应力大小

混凝土的徐变与混凝土的应力大小有密切的关系。应力越大，徐变也越大。随着混凝土应力的增加，混凝土徐变将发生不同的情况。不同应力水平时，徐变的发展曲线如图 1-22 所示。当 $\sigma \leqslant 0.5f_c$ 时，应力相等条件下各条徐变曲线的间距几乎相等，徐变与应力成正比，这种情况称为线性徐变，徐变—时间曲线是收敛的，徐变曲线的渐近线与时间坐标轴平行。在线性徐变的情况下，加载初期徐变增长较快，6 个月时，一般已完成徐变的大部分，后期徐变增长逐渐减小，一年以后趋于稳定，一般认为 3 年左右徐变基本终止。当 $\sigma > 0.5f_c$ 时，徐变的增长速度比应力的增长速度快，徐变—时间曲线仍收敛，但收敛性随应力增大而变差，这种情况为非线性徐变。当 $\sigma > 0.8f_c$ 时，混凝土内部的微裂缝进入非稳态发展，非线性徐变变形剧增，徐变—时间曲线变为发散型，最终导致混凝土破坏。所以，取 $\sigma = 0.8f_c$ 作为混凝土的长期极限抗压强度。

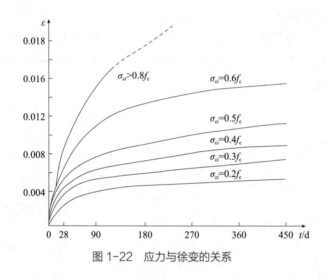

图 1-22 应力与徐变的关系

（2）材料组成

水灰比越大，水泥水化后残余的游离水越多，徐变越大；水泥用量越多，凝胶体在混凝土中所占比例越大，徐变越大；集料越坚硬，弹性模量越大以及集料所占体积比越大，则由凝胶体流动后传给集料的压力所引起的变形越小，徐变越小。当集料所占体积比由 60% 增加到 75% 时，徐变将减少 50%。

（3）外部环境

养护环境湿度越大，水泥水化作用越充分，徐变就越小，采用蒸汽养护可使徐变减小约 20% ~ 35%。混凝土在使用期间处于高温、干燥条件下所产生的徐变，比低温、潮湿时明显增大。如环境温度 70℃试件受载一年后的徐变，要比温度 20℃时试件受载一年后的徐变大一倍以上。此外，由于混凝土中水分的挥发逸散与构件的体积与表面积之比有关，因而构件尺寸越大，表面积相对越小，徐变就越小。

（4）龄期影响

加载时混凝土的龄期越长，徐变越小。为了减少徐变，应避免过早地给结构施加长期荷载，例如在施工期内避免过早地撤除构件的模板支柱等，也可以采取加快混凝土硬结的措施来减小龄期对徐变的影响。

徐变对钢筋混凝土结构的影响，既有有利的方面也有不利的方面。有利影响：徐变有利于防止结构裂缝形成；有利于构件的应力重分布，减少应力集中现象，减少温度应力等。不利影响：混凝土的徐变使构件变形增大；预应力混凝土构件中，徐变会导致预应力损失；徐变使受弯和偏心受压构件的受压区变形加大，故而使受弯构件挠度增加，使偏心受压构件的附加偏距增大，进而导致构件承载力的降低。

1.5.3　钢筋与混凝土之间的黏结

1. 黏结力

通常把钢筋与混凝土接触面上的纵向剪应力称为黏结应力，简称黏结力。钢筋和混凝土能够协同工作，除了两者具有相近的温度线膨胀系数外，更主要的是由于混凝土硬化后，钢筋和混凝土接触面上产生了良好的黏结力。同时，为了保证钢筋混凝土构件在工作时钢筋不被拔出或压出，能够与混凝土更好地工作，还要求钢筋具有良好的锚固。黏结和锚固是钢筋和混凝土形成整体、共同工作的基础。

用图1-23所示的钢筋与其周围混凝土之间产生的黏结应力来说明黏结作用。根据受力性质的不同，钢筋与混凝土之间的黏结应力可分为：裂缝间的局部黏结应力和钢筋端部的锚固黏结应力两种。裂缝间的局部黏结应力在相邻两个开裂截面之间产生，钢筋应力变化受到黏结应力影响，黏结应力使相邻两个裂缝之间混凝土参与受拉，局部黏结应力的丧失会使构件的刚度降低，促使裂缝的开展。钢筋伸进支座或在连续梁中承担负弯矩的上部钢筋在跨中截断时，需要延伸一段长度，即锚固长度。要使钢筋承受所需的拉力，就要求受拉钢筋有足够的锚固长度以积累足够的黏结力，否则，将发生锚固破坏。

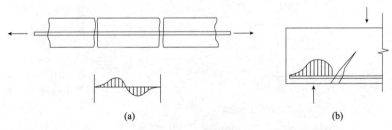

(a)　　　　　　　　　　　　　　　(b)

图1-23　钢筋和混凝土之间的黏结应力
（a）裂缝间的局部黏结应力；（b）锚固黏结应力

2. 黏结机理

（1）黏结力的组成

光面钢筋与变形钢筋具有不同的黏结机理。光面钢筋、变形钢筋与混凝土之间的黏结力均由三部分组成。

1）化学胶结力：由混凝土中水泥凝胶体和钢筋表面化学变化而产生的吸附作用力，

这种作用力很弱，一旦钢筋与混凝土接触面上发生相对滑移即消失。

2）摩阻力（握裹力）：混凝土收缩后紧紧地握裹住钢筋而产生的力。这种摩擦力与压应力大小及接触界面的粗糙程度有关。压应力越大、接触面越粗糙，摩阻力越大。

3）机械咬合力：由于钢筋表面凹凸不平，与混凝土之间产生的机械咬合作用力。变形钢筋的横肋会产生这种咬合力。

（2）黏结强度

钢筋与混凝土接触面的黏结强度采用拔出试验来测定（图1-24）。通常按式（1-44）计算黏结强度 τ_{u}：

$$\tau_{\mathrm{u}} = \frac{F}{\pi dl} \qquad (1-44)$$

式中，F 为拔出力；d 为钢筋直径；l 为锚固长度。

黏结强度 τ_{u} 就是黏结破坏时钢筋与混凝土接触面的最大平均黏结应力。图1-24（a）所示的拔出试验主要是用于测定锚固长度。钢筋拔出端的应力达到屈服强度时，钢筋没有被拔出的最小埋长称为锚固长度 l_{a}。由图1-24（a）可知，这种拔出试验的黏结应力分布不均匀，且加载端的混凝土受到承压钢板的局部挤压，这与构件中钢筋端部附近的应力状态有较大区别。因此，通常采用图1-24（b）所示的拔出试验来测定黏结强度。为避免张拉端局部挤压的影响，在张拉端设置了长度（2～3）d 的套管，钢筋的有效黏结锚长为 $5d$，在此较小长度上可近似认为黏结应力均匀分布。可见，由图1-24（b）所示的拔出试验测得的黏结强度较为准确。

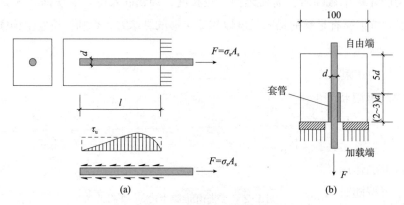

图 1-24　钢筋拔出试验
（a）锚固长度拔出试验；（b）黏结强度拔出试验

3. 影响黏结性能的因素

影响钢筋与混凝土黏结强度 τ_{u} 的主要因素有：

（1）混凝土强度等级。混凝土强度等级越高，τ_{u} 越大。试验表明，当其他条件基本相同时，τ_{u} 与 f_{t} 大致成正比。

（2）钢筋的外形、直径和表面状态。相对于光面钢筋，变形钢筋 τ_{u} 较高。变形钢筋在黏结破坏时，容易使周围混凝土产生劈裂裂缝。变形钢筋的外形（肋高）与直径不成正比，大直径钢筋的相对肋高较低，肋面积小，所以粗钢筋的 τ_u 相比细钢筋有明显降低。

（3）混凝土保护层厚度（c）和钢筋净距。混凝土保护层太薄，可能使钢筋外围混凝土产生径向劈裂而使 τ_u 降低。增大保护层厚度或钢筋之间保持一定的净距，可提高钢筋外围混凝土的抗劈裂能力，有利于 τ_u 的充分发挥。l/d 一定的情况下，τ_u/f_t 与 c/d 的平方根成正比，但 τ_u 随保护层厚度加大而提高的程度是有限的，当保护层厚度大到一定程度时，试件不再是劈裂式破坏而是刮犁式破坏，τ_u 将不再随保护层厚度加大而提高。

（4）横向配筋。混凝土构件中配有横向钢筋可以有效地抑制混凝土内部裂缝的发展，阻止劈裂破坏，提高黏结强度 τ_u。

（5）受力情况。支座处的反力等侧向压力可增大钢筋与混凝土接触面的摩擦力，提高黏结强度。剪力产生的斜裂缝将使锚固钢筋受到销栓作用而降低黏结强度。在重复荷载或反复荷载作用下，钢筋与混凝土之间的黏结强度将退化。

（6）浇筑混凝土时钢筋的位置。当混凝土浇筑的深度过大（超过 300mm）时，钢筋底面的混凝土由于离析泌水、沉淀收缩和气泡溢出等原因，使混凝土与其上部的水平钢筋之间产生空隙层，从而削弱了钢筋与混凝土之间的黏结作用。

本章小结

1. 建筑结构是由建筑构件形成的具有一定空间功能，并能承受建筑物各种作用的骨架结构，可按结构材料、承重体系、建筑物层数进行分类。

2. 结构设计要根据实际情况，解决好结构可靠性与经济性之间的矛盾。结构可靠度是结构可靠性的概率度量。结构可靠性是结构安全性、适用性和耐久性的总称。设计基准期和设计使用年限是两个不同的概念。

3. 结构的极限状态可分承载能力极限状态、正常使用极限状态和耐久性极限状态。结构的三种工作状态：$Z > 0$ 表明该结构能够完成预定的功能，处于可靠状态；$Z < 0$ 表明该结构不能完成预定的功能，处于失效状态；$Z = 0$ 表明该结构处于极限状态。

4. 结构上的作用是指施加在结构上的集中力或分布力和引起结构外加变形或约束变形的原因，可按随时间的变化、空间位置的变化、结构的反应特点、有无限值和其他等进行分类。作用效应指由作用引起的结构或构件的反应。当作用为集中力或分布力时，其效应可称为荷载效应。结构抗力是指结构或构件承受作用效应和环境影响的能力。

5. 可靠指标与失效概率之间存在对应关系。目标可靠指标的取值与结构的安全等级和破坏类型有关。荷载代表值是设计中用以验算极限状态所采用的荷载量值，有标准值、组合值、频遇值和准永久值。材料强度指标有标准值和设计值之分。

6. 对于承载能力极限状态，应按荷载效应的基本组合和偶然组合进行荷载（效应）组合。对于正常使用极限状态，应根据不同的设计要求，采用荷载的标准组合、频遇组合或准永久组合。

7.根据应力—应变曲线特征的不同，可将钢筋分为有明显流幅的钢筋（简称为软钢）和无明显流幅的钢筋（简称为硬钢）两类。屈服强度是钢筋设计强度取值的依据。反映钢筋力学性能的基本指标有屈服强度、强屈比、伸长率和冷弯性能。钢筋冷加工可提高钢材的强度，但塑性降低。冷加工有冷拉和冷拔等方法。

8.单向应力状态下的混凝土强度有立方体抗压强度、轴心抗压强度和轴心抗拉强度。立方体抗压强度是材料性能的基本代表值。实际结构中的混凝土大多处于复合应力状态，复合应力状态下的混凝土强度与单向应力状态下有较大区别。复合应力状态下的混凝土强度主要有双向应力状态下的混凝土强度、三向受压应力状态下的混凝土强度、法向应力和剪应力共同作用下的混凝土强度。

9.混凝土的变形可分为两类：一类是受力变形，如混凝土在一次短期加载、荷载长期作用和重复荷载作用下产生的变形；另一类是非荷载原因引起的体积变形，如混凝土的收缩、膨胀以及温度变形等。

10.黏结和锚固是钢筋和混凝土形成整体、共同工作的基础，应当采取必要的措施加以保证。黏结力由化学胶结力、摩阻力和机械咬合力三部分组成。黏结破坏是脆性破坏。

思考与练习题

1.名词解释

（1）土木工程；结构；工程结构；结构体系。

（2）设计基准期；设计使用年限。

（3）承载能力极限状态；正常使用极限状态；耐久性极限状态。

（4）结构上的作用；作用效应；结构抗力。

（5）结构可靠度；失效概率；可靠指标。

（6）荷载代表值；荷载标准值；荷载组合值；荷载频遇值；荷载准永久值。

（7）材料强度的标准值；材料强度的设计值。

（8）混凝土的收缩；混凝土的徐变。

2.简述结构在规定的设计使用年限内应满足的功能要求。

3.试分析荷载和作用的区别。

4.试用结构功能函数描述结构的三种工作状态。

5.简述影响结构抗力的主要因素。

6.分析引入荷载分项系数的意义。

7.描述软钢和硬钢的应力—应变曲线。

8.钢筋冷加工的方法有哪几种？冷拉和冷拔后钢筋的力学性能有何变化？

9.如何确定混凝土的立方体抗压强度、轴心抗压强度和轴心抗拉强度？

10. 简述混凝土一次短期加荷的应力—应变曲线特点。

11. 简述混凝土在三向受压情况下强度和变形的特点。

12. 如何确定混凝土的弹性模量、切线模量和割线模量？

13. 简述影响混凝土徐变的主要因素以及混凝土徐变对混凝土构件的影响。如何减少混凝土徐变？

14. 简述钢筋与混凝土之间的黏结力组成以及影响黏结力的主要因素。为保证钢筋和混凝土之间有足够的黏结力应采取哪些措施？

15. 钢筋混凝土轴心受压短柱，截面 $b \times h = 300mm \times 500mm$，配有 4 根钢筋 A_s 为 $1964mm^2$。轴力 N 的平均值 μ_N 为 1800kN，变异系数 δ_N 为 0.10。钢筋屈服强度平均值 μ_{fy} 为 $380N/mm^2$，变异系数 δ_{fy} 为 0.06。混凝土轴心抗压强度平均值 μ_{fc} 为 $24.80N/mm^2$，变异系数 δ_{fc} 为 0.20。假定 N、f_y 和 f_c 均服从正态分布，且不考虑结构尺寸的变异和计算模式的不准确性，试计算该短柱的可靠指标 β。

16. 某屋面板，板的自重、抹灰层等永久荷载引起的弯矩标准值 M_{Gk} 为 2.40kN·m，楼面活荷载引起的弯矩标准值 M_{Lk} 为 1.80kN·m，雪荷载引起的弯矩标准值 M_{Sk} 为 0.30kN·m，结构安全等级为一级，试分别计算标准组合、频遇组合及准永久组合时的弯矩值。

17. 已知混凝土立方体抗压强度分别为 $30N/mm^2$、$80N/mm^2$，试计算其轴心抗压强度、轴心抗拉强度及其弹性模量。

18. 同时浇筑的 A、B 两个柱体试件（150mm × 150mm × 600mm）。A 试件不受荷载；B 试件承受均布压应力 $\sigma = 5N/mm^2$ 的作用，自加载开始同时量测两柱体的变形（量距 600mm）。设经过一段时间后，A 试件的变形为 0.18mm；B 试件的变形为 0.415mm。设加荷时混凝土的弹性模量 $E_c = 2.6 \times 10^4 N/mm^2$，试求混凝土在此时间的徐变系数。

第2章　轴心受力构件承载力计算

【本章要点及学习目标】

（1）了解轴心受压和受拉构件的受力特征。

（2）掌握轴心受压构件普通箍筋柱和螺旋式（或焊接环式）箍筋柱正截面承载力计算方法，充分理解长细比和徐变对构件承载力影响的物理意义。

（3）掌握轴心受拉构件正截面承载力的计算方法。

（4）熟悉轴心受压和受拉构件的构造要求。

2.1　概述

严格地讲，只有当截面上应力的合力与纵向外力作用在同一直线上的构件，才能称为轴心受力构件。在钢筋混凝土结构中，由于混凝土的非均质性、钢筋位置的偏离、制作和安装误差导致轴向力作用位置偏移等原因，理想的轴心受力构件是不存在的，构件实际上往往处于偏心受力状态。但为了计算方便，工程上一般将纵向外力的作用线与截面的形心线重合的构件按轴心受力构件进行设计。

轴心受力构件按构件承受外力的性质分为轴心受压构件和轴心受拉构件。

我国考虑到对以恒载为主的多层房屋的内柱、屋架的斜压腹杆和压杆等构件，往往因弯矩很小而可以略去不计，同时也不考虑附加偏心距的影响，可近似简化为轴心受压构件进行简便计算。

在房屋建筑工程中，轴心受拉构件很少。但有些构件可近似按轴心受拉构件计算，如钢筋混凝土桁架中的拉杆、有内压力的圆管管壁、圆形水池的环形池壁等。普通钢筋混凝土构件承受拉力，无论从充分利用材料强度还是减小构件裂缝来看，都是不合理且不合适的。一般应采用预应力混凝土或钢结构。但在实际工程中我们常常可以看到钢筋混凝土结构屋架或托架的受拉弦杆、拱的拉杆以及屋架中的部分腹杆仍采用钢筋混凝土材料。这主要是由于当局部构件受拉时，把它做成钢构件，不仅会给施工带来不便，也会因处理钢筋混凝土和钢构件之间的连接构造而给设计带来不便，或是因为在某些荷载组合下有些构件既承受压力又承受拉力，从而发生内力变化现象。因此，常将这些局部受拉构件设计为钢筋混凝土构件。

2.2 轴心受压构件承载力计算

根据配筋方式的不同，轴心受压构件可分为两种基本形式：

（1）配有普通箍筋的柱，如图 2-1（a）所示；

（2）配有螺旋式（或焊接环式）间接钢筋的柱，如图 2-1（b）（c）所示。

纵向钢筋在轴心受压构件中除能够协助混凝土承担轴向压力以减小构件的截面尺寸外，同时能够承担由初始偏心引起的附加弯矩和某些难以预料的偶然弯矩所产生的拉力，防止构件突然的脆性破坏和增强构件的延性，减小混凝土的徐变变形，并能改善素混凝土轴心受压构件承载力离散性较大的弱点。

在配置普通箍筋的轴心受压构件中（图 2-1a），箍筋和纵筋形成骨架，防止纵筋在混凝土压碎之前，在较大长度上向外压曲，从而保证纵筋能与混凝土共同受力直到构件破坏。同时，箍筋还对核心混凝土起到一些约束作用，并与纵向钢筋一起在一定程度上改善构件最终可能发生的突然脆性破坏，提高极限压应变。

在配置螺旋式（或焊接环式）箍筋的轴心受压构件中（图 2-1b、图 2-1c），箍筋为间距较密的螺旋式（或焊接环式）箍筋，这种箍筋能对核心混凝土形成较强的环向被动约束，从而能够进一步提高构件的承载能力和受压延性。

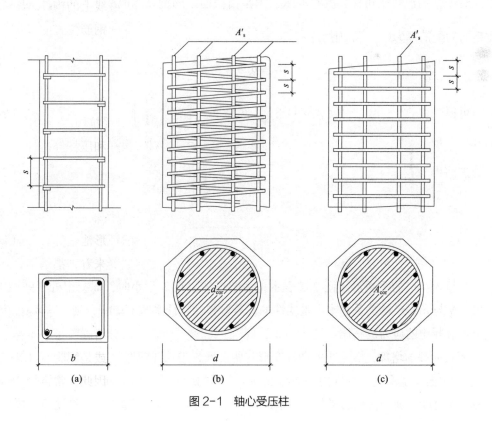

图 2-1 轴心受压柱

2.2.1 配有普通箍筋的轴心受压构件正截面承载力计算

1. 在短期荷载作用下轴心受压短柱的应力分布及破坏形态

由于钢筋和混凝土之间存在黏结力，因此，轴心受压构件在各级荷载施加的过程中，纵向钢筋与混凝土共同承受压力。压应变沿构件长度上基本上是均匀分布的，且受压钢筋的压应变 ε_s' 与混凝土压应变 ε_c 基本相等，即：

$$\varepsilon_s' = \varepsilon_c \tag{2-1}$$

由 $E_c' = \nu E_c$，其中，E_c'、E_c 分别为混凝土受压时的变形模量与混凝土弹性模量；ν 为混凝土弹性特征系数，其值是随着混凝土压应力的增长而不断降低的。设钢筋与混凝土弹性模量之比为 α_E，即 $\alpha_E = \dfrac{E_s}{E_c}$，则：

钢筋的压应力为：

$$\sigma_s' = E_s \varepsilon_s = \alpha_E \cdot \frac{\sigma_c}{\nu} \tag{2-2}$$

混凝土的压应力为：

$$\sigma_c = E_s \varepsilon_c = \nu E_c \varepsilon_c = \frac{\nu}{\alpha_E} \cdot \sigma_s' \tag{2-3}$$

对于钢筋混凝土短柱，其总的承载力是由截面中的钢筋和混凝土共同承受的。设受压钢筋的配筋率为 $\rho' = \dfrac{A_s'}{A_c}$，则由：

$$N = \sigma_c A_c + \sigma_s' A_s' \tag{2-4}$$

可得：

$$N = \sigma_c A_c \left(1 + \frac{\alpha_E}{\nu} \cdot \rho'\right) = \sigma_s' A_s' \left(1 + \frac{\nu}{\alpha_E \rho'}\right) \tag{2-5}$$

进而得：

$$\sigma_c = \frac{N}{\left(1 + \dfrac{\alpha_E}{\nu} \cdot \rho'\right) A_c} \tag{2-6}$$

$$\sigma_s' = \frac{N}{\left(1 + \dfrac{\nu}{\alpha_E \rho'}\right) A_s'} \tag{2-7}$$

N 与 σ_c、σ_s' 的关系可用图 2-2 表示，由图可知，在 N 很小时，混凝土处于弹性工作阶段，N 与 σ_c、σ_s' 的关系基本上是线性的，若取弹性特征系数 $\nu = 1.0$，则 $\sigma_s' = \alpha_E \sigma_c$，说明钢筋与混凝土的应力成正比。

随着荷载的增加，混凝土的塑性变形有所发展，进入弹塑性阶段，亦即 $\nu < 1$，这时 σ_c 与 σ_s' 的比值发生变化，构件内钢筋与混凝土之间的应力发生重分布现象。混凝土压应力 σ_c 的增长速度将随着荷载的增长而逐渐减慢，而钢筋应力 σ_s' 的增长速度将逐渐变快。

试验表明，受压构件中配置了纵向钢筋，起到了调整混凝土应力的作用，使混凝土的塑性性能得到较好地发挥，使构件到达峰值应力时的应变值由素混凝土构件的 0.0015 ~ 0.002 增加到 0.0025 ~ 0.0035，改善了轴心受压构件破坏的脆性性质。

在轴心受压短柱中，不论受压钢筋在构件破坏时是否达到屈服，构件的承载力最终都是由混凝土压碎来控制的。当达到极限荷载时，在构件最薄弱区段的混凝土内将出现由微裂缝发展而成的肉眼可见的纵向裂缝，随着压应变的增长，这些裂缝将相互贯通，在外层混凝土剥落之后，核心部分的混凝土将在纵向裂缝之间被完全压碎。在这个过程中，混凝土的侧向膨胀将向外推挤钢筋，而使纵向受压钢筋在箍筋之间呈灯笼状向外受压，如图 2-3 所示。破坏时，一般中等强度的钢筋均能达到其抗压屈服强度，混凝土能达到轴心抗压强度，钢筋和混凝土都得到充分的利用。

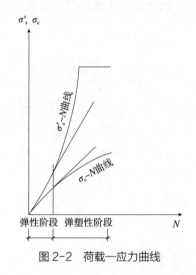

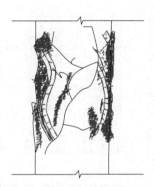

图 2-2　荷载—应力曲线　　　　　图 2-3　轴心受压短柱破坏形态

高强度钢筋在受压构件中是否能得到充分的利用，可以以构件的压应变等于 0.002 为控制条件，并认为此时混凝土达到轴心抗压强度 f_c，相应的纵向钢筋应力值 $\sigma_s' = E_s \cdot \varepsilon_s' \approx 2 \times 10^5 \times 0.002 = 400\text{N/mm}^2$。可见，当采用的纵向钢筋其抗拉强度设计值小于 400N/mm² 时，则其抗压强度设计值等于其抗拉强度设计值，若其抗拉强度设计值大于或等于 400N/mm² 时，则其抗压强度设计值只能取 400N/mm²。

2. 在长期荷载作用下轴心受压短柱的应力分布及破坏形态

由于混凝土徐变的作用，构件加载后维持荷载不变，在混凝土与钢筋之间会进一步发生应力重分布现象。

用徐变系数 φ_{cr} 来反映混凝土产生徐变后的应变性能，即：

$$\varepsilon_c = \frac{\sigma_c}{E_c}(1+\varphi_{cr}) \tag{2-8}$$

同理，考虑徐变影响，钢筋和混凝土的应力可表达为：

$$\sigma_c = \frac{N}{[1 + \alpha_E \rho'(1 + \varphi_{cr})]A_c} \qquad (2\text{-}9)$$

$$\sigma_s = \frac{N}{\left[1 + \dfrac{1}{\alpha_E \rho'(1 + \varphi_{cr})}\right]A'_s} \qquad (2\text{-}10)$$

由于徐变系数 φ_{cr} 是随着时间的增长而不断增大的，因此混凝土徐变的影响将使钢筋的应力逐步增大，而使混凝土自身的应力逐渐降低。其中，混凝土的压应力变化幅度较小，而钢筋压应力变化幅度较大，而且徐变越大，这种应力重分布的变化幅度也就越大，即徐变的发展对混凝土起卸荷的作用。并且还可以看出：受徐变影响的钢筋和混凝土的应力变化幅度还与配筋率 ρ' 有关。当 ρ' 较高时，σ_c 的降低幅度较大，而 σ'_s 的增长幅度较小，图 2-4 中绘出了在两个不同配筋率的柱中，由于混凝土的徐变引起的 σ_c 和 σ'_s 随时间变化的情况，从图中可以明显看出上述规律。

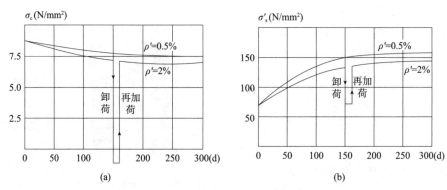

图 2-4　长期荷载作用下截面混凝土和钢筋的应力重分布
（a）混凝土；（b）钢筋

值得注意的问题是：在设计中，对在使用过程中有可能卸去大部分荷载或承受重复荷载的轴心受压构件，配筋率 ρ' 不宜设计得过大。主要原因是：如果持续受轴向压力作用的构件在引起上述应力重分布现象之后，把轴向压力从构件上卸掉，则钢筋将试图恢复它的全部弹性压缩变形，而混凝土则只试图恢复它全部压缩变形当中的弹性变形部分。这两部分变形是不相等的，而且混凝土的徐变越大，这两部分变形之间的差距也就越大。由于这时钢筋与混凝土之间的黏结强度并未破坏，因此，整个构件截面实际恢复的变形必然介于钢筋的弹性变形和混凝土的弹性变形之间，从而必将在钢筋中产生强制压力，而在混凝土中产生强制拉力。若截面配筋率较高，混凝土的徐变较大，强制拉力就可能大到足以把混凝土拉裂的地步。这样就将在卸荷后的轴心受压构件中产生若干条与构件轴线垂直的贯通裂缝。

3. 轴心受压长柱的应力分布及破坏形态

众所周知，轴向压力的初始偏心（或称偶然偏心）实际上是不可避免的。在短粗构件中，初始偏心对构件的承载能力尚无明显影响。但在细长轴心受压构件中，以微小初始偏心作用在构件上的轴向压力将使构件朝与初始偏心相反的方向产生侧向弯曲。如图 2-5（a）所示，在构件的各个截面中除轴向压力外还将有附加弯矩 $M = Ny$ 的作用，因此构件已从轴心受压转变为偏心受压。试验结果表明，当长细比较大时，侧向挠度最初是以与轴向压力成正比例的方式缓慢增长的；但当压力达到破坏压力的 60% ～ 70% 时，挠度增长速度加快，如图 2-5（b）（c）所示，破坏时，受拉一侧混凝土被拉裂，在构件高度中部产生若干条以一定间距分布的水平裂缝，而受压一侧往往产生较长的纵向裂缝，箍筋之间的钢筋向外压屈，构件高度中部的混凝土被压碎，最后构件在轴向压力和附加弯矩的作用下破坏。这实际上是偏心受压构件破坏的典型特征，如图 2-5（d）所示。

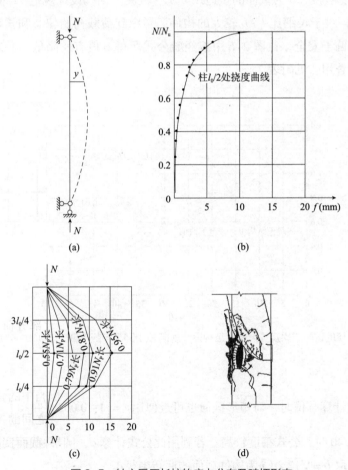

图 2-5　轴心受压长柱的应力分布及破坏形态
（a）长柱加载图；（b）长柱柱高中点挠度曲线；（c）挠度分布图；（d）长柱破坏形态

当轴心受压构件的长细比变大，例如当 $l_0 / b > 35$ 时（指矩形截面，其中 b 为产生侧向挠曲方向的截面边长），就可能发生失稳破坏。亦即当构件的侧向挠曲随着轴向压力的增大而增长到一定程度时，构件将不再能保持稳定平衡。这时构件截面尚未产生材料破坏，但已达到所能承担的最大轴向压力，这个压力将随着构件长细比的增大而逐步降低。

试验表明，长柱承载力 $N_{长柱}$ 低于其他条件相同的短柱承载力 $N_{短柱}$，《混凝土结构设计规范》（2015 年版）GB 50010—2010 用构件的稳定系数 φ 来表示长柱承载力降低的程度，即：

$$\varphi = \frac{N_{长柱}}{N_{短柱}} \tag{2-11}$$

根据国内外试验的实测结果，由图 2-6 可知，l_0/b 为越大，φ 值越小。当 $l_0/b < 8$ 时，$\varphi \approx 1$，柱的承载力没有降低。因此，构件的稳定系数 φ 主要与构件的长细比 l_0/b 有关（l_0 为柱的计算长度，b 为截面的短边尺寸）。《混凝土结构设计规范》（2015 年版）GB 50010—2010 中，对于长细比 l_0/b 较大的构件，考虑到荷载初始偏心和长期荷载的不利影响，φ 的取值偏于安全，比图 2-6 中按经验公式所得 φ 值有所降低，并对 φ 值制定了计算表，可直接查用（见附表 7）。

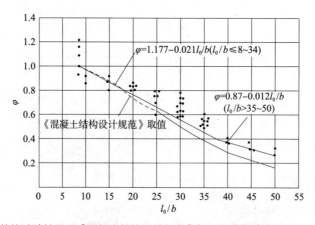

图 2-6　φ 值的试验结果及《混凝土结构设计规范》（2015 年版）GB 50010—2010 取值

当需用公式计算 φ 值时，对矩形截面也可近似用 $\varphi = \left[1 + 0.002 \left(\dfrac{l_0}{b} - 8 \right)^2 \right]^{-1}$ 代替查表取值，当 φ 不超过 40 时，公式精度较高。若利用此公式计算 φ，圆形截面可取 $b = \sqrt{3}\, d/2$，其他任何截面可取 $b = \sqrt{12}\, i$（i 为构件截面的回转半径）。

实际结构中，构件的支承情况比上述理想的不动铰支承或固定端要复杂得多，应结合具体情况进行分析。《混凝土结构设计规范》（2015 年版）GB 50010—2010 规定，轴心受压和偏心受压柱的计算长度 l_0 可按下列规定取用：

（1）刚性屋盖单层房屋排架柱、露天吊车柱和栈桥柱，其计算长度 l_0 可按表 2-1 取用。

刚性屋盖单层房屋排架柱、露天吊车柱和栈桥柱的计算长度 l_0 表2-1

柱的类型		排架方向	垂直排架方向	
			有柱间支撑	无柱间支撑
无吊车厂房柱	单跨	1.5H	1.0H	1.2H
	两跨及多跨	1.25H	1.0H	1.2H
有吊车厂房柱	上柱	$2.0H_u$	$1.25H_u$	$1.5H_u$
	下柱	$1.0H_l$	$0.8H_l$	$1.0H_l$
露天吊车和栈桥柱		$2.0H_l$	$1.0H_l$	—

注：1. 表中 H 为从基础顶面算起的柱子全高；H_l 为从基础顶面至装配式吊车梁底面或现浇式吊车梁顶面的柱子下部高度；H_u 为从装配式吊车梁底面或从现浇式吊车梁顶面算起的柱子上部高度。

2. 表中有吊车厂房排架柱的计算长度，当计算中不考虑吊车荷载时，可按无吊车厂房的计算长度采用，但上柱的计算长度仍按有吊车厂房采用。

3. 表中有吊车厂房排架柱的上柱在排架方向的计算长度，仅适用于 $H_u/H_l \geq 0.3$ 的情况；当 $H_u/H_l < 0.3$ 时，计算长度宜采用 $2.5H_u$。

（2）一般多层房屋中梁柱为刚接的框架结构，各层柱的计算长度 l_0 可按表2-2取用。

框架结构各层柱的计算长度 l_0 表2-2

楼盖类型	柱的类别	l_0
现浇楼盖	底层柱	1.0H
	其余各层柱	1.25H
装配式楼盖	底层柱	1.25H
	其余各层柱	1.5H

注：表中 H 为底层柱从基础顶面到一层楼盖顶面的高度；对其余各层柱为上、下两层楼盖顶面之间的高度。

（3）当水平荷载产生的弯矩设计值占总弯矩设计值的75%以上时，框架柱的计算长度 l_0 可按下列两个公式计算，并取其中的较小值：

$$l_0 = [1+0.15(\varphi_u + \varphi_l)]H \tag{2-12a}$$

$$l_0 = (2 + 0.2\varphi_{min})H \tag{2-12b}$$

式中 φ_u、φ_l——柱的上、下端节点处交汇的各柱线刚度之和与交汇的各梁线刚度之和的比值；

φ_{min}——比值中的较小值；

H——柱的高度，按表2-1的注采用。

4. 正截面受压承载力计算

根据以上分析，可得轴心受压构件正截面承载力计算公式为：

$$N = 0.9\varphi(f_c A + f_y' A_s') \tag{2-13}$$

式中　　N——轴向压力设计值；

　　　　φ——钢筋混凝土构件的稳定系数，按附表 7 采用；

　　　　f_c——混凝土的轴心抗压强度设计值，按附表 2 采用；

　　　　A——构件截面面积；

　　　　f'_y——纵向钢筋的抗压强度设计值，按附表 4 采用；

　　　　A'_s——全部纵向钢筋的截面面积。

当纵向钢筋配筋率大于 3% 时，式中 A 应改为 A_n，$A_n = A - A'_s$。

5. 设计步骤

在实际工程中遇到的配有普通箍筋的轴心受压构件的设计问题可以分为截面设计和截面复核两大类。

（1）截面设计

在设计截面时可以采用以下两种途径：

1）先选定材料强度等级，并根据轴向压力的大小以及房屋总体刚度和建筑设计的要求确定构件截面的形状和尺寸，然后利用附表 7 确定稳定系数 φ，再由式（2–13）求出所需的纵向钢筋截面面积，确定钢筋数量。

2）或者先选定一个合适的配筋率，通常可取 $\rho' = 1.0\% \sim 1.5\%$ 左右，并按初估的截面形状、尺寸求得 φ，再按式（2–13）导出的下列公式计算所需的构件截面面积和配筋面积，并按计算出的 A_c 决定柱的最终截面尺寸。

$$A_c = \cfrac{N}{0.9\varphi\,(f_c + \rho'f'_y)} \tag{2–14}$$

　　　　则：
$$A'_s = \rho'A_c$$

在按后一种途径进行截面设计时，如果第一次对截面尺寸的估计不准，就还需要按实际选定的构件截面对 φ 和 A'_s 进行第二次计算，故较为烦琐，只适用初学者。

应当指出的是，在实际工程中轴心受压构件沿截面 x、y 两个主轴方向的杆端约束条件可能不同，因此计算长度 l_0 也就可能不完全相同。如为正方形、圆形或多边形截面时，则应按其中较大的 l_0 确定 φ。如为矩形截面，应分别按 x、y 两个方向确定 φ，并取其中较小者代入式（2–13）进行承载力计算。

（2）截面复核

轴心受压构件的截面复核步骤比较简单，只需将有关数据代入式（2–13），即可求得构件所能承担的轴向力设计值。

【例 2–1】某五层现浇钢筋混凝土框架结构的底层中柱承受纵向压力设计值 N=3000kN，基础顶面之首层楼板面的高度 $H = 5.4$m。现采用 C30 混凝土，HRB400 级钢筋，试设计此柱。

【解】（1）初步估计截面尺寸

设配筋率 $\rho' = 0.01$，则 $A_s = 0.01A$

设稳定性系数 $\varphi = 1.0$，查表得 C30 混凝土 $f_c = 14.3\text{N/mm}^2$，HRB400 级钢筋 $f'_y = 360\text{N/mm}^2$。

由式（2-14）得：$A_c = \dfrac{N}{0.9\varphi\left(f_c + \rho' f'_y\right)} = \dfrac{3000000}{0.9 \times 1.0 \times \left(14.3 + 0.01 \times 360\right)} = 186219.7\text{mm}^2$

设该柱为正方形截面，则边长 $b = \sqrt{A_c} = \sqrt{186219.7} = 431\text{mm}$，所以取 $b = h = 450\text{mm}$。

（2）配筋计算

柱的计算长度及长细比分别为：

$$l_0 = 1.0H = 5.4\text{m}, \quad l_0 / b = 5.4/0.45 = 12$$

查附表 7 计算得：$\varphi = 0.95$。

代入式（2-13）得：$A'_s = \dfrac{\dfrac{N}{0.9\varphi} - f_c A}{f'_y} = \dfrac{\dfrac{3000000}{0.9 \times 0.95} - 14.3 \times 450^2}{360} = 1703\text{mm}^2$

纵筋选用 6 Φ 20（$A'_s = 1884\text{mm}^2$），箍筋按照构造要求选取Φ 6@250。

2.2.2 配有螺旋式（或焊接环式）箍筋的轴心受压构件正截面承载力计算

当轴心受压构件截面尺寸由于建筑上或使用上的要求而受到限制，若按配有纵筋和普通箍筋的柱进行设计，即使提高混凝土强度等级和增加纵筋用量仍不能满足承受较大荷载的计算要求时，可考虑采用螺旋式（或焊接环式）箍筋柱，以提高构件的承载能力。

图 2-7 表示螺旋式（焊接环式）箍筋柱的构造形式。柱的截面形状一般为圆形或多边形。但由于施工比较复杂，造价较高，用钢量较大，一般不宜采用。

对配置螺旋式或焊接环式箍筋的柱，箍筋所包围的核心混凝土相当于受到一个套箍作用，有效地限制了核心混凝土的横向变形，使核心混凝土在三向压应力作用下工作，从而提高了轴心受压构件正截面的承载力。

试验研究表明，在配有螺旋式（或焊接环式）箍筋的轴心受压构件中，当混凝土所受的压应力较低时，箍筋受力并不明显。当压应力达到无约束混凝土极限强度的 0.7 倍左右以后，混凝土中沿受力方向的微裂缝就将开始迅速发展，从而使混凝土的横向变形明显增大，并对箍筋形成径向压力，这时箍筋才开始反过来对混凝土施加被动的径向均匀约束压力。当构件的压应变超过无约束混凝土的极限应变后，箍筋以外的表层混凝土将逐步剥落。但核心混凝土在箍筋约束下可以进一步承担更大的压应力，其抗压强度随着箍筋约束力的增强而提高；而且核心混凝土的极限压应变也将随着箍筋约束力的增强而加大，如图 2-8 所示。此时螺旋式（或焊接环式）箍筋中产生了拉应力，当箍筋拉应力逐渐加大到抗拉屈服强度时，就不能再有效地约束混凝土的横向变形，混凝土的抗压强

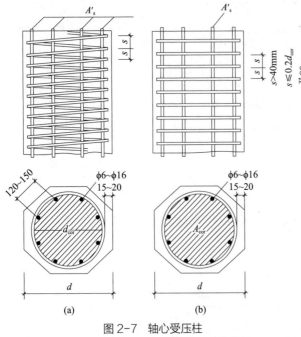

图 2-7 轴心受压柱
（a）螺旋式箍筋柱；（b）焊接环式箍筋柱

度就不能再提高，这时构件达到破坏。在图 2-9 中绘出了不同螺距的 6.5mm 直径的螺旋箍筋约束的混凝土圆柱体的应力—应变曲线。从图中可以看出，圆柱体的抗压强度及极限应变随着螺旋箍筋用量的增加而相应增长。

矩形箍筋水平肢的侧向抗弯刚度很弱，无法对核心混凝土形成有效的约束，只有箍筋的四个角能通过向内的起拱作用对一部分核心混凝土形成有限的约束（图 2-10）。因此，其作用效果远没有密排螺旋式（或焊接环式）箍筋那样显著。

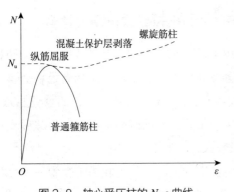

图 2-8 轴心受压柱的 N-ε 曲线

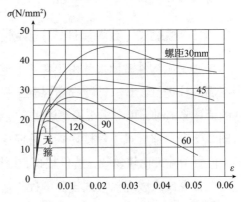

图 2-9 200mm 量测标距的平均应变

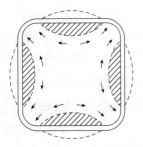

图 2-10 矩形箍筋约束状况

配有螺旋式（或焊接环式）箍筋的轴心受压构件正截面承载力计算详见二维码 2-1。

2-1 正截面受压承载力计算

2.3 轴心受拉构件承载力计算

混凝土的抗拉强度低，一般钢筋混凝土受拉构件在外拉力不大时，混凝土就会出现裂缝。因此除了强度计算外，还需要进一步作抗裂度或裂缝宽度的验算（具体验算方法见第 6 章）。

2.3.1 轴心受拉构件的受力特征

通过轴心受拉构件的试验，得到轴向拉力与变形的关系曲线，如图 2-11 所示。

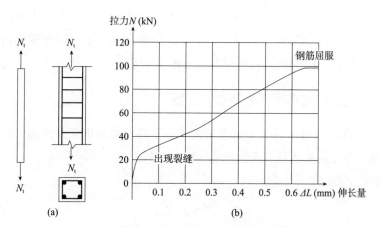

图 2-11 轴心受拉构件试验
（a）轴心受拉构件试验示意图；（b）轴心受拉构件试验曲线

从图 2-11 中可以看出，关系曲线上有两个明显的转折点，从加载开始到破坏为止，其受力过程可分为三个受力阶段：

（1）整体工作阶段。加载到混凝土受拉开裂前，即第一工作阶段。

此时混凝土与钢筋共同工作，但应力和应变都很小，并大致成正比，应力与应变曲线接近于直线。在第一工作阶段末，混凝土拉应变达到极限，裂缝即将产生。此阶段作为轴心受拉构件不允许开裂的抗裂验算的依据。

（2）带裂缝工作阶段。混凝土开裂后至钢筋即将屈服，即第二工作阶段。

当荷载增加到某一数值时，在构件较薄弱的部位会首先出现法向裂缝。构件裂缝截面处的混凝土随即退出工作，拉力全部由钢筋承担；随着荷载继续增大，其他一些截面上也先后出现法向裂缝，裂缝的产生使截面刚度降低，在曲线上出现第一个转折点，导致应变的发展远远大于应力的增加，反映出钢筋和混凝土之间发生了应力重分布。将构件分割为几段的贯通横截面的裂缝处只有钢筋连接着，但裂缝间的混凝土仍能协同钢筋承担一部分拉力，此时构件受到的使用荷载大约为破坏荷载的 50% ~ 70%。此阶段作为构件正常使用进行裂缝宽度和变形验算的依据。

（3）破坏阶段。受拉钢筋开始屈服到构件破坏，即第三工作阶段。

当荷载继续增加到某一数值时，在某一裂缝截面处的个别薄弱钢筋首先达到屈服，应变增大，裂缝迅速扩展，这时荷载稍稍增加甚至不增加，都会导致截面上的钢筋全部达到屈服。此时应变突增，整个构件达到极限承载能力。此阶段作为轴心受拉构件正截面承载力计算的依据。

有两点值得注意：一是由于破坏时的实际变形值很难得到，因此，轴心受拉构件破坏的标准不是构件拉断，而是钢筋屈服；二是应力重分布的概念，在截面出现裂缝之前，混凝土与钢筋共同工作，承担拉力，两者具有相同的拉伸应变，但二者的应力却与它们各自的弹性模量（或割线模量）成正比，即钢筋的拉应力远远高于混凝土的拉应力。而当混凝土开裂后，裂缝截面处受拉混凝土随即退出工作，原来由混凝土承担的拉应力将转嫁给钢筋承担，这时钢筋的应力突增，混凝土的应力降至零。这种在截面上混凝土与钢筋之间应力的转移，称为截面上的应力重分布。

2.3.2 轴心受拉构件正截面受拉承载力计算

轴心受拉构件破坏时，混凝土已退出工作，全部拉力由钢筋来承担，直到钢筋受拉屈服，这时轴心受拉构件达到其正截面受拉极限承载力。

基本计算公式如下：

$$N = f_y A_s \qquad\qquad (2\text{--}15)$$

式中　N——轴向拉力设计值；

　　　f_y——钢筋抗拉强度设计值，为了控制受拉构件在使用荷载下的变形和裂缝开展，《混凝土结构设计规范》（2015 年版）GB 50010—2010 规定：轴心受拉和小偏心受拉构件的钢筋混凝土抗拉强度设计值大于 300N/mm^2 时，仍应按 300N/mm^2 取用；

　　　A_s——纵向钢筋的全部截面面积。

【例 2-2】已知某钢筋混凝土屋架下弦，截面尺寸 $b \times h = 250\text{mm} \times 200\text{mm}$，其所受的轴心拉力设计值为 300kN，混凝土强度等级为 C25，钢筋为 HRB400，求截面中的配筋。

【解】查附表 4 得：HRB400 级钢筋 $f_y = 360\text{N/mm}^2$，代入式（2-15）得：

$$A_s = N / f_y = 300000/360 = 833\text{mm}^2$$

选用 4 Φ 18，$A_s = 1017\text{mm}^2$，满足要求。

2.4 轴心受力构件一般构造要求

2.4.1 受压构件的一般应用和基本构造要求

这里只介绍一些基本构造要求，本节未涉及的一些构造规定可参阅《混凝土结构通用规范》GB 55008—2021、《混凝土结构设计规范》（2015 年版）GB 50010—2010 和《混凝土结构构造手册（第五版）》。

1. 材料强度等级

一般设计中常用的混凝土强度等级为 C20 ~ C40 或更高。由于受压构件正截面承载力受混凝土强度等级影响较大，为了充分利用混凝土承压，节约钢材，减小构件的截面尺寸，受压构件宜采用较高强度等级的混凝土。

一般设计中常采用 HRB400 和 RRB400 级钢筋。由于在受压构件中，钢筋与混凝土共同受压，在混凝土达到极限压应变时，钢筋的压应力最高大约只能达到 400N/mm^2，采用强度过高的钢材不能充分发挥其作用，因而，试图通过选配高强度钢筋来提高受压构件承载力的做法是不适宜的。

2. 截面形式和尺寸

（1）截面形式

轴心受压构件的截面形式一般为正方形或边长接近的矩形，在有特殊要求的情况下，亦可做成圆形或多边形。为了节省混凝土及减轻结构自重，装配式受压构件也常采用工字形截面或双肢截面形式。同时，钢筋混凝土受压构件的截面形式还要考虑受力合理和模板制作方便等因素。

（2）尺寸

一般宜控制 $l_0/b \leq 30$、$l_0/h \leq 25$、$l_0/d \leq 25$。此处 l_0 为柱的计算长度，b、h、d 分别为柱的短边、长边尺寸和圆形截面直径。钢筋混凝土受压构件截面尺寸一般不宜小于 $250\text{mm} \times 250\text{mm}$，以避免长细比过大，降低受压构件截面承载力。为了施工制作方便，在 $h \leq 800\text{mm}$ 时，宜取 50mm 为模数；$h > 800\text{mm}$ 时，可取 100mm 为模数。

3. 纵向钢筋

钢筋混凝土受压构件中纵向受力钢筋的作用是与混凝土共同承担由外荷载引起的内力，防止构件突然发生脆性破坏，减小混凝土不匀质性引起的影响；同时，纵向钢筋还可以承担构件失稳时凸出面出现的拉力，以及由于荷载的初始偏心、混凝土收缩徐变、构件的温度变形等因素所引起的拉力等。

（1）直径

受压构件中，纵向受力钢筋直径不宜小于 12mm，一般在 12 ~ 32mm 范围内选用。目的是增加钢筋骨架的刚度，减小钢筋在施工时的纵向弯曲，减少箍筋用量。因此，宜采用较粗直径的钢筋，以便形成劲性较好的骨架。

（2）布置

圆形截面受压构件中纵向钢筋一般应沿周边均匀布置，根数不宜少于 8 根，且不应少于 6 根。矩形截面受压构件中纵向受力钢筋根数不得少于 4 根，以便与箍筋形成钢筋骨架。轴心受压构件中的纵向钢筋应沿构件截面周边均匀布置。

纵向受力钢筋的净距不应小于 50mm，对水平浇筑的预制受压构件，其纵向钢筋的最小净间距要求按梁的有关规定取用。

轴心受压构件中各边纵向钢筋的中距都不宜大于 300mm。

（3）配筋率

为使纵向受力钢筋起到提高受压构件截面承载力的作用，纵向钢筋应满足最小配筋率的要求。全部纵向钢筋的配筋率不得小于 0.6%；当采用 HRB400 级、RRB400 级钢筋时，配筋率不应小于 0.55%；当混凝土强度等级为 C60 级以上时，原配筋率按规定增加 0.1%，同时一侧钢筋的配筋率均不应小于0.2%。当温度、收缩等因素对结构产生较大影响时，构件的最小配筋率应适当增加。为了施工方便和满足经济要求，全部纵向钢筋配筋率不宜超过5%。

4. 箍筋

钢筋混凝土受压构件中箍筋的作用是为了防止纵向钢筋受压时压曲，同时保证纵向钢筋的正确位置并与纵向钢筋组成整体骨架。

（1）形式

柱及其他受压构件中的周边箍筋应做成封闭式。对圆柱中的箍筋，搭接长度不应小于规定的锚固长度，且末端应做成135°弯钩，弯钩末端平直段长度不应小于箍筋直径的5倍。

（2）直径

采用热轧钢筋时，箍筋直径不应小于$d/4$且不应小于6mm；采用冷拔低碳钢丝时，箍筋直径不应小于$d/5$，且不应小于5mm（d为纵向钢筋最大直径）。

柱内纵向钢筋当采用非焊接的搭接接头时，在搭接长度范围内；或采用焊接接头时，在焊接接头处的35d且不小于500mm的范围内，应配置箍筋，其直径不应小于搭接钢筋较大直径的0.25倍。

当柱中全部纵向受力钢筋的配筋率大于3%时，箍筋直径不应小于8mm。

（3）间距

任何情况下箍筋间距不应大于400mm及构件截面的短边尺寸，且不应大于15d。（d为纵向受力钢筋的最小直径）。

柱内纵向钢筋搭接长度范围内的箍筋间距：当钢筋受拉时，箍筋间距不应大于5d且不应大于100mm；当钢筋受压时，箍筋间距不应大于10d且不应大于200mm（d为搭接钢筋较小直径）。

当受压钢筋直径大于25mm时，尚应在搭接接头两个端面外100mm范围内，各设置两个箍筋。

当柱中全部纵向受力钢筋的配筋率超过3%时，间距不应大于纵向受力钢筋最小直径的10倍，且不应大于200mm；箍筋末端应做成不小于135°弯钩，且弯钩末端平直段长度不应小于箍筋直径的10倍；箍筋也可焊成封闭环式。

纵向钢筋至少每隔一根放置于箍筋转弯处。

当柱截面短边尺寸大于400mm且各边纵向钢筋多于3根时，或当柱截面短边尺寸不大于400mm但各边纵向钢筋多于4根时，应设置复合箍筋。

复合箍筋的直径和间距均与此构件内设置的箍筋方法相同，如图2-12（a）（b）所示。

对于截面形状复杂的柱，应采用分离式箍筋（图2-12c），不可采用具有内折角的箍筋（图2-12d），避免产生向外的拉力，致使折角处的混凝土破损。

5. 上下层柱的接头

在多层房屋中，上下柱要做接头。柱内纵筋接头位置一般设在各层楼面处500～1200mm范围内。通常是将下层柱的纵筋伸出楼面一段距离，与上层柱纵筋相搭接，

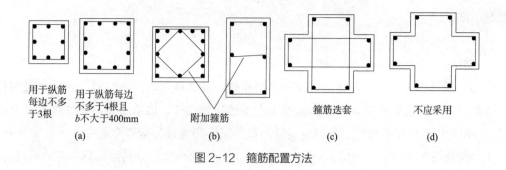

图 2-12 箍筋配置方法

其长度为钢筋的搭接长度 l_1。

位于同一接头范围内的受压钢筋搭接接头百分率不宜超过 50%。当采用搭接连接时，当受压纵筋搭接长度接头面积百分率不大于 50% 时，取 $0.85l_1$；当接头面积大于 50% 时，取 $1.05l_1$；且在任何情况下不应小于 200mm。

焊接骨架在受力方向的连接若采用搭接连接，则受压钢筋的搭接长度不应小于 $0.7l_1$。

当柱每边的纵筋不多于 4 根时，可在同一水平截面处接头；当每边的纵筋为 5 ~ 8 根时应在两个水平截面处接头；当每边纵筋为 9 ~ 12 根时，应在三个截面处接头，如图 2-13（a）（b）（c）所示。

当下柱截面尺寸大于上柱截面尺寸，且上下柱相互错开尺寸与梁高之比小于等于 1/6 时，下柱钢筋可弯折伸入上柱；当上下柱相互错开尺寸与梁高之比大于 1/6 时，应加短筋。短筋直筋和根数与上柱相同，如图 2-13（d）（e）所示。

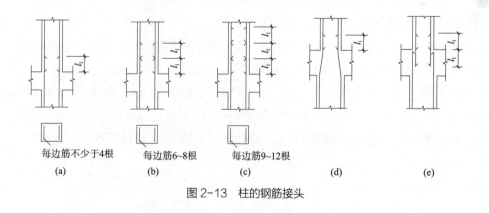

图 2-13 柱的钢筋接头

2.4.2 轴心受拉构件基本构造要求

钢筋混凝土轴心受拉构件无论采用何种形式的截面，其纵向钢筋在截面中都应对称布置或沿周边均匀布置，偏心受拉构件的截面多为矩形。

轴心受拉应满足最小配筋率的要求。一般箍筋间距不宜大于 200mm，直径为 4 ~ 6mm。

本章小结

1. 钢筋混凝土轴心受压短柱的破坏是因材料（混凝土和钢筋）达到各自极限强度而导致的，但钢筋混凝土轴心受压长柱则是因失稳而导致破坏，故其承载力实际上是构件的临界力。只不过其临界力因钢筋混凝土不是理想弹性体，因而不能以弹性理论计算求得，而需通过大量试验确定，所以稳定性系数是以实测统计为基础确定的。

2. 螺旋式（或焊接环式）箍筋通过对核心混凝土的约束，可间接提高构件的承载力。分析表明，螺旋式（或焊接环式）箍筋对构件承载力的提高比等体积的纵筋对构件承载力的贡献高一倍，所以这种以横向约束提高构件承载力的办法非常有效，故常用于受压构件的工程加固。

思考与练习题

1. 在工程中，哪些结构构件可以按轴心受拉构件计算？哪些可以按轴心受压构件计算？

2. 轴心受压短柱有哪些受力特点？

3. 在轴心受压构件中配置纵向钢筋和箍筋有何意义？为什么轴心受压构件宜采用较高强度等级的混凝土？

4. 试写出配有纵筋和普通箍筋的轴心受压柱的承载力公式。

5. 配螺旋箍筋的轴心受压柱，其承载力提高的原因是什么？

6. 某多层现浇框架结构的底层内柱，轴向力设计值 $N=2650\text{kN}$，计算长度 $l_0 = H = 3.6\text{m}$，混凝土强度等级为 C30（$f_c = 14.3\text{N/mm}^2$），钢筋用 HRB400 级（$f'_y = 360\text{N/mm}^2$），环境类别为一类，试确定该柱截面尺寸及纵筋面积。

7. 某无侧移现浇框架结构底层中柱，计算长度 $l_0 = 4.2\text{m}$，截面尺寸为 300mm × 300mm，柱内配有 4 Φ 16 纵向钢筋（$f'_y = 300\text{N/mm}^2$），混凝土强度等级为 C30（$f_c = 14.3\text{N/mm}^2$），环境类别为一类，柱承载轴心压力设计值 $N = 900\text{kN}$，试核算该柱是否安全。

第3章 受弯构件正截面承载力计算

【本章要点及学习目标】

（1）了解适筋梁各工作阶段的受力特性。

（2）熟悉受弯构件在三种不同配筋条件下的破坏特点。

（3）理解计算假定、计算公式的运用及其适用条件。

（4）熟练掌握矩形截面、T形截面受弯构件正截面的设计计算方法以及构造要求。

3.1 概述

在竖向荷载作用下，构件截面上通常产生弯矩和剪力，如图3-1所示。这样的构件以弯曲变形为主，通常称为受弯构件。受弯构件在工程中应用极为广泛，如房屋建筑中的钢筋混凝土梁、楼板、雨篷板等，桥梁工程中的行车道板、梁式桥的主梁等。梁和板的区别在于：梁的截面高度一般大于其宽度，如框架梁、吊车梁、地基梁、过梁等；而板的截面高度则远小于其宽度，如屋面板、楼板、雨篷板、挡土墙等。

根据破坏形态，受弯构件破坏主要可分为两类：正截面破坏和斜截面破坏。沿弯矩最大截面发生的破坏，破坏截面与轴线垂直，如图3-2（a）所示，因而称为正截面破坏。在弯矩和剪力共同作用下沿剪力最大截面发生的破坏，破坏截面与轴线斜交，如图3-2（b）所示，因而称为斜截面破坏。另外，还可能发生黏结锚固破坏，通过正截面受弯承

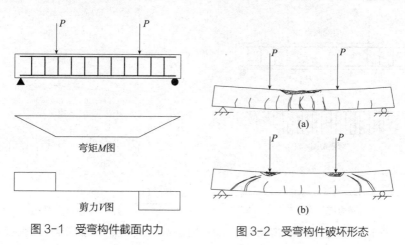

图3-1 受弯构件截面内力　　　　　图3-2 受弯构件破坏形态

载力计算、斜截面受剪承载力计算以及斜截面抗弯构造要求可以来预防正截面强度、斜截面强度及锚固的不足。

因此，钢筋混凝土受弯构件的设计内容包括：

（1）正截面受弯承载力计算：按受弯计算截面的弯矩设计值 M，计算确定截面尺寸和纵向受力钢筋。

（2）斜截面受剪承载力计算：按受剪计算截面的剪力设计值 V，计算确定箍筋和弯起钢筋的数量。

（3）保证斜截面受弯承载力及其他构造要求：钢筋布置首先应保证钢筋与混凝土的黏结，并使钢筋充分发挥作用，应根据荷载产生的内力包络图确定钢筋的截断和弯起位置。

（4）正常使用阶段的裂缝宽度和挠度变形验算。

（5）绘制施工图。

本章将讨论受弯构件的正截面承载力计算及相应的构造要求。

3.2 受弯构件正截面受力性能试验分析

由于钢筋混凝土是弹塑性材料，不能按工程力学的公式对其进行承载力计算。因此，应首先了解钢筋混凝土受弯构件的破坏过程，研究其截面上应力及应变的变化规律，从而确立其受力特点及计算方法。

为了研究梁正截面受力和变形的规律，试验梁采用两点对称加载，如图 3-3 所示。荷载是逐级施加的，由零开始直至梁正截面受弯破坏。若忽略自重的影响，在梁上两集中荷载之间的区段，梁截面仅承受弯矩，该区段称为纯弯段。为了研究分析梁截面的受弯性能，在纯弯段沿截面高度布置了一系列的应变计，量测混凝土的纵向应力分布。同时，在受拉钢筋上也布置了应变计，量测钢筋的受拉应变。此外，在梁的跨中还布置了位移计，用以量测梁的挠度变形。图 3-4 为试验梁的挠度 f 随截面弯矩 M 增加而变化的情况。

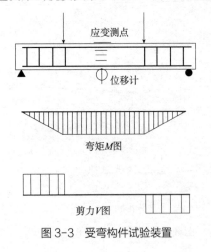

图 3-3 受弯构件试验装置   图 3-4 适筋梁受弯试验弯矩—曲率关系图

3.2.1 受弯构件正截面各阶段应力状态

梁的受力全过程明显地分为三个阶段，各阶段受力性能和特征如下：

（1）第Ⅰ阶段：从开始加载至混凝土开裂瞬间，也称为整体工作阶段。

荷载很小时，弯矩很小，各纤维应变也很小，混凝土基本处于弹性阶段，截面变形符合平截面假设。荷载—挠度曲线或弯矩—曲率曲线基本接近直线。拉力由钢筋和混凝土共同承担，变形相同，钢筋应力很小。受拉、受压区混凝土均处于弹性工作阶段，应力、应变分布均为三角形。

继续加载，弯矩增大，应变也随之增大。由于混凝土抗拉强度很低，在受拉区边缘的混凝土接近极限拉应变，受拉区混凝土出现塑性变形，受拉区应力图呈曲线，中和轴位置略有上升。继续加载，受拉区边缘混凝土达到极限拉应变 ε_{max}（0.0001 ~ 0.00015），梁处于即将开裂的极限状态，此时为第 I 阶段末，以 I_a 表示，如图 3-5 所示。此时受拉钢筋截面应力仅为 $\sigma_s = E_s \varepsilon_{max} = 20 ~ 30N/mm^2$。受压区混凝土的应变还很小，仍处于弹性工作阶段，应力图形接近直线变化。此时的弯矩值称为开裂弯矩 M_{cr}，因此，I_a 阶段的应力图形可作为计算构件开裂弯矩的依据。

（2）第Ⅱ阶段：从受拉区混凝土开裂到受拉筋应力达屈服强度，称为带裂缝工作阶段。

在开裂弯矩下，纯弯段最薄弱截面出现第一条裂缝，受拉区混凝土退出工作，其开裂前承担的拉力将转移给钢筋承担，导致钢筋应力有一突然增加，这使中和轴比开裂前有较大上移。随着荷载增加，受拉区不断出现一些裂缝，受拉区混凝土逐步退出工作，截面抗弯刚度降低，弯矩—曲率曲线有明显的转折。

荷载继续增加，钢筋拉应力、挠度变形不断增大，裂缝宽度也不断开展，受压区混凝土面积减小，应力和应变不断增加，受压区混凝土弹塑性特性表现得越来越显著，受压区应力图形逐渐呈曲线分布。当钢筋应力达到屈服强度 f_y 时，梁的受力性能将发生质的变化。此时的受力状态记为Ⅱa状态，如图 3-5 所示，弯矩记为 M_y，称为屈服弯矩。虽然受拉区有许多裂缝，但如果纵向应变的量测标距有足够的长度（跨过几条裂缝），则平均应变沿截面高度的分布近似直线，仍符合平截面假定。

正常工作的梁一般都处于第Ⅱ阶段，故该阶段的应力状态将作为正常使用阶段变形和裂缝计算的依据。

（3）第Ⅲ阶段：从受拉筋屈服至压区混凝土被压碎，称为破坏阶段。

此时挠度、截面曲率、钢筋应变曲线均出现明显的转折。对于配筋合适的梁，钢筋应力达到屈服时，受压区混凝土一般尚未压坏。继续加载，钢筋继续变形而应力 f_y 保持不变。即钢筋的总拉力 T 保持定值，但钢筋应变 ε_s 则急剧增大，裂缝显著开展，中和轴上升，受压区面积减小，因而受压区混凝土应力和压应变迅速增大，混凝土受压的塑性特征表现得更为充分。同时，受压区高度 x_0 的减少使得钢筋拉力 T 与混凝土压力 D 之间的力臂有所增大，截面弯矩比 M_y 也略有增加。

继续加载，最终混凝土压应变达到极限压应变 ε_{cu}（约 0.003 ~ 0.005），超过该应变值，受压区混凝土即开始压坏，表明梁达到极限承载力 M_u，对应截面受力状态为Ⅲ$_a$ 状态，如图 3-5 所示。

由于在该阶段荷载增加很少，但钢筋的拉应变和受压区混凝土的压应变都发展很快，截面曲率 φ 和梁的挠度变形 f 也迅速增大，曲率 φ 和梁的挠度变形 f 的曲线斜率变得非常平缓，这种现象可以称为"截面屈服"。

第三阶段末Ⅲ$_a$ 即为正截面承载力极限状态的计算依据。

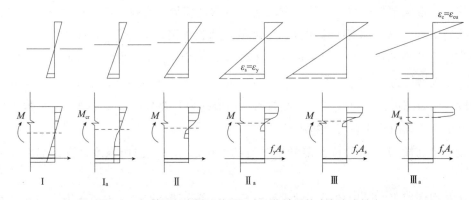

图 3-5　钢筋混凝土梁正截面三个工作阶段的应力应变特点

注意：上述梁的应力状态是纵筋数量为适量配筋时发生的。下面将介绍配筋量不同时梁的三种不同破坏形态。

3.2.2　钢筋混凝土受弯构件正截面的破坏形式

纵向钢筋配筋率 ρ 反映纵向受拉钢筋面积 A_s 与混凝土有效面积 bh_0 的比值，即 $\rho = \dfrac{A_s}{bh_0}$。

试验证明纵向钢筋配筋率 ρ 的变化不仅对受弯构件的承载力有较大影响，而且某些临界配筋率使其受力特性和破坏特征也发生质的变化。根据 ρ 的不同，受弯构件正截面可能产生三种不同的破坏形式。

1. 少筋梁破坏

如图 3-6（a）所示，受拉区配筋过少，当加载至开裂时，裂缝处截面拉力全部由钢筋承担，钢筋应力剧增，由于钢筋太少，其应力很快达到屈服，甚至迅速进入强化阶段。此时，往往只出现一条裂缝并迅速延伸，挠度增长很快，已不再适用。

特点：瞬时受拉破坏。破坏前无预兆，属脆性破坏，破坏时压区混凝土的抗压强度未能充分利用。破坏强度接近于开裂荷载，承载力很低，其大小取决于混凝土的抗拉强

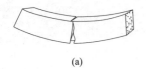 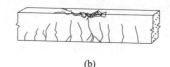 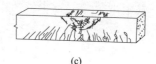

(a) (b) (c)

图 3-6　梁的三种破坏形式

（a）少筋梁破坏（脆性破坏）；（b）适筋梁破坏（塑性破坏）；（c）超筋梁破坏（脆性破坏）

度及截面大小。少筋梁既不经济也不安全，在工程中是不允许用的。

2. 适筋梁破坏

如图 3-6（b）所示，受拉区配筋适中，当加载至开裂时，裂缝处截面钢筋应力增加，继续加载，裂缝挠度逐渐开展，钢筋应力达到屈服，随着钢筋塑性变形的发展，裂缝向上延伸，挠度剧增，最后压区混凝土边缘压应变达到受弯时的极限压应变而被压碎。

特点：拉压破坏。破坏前裂缝和挠度都急剧发展，有明显预兆，称为延性破坏或塑性破坏，破坏时钢筋和混凝土的强度都得到充分利用。

3. 超筋梁破坏

如图 3-6（c）所示，受拉区配筋过多，破坏是由于压区混凝土边缘压应变达到极限压应变而被压碎引起的，此时钢筋应力还未达到屈服，裂缝和挠度没有充分发展。

特点：受压破坏。破坏前裂缝较密但开展不宽，挠度很小，没有明显预兆，属脆性破坏。破坏时钢筋强度没有充分利用，梁的承载力取决于混凝土的抗压强度，工程中一般也不采用。

3.3　受弯构件正截面承载力计算原则

3.3.1　基本假定

受弯构件正截面的实际受力情况是相当复杂的，计算前应作一些假定，以使计算简化且安全合理。我国《混凝土结构设计规范》（2015 年版）GB 50010—2010 对受弯构件正截面承载力计算采取了下列基本假定：

（1）截面应变保持平面几何关系，即平截面假定

构件正截面弯曲变形后，其截面依然保持平面，截面应变分布服从平截面假定，即截面内任意点的应变与该点到中和轴的距离成正比，钢筋与同高度处混凝土的应变相同。

国内外大量试验均表明，从加载直至破坏，若受拉区的应变是采用跨过几条裂缝的长标距量测，所测得破坏区段的混凝土及钢筋的平均应变基本符合平截面假定。

（2）不考虑混凝土的抗拉强度，认为拉力全部由受拉钢筋承担。

（3）混凝土的受压应力—应变关系：不考虑其下降段，简化为如图 3-7 所示的形式。

当 $\varepsilon_c \leqslant \varepsilon_0$ 时，$\sigma_c = f_c\left[1 - \left(1 - \dfrac{\varepsilon_c}{\varepsilon_0}\right)^n\right]$

当 $\varepsilon_0 \leqslant \varepsilon_c \leqslant \varepsilon_{cu}$ 时，$\sigma_c = f_c$

其中：

$$\varepsilon_0 = 0.002 + 0.5(f_{cu,k} - 50) \times 10^{-5} \tag{3-1a}$$

$$\varepsilon_{cu} = 0.0033 - (f_{cu,k} - 50) \times 10^{-5} \tag{3-1b}$$

$$n = 2 - \frac{1}{60}(f_{cu,k} - 50) \tag{3-1c}$$

式中　ε_c——混凝土压应变；

　　　σ_c——对应于混凝土压应变为 ε_c 时的混凝土压应力；

　　　f_c——混凝土轴心抗压强度设计值；

　　　ε_0——对应于混凝土压应力刚达到 f_c 时的混凝土压应变，当计算的 ε_0 值小于 0.002 时，取 0.002；

　　　ε_{cu}——正截面处于非均匀受压时的混凝土压应变，当计算的 ε_{cu} 值大于 0.0033 时，取 0.0033；

　　　$f_{cu,k}$——混凝土立方体抗压强度标准值；

　　　n——系数，当计算的 n 值大于 2.0 时，取 2.0。

（4）钢筋的应力—应变关系：采用理想的弹塑性应力—应变关系，受拉钢筋的极限拉应变取 0.01，如图 3-8 所示。

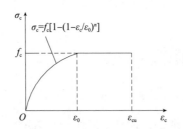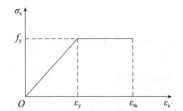

图 3-7　设计采用的混凝土受压应力—应变曲线　　　　图 3-8　钢筋的应力应变曲线

3.3.2　适筋梁、超筋梁与少筋梁的界限

根据平截面的应变关系可以得出适筋梁与超筋梁、少筋梁的界限，即适筋梁的最大配筋率和最小配筋率。

1. 适筋梁与超筋梁的界限

根据前面分析可知，适筋破坏是受拉筋先屈服，然后压区混凝土边缘达到极限压应变 ε_{cu} 被压碎，钢筋有塑性变形阶段，截面破坏时钢筋应变 ε_s 超过钢筋的屈服应变 ε_y。配筋率越高，钢筋屈服至混凝土压坏的变形过程越短，破坏预兆越不明显，图 3-5 所示的 II_a 状态与 III_a 状态越接近；而超筋破坏则是受压区混凝土边缘先压碎，钢筋未屈服，$\varepsilon_s < \varepsilon_y$，没有塑性变形。

因此，适筋破坏和超筋破坏之间的临界破坏状态为：受拉钢筋达到屈服 $\sigma_s = f_y$（$\varepsilon_s = \varepsilon_y$）的同时，受压区边缘混凝土压应变达到极限压应变（$\varepsilon_c = \varepsilon_{cu}$）而被压碎。此时的配筋率 $\rho = \rho_{max}$，若配筋率大于 ρ_{max}，梁即发生超筋破坏。

由图 3-9 可知，在一定条件下，受压区高度 x_0 随配筋率的增加而增加，当发生界限破坏时，即 $\rho = \rho_{max}$ 时的受压区高度为 $x_0 = x_{b0}$，x_{b0} 为界限受压区高度。

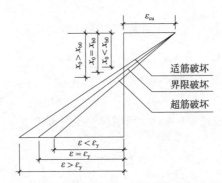

图 3-9　三种破坏时的钢筋应变和受压区高度的关系

在进行受弯构件承载力计算时，可将承载力极限状态时的曲线应力图形简化为等效矩形应力图形，如图 3-10 所示。所谓等效是指混凝土压应力合力 D 的大小和作用位置不变。

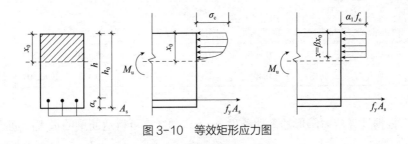

图 3-10　等效矩形应力图

等效矩形应力图的应力取 $\alpha_1 f_c$。当混凝土强度等级不超过 C50 时，α_1 取 1.0；混凝土强度等级为 C80 时，α_1 取 0.94，其间按线性插值法取用，常用值见表 3-1。

等效矩形应力图的受压区高度 $x = \beta_1 x_0$，当混凝土强度等级不超过 C50 时，β_1 取 0.8；混凝土强度等级为 C80 时，β_1 取 0.74，其间按线性插值法取用，常用值见表 3-1。

等效矩形应力图计算系数 α_1、β_1　　　　　　　　　　　表 3-1

混凝土强度等级	≤ C50	C55	C60	C65	C70	C75	C80
α_1	1.0	0.99	0.98	0.97	0.96	0.95	0.94
β_1	0.8	0.79	0.78	0.77	0.76	0.75	0.74

令 $\xi = \dfrac{x}{h_0}$，称为相对受压区高度；$\xi_b = \dfrac{x_b}{h_0}$，则称为界限相对受压区高度。

因此界限破坏时，有 $\rho = \rho_{max}$，$x_0 = x_{b0}$，$x = x_b$，$\xi = \xi_b$。若取"大于"，则为超筋破坏；若取"小于"，则为适筋破坏。下面推导 ξ_b 值。

根据界限破坏时的应变图（图 3–9），可得实际破坏的界限相对受压区高度为：

$$\xi_{b0} = \frac{x_{b0}}{h_0} = \frac{\varepsilon_{cu}}{\varepsilon_{cu} + \varepsilon_s} \tag{3-2}$$

对有屈服点钢筋，通过式（3–3）计算相对受压区高度：

$$\xi_b = \frac{x_b}{h_0} = \frac{\beta_1 x_{b0}}{h_0} = \frac{\beta_1 \varepsilon_{cu}}{\varepsilon_{cu} + \varepsilon_s} = \frac{\beta_1}{1 + \dfrac{\varepsilon_s}{\varepsilon_{cu}}} = \frac{\beta_1}{1 + \dfrac{f_y}{\varepsilon_{cu} E_s}} \tag{3-3}$$

对无屈服点钢筋，通过式（3–4）计算相对受压区高度：

$$\xi_b = \frac{\beta_1}{1 + \dfrac{\varepsilon_s}{\varepsilon_{cu}}} = \frac{\beta_1}{1 + \dfrac{0.002}{\varepsilon_{cu}} + \dfrac{f_y}{\varepsilon_{cu} E_s}} \tag{3-4}$$

由此可见，界限相对受压区高度不仅与钢筋级别有关，还与混凝土强度等级有关，但和截面尺寸无关。混凝土强度等级小于 C50 时可认为仅与钢筋级别有关。表 3–2 列出了 ξ_b、α_{sb} 的值。

钢筋混凝土构件的界限相对受压区高度 ξ_b、截面最大抵抗矩系数 α_{sb} 表 3-2

混凝土强度	≤ C50		C55		C60		C65	
钢筋级别	HPB300	HRB400	HPB300	HRB400	HPB300	HRB400	HPB300	HRB400
ξ_b	0.576	0.518	0.566	0.508	0.556	0.499	0.547	0.490
α_{sb}	0.410	0.384	0.406	0.379	0.402	0.375	0.397	0.370

同时，根据计算应力图形的平衡条件 $\alpha_1 f_c b x = A_s f_y$，可得适筋梁的最大配筋率 ρ_{max}。

$$\rho_{max} = \frac{A_s}{bh_0} = \frac{x_b}{h_0} \times \frac{\alpha_1 f_c}{f_y} = \xi_b \frac{\alpha_1 f_c}{f_y} \tag{3-5}$$

可见，适筋梁的最大配筋率与钢筋级别、混凝土的强度有关。

2. 适筋梁与少筋梁的界限

最小配筋率 ρ_{min} 为少筋梁与适筋梁的界限。当配筋率小到一定程度时，混凝土开裂后钢筋迅速屈服、强化甚至拉断，拉力基本都由受拉区混凝土承担，可忽略受拉钢筋的作用，而按素混凝土考虑。

因此，最小配筋率 ρ_{min} 可按下列原则确定：配有最小配筋率的钢筋混凝土梁在破坏时的正截面受弯承载力 M_u 等于同截面同等级素混凝土梁的正截面所能承担的开裂弯矩 M_{cr}，也就是说，当混凝土拉区开裂的同时，钢筋即被拉断。M_{cr} 可根据前述第一阶段末截面的应力状态导出：$M_{cr} = 0.292bh^2f_t$。

《混凝土结构设计规范》（2015年版）GB 50010—2010 中要求的 ρ_{min}，除考虑上述原则外，还考虑温度、收缩应力和构造要求以及设计经验等因素。对于受弯构件，受拉钢筋最小配筋率取：

$$\rho_{min} = \max\left(0.45f_t/f_y,\ 0.2\%\right) \tag{3-6}$$

注意验算最小配筋率时应采用全截面，因为开裂前混凝土是全截面工作的，即 $\rho_{min} = \dfrac{A_s}{bh}$。T 形截面则应将全截面扣除受压翼缘面积 $(b'_f - b)\ h'_f$。若满足 $\rho \geqslant \rho_{min}$，受弯构件则不会出现少筋破坏。根据上式，大多数情况下受弯构件的最小配筋率均大于 0.2%，即多由 $0.45f_t/f_y$ 条件控制。

设计经验表明，当梁、板的配筋率在下述范围时较经济，且受力性能较好：①实心板：$\rho = 0.4\% \sim 0.8\%$；②矩形梁：$\rho = 0.6\% \sim 1.5\%$；③T 形梁：$\rho = 0.9\% \sim 1.8\%$。

3.4 单筋矩形截面受弯构件正截面承载力计算

3.4.1 基本公式

工程中一般都采用适筋受弯构件，应根据适筋受弯构件的承载力极限状态Ⅲa进行设计计算。在实际计算中采用等效矩形应力图代替混凝土实际曲线应力图，并考虑上述计算假定，可得单筋矩形截面受弯构件正截面承载力计算简图，如图3-11所示。

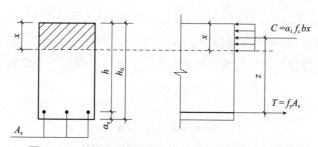

图 3-11　单筋矩形截面受弯构件正截面承载力计算简图

根据钢筋混凝土结构设计基本原则 $S \leqslant R$，受弯构件正截面受弯承载力极限状态应满足 $M \leqslant M_u$。

其中，M 为作用在结构上的荷载在所计算的截面中产生的弯矩设计值，计算时取控制截面（最大弯矩截面）的弯矩效应组合值；M_u 为根据截面的设计尺寸、配筋量和材料的强度设计值计算所得的正截面受弯承载力设计值。

为了计算钢筋用量 A_s（截面设计时）或正截面承载力 M_u（截面复核时），需要根据力的平衡和力矩的平衡条件列出基本公式，其中任两个方程独立：

$$\alpha_1 f_c bx = f_y A_s \qquad (3-7a)$$

$$M \le M_u = \alpha_1 f_c bx \left(h_0 - \frac{x}{2} \right) \qquad (3-7b)$$

$$或 \ M \le M_u = f_y A_s \left(h_0 - \frac{x}{2} \right) \qquad (3-7c)$$

式中　f_c——混凝土轴心抗压强度设计值;

　　　f_y——钢筋的抗拉强度设计值;

　　　A_s——受拉区纵筋的截面面积;

　　　α_1——等效矩形应力系数,对于一般的受弯构件很少采用高于 C50 级的混凝土,故通常取 1.0;

　　　b——截面宽度;

　　　x——按等效矩形应力图计算的受压区高度;

　　　h_0——截面有效高度。

在计算时,式(3-7b)、式(3-7c)一般取等号。

若采用相对受压区高度 ξ 来表示,基本公式也可写为:

$$\alpha_1 f_c b \xi h_0 = f_y A_s \qquad (3-8a)$$

$$M = M_u = \alpha_1 f_c b \xi h_0 \left(h_0 - \xi h_0 \right) = \alpha_1 f_c b h_0^2 \xi \left(1 - 0.5 \xi \right) = \alpha_s \alpha_1 f_c b h_0^2 \qquad (3-8b)$$

$$或 \ M = M_u = f_y A_s h_0 \left(1 - 0.5 \xi \right) = f_y A_s \gamma_s h_0 \qquad (3-8c)$$

三式中任两个是独立的,其中:$\alpha_s = \xi \left(1 - 0.5 \xi \right)$,称为钢筋混凝土截面的弹塑性抵抗矩系数;$\gamma_s = 1 - 0.5 \xi$,称为内力臂系数;$\gamma_s h_0$ 为钢筋拉力合力到受压区混凝土压力合力的力臂。系数 α_s 与 γ_s 都只与相对受压区高度有关,三者一一对应。若已知 α_s,可得:

$$\xi = 1 - \sqrt{1 - 2\alpha_s} \qquad (3-9)$$

$$\gamma_s = 0.5 \left(1 + \sqrt{1 - 2\alpha_s} \right) \qquad (3-10)$$

ξ 与 α_s 成正比,当 $\xi = \xi_b$ 时,$\alpha_s = \alpha_{sb}$。当混凝土强度等级不大于 C50 时,对于采用 HPB300 级、HRB400(或 RRB400)级钢筋配筋的截面,α_{sb} 分别取 0.410 和 0.384。附表 8 列出了 ξ、α_s、γ_s 可供设计计算查用。因此采用式(3-8)计算时,也称为系数计算法。

由式(3-7b)可知适筋截面的最大受弯承载力设计值为:

$$M_{max} = \alpha_1 f_c b h_0 x_b (h_0 - 0.5 x_b) = \alpha_1 f_c b h_0^2 \xi_b (1 - 0.5 \xi_b) = \alpha_{s\,max} \alpha_1 f_c b h_0^2 \qquad (3-11)$$

试验表明,超筋截面的受弯承载力设计值基本上与配筋无关,而与界限配筋时的承载力接近,即当钢筋用量大于配筋率时,增加钢筋用量并不能提高承载力。因而可取适筋截面的最大受弯承载力 M_{max} 作为超筋截面梁的受弯承载力。

从附表 8 中三者的数值关系，可针对混凝土强度及钢筋等级对承载力的影响程度进行一些分析。在受压区高度系数 ξ 为中等时，如果将混凝土强度 f_c 提高一倍，γ_s 增加得很少，亦即截面受弯承载力提高不多。譬如，在 $\xi = 0.2$ 时，$\gamma_s = 0.9$，$M_u = 0.9f_y A_s h_0$；若配筋不变，而混凝土强度提高一倍，则 $\xi = 0.2$，$\gamma_s = 0.95$，$M_u = 0.95f_y A_s h_0$，这表明混凝土强度提高一倍，而截面受弯承载力只提高 5%。但是，如果采用强度较高的钢筋，则截面受弯承载力几乎和钢筋抗拉强度成正比。仍以 $\xi = 0.2$ 为例，若原采用 HPB300 级钢筋配筋，其抗拉强度设计值 $f_y = 270\text{N/mm}^2$，截面受弯承载力 $M_{u1} = 0.9f_y A_s h_0$。现改用 HRB400 级钢筋配筋，其抗拉强度设计值 $f_y = 360\text{N/mm}^2$，钢筋截面面积不变，则 $\xi = \dfrac{360}{270} \times 0.2 = 0.267$，$\gamma_s = 0.867$，截面受弯承载力 $M_{u2} = 0.867f_y A_s h_0 = 1.37M_{u1}$。这表明，钢筋抗拉强度设计值增大 1.33 倍，截面受弯承载力提高 1.370 倍。由此可见，为了提高正截面的受弯承载力，采用强度较高的钢筋要比提高混凝土强度有效。所以，在一般情况下，从正截面受弯承载力出发，应尽可能采用强度较高的钢筋，而不需采用高强度的混凝土。但是，必须指出，对于一个构件的设计，还须综合考虑抗剪、刚度和裂缝开展宽度等各方面的问题，这样才能正确地进行材料的选择。

3.4.2　适用条件

上述基本公式仅适用于适筋受弯构件，不可用于超筋构件或少筋构件。所以计算值应满足适筋条件，避免超筋或少筋破坏。

（1）防止超筋破坏：满足式（3-12）中任何一个条件即可。

$$
\begin{aligned}
&\xi \leqslant \xi_b \\
&x \leqslant x_b = \xi_b h_0 \\
&\alpha_s \leqslant \alpha_{sb} \\
&\rho \leqslant \rho_{max} = \xi_b \alpha_1 \frac{f_c}{f_y} \\
&M \leqslant M_{u\,max} = \alpha_{s\,max} \alpha_1 f_c b h_0^2
\end{aligned}
\tag{3-12}
$$

（2）防止少筋破坏：应满足式（3-13）。

$$
\rho \geqslant \rho_{min} \text{ 或 } A_s \geqslant \rho_{min} bh
\tag{3-13}
$$

（3）除计算控制以外，还应满足后述受弯构件的构造要求。

3.4.3　截面设计

截面设计是指在给定控制截面的弯矩设计值 M 的条件下要求设计该构件，设计内容包括：选用该受弯构件的材料、确定截面尺寸、计算截面钢筋积等。在合适的截面内配适当且足够的钢筋是设计目标。

由于基本方程仅有两个，无法确定所有的未知量，因此须初定一部分条件。通常先按经验和构造要求选用材料，然后按构造要求或用经济配筋率估算来假设构件截面尺寸，最后再利用基本公式来计算截面所需钢筋面积并验算适用条件。

就适筋受弯构件而言，对正截面承载力起决定作用的是钢筋的强度，而混凝土强度等级的影响不是很明显，采用高强混凝土还存在降低结构延性等方面的问题。因此，普通钢筋混凝土构件的混凝土强度等级不宜选得过高，一般现浇构件选用 C25、C30，预制构件为了减轻自重可适当提高。另外，由于对裂缝和挠度变形的限制，高强钢筋的强度不能充分利用，所以梁中受力钢筋常用 HRB400 级，板中受力钢筋宜采用 HPB300 级和 HRB400 级。

预估截面尺寸时应考虑截面满足刚度要求（见后述构造要求），以便在正常使用阶段的验算能满足挠度变形的要求。若希望截面设计最经济，还可进一步用上述经济配筋率反推截面尺寸。根据 $M = f_y A_s (h_0 - \dfrac{x}{2}) = \rho f_y b h_0^2 (1 - 0.5\xi)$，可推出：

$$h_0 = \frac{1}{\sqrt{1 - 0.5\xi}} \sqrt{\frac{M}{\rho f_y b}} = (1.05 \sim 1.1) \sqrt{\frac{M}{\rho f_y b}} \tag{3-14}$$

当 ρ 较小时取公式的下限值，ρ 较大时取公式的上限值。

当材料与截面尺寸确定后，截面设计的问题成为：已知弯矩设计值 M、截面尺寸 $b \times h$、材料强度设计值 f_c、f_y，要求计算截面所需的纵向受拉钢筋。这时两个基本公式正好可解出两个未知量 x（或 ξ 或 α_s）、A_s（注意设计板的时候一般可采用单位板宽，即取 $b = 1000$mm，这样根据算出的钢筋面积 A_s 可直接查用附表 9）。

计算步骤为：

（1）估计钢筋放置排数以确定截面有效高度 h_0。若无经验可先假设纵向钢筋按一排放，若计算结果放不下一排则需重新设计。

（2）求 x 或 ξ

方法一：用基本公式（3-7）联立求解可得：

$$\xi = 1 - \sqrt{1 - \frac{2M}{\alpha_1 f_c b h_0^2}} \tag{3-15}$$

方法二：用系数计算法的公式（3-8b）直接求出：

$$\alpha_s = \frac{M}{\alpha_1 f_c b h_0^2} \tag{3-16}$$

再查附表 8 可得 ξ 或 γ_s。

（3）判断若 $\xi \leqslant \xi_b$ 或 $\alpha_s \leqslant \alpha_{s\max}$，则满足适筋条件，代入式（3-7a）或式（3-8a）或式（3-8c）的其他条件求出 A_s。若不满足适筋条件，说明截面过小，会形成超筋梁，应加大截面尺寸或提高混凝土强度等级，也可以采用下面介绍的双筋截面设计。

（4）验算 $A_s \geqslant \rho_{\min} b h$，若不满足取 $A_s = \rho_{\min} b h$。

（5）布置钢筋，并保证满足构造要求。

【例3-1】如图3-12所示，已知一根钢筋混凝土矩形简支梁，结构使用环境类别为二类a。梁的计算跨度$l_0=5\text{m}$，梁上作用均布永久荷载（包括梁自重）标准值$g_k=8\text{kN/m}$，均布可变荷载$q_k=15\text{kN/m}$。选用C25混凝土，HRB400级钢筋。试确定该梁的截面面积$b \times h$及配筋面积A_s。

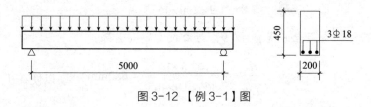

图3-12 【例3-1】图

【解】（1）查附表2和附表4确定设计参数

C25混凝土$f_c=11.9\text{N/mm}^2$，HRB400级钢筋$f_y=360\text{N/mm}^2$，$\alpha_1=1.0$，$\gamma_0=1.0$；荷载的分项系数：$\gamma_G=1.3$，$\gamma_Q=1.5$。

（2）跨中截面的最大弯矩设计值

$$M=\frac{1}{8}(1.3g_k+1.5q_k)l_0^2=\frac{1}{8}\times(1.3\times8+1.5\times15)\times5^2=102.8\text{kN}\cdot\text{m}$$

（3）估算截面尺寸

通常采用刚度要求估算：令$h=\left(\frac{1}{12}\sim\frac{1}{10}\right)l_0=(417\sim500)\text{ mm}$

令$b=\left(\frac{1}{2}\sim\frac{1}{3}\right)h=(250\sim140)\text{ mm}$

有时为使配筋更接近经济配筋率，假设配筋率为1%，也可再用式（3-14）进一步估算h_0：

$$h_0=1.1\times\sqrt{\frac{M}{\rho f_y b}}=1.1\times\sqrt{\frac{102800000}{0.01\times360\times200}}=415.6\text{mm}$$

故可取$h=500\text{mm}$，$b=200\text{mm}$。

（4）计算配筋

假设钢筋按一排放置，$h_0=500-35=465\text{mm}$

法一：由基本公式（3-7b）可得：

$$1.0\times102.8\times10^6=1.0\times11.9\times200x\times\left(465-\frac{x}{2}\right)$$

解上述一元二次方程式或用式（3-15）可得：

$$x=104.7\text{mm}<x_b=\xi_b h_0=0.55\times465=255.7\text{mm}$$

代入式（3-7a）得：

3-1 例题

$$A_s = \frac{\alpha_1 f_c bx}{f_y} = \frac{1.0 \times 11.9 \times 200 \times 104.7}{360} = 692.2\text{mm}^2$$

查附表 11 可得，选用 3 Φ 18，A_s=750mm^2。

法二：用系数计算法，由式（3-8b）得：

$$\alpha_s = \frac{M}{\alpha_1 f_c bh_0^2} = \frac{102.8 \times 10^6}{1.0 \times 11.9 \times 200 \times 465^2} = 0.2 < \alpha_{sb} = 0.400$$

满足适筋条件。查附表 8 得 $\gamma_s = 0.9$，则由式（3-8c）得：

$$A_s = \frac{M}{f_y \gamma_s h_0} = \frac{102.8 \times 10^6}{360 \times 0.9 \times 465} = 682\text{mm}^2$$

查附表 11 可得，选用 3 Φ 18，A_s=750mm^2。

（5）验算最小配筋率

$$\rho = \frac{A_s}{bh} = \frac{750}{200 \times 500} = 0.0075 > \rho_{min} = 0.45\frac{f_t}{f_y} = 0.45 \times \frac{1.27}{360} = 0.00158 ,$$

$\rho = 0.0075 > 0.002$，满足要求。

（6）验算配筋构造要求

一排筋所需的最小宽度为：$b_{min} = 4 \times 25 + 3 \times 18 = 154\text{mm} < b = 200\text{mm}$，满足要求。

3.4.4　强度复核

强度复核是指对给定的单筋矩形截面受弯构件进行抗弯强度验算。即已知截面尺寸 b、h，纵向受拉钢筋截面面积 A_s，材料强度 f_y、f_c，以及构件安全等级、所处环境，要求截面的抗弯承载力为 M_u，或判断截面是否安全，即受弯承载力 M_u 是否大于 M？

共有两个未知数 x、M_u，可用基本公式直接求得。计算步骤为：

（1）由式（3-7a）或式（3-8a）求出 x 或 ξ。

（2）若 $x > x_b = \xi_b h_0$ 或 $\xi > \xi_b$，则说明超筋，取适筋受弯构件的最大承载力近似作为 M_u，即取 $x = \xi_b h_0$ 或 $\xi = \xi_b$ 代入式（3-7b）或式（3-8b）求出 M_u。

（3）若 $\rho < \rho_{min}$，则应按素混凝土计算 M_u。

（4）比较 M 和 M_u，判断是否安全。若 $M \le M_u$，则安全；否则不安全。

【例 3-2】已知一根钢筋混凝土矩形简支梁，结构使用环境类别为一类。截面尺寸 $b \times h = 250\text{mm} \times 550\text{mm}$，选用 C45 混凝土，HRB400 级钢筋。受拉筋配有 4 Φ 25+4 Φ 28，$h_0 = h - a_s = 485\text{mm}$，该梁承受弯矩设计值 $M = 510\text{kN·m}$，试分析截面是否安全。

【解】（1）查附表 2 和附表 4 确定设计参数为：

$$f_c = 21.1\text{N/mm}^2, \ f_y = 360\text{N/mm}^2, \ \alpha_1 = 1.0$$

（2）$x = \dfrac{f_y A_s}{\alpha_1 f_c b} = \dfrac{360 \times 4427}{1.0 \times 21.1 \times 250} = 302\text{mm} > x_b = 0.518h_0 = 0.518 \times 485 = 251.23\text{mm}$

故该梁为超筋梁。

（3）近似取 $x = x_b = \xi_b h_0$ 代入，得：

3-2 例题

$M_u = \alpha_1 f_c bx (h_0 - x/2) = 21.1 \times 250 \times 251.23 \times (485 - 251.23/2) = 476.27 \times 10^6 \text{N} \cdot \text{mm}$

$= 476.27 \text{kN} \cdot \text{m}$

（或 $M_u = \alpha_{sb} \alpha_1 f_c bh_0^2 = 0.384 \times 21.1 \times 250 \times 485^2 = 476.47 \text{kN} \cdot \text{m}$ ）

（4） $M_u < M = 510 \text{kN} \cdot \text{m}$，因而截面不安全。

3.5 双筋矩形截面受弯构件正截面承载力计算

3.5.1 概述

在截面受压区配置钢筋可以协助混凝土承受压力，但一般来说采用双筋截面是不经济的，工程中通常在下列情况下采用：

（1）当采用单筋设计又不满足适筋截面条件，而截面尺寸和材料强度受建筑使用和施工条件限制而不能增加时，可采用双筋截面，即在受压区配置钢筋以补充混凝土受压能力的不足。

（2）由于荷载可能有多种组合，在某一组合情况下截面承受正弯矩，另一种组合情况下承受负弯矩，这时也应采用双筋截面。

（3）结构或构件的截面由于某种原因，在截面的受压区已经预先布置了一定数量的受力钢筋（如连续梁的某些支座截面），此时应按双筋截面计算所需受拉筋。

（4）由于受压钢筋可以提高截面的延性，因此，在抗震结构中要求框架梁必须配置一定比例的受压钢筋。

3.5.2 受压钢筋受力状态

双筋截面受弯构件到达极限弯矩的标志仍然是受压边缘的混凝土达到极限压应变 ε_{cu}，其受力特点和破坏特征基本上与单筋截面相似。试验表明，若满足 $\xi \leq \xi_b$，则双筋截面的破坏就是适筋破坏，即破坏过程是受拉钢筋先屈服，经过塑性变形，最后受压区混凝土压碎。因此，在建立截面受弯承载力的计算公式时，受压区混凝土仍可采用等效矩形应力图形。

双筋梁破坏时，受压钢筋的应力大小取决于它的应变值 ε'_s。钢筋应变 ε'_s 与受压混凝土在相应钢筋纤维位置处的应变相同，即 $\varepsilon'_s = \varepsilon_c$。若受压钢筋的位置过低，应变较小，截面破坏时受压钢筋就可能达不到屈服。如图 3-13 所示，有 $\varepsilon'_s = \varepsilon_{cu}(1 - \frac{a'_s}{x_0}) = \varepsilon_{cu}(1 - \frac{a'_s}{x/0.8})$，取 $\varepsilon_{cu} = 0.0033, \beta_1 = 0.8$，并令 $x = 2a'_s$，则 $\varepsilon'_s = 0.00198 \approx 0.002$，相应的受压钢筋应力为 $\sigma'_s = \varepsilon'_s E_s = 0.002 \times (1.95 \sim 2.1) \times 10^5 = 390 \sim 420 \text{N/mm}^2$。对于常用的 HPB300 级、HRB400 级和 RRB400 级钢筋的应变为 0.002 时，应力均已达到其抗压强度设计值 f'_y，因此《混凝土

结构设计规范》（2015 年版）GB 50010—2010 规定在计算中考虑受压钢筋屈服，即 $\sigma'_s = f'_y$ 时，必须满足：

$$x \geqslant 2a'_s \tag{3-17}$$

式（3-17）是受压钢筋发挥强度的充分条件。若不满足，则认为受压钢筋不屈服。当采用高强度钢筋作为受压筋时，破坏时其强度只能发挥到 $\sigma'_s = 0.002E'_s < f_y$，不能屈服，因而一般不采用。

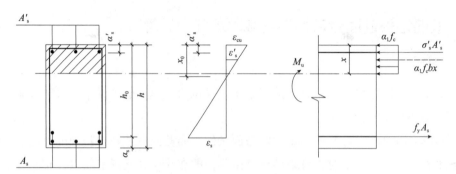

图 3-13　双筋截面破坏时梁的应变和应力分布

为保证受压钢筋充分发挥作用，还应满足以下构造要求：

（1）箍筋应采用封闭式以防止受压钢筋的压屈，封闭箍筋弯钩直线段长度不应小于 5 倍箍筋直径。其间距 s 不应大于 15 倍受压钢筋最小直径或 400mm；当一层内的纵向受压钢筋多于 5 根且直径大于 18mm 时，箍筋间距不应大于 10 倍受压钢筋最小直径。

（2）箍筋直径不应小于受压钢筋最大直径的 1/4。

（3）当梁宽不大于 400mm 且一层内受压钢筋多于 4 根，或当梁宽大于 400mm 且一层内受压钢筋多于 3 根时，应设置复合箍筋。

3.5.3　基本计算公式及其适用条件

当 $\xi \leqslant \xi_b$ 时，如图 3-14 所示，取轴向力平衡和力矩平衡，可得出双筋矩形截面受弯构件抗弯承载力计算的基本公式为：

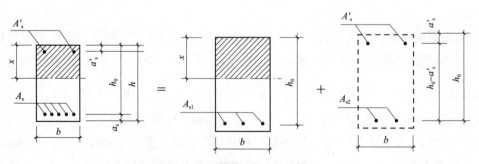

图 3-14　双筋截面的分解计算 1

$$\alpha_1 f_c bx + \sigma'_s A'_s = f_y A_s \tag{3-18a}$$

$$M \leqslant M_u = \alpha_1 f_c bx \left(h_0 - \frac{x}{2} \right) + f'_y A'_s \left(h_0 - a'_s \right) \tag{3-18b}$$

若受压钢筋满足以上充分和必要条件，则 $\sigma'_s = f'_y$。

为了方便分析，双筋截面的受弯承载力可以分解为两部分（图3-15）：一部分为受压区混凝土和与其相应的一部分受拉钢筋 A_{s1} 所承担的受弯承载力 M_{u1}，相当于单筋矩形截面的受弯承载力；另一部分为受压钢筋 A'_s 和相应的另一部分受拉钢筋 A_{s2} 组成的"纯钢筋截面"所承担的受弯承载力 M_{u2}，这部分弯矩与混凝土无关，因此截面破坏形态不受这部分配筋量的影响，理论上这部分配筋可以很大，甚至可以用钢梁代替，从而形成钢骨混凝土截面。

如图3-14、图3-15应有式（3-19）、式（3-20）、式（3-21）的关系。

$$M_u = M_{u1} + M_{u2} \tag{3-19a}$$

$$A_s = A_{s1} + A_{s2} \tag{3-19b}$$

$$\alpha_1 f_c bx = f_y A_{s1} \tag{3-20a}$$

$$M_{u1} = \alpha_1 f_c bx \left(h_0 - \frac{x}{2} \right) \tag{3-20b}$$

$$f'_y A'_s = f_y A_{s2} \tag{3-21a}$$

$$M_{u2} = f'_y A'_s \left(h_0 - a'_s \right) \tag{3-21b}$$

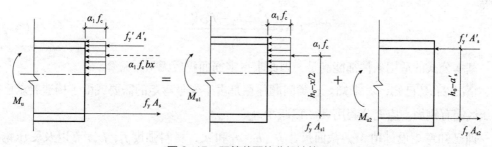

图3-15 双筋截面的分解计算2

公式的适用条件为：

（1）为防止超筋脆性破坏，保证受拉筋在破坏时能够屈服，应满足下列条件之一：

$$x \leqslant \xi_b h_0 \ (\xi \leqslant \xi_b)$$

$$\rho = \frac{A_{s1}}{bh_0} \leqslant \rho_{max} = \xi_b \frac{\alpha_1 f_c}{f_y} \ (\text{或 } A_{s1} \leqslant \rho_{max} bh_0) \tag{3-22}$$

$$M_1 \leqslant \alpha_{s\,max} \cdot \alpha_1 f_c bh_0^2 \ (\text{或 } \alpha_s \leqslant \alpha_{s\,max})$$

（2）为保证受压钢筋强度得到充分利用，应满足：

$$x \geq 2a_s' \qquad (3-23)$$

$$或 \; \gamma_s h_0 \leq h_0 - a_s'$$

（3）对于双筋截面为防止少筋脆性破坏，应满足 $\rho \geq \rho_{min}$，一般都能满足，可不验算。

3.5.4 截面设计

双筋截面配筋计算中可能遇到下列两种情况。

情况 1：A_s 及 A_s' 均未知。

即已知弯矩设计值 M，截面尺寸 b、h、a_s 和 a_s'，材料强度 f_y、f_y'、f_c，要求受拉及受压钢筋截面面积 A_s、A_s'。

此时，在两个基本公式中有 A_s、A_s' 和 x 三个未知量，故尚需补充一个条件。原则是充分利用混凝土的强度，尽量节约总钢筋截面面积（$A_s + A_s'$）。因此补充这样一个条件：

令 $x = \xi_b h_0$（即 $\xi = \xi_b$）

三个方程可解出三个未知数。计算步骤为：

（1）将 $x = \xi_b h_0$ 代入基本公式（3-18b），可得：

$$A_s' = \frac{M - \alpha_1 f_c b \xi_b h_0 (h_0 - \dfrac{\xi_b h_0}{2})}{f_y'(h_0 - a_s')} = \frac{M - \alpha_{sb} \cdot \alpha_1 f_c b h_0^{\,2}}{f_y'(h_0 - a_s')} \qquad (3-24)$$

（2）将 A_s' 代入（3-18a），可得：

$$A_s = \frac{\alpha_1 f_c b \xi_b h_0 + f_y' A_s'}{f_y} \qquad (3-25)$$

基本公式的适用条件都能满足，因此求得钢筋面积后无须再验算。

情况 2：A_s' 已知，A_s 未知。这类问题往往是由于变号弯矩的需要或由于构造要求已在受压区配有钢筋。应充分利用 A_s'，以减少 A_s。

即已知弯矩设计值 M，截面尺寸 b、h、a_s 和 a_s'，材料强度 f_y、f_y'、f_c 以及受压钢筋面积 A_s'，要求受拉钢筋截面面积 A_s。

此时有两个未知量 x 和 A_s。

方法一：可由基本公式求出，步骤如下：

（1）联立解方程组可求得：

$$x = h_0 \left[1 - \sqrt{1 - 2\frac{M - f_y' A_s'(h_0 - a_s')}{\alpha_1 f_c b}} \right] \qquad (3-26)$$

（2）判断 x 的情况，确定计算方法：

1）若满足 $2a_s' \leq x \leq \xi_b h_0$，则：

$$A_s = \frac{f_y' A_s' + \alpha_1 f_c bx}{f_y} \tag{3-27}$$

2）若 $x \le 2a_s'$，说明受压钢筋不能达到其抗压设计强度，不能直接用基本公式。《混凝土结构设计规范》（2015 年版）GB 50010—2010 中为简化计算，规定可偏安全地取 $x = 2a_s'$，对受压钢筋合力作用点取矩，如图 3-16 所示，可得：

$$M_u = f_y A_s (h_0 - a_s') \tag{3-28}$$

即：

$$A_s = \frac{M}{f_y(h_0 - a_s')} \tag{3-29}$$

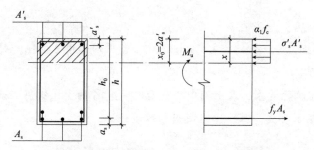

图 3-16 双筋截面在 $x \le 2a_s'$ 时的计算简图

（3）若 $x \ge \xi_b h_0$，出现超筋情况，则受拉钢筋不能屈服，这种设计不合适。说明原配置的 A_s' 不足，应重新配置受压钢筋 A_s'，此时应按情况 1 计算 A_s'、A_s。

方法二：采用分解法计算，步骤如下：

（1）据式（3-21b）求得，$M_{u2} = f_y' A_s' (h_0 - a_s')$，$A_{s2} = \dfrac{f_y' A_s'}{f_y}$。

（2）据式（3-19a）有，$M_{u1} = M - M_{u2}$。

（3）根据式（3-20a）按单筋截面计算 A_{s1}，若用系数计算法，求得 $\alpha_s = \dfrac{M_{u1}}{\alpha_1 f_c b h_0^2}$，查附表 8 得 ξ。

（4）若 $2a_s' \le x = \xi h_0 \le \xi_b h_0$，则 $A_{s1} = \dfrac{\alpha_1 f_c b \xi h_0}{f_y}$，求得 $A_s = A_{s1} + A_{s2} = \dfrac{\alpha_1 f_c b \xi h_0 + f_y' A_s'}{f_y}$ 不满足上述条件，则与前述方法一中的（2）、（3）同样处理。

【例 3-3】一矩形截面 $b \times h = 200\text{mm} \times 500\text{mm}$，承受设计弯矩 $M = 230\text{kN·m}$，采用 C25 混凝土，HRB400 级钢筋，试设计配筋。

【解】已知：$f_c = 11.9\text{N/mm}^2$，$f_y = 360\text{N/mm}^2$，$\alpha_1 = 1.0$，$\xi_b = 0.518$

（1）检查是否需按双筋设计

假定受拉钢筋配置两排：$h_0 = 500 - 60 = 440\text{mm}$

先考虑单筋设计：$\alpha_s = \dfrac{M}{\alpha_1 f_c b h_0^2} = \dfrac{230 \times 10^6}{11.9 \times 200 \times 440^2} = 0.499 > \alpha_{sb} = 0.384$

因为截面与材料已给定，所以只能考虑采用双筋设计。

（2）求 A'_s。设受压筋配一排，$a'_s = 35\text{mm}$

由式（3-24）可得：

$$A'_s = \frac{M - \alpha_{sb}\alpha_1 f_c b h_0^2}{f'_y(h_0 - a'_s)} = \frac{230 \times 10^6 - 0.384 \times 11.9 \times 200 \times 440^2}{360 \times (440 - 35)} = 364\text{mm}^2$$

（3）求 A_s

由式（3-25）可得：

$$A_s = \frac{\alpha_1 f_c b \xi_b h_0 + f'_y A'_s}{f_y} = \frac{11.9 \times 200 \times 0.518 \times 440 + 360 \times 364}{360} = 1871\text{mm}^2$$

（4）选择钢筋

受拉筋选用 3 Φ 22 + 3 Φ 18，$A_s = 1903\text{mm}^2$，受压筋选用 2 Φ 16，$A'_s = 402\text{mm}^2$，钢筋布置如图 3-17 所示。

【例 3-4】由于构件要求，在上例中的截面配 3 Φ 16 的受压钢筋，试设计配筋。

【解】可采用基本公式计算，这时采用分解法计算。

已知：

$$A'_s = 603\text{mm}^2$$

$$M_{u2} = f'_y A'_s (h_0 - a'_s) = 360 \times 603 \times (440 - 35) = 87.9 \times 10^6 \text{N·mm}$$

$$M_{u1} = M - M_{u2} = 230 \times 10^6 - 87.9 \times 10^6 = 142.1 \times 10^6 \text{N·mm}$$

$$\alpha_s = \frac{M_{u1}}{\alpha_1 f_c b h_0^2} = \frac{142.1 \times 10^6}{11.9 \times 200 \times 440^2} = 0.308 < \alpha_{s\,max} = 0.384$$

查附表 8 得：$\xi = 0.379 > 2a'_s/h_0 = 70/440 = 0.159$

$$A_s = \frac{\alpha_1 f_c b \xi h_0}{f_y} + A'_s = \frac{11.9 \times 200 \times 0.379 \times 440}{360} + 603 = 1705.5\text{mm}^2$$

受拉筋选用 3 Φ 18 + 3 Φ 20，$A_s = 1705\text{mm}^2$，与上例相比，由于受压钢筋变多，所以总用钢量增多。钢筋布置如图 3-18 所示。

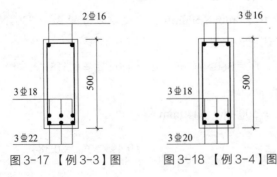

图 3-17 【例 3-3】图　　　图 3-18 【例 3-4】图

3-3　例题

3.5.5 承载力复核

对给定的双筋矩形截面受弯构件进行抗弯强度验算。即已知截面尺寸 b、h，纵向受拉、受压钢筋截面面积 A_s、A_s'，材料强度 f_y、f_y'、f_c，以及构件安全等级、所处环境，要求截面的抗弯承载力 M_u，或判断截面是否安全，即是否满足 $M_u \geqslant M$。只有受压区高度 x 和受弯承载力 M_u 两个未知数，用基本公式可有唯一解。步骤如下：

（1）用式（3-18a）求得 $x = \dfrac{f_y A_s - f_y' A_s'}{\alpha_1 f_c b}$。

（2）判断 x 的情况。

1）若 $2a_s' \leqslant x \leqslant \xi_b h_0$，则：

$$M_u = \alpha_1 f_c b x \left(h_0 - \frac{x}{2} \right) + f_y' A_s' \left(h_0 - a_s' \right) = \alpha_s \alpha_1 f_c b h_0^2 + f_y' A_s' \left(h_0 - a_s' \right)$$

2）若 $x \leqslant 2a_s'$，令 $x = 2a_s'$，则：

$$M_u = f_y A_s \left(h_0 - a_s' \right)$$

3）若 $x \geqslant \xi_b h_0$，截面为超筋设计，受拉筋不能屈服，近似取 $x = \xi_b h_0$，得：

$$M_u = \alpha_1 f_c b x_b h_0 \left(h_0 - \frac{\xi_b h_0}{2} \right) + f_y' A_s' \left(h_0 - a_s' \right) = \alpha_{sb} \cdot \alpha_1 f_c b h_0^2 + f_y' A_s' \left(h_0 - a_s' \right)$$

（3）若 $x \geqslant \xi_b h_0$，说明是超筋梁。可取 $x = x_b = \xi_b h_0$，计算 M_u。

$$M_u = \alpha_1 f_c b x_b \left(h_0 - \frac{x_b}{2} \right) + f_y' A_s' \left(h_0 - a_s' \right) = \alpha_{s\max} \alpha_1 f_c b h_0^2 + f_y' A_s' \left(h_0 - a_s' \right)$$

【例3-5】已知一根钢筋混凝土矩形简支梁，结构使用环境类别为一类。截面尺寸 $b \times h = 200\text{mm} \times 400\text{mm}$，选用 C25 混凝土，HRB400 级钢筋。配有受拉筋 3 ⌀ 25，配有受压筋 2 ⌀ 16，$a_s = a_s' = 40\text{mm}$，该梁承受弯矩设计值 $M = 90\text{kN·m}$，试分析截面是否安全。

【解】已知：$\alpha_1 = 1.0$，$f_c = 11.9\text{N/mm}^2$，$f_y = f_y' = 360\text{N/mm}^2$，$A_s' = 402\text{mm}^2$，$A_s = 1473\text{mm}^2$，$h_0 = 400 - 40 = 360\text{mm}$

根据式（3-18a）可得：

$$\xi = \frac{f_y A_s - f_y' A_s'}{\alpha_1 f_c b h_0} = \frac{360 \times 1473 - 360 \times 402}{11.9 \times 200 \times 360} = 0.45 < \xi_b = 0.518$$

且 $\xi > 2a_s' / h_0 = 80/360 = 0.222$

查附表 8 得 $\alpha_s = 0.349$

$$M_u = \alpha_s \alpha_1 f_c b h_0^2 + f_y' A_s' \left(h_0 - a_s' \right) = 0.349 \times 11.9 \times 200 \times 360^2 + 360 \times 402 \times (360 - 40)$$
$$= 154 \times 10^6 \text{N·mm} = 154\text{kN·m} > M = 90\text{kN·m}$$

故设计是安全的。

3.6 T形截面受弯构件正截面承载力计算

3.6.1 概述

矩形截面受弯构件在破坏时，受拉区混凝土早已开裂，在正截面承载力计算时不考虑拉区混凝土的抗拉作用。因此对于一些截面尺寸较大的构件，可将部分受拉区混凝土挖去形成T形截面，如图3-19（a）所示。将受拉钢筋集中放置在肋中，这样钢筋截面重心不变，不但对受弯承载力没有影响，还可节省混凝土，减轻自重。若受拉钢筋较多，可将截面底适当放宽，形成工字形截面，如图3-19（b）所示。因为不计受拉区混凝土的抗拉强度，工字形截面受弯承载力的计算与T形截面相同，但分析弹性阶段的受力性能、计算开裂弯矩和裂缝宽度等时应考虑受拉翼缘的作用。

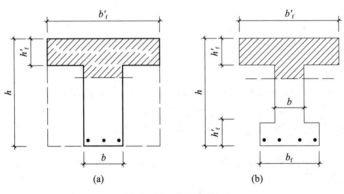

图3-19 T形截面

T（工字）形截面的伸出部分为翼缘，位于受压区的翼缘宽为b'_f，翼缘厚度为h'_f，位于受拉区的分别为b_f、h'_f；中间部分称为肋或腹板，肋的宽度为b；截面总高为h。要注意的是：无论T形或工字形截面，位于受拉区的翼缘都不参与受力。

工程结构中，T形和工字形截面应用很广泛。如预制T形吊车梁、槽形板等均为T形截面；工字形吊车梁、空心板、箱形截面等都可转化为工字形截面；又如现浇肋形楼盖中的主、次梁与楼板整浇在一起，形成整体T形梁。应注意：整浇梁的跨中截面承受正弯矩，翼缘位于受压区，按T形截面计算；其支座截面承受负弯矩，翼缘位于受拉区，不应考虑，因此按矩形截面计算。

要计算T形截面受弯构件的承载力须分析受压翼缘混凝土的压应力是如何分布的，多大范围的翼缘能够起作用。理论上受压翼缘宽度越大，对截面受弯越有利，但试验和理论分析均表明，整个受压翼缘混凝土的压应力增长并不是同步的，翼缘处的压应力与腹板处受压区压应力相比，存在滞后现象，且随着与腹板距离越远，滞后程度越大。为简化计算，在设计中采用有效翼缘宽度b'_f，也称翼缘计算宽度。认为在有效翼缘宽度内压应力均匀分布，如图3-20所示，而b'_f以外的翼缘则不考虑。《混凝土结构设计规范》

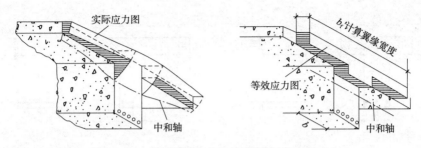

图 3-20　T 形截面应力分布和翼缘计算宽度 b'_f

（2015 年版）GB 50010—2010 对翼缘计算宽度 b'_f 的取值作了规定，见表 3-3，计算时取表中三项中的最小值。

翼缘计算宽度 b'_f 　　　　　　　　　　　　　表 3-3

考虑情况		T 形截面		倒 L 形截面
		肋形梁（板）	独立梁	肋形梁（板）
按计算跨度 l_0 考虑		$1/3l_0$	$1/3l_0$	$1/6l_0$
按梁（肋）净距 s_n 考虑		$b + s_n$	—	$b + s_n/2$
按翼缘高度 h'_f 考虑	当 $h'_f/h_0 \geqslant 0.1$	—	$b + 12h'_f$	—
	当 $0.1 > h'_f/h_0 > 0.05$	$b + 12h'_f$	$b + 6h'_f$	$b + 5h'_f$
	当 $h'_f/h_0 < 0.05$	$b + 12h'_f$	b	$b + 5h'_f$

3.6.2　两类 T 形截面及其判别

T 形截面受压区仍可按等效矩形应力图考虑。根据构件破坏时中和轴的位置不同，即受压区高度的不同，T 形截面可分为两类：

第一类 T 形截面——中和轴在翼缘内，即 $x \leqslant h'_f$，如图 3-21（a）所示。

第二类 T 形截面——中和轴在腹板内，即 $x > h'_f$，如图 3-21（b）所示。

两类 T 形截面的界限情况为 $x = h'_f$，如图 3-22 所示。仍然按等效矩形应力图考虑，则界限情况下有：

$$f_y A_s = \alpha_1 f_c b'_f h'_f \qquad (3-30a)$$

$$M_u = \alpha_1 f_c b'_f h'_f \left(h_0 - \frac{h'_f}{2}\right) \qquad (3-30b)$$

显然，若满足下列条件之一时为第一类 T 形截面：

$$f_y A_s \leqslant \alpha_1 f_c b'_f h'_f \qquad (3-31a)$$

$$M_u \leqslant \alpha_1 f_c b'_f h'_f \left(h_0 - \frac{h'_f}{2}\right) \qquad (3-31b)$$

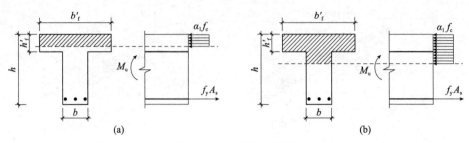

图 3-21　两类 T 形截面

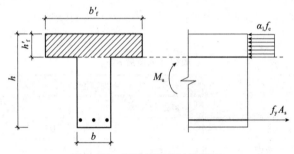

图 3-22　界限情况的计算简图

若满足下列条件之一时为第二类 T 形截面：

$$f_y A_s > \alpha_1 f_c b'_f h'_f \qquad (3\text{-}32\text{a})$$

$$M > \alpha_1 f_c b'_f h'_f \left(h_0 - \frac{h'_f}{2}\right) \qquad (3\text{-}32\text{b})$$

式（3-31a）和式（3-32a）适用于截面校核（已知 A'_s）时的判别；式（3-31b）和式（3-32b）适用于截面设计（已知 M）时的判别。

3.6.3　第一类 T 形截面

1. 基本公式

第一类 T 形截面受压区为 $b'_f \times x$ 的矩形，因受拉区混凝土不考虑，所以与受拉区形状无关。因此，第一类 T 形截面相当于 $b'_f \times h$ 的单筋矩形截面。根据图 3-21（a）的截面平衡条件可得其基本公式为：

$$f_y A_s = \alpha_1 f_c b'_f x \qquad (3\text{-}33\text{a})$$

$$M \leqslant M_u = \alpha_1 f_c b'_f x \left(h_0 - \frac{x}{2}\right) \qquad (3\text{-}33\text{b})$$

2. 公式适用条件

（1）防止超筋破坏

要求 $x \leqslant \xi_b h_0$ 或 $\xi \leqslant \xi_b$。由于 $x \leqslant h'_f$ 且 T 形截面的 $\dfrac{h'_f}{h_0}$ 通常较小，所以一般都能满足这个条件。

（2）防止少筋破坏

要求 $\rho \geqslant \rho_{\min}$，注意这里的配筋率 $\rho = \dfrac{A_s}{bh}$，这是因为最小配筋率是按 $M_u = M_{cr}$ 的条件确定，而开裂弯矩 M_{cr} 主要取决于受拉区混凝土的面积，T 形截面的开裂弯矩与具有相同腹板宽度 b 的矩形截面基本相同。对于工字形和倒 T 形截面，应取 $\rho = \dfrac{A_s}{bh + (b_f - b)\,h_f}$。

第一类 T 形截面的设计计算（截面设计与强度复核）与矩形截面类似，不再详述。

3.6.4　第二类 T 形截面

1. 基本公式

第二类 T 形截面的受压区为 T 形，根据图 3-21（b）的截面平衡条件可得其基本公式为：

$$\alpha_1 f_c bx + \alpha_1 f_c (b'_f - b) h'_f = f_y A_s \tag{3-34a}$$

$$M \leqslant M_u = \alpha_1 f_c bx\left(h_0 - \frac{x}{2}\right) + \alpha_1 f_c (b'_f - b) h'_f \left(h_0 - \frac{h'_f}{2}\right) \tag{3-34b}$$

2. 公式适用条件

（1）防止超筋：$x \leqslant \xi_b h_0$ 或 $\xi \leqslant \xi_b$。

（2）防止少筋：$\rho \geqslant \rho_{\min}$，一般均能满足，可不验算。

与双筋截面类似，第二类 T 形截面（图 3-21b）也可分解为两部分，如图 3-23（a）（b）所示，并应有式（3-35）、式（3-36）、式（3-37）所表示的关系。

$$M_u = M_{u1} + M_{u2} \tag{3-35a}$$

$$A_s = A_{s1} + A_{s2} \tag{3-35b}$$

$$\alpha_1 f_c (b'_f - b) h'_f = f_y A_{s1} \tag{3-36a}$$

$$M_{u1} = \alpha_1 f_c (b'_f - b) h'_f \left(h_0 - \frac{h'_f}{2}\right) \tag{3-36b}$$

$$\alpha_1 f_c bx = f_y A_{s2} \tag{3-37a}$$

$$M_{u2} = \alpha_1 f_c bx\left(h_0 - \frac{x}{2}\right) \tag{3-37b}$$

图 3-23（a）表示由受压翼缘混凝土 $(b'_f - b) h'_f$ 与相应部分受拉钢筋 A_{s1} 所组成的截面，

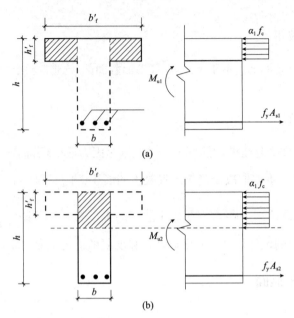

图 3-23　第二类 T 形截面的分解

其受弯承载力为 M_{u1}；图 3-23（b）表示由肋部受压区混凝土 bx 与另一部分受拉钢筋 A_{s2} 组成的单筋矩形截面，其受弯承载力为 M_{u2}。

3. 截面设计的步骤

第二类 T 形截面计算与双筋截面类似，可直接利用基本公式计算，也可采用分解法计算。下面对采用分解法进行截面设计的步骤稍作说明：

（1）根据式（3-36）求得，$M_{u1}=\alpha_1 f_c(b_f'-b)h_f'\left(h_0-\dfrac{h_f'}{2}\right)$，$A_{s1}=\dfrac{\alpha_1 f_c(b_f'-b)h_f'}{f_y}$。

（2）根据式（3-35a）求得，$M_{u2}=M_u-M_{u1}$。

（3）根据式（3-37a）按单筋截面计算 A_{s2}，若用表格计算法，求得 $\alpha_s=\dfrac{M_{u2}}{\alpha_1 f_c b h_0^2}$，查附表 8 得 ξ。

（4）若 $\xi\leqslant\xi_b$，则 $A_{s2}=\dfrac{\alpha_1 f_c b\xi h_0}{f_y}$，求得 $A_s=A_{s1}+A_{s2}=\dfrac{\alpha_1 f_c b\xi h_0+\alpha_1 f_c(b_f'-b)h_f'}{f_y}$，应加大截面或提高混凝土等级或采用双筋梁。

4. 截面校核的步骤

采用分解法对第二种 T 形截面进行校核时，步骤如下：

（1）根据式（3-36）求出 A_{s1}、M_{u1}。

（2）根据式（3-35b）求出 $A_{s2}=A_s-A_{s1}$。

（3）根据式（3-37b）按单筋矩形截面方法计算出 M_{u2}（注意根据 ξ 的情况）。

（4）根据式（3-35a）求出 $M_u=M_{u1}+M_{u2}$。

注意：T形截面无论是在截面设计还是截面校核时，都应首先按式（3-29）式（3-30）判别属于哪一类T形截面。

【例3-6】某现浇楼盖次梁如图3-24所示，已知梁跨中截面弯矩设计值 $M = 110$ kN·m，梁的计算跨度 $l_0 = 6$ m，采用C25混凝土，HRB400级钢筋，计算梁跨中所需受拉筋面积 A_s。

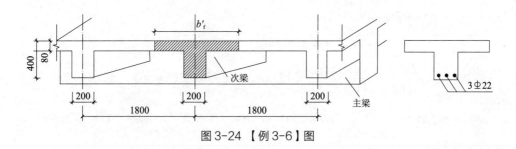

图3-24 【例3-6】图

【解】梁跨中截面下面受拉，现浇板作为梁的受压翼缘应考虑进去，因此应按T形截面设计。已知：$\alpha_1 = 1.0$，$f_c = 11.9$ N/mm²，$f_y = 360$ N/mm²

设梁的有效高度 $h_0 = 400 - 40 = 360$ mm

（1）确定翼缘计算宽度 b_f'

根据表3-3可知，按梁的计算跨度考虑时，$b_f' = \dfrac{1}{3}l_0 = 2$ m；按梁的净距 s_n 考虑时，$b_f' = b + s_n = 0.2 + 1.6 = 1.8$ m；按梁的翼缘厚度 h_f' 来考虑时，$\dfrac{h_f'}{h_0} = \dfrac{80}{360} > 0.1$，不受此限制。取三者中最小值，即 $b_f' = 1800$ mm。

（2）判别T形截面类型

$\alpha_1 f_c b_f' h_f' \left(h_0 - \dfrac{h_f'}{2}\right) = 11.9 \times 1800 \times 80 \times (360 - 80/2) = 548 \times 10^6$ N·mm $> M = 110$ kN·m 故为第一类T形截面，受拉钢筋按 $b_f' \times h$ 单筋矩形截面计算。

（3）计算 A_s

$\alpha_s = \dfrac{M}{\alpha_1 f_c b_f' h_0^2} = \dfrac{110 \times 10^6}{11.9 \times 1800 \times 360^2} = 0.04$，查附表8得 $\xi = 0.04$。

则 $A_s = \dfrac{\alpha_1 f_c b_f' \xi h_0}{f_y} = \dfrac{11.9 \times 1800 \times 0.04 \times 360}{360} = 857$ mm²

3-4 例题

（4）验算配筋率（略）

（5）选配钢筋 3 Φ 20，$A_s = 942$ mm²，可以放置在一排中，与原假设相符。

【例3-7】已知翼缘位于受压区的T形截面的尺寸 $b_f' = 400$ mm，$b = 250$ mm，$h = 600$ mm，$h_f' = 100$ mm，$a_s = 35$ mm，采用C25混凝土，拉区配有 4 Φ 25（1964 mm²）的HRB400级钢筋，承受设计弯矩 $M = 234$ kN·m，试验算是否安全。

【解】已知：$\alpha_1 = 1.0$，$f_c = 11.9$ N/mm²，$f_y = 360$ N/mm²，$a_s = 35$ mm，$h_0 = 600 - 35 = 565$ mm

$$f_y A_s = 360 \times 1964 = 707040 > \alpha_1 f_c b_f' h_f' = 11.9 \times 400 \times 100 = 476000$$

因而该截面属于第二类 T 形截面。

$$A_{s1} = \frac{\alpha_1 f_c (b_f' - b) h_f'}{f_y} = \frac{11.9 \times (400 - 250) \times 100}{360} = 496 \text{mm}^2$$

$$M_{u1} = \alpha_1 f_c (b_f' - b) h_f' \left(h_0 - \frac{h_f'}{2}\right) = 11.9 \times (400 - 250) \times 100 \times (565 - 100/2)$$

$$= 92 \times 10^6 \text{N·mm} = 92 \text{kN·m}$$

$$A_{s2} = A_s - A_{s1} = 1964 - 496 = 1468 \text{mm}^2$$

$$x = \frac{f_y A_{s2}}{\alpha_1 f_c b} = \frac{360 \times 1468}{11.9 \times 250} = 177.6 \text{mm} < \xi_b h_0 = 0.517 \times 565 = 292 \text{mm}$$

$$M_{u2} = \alpha_1 f_c bx (h_0 - x/2) = 11.9 \times 250 \times 177.6 \times (565 - 177.6/2) = 252 \times 10^6 \text{N·mm}$$

$$= 252 \text{kN·m}$$

因此，该截面的正截面抗弯承载力为：

$$M_u = M_{u1} + M_{u2} = 92 + 252 = 344 \text{kN·m} > M = 234 \text{kN·m}$$

所以截面安全。

3.7 受弯构件一般构造要求

结构设计中有许多不易详细考虑或不确定的因素，如温度、混凝土收缩、徐变、钢筋锈蚀等，在计算时或被简化，或被忽略，因此还必须通过合理的构造措施加以弥补，以尽量符合实际结构情况，有时也是为了使用和施工的可能及需要而采用。初学者往往会忽视构造要求，但这在设计中是非常关键且不可或缺的。

3.7.1 截面形式和尺寸

钢筋混凝土梁、板可分为现浇梁、板和预制梁、板。

1. 梁、板截面形式

预制梁的截面形式常见的有矩形、T 形、工字形、L 形、Γ 形，有时为降低层高将梁做成十字形或花篮形，在装配整体式楼盖中可以采用预制 T 形梁与后浇叠合混凝土形成十字叠合梁，如图 3-25 所示。预制板截面常见的有矩形平板、空心板、槽型板等。梁板现浇时，板参与梁的工作，此时梁截面可看成是 T 形或 Γ 形，板截面为矩形平板，如图 3-26 所示。

2. 梁、板的截面尺寸

梁的高跨比 h/l 应满足刚度要求：如矩形截面简支独立梁 $h/l \geq 1/12$；悬臂梁取 $h/l \geq 1/6$。矩形截面梁高宽比常用 $h/b = 2.0 \sim 3.5$，T 形截面梁高宽比 $h/b = 2.5 \sim 4.0$。

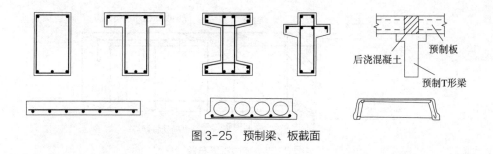

图 3-25　预制梁、板截面

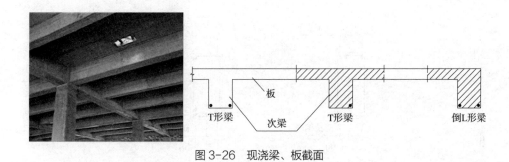

图 3-26　现浇梁、板截面

为统一模板尺寸、便于施工，通常采用梁宽度 b 为 120mm、150mm、180mm、200mm、220mm、250mm、300mm、350mm 等，梁高度 h 为 250mm、300mm 等。

板的最小厚度应满足刚度要求，且由于板在建筑中用量很大，还应考虑经济效果和施工方便。从刚度条件来看，如简支单向板 $h/l \geq 1/40 \sim 1/35$（常用板厚 80 ~ 120mm），悬臂板 $h/l \geq 1/12 \sim 1/10$（常用板厚 80 ~ 150mm），双向板 $h/l \geq 1/50 \sim 1/40$（常用板厚 80 ~ 160mm）。实心楼板、屋面板厚不小于 80mm，密肋楼盖厚不小于 50mm，无梁楼盖厚不小于 150mm。预制板还应考虑满足钢筋保护层厚度。

3.7.2　受弯构件的钢筋

受弯构件的钢筋有两大类：受力钢筋和构造钢筋。受力钢筋须由承载力计算确定，构造钢筋则是考虑在计算中未估计到的影响和施工需要而设置。

1. 梁中钢筋

梁中一般布置四种钢筋，即纵向受力钢筋、箍筋、弯起钢筋和架立钢筋，如图 3-27 所示，有时还配置腰筋和相应的拉筋。

根据纵向受力钢筋配置方式不同，受弯构件可分为单筋受弯构件和双筋受弯构件。根据材料力学可知，受弯构件在外力作用下以中和轴为界分为受拉区和受压区。混凝土抗拉能力很低，因此在拉区要配置钢筋。仅在受拉区配置受拉钢筋，而在受压区配置架立钢筋（构造钢筋）的构件称为单筋受弯构件，如图 3-28（a）所示；在受拉区、受压区分别配置受拉、受压钢筋的构件称为双筋受弯构件，如图 3-28（b）所示。

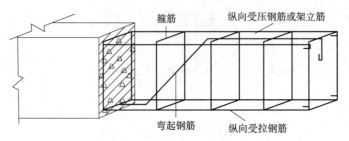

图 3-27　梁内钢筋布置

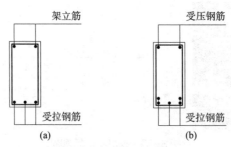

图 3-28　矩形截面的配筋形式
（a）单筋截面；（b）双筋截面

纵向受力筋直径常用 12 ~ 25mm，配置钢筋的直径至少相差 2mm。当 $h < 300mm$ 时，$d \geqslant 8mm$；当 $h \geqslant 300mm$ 时，$d \geqslant 10mm$。梁中受拉钢筋不得少于 2 根（$b < 150mm$ 时，可用 1 根），最好 3 ~ 4 根以上。钢筋尽量放一排，数量较多时可两排布置，但应避免出现两排以上的受力钢筋，以免过多影响受弯承载力。

箍筋不仅可以用来固定纵向受力钢筋的位置，同时可以承担剪力以保证斜截面强度，在第 5 章中介绍箍筋构造要求的有关内容。

弯起钢筋一般由纵向受力钢筋弯起形成，可以用来承担剪力或负弯矩。

单筋截面受弯构件的受压区外缘两侧需配置架立筋，以便与箍筋和梁底部纵筋形成钢筋骨架，还可承受由于混凝土收缩及温度变化所产生的拉力。双筋截面受弯构件的受压钢筋可兼作架立筋。梁的跨度 $l < 4m$ 时，架立筋直径不宜小于 8mm；$l = 4 ~ 6m$ 时，架立筋直径不宜小于 10mm；$l > 6m$ 时，架立筋直径不宜小于 12mm。

为防止在梁的侧面产生垂直于梁轴线的收缩裂缝，同时也为了增强钢筋骨架的刚度，增强梁的抗扭作用，当梁腹板高度（图 3-29）$h_w \geqslant 450mm$ 时，要求在梁两侧配置纵向构造钢筋，并用拉筋固定，如图 3-30 所示。每侧纵向构造钢筋的截面面积不小于腹板截面面积的 0.1%，沿高度间距不宜大于 200mm，直径一般不小于 10mm。拉筋直径一般与箍筋直径相同，间距常取箍筋间距的 2 倍。

2. 板中钢筋

板中通常布置两种钢筋，即受力钢筋与分布钢筋，如图 3-31 所示。

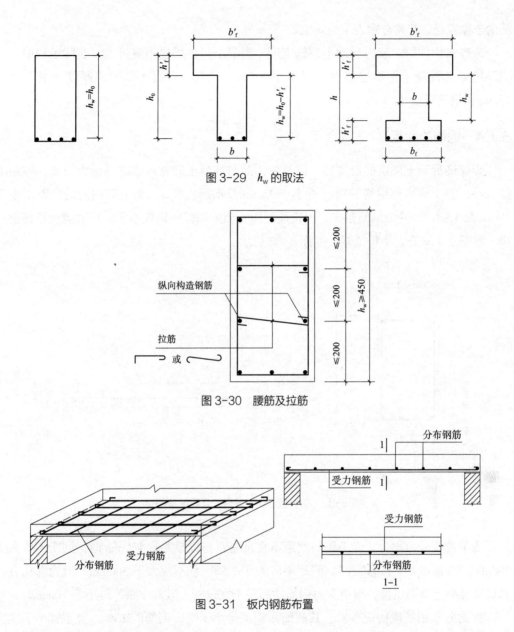

图 3-29 h_w 的取法

纵向构造钢筋

拉筋

或

图 3-30 腰筋及拉筋

分布钢筋

受力钢筋

受力钢筋

分布钢筋

受力钢筋

分布钢筋

1—1

图 3-31 板内钢筋布置

受力钢筋承担由弯矩引起的拉力，沿跨度方向布置在受拉侧的外侧；分布钢筋与受力钢筋垂直，设置在其内侧，可以将荷载均匀地传给受力钢筋，且便固定受力钢筋的位置，同时它也可以抵抗因混凝土收缩及温度变化引起的拉力。

受力钢筋直径通常为 6mm、8mm、10mm、12mm，对基础板可用更大直径的钢筋。板厚度较大时，钢筋直径可用 14 ~ 18mm；分布钢筋直径常用 6mm、8mm。

3.7.3 混凝土保护层

为保证耐久性、防火性以及钢筋与混凝土的黏结性能，钢筋应具有一定厚度的混凝土保护层，即钢筋外缘至混凝土表面的距离。纵向受力钢筋的混凝土保护层不应小于钢筋的公称直径，并符合附表 1 的规定。

为提高构件的承载力和减小裂缝宽度，混凝土保护层也不宜过大。实际工程中，一类环境梁的混凝土保护层厚度一般不小于 25mm，板的混凝土保护层厚度一般不小于 15mm 和钢筋直径 d。

3.7.4 钢筋的间距

为保证混凝土浇筑的密实性，以及使钢筋与混凝土间有可靠的黏结力，钢筋间距不能太小。要求梁底部钢筋的净距不小于 25mm 及钢筋直径 d，梁上部钢筋的净距不小于 30mm 及 1.5d。如受力钢筋较多，因钢筋间距受到限制，一排放不下，可放置两排甚至三排，但需上下对齐，不得错缝，如图 3-32 所示。

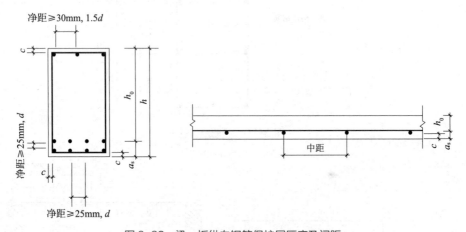

图 3-32 梁、板纵向钢筋保护层厚度及间距

为了使板受力均匀，受力钢筋间距不宜过密：当板厚 $h \leqslant 150$mm 时，间距不应大于 200mm；当板厚 $h > 150$mm 时，间距不应大于 1.5h，且不应大于 300mm。但为绑扎方便和保证混凝土浇捣质量，板中受力钢筋的间距不宜过密，通常中距不得小于 70mm。

板的分布钢筋按构造布置，其截面面积不得小于受力钢筋的 15%，且不宜小于该方向板截面面积的 0.15%；其间距不应大于 250mm，当板所受的温度变化较大时，或板上集中荷载较大时，其间距不宜大于 200mm。在受力钢筋所有转折处的内侧都应配置分布钢筋，以固定受力钢筋的位置。

3.7.5 截面的有效高度

梁、板受拉钢筋位置确定后，在进行截面设计、截面复核时考虑到混凝土受拉区开裂已退出工作，截面抵抗弯矩为受拉钢筋的拉力与受压区混凝土的压力形成的力矩。所以截面高度应采用其有效高度 h_0，即受拉钢筋的重心至混凝土受压边缘的垂直距离，它与受拉钢筋的直径和排放有关，$h_0 = h - c - d/2 = h - a_s$。其中，$a_s$ 为受拉钢筋中心至受拉混凝土边缘的距离。在正常环境下，混凝土等级大于 C20 时，对于板通常取 $a_s=20\text{mm}$；对于梁，单排筋时取 $a_s=40\text{mm}$，双排筋时取 $a_s=60\sim70\text{mm}$。

3.7.6　材料选用

选用材料时，应当注意钢筋品种与混凝土强度等级相匹配，以保证相互间有良好的黏结力。混凝土强度等级越高，黏结力越大；反之则小。若在低强度混凝土中选用高强度钢筋，则钢筋应力没有达到屈服强度时，钢筋与混凝土间的黏结力可能破坏，受拉区产生很大裂缝。《混凝土结构设计规范》（2015 年版）GB 50010—2010 规定：钢筋混凝土结构的混凝土等级不宜低于 C25。

从承载力角度来看，钢筋混凝土板的受力钢筋常选用细直径的 HRB400、HPB300 级钢筋。梁的受力钢筋则宜选用 HRB400 热轧带肋钢筋、HRB400 热处理钢筋。一般现浇梁、板常采用 C25 ~ C35 混凝土，预制梁板及跨度较大的梁，为减轻自重可采用更高一点的混凝土等级。另外，混凝土等级还应考虑建筑物所处的环境类别。

本章小结

1. 钢筋混凝土结构设计中，由于其材料性能的复杂，构造要求是不可忽略的。在本章的正截面计算中已提出了相关的构造措施，如截面尺寸、钢筋间距、保护层厚度、材料级别等。

2. 钢筋混凝土受弯构件的正截面破坏形态根据其配筋率的不同可分为三种：

（1）少筋破坏，属于脆性破坏，其特点是开裂荷载与破坏荷载接近，承载力很小，破坏取决于混凝土的抗拉强度，混凝土的抗压强度不能发挥作用。

（2）适筋破坏，属于延性破坏，其特点是钢筋先屈服，然后受压区混凝土压碎从而破坏，材料强度得到充分利用，破坏前预兆明显。

（3）超筋破坏，属于脆性破坏，其特点是钢筋未屈服，受压区混凝土突然压碎从而破坏，钢筋强度未得到充分利用，破坏前没有明显预兆，承载力较高。

3. 受弯构件受荷全过程可分为三个阶段：

（1）第 I 阶段，整体工作阶段，即混凝土开裂前。第 I 阶段末 I_a，受拉区混凝土即将开裂，此时受拉区混凝土塑性变形充分发展，应力接近均匀分布，受压区还处于弹性阶段，应力图形为三角形。该阶段的应力图形可作为计算构件开裂弯矩的依据。

（2）第 II 阶段：带裂缝工作阶段，即从受拉区混凝土开裂到受拉筋应力达到屈服强度。受拉区混凝土逐步退出工作，受压区混凝土弹塑性特性表现得越来越显著，受压区应力图形逐渐呈曲线分布。当钢筋应力达到屈服强度 f_y 时，此时的受力状态记为 II_a 状态。正常工作的梁一般都处于第 II 阶段，故该阶段的应力状态将作为正常使用阶段变形和裂缝计算的依据。

（3）第Ⅲ阶段：破坏阶段，即从受拉筋屈服至受压区混凝土被压碎。对于配筋合适的梁，钢筋应力达到屈服时，受压区混凝土一般尚未压坏。继续加载，最终混凝土压应变达到极限压应变 ε_{cu}，受压区混凝土即开始压坏，表明梁达到极限承载力 M_u，对应截面受力状态为Ⅲ$_a$状态，该应力状态即为正截面承载力极限状态的计算依据。

4. 受弯构件正截面承载力计算时采用四个基本假定，据此确定适筋受弯构件承载力极限状态时的应力计算简图，由平衡条件建立基本公式，并明确公式的适用条件，即适筋与少筋、适筋与超筋的界限条件。

5. 影响受弯构件正截面承载力的最主要因素是钢筋的强度和配筋率。在适筋梁范围内，当配筋率较低时，随着钢筋强度的提高和配筋率的增大，承载力几乎成线性增大，但当配筋率较高或接近最大配筋率时，承载力增长速度减慢，此时承载力取决于混凝土强度。

6. 双筋截面较单筋截面设计不经济，但有些情况下必须采用双筋截面设计。双筋截面和单筋截面设计时采用相同的基本假定，但应注意受压钢筋的强度利用情况。

7. T形截面设计时一定要先判断 T 形截面的类型。

8. 在工程实际应用中，正截面受弯承载力计算分为截面设计和承载力复核，计算时应注意判断适用条件，并采用相应的计算方法。

思考与练习题

1. 钢筋混凝土梁、板构件的截面配筋基本构造要求有哪些？试说明这些构造要求的作用是什么？

2. 什么是延性破坏？什么是脆性破坏？为什么在工程中应采用适筋梁？超筋梁和少筋梁是否一定不可以采用？

3. 钢筋混凝土受弯构件受拉筋配筋率与正截面破坏形式有何关系？

4. 画出单筋矩形截面正截面承载力计算时的实际应力图形和等效矩形应力图，并说明等效原则是什么，各系数如何确定？

5. 界限相对受压区高度 ξ_b 是怎样确定的？影响因素有哪些？最大配筋率 ρ_{max} 与 ξ_b 是什么关系？

6. 影响钢筋混凝土受弯承载力的最主要因素是什么？当截面尺寸一定时，改变混凝土或钢筋强度等级哪个对承载力更有效？

7. 有哪些情况下采用双筋截面梁？如何保证受压钢筋强度得到充分利用？

8. 在双筋矩形截面设计中，当已知受压筋计算所需受拉筋时，计算中发现 $\xi > \xi_b$，说明什么问题？若 $x < 2a'_s$，应如何处理？

9. 在截面承载力复核和截面设计时分别如何判别两类 T 形截面？

10. 已知矩形截面梁，$b \times h = 250mm \times 500mm$，取 $a_s = 35mm$，承受的弯矩设计值 $M =$

160kN·m，试确定以下情况该梁的纵向受拉钢筋截面面积 A_s：

（1）混凝土强度等级为 C25，钢筋为 HRB400 级；

（2）混凝土强度等级为 C40，钢筋为 HRB400 级；

（3）试分析纵向受拉钢筋截面面积 A_s 随混凝土强度变化的趋势。

11. 已知矩形截面梁，$b \times h = 250\text{mm} \times 500\text{mm}$，取 $a_s = 35\text{mm}$，承受的弯矩设计值 $M = 160\text{kN·m}$，试确定以下情况该梁的纵向受拉钢筋截面面积 A_s：

（1）采用 C25 混凝土，HRB400 级钢筋；

（2）试分析纵向受拉钢筋截面面积 A_s 随钢筋强度变化的趋势。

12. 已知矩形截面梁，承受的弯矩设计值 $M = 160\text{kN·m}$，试确定以下情况该梁的纵向受拉钢筋截面面积 A_s（取 $a_s = 35\text{mm}$）：

（1）$b \times h = 150\text{mm} \times 500\text{mm}$，采用 C25 混凝土、HRB400 级钢筋；

（2）$b \times h = 250\text{mm} \times 750\text{mm}$，采用 C25 混凝土、HRB400 级钢筋；

（3）试分析纵向受拉钢筋截面面积 A_s 随截面尺寸变化的趋势。

13. 已知矩形截面梁，$b = 250\text{mm}$，$h = 500\text{mm}$，纵向受拉钢筋为 4 Φ 20 的 HRB400 级钢筋，取 $a_s' = 35\text{mm}$，试确定以下情况该梁所能承受的弯矩设计值 M：

（1）混凝土强度等级为 C25；

（2）混凝土强度等级为 C40；

（3）试分析弯矩承载力设计值 M_u 随混凝土强度变化的趋势。

14. 一钢筋混凝土简支矩形梁，承担的均布荷载设计值为 46kN/m^2（包括梁自重），梁的计算跨度 $l_0 = 5\text{m}$，因建筑高度的限制，截面尺寸只能用 $b \times h = 200\text{mm} \times 420\text{mm}$，采用 C25 混凝土、HRB400 级钢筋，试作下列计算：

（1）计算梁所需的钢筋截面面积；

（2）如在受压区放置 3 Φ 16 的钢筋，再计算受拉钢筋的用量，并与（1）作比较，哪一方案经济，为什么？

15. 梁截面 $b \times h = 200\text{mm} \times 400\text{mm}$，采用 C25 混凝土，受拉区配有 3 Φ 22、受压区放置 2 Φ 16 的 HRB400 级钢筋，截面承担的弯矩设计值 $M = 90\text{kN·m}$，试验算截面是否安全？

16. 梁的截面尺寸 $b_f' = 600\text{mm}$，$b = 300\text{mm}$，$h = 800\text{mm}$，$h_f' = 100\text{mm}$，承受的弯矩设计值 $M=620\text{kN·m}$，采用 C25 混凝土、HRB400 级钢筋，试计算梁的钢筋截面面积 A_s，选择钢筋直径及根数。

17. 一 T 形截面梁，$b_f' = 800\text{mm}$，$b = 250\text{mm}$，$h = 600\text{mm}$，$h_f' = 80\text{mm}$，配置两排钢筋共 6 Φ 20，弯矩设计值 $M = 300\text{kN·m}$，采用 C25 混凝土，采用 HRB400 级钢筋，试验算梁的正截面承载力是否安全？

第4章 受弯构件斜截面承载力计算

【本章要点及学习目标】

（1）掌握钢筋混凝土受弯构件斜截面的受力特点、破坏形态和斜截面受剪承载力的主要影响因素。

（2）掌握斜截面抗剪承载力的计算方法。

（3）了解保证斜截面抗弯承载力应满足的构造要求。

4.1 无腹筋梁的抗剪性能

4.1.1 斜裂缝引起的受力状态

钢筋混凝土简支梁在对称加载下产生弯矩和剪力的内力，如图4-1所示。

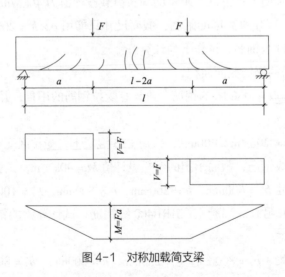

图4-1 对称加载简支梁

为保证斜截面抗剪要求，应使构件有一个合理的截面尺寸，配置必要的箍筋，当剪力较大时，还可设置弯起钢筋。箍筋和弯起钢筋统称为腹筋，如图4-2所示。

如图4-3所示，按材料力学绘出该梁在荷载作用下的主应力迹线，其中实线为主拉应力迹线，虚线为主压应力迹线。截面1—1上的微元体1、2、3分别处于不同的受力状态：

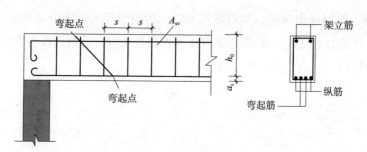

图 4-2　梁的抗剪钢筋

位于中和轴处的微元体 1，其正应力为零，剪应力最大，主拉应力 σ_{tp} 和主压应力 σ_{cp} 与梁轴线成 45° 角；位于受压区的微元体 2，由于压应力的存在，主拉应力 σ_{tp} 减小，主压应力 σ_{cp} 增大，主拉应力与梁轴线夹角大于 45°；位于受拉区的微元体 3，由于拉应力的存在，主拉应力 σ_{tp} 增大，主压应力 σ_{cp} 减小，主拉应力与梁轴线夹角小于 45°。对于匀质弹性体的梁来说，当主拉应力或主压应力达到材料的复合抗拉或抗压强度时，将引起构件截面的破坏。

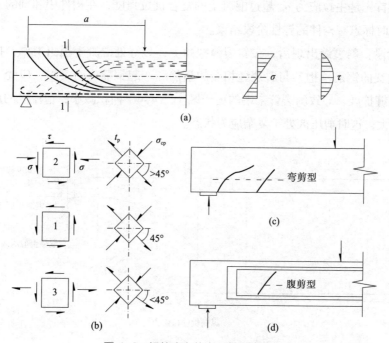

图 4-3　梁的应力状态和斜裂缝形态
（a）主应力迹线；（b）微元体应力；（c）弯剪型斜裂缝；（d）腹剪型斜裂缝

对于钢筋混凝土梁，由于混凝土的抗拉强度很低，因此，随着荷载的增加，当某些部位主拉应力值超过混凝土复合受力下的抗拉强度时，将首先产生裂缝。从开始加荷至破坏，如同正截面一样，经历三个阶段：

第Ⅰ阶段：斜裂缝出现前，当荷载不大时，弯矩引起的正应力 σ 和剪力引起的剪应力 τ 都不大，合成的主拉应力 σ_{tp} 都不足以使构件出现裂缝，这时构件基本处于弹性阶段，其应力值可由材料力学的公式计算，即：

$$\sigma = \frac{MY}{I_0} \tag{4-1}$$

$$\tau = \frac{VS_0}{I_0 b} \tag{4-2}$$

$$\sigma_{tp}(\sigma_{cp}) = \frac{\sigma}{2} \pm \sqrt{\tau^2 + \frac{\sigma^2}{4}} \tag{4-3}$$

主应力的方向与梁轴的夹角为：

$$\theta = \frac{1}{2} \arctan\left(-\frac{2\tau}{\sigma}\right) \tag{4-4}$$

对于钢筋混凝土梁，支座附近的弯矩和剪力值较大，随着荷载的不断增加，该处的弯矩和剪力值增大，支座附近的主应力增大。由于混凝土的抗拉强度较其抗压强度要低得多，所以首先是主拉应力 σ_{tp} 超过混凝土的复合抗拉强度，在构件中和轴的下部先产生斜裂缝，这时标志着构件的弹性阶段结束。

第Ⅱ阶段：斜裂缝出现后，在斜裂缝截面上，裂缝处混凝土退出工作，拉力全部由与斜裂缝相交的钢筋承担，与斜裂缝相交的箍筋和弯起钢筋应力突增，应变（变形）增大，使斜裂缝扩展，导致斜裂缝末端的剪压区（图4-4）面积减小，剪压区的压应力 σ 和剪应力 τ 增大，这时剪压区处于复杂应力状态。

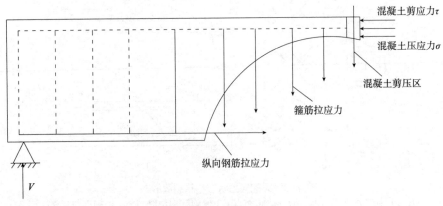

图4-4　斜截面应力

剪压区复杂应力状态指标可用（σ/τ）来表示，由于 σ 取决于弯矩 M 的大小，τ 取决于剪力 V 的大小，故也可用 $\left(\dfrac{M}{Vh_0}\right)$ 表示。我们常称之为广义剪跨比，即 $\lambda = \dfrac{M}{Vh_0}$，对于集中荷载作用下的简支梁（图4-5），$\lambda = \dfrac{M}{Vh_0} = \dfrac{a}{h_0}$（$a$ 为集中力作用点到支座的距离）。由此可见，斜截面工作状态与剪跨比有关，而且剪跨比是影响斜截面承载力的重要因素。

第Ⅲ阶段：随着荷载的继续增大，斜裂缝处的箍筋和弯起钢筋屈服，斜裂缝增大，剪压区的面积更小，剪压区的混凝土达到其极限强度，梁的斜截面进入破坏阶段。

斜截面破坏普遍带有脆性，在设计中应当避免。

在施工时，箍筋起着重要的作用，箍筋和纵筋绑扎（或焊接）形成钢筋骨架，以保证各种钢筋的正确位置。箍筋不但用于抗剪，密集配置的箍筋还可以约束混凝土，提高混凝土的延性（这在抗震设计中尤为重要）。

当梁承受的剪力较大时，为方便设计和施工，宜优先采用箍筋抗剪，有时还配弯起钢筋。

4.1.2　斜截面破坏的主要形态

大量试验结果表明，斜截面破坏的主要形态有三种：斜压破坏、剪压破坏和斜拉破坏，如图4-5所示。

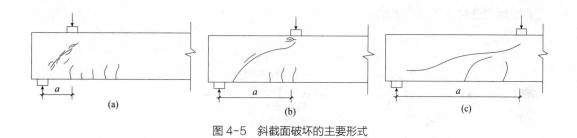

图4-5　斜截面破坏的主要形式

1. 斜压破坏

当集中荷载距支座较近，即 $\dfrac{a}{h_0} < 1$（对于均布荷载作用下为跨高比 $\dfrac{l}{h} < 3$）时，破坏前梁腹部将首先出现一系列大体上相互平行的腹剪斜裂缝，并向支座和集中荷载作用处发展，这些斜裂缝将梁腹分割成若干倾斜的受压杆件，最后由于混凝土斜向压酥而破坏。这种破坏称为斜压破坏，如图4-5（a）所示。

2. 剪压破坏

当 $1 \le \dfrac{a}{h_0} \le 3$（对于均布荷载作用下为跨高比 $3 \le \dfrac{1}{h_0} \le 9$）时，梁承受荷载后，先在剪跨段内出现弯剪斜裂缝，当荷载继续增加后，将在数条弯剪斜裂缝中出现一条延伸较长、相对开展较宽的主要斜裂缝，称为临界斜裂缝。继续加载，临界斜裂缝不断向加载点延伸，使混凝土受压区高度不断减小。最后，剪压区混凝土在剪应力和压应力的共同作用下达到复合应力状态下的极限强度而破坏。这种破坏称为剪压破坏，如图4-5（b）所示。

3. 斜拉破坏

当 $\dfrac{a}{h_0} > 3$（对于均布荷载作用下为跨高比 $\dfrac{l}{h} > 9$）时，斜裂缝一出现便很快发展，形成临界斜裂缝，并迅速向加载点延伸使混凝土截面裂通，梁被斜向拉断成为两部分而破坏。破坏时，沿纵向钢筋往往产生水平撕裂裂缝。这种破坏称为斜拉破坏，如图4-5（c）所示。

无腹筋梁除了上述三种主要的破坏形态外，在不同条件下，还可能出现其他破坏形态，例如局部挤压破坏、纵筋的锚固破坏等。

4.1.3 影响无腹筋梁受剪承载力的主要因素

1. 剪跨比

试验研究表明，对集中荷载作用下的无腹筋梁，剪跨比是影响破坏形态和受剪承载力的主要因素之一。图4-6为其他条件相同的无腹筋梁在不同剪跨比时的试验结果。从图中可以看出，随着剪跨比的增大，破坏形态发生显著变化，梁的受剪承载力逐渐降低。小剪跨比时，大多发生斜压破坏，受剪承载力较高；中等剪跨比时，大多发生剪压破坏，受剪承载力次之；大剪跨比时，大多发生斜拉破坏，受剪承载力较低。当剪跨比 $\lambda > 3$ 时，受剪承载力变化不大，趋于稳定。

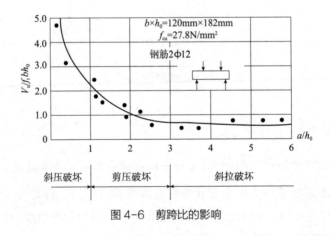

图 4-6 剪跨比的影响

对有腹筋梁，在低配箍率时剪跨比对受剪承载力的影响较大，在中等配箍率时剪跨比的影响次之，在高配箍率时剪跨比的影响则较小。

顺便指出，在均布荷载作用下跨高比 $\dfrac{l}{h}$ 对梁的受剪承载力有较大影响，随着跨高比的增大，受剪承载力下降；但当跨高比 $\dfrac{l}{h} > 10$ 时，跨高比的变化对受剪承载力无显著影响。

2. 混凝土强度

混凝土强度对梁受剪承载力的影响很大，试验研究和理论分析都已表明，在斜裂缝出现后，斜裂缝间的混凝土在剪应力和压应力的作用下处于拉压复合应力状态，是在拉应力和压应力的共同作用下破坏的。梁的受剪承载力随混凝土抗拉强度 f_t 的提高而提高，两者大致呈线性关系。

从图 4-7 中可以看出，梁斜截面破坏的形态不同，混凝土强度影响的程度也不同。$\lambda = 1.0$ 时为斜压破坏，直线的斜率较大；$\lambda = 3.0$ 时为斜拉破坏，直线的斜率较小，表示混凝土强度变化的影响较小；$1.0 < \lambda < 3.0$ 时为剪压破坏，其影响程度介于上述两者之间。

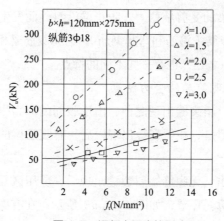

图 4-7　混凝土强度的影响

3. 纵向钢筋的配筋率

纵向钢筋能抑制斜裂缝的扩展，斜裂缝上端剪压区的面积较大，从而能承受较大的剪力，同时纵筋本身也能通过销栓作用承受一定的剪力。因而纵向钢筋的配筋率增大时，梁的抗剪承载力也会有一定的提高，但目前我国规范中的抗剪计算公式尚未直接考虑这一影响。

4.2　无腹筋梁斜截面受剪承载力计算

为使计算既简便又安全可靠，《混凝土结构设计规范》（2015 年版）GB 50010—2010 采用斜截面受剪承载力的计算公式。

对均布荷载作用下的无腹筋梁，取：

$$V_c = 0.7 f_t b h_0 \tag{4-5}$$

对集中荷载作用下的矩形截面无腹筋梁（包括简支梁和连续梁），取：

$$V_c = \frac{1.75}{\lambda + 1.0} f_t b h_0 \tag{4-6}$$

式中　V_c——无腹筋梁受剪承载力设计值；

　　　　λ——计算截面的剪跨比，$\lambda = a/h_0$；a 为集中荷载作用点至支座截面或节点边缘的
　　　　　　　距离，当 $\lambda < 1.5$ 时，取 $\lambda = 1.5$；当 $\lambda > 3$ 时，取 $\lambda = 3$；

　　　　f_t——混凝土轴心抗拉强度设计值。

　　其中，$\lambda < 1.5$ 时是斜压破坏；$\lambda > 3$ 时是斜拉破坏；λ 在 1.5 ～ 3 之间时，是剪压破坏。

4.3　有腹筋梁斜截面的抗剪性能

4.3.1　有腹筋梁斜截面的受力特点和破坏形态

　　为了提高钢筋混凝土梁的受剪承载力，防止梁沿斜截面发生脆性破坏，一般在实际工程结构中，梁内都配有腹筋（箍筋和弯起钢筋）。与无腹筋梁相比，有腹筋梁斜截面的受力性能和破坏形态有相似之处，也有一些不同的特点。

　　1. 有腹筋梁斜裂缝出现前后的受力特点

　　有腹筋梁在荷载较小、斜裂缝出现之前，由于腹筋的应力很小，作用不明显，其受力性能和无腹筋梁相近。但是，在斜裂缝出现以后，有腹筋梁的受力性能和无腹筋梁相比，有显著不同。

　　由前面的分析可以看出，无腹筋梁斜裂缝出现后，剪压区几乎承受了由荷载产生的全部剪力，成为整个梁的薄弱环节，如图 4-8（a）所示。在有腹筋梁中，当斜裂缝出现以后，如图 4-8（b）所示形成了一种"桁架—拱"的受力模型，斜裂缝间的混凝土相当于压杆，梁底纵筋相当于拉杆，箍筋则相当于垂直受拉腹杆。箍筋可以将压杆 Ⅱ、Ⅲ 的内力通过"悬吊"作用向上传递到压杆 Ⅰ 靠近支座的部分，从而减小压杆 Ⅰ 端部剪压区

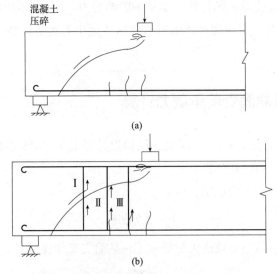

图 4-8　无腹筋梁和有腹筋梁的传力机理
（a）无腹筋梁；（b）有腹筋梁

的负担。因此在有腹筋梁中，腹筋（箍筋或弯起钢筋）可以直接承担部分剪力，与斜裂缝相交的腹筋应力显著增大。同时，腹筋能限制斜裂缝的延伸和开展，增大剪压区的面积，提高剪压区的抗剪能力。此外，腹筋还将增强斜裂缝交界面上的骨料咬合作用和摩阻作用，延缓沿纵筋劈裂裂缝的发展，防止保护层的突然撕裂，提高纵筋的销栓作用。因此，配置腹筋可使梁的受剪承载力有较大提高。

2. 有腹筋梁沿斜截面的破坏形态

腹筋虽然不能防止斜裂缝的出现，但却能限制斜裂缝的开展和延伸。因此，腹筋的数量对梁斜截面的破坏形态和受剪承载力有很大影响。

如果箍筋配置的数量过多（箍筋直径较大、间距较小），则在箍筋尚未屈服前，斜裂缝间的混凝土将因主压应力过大而发生斜压破坏。此时，梁的受剪承载力取决于构件的截面尺寸和混凝土强度。

如果箍筋配置的数量适当，则在斜裂缝出现以后，原来由混凝土承受的拉力转移给与斜裂缝相交的箍筋来承担，在箍筋尚未屈服前，由于箍筋限制了斜裂缝的开展和延伸，荷载尚能有较大增长。当箍筋屈服后，由于箍筋应力基本不变而应变迅速增加，箍筋不能有效地抑制裂缝的开展和延伸，最后斜裂缝上端剪压区的混凝土在剪压复合应力作用下达到极限强度，发生剪压破坏。

如果箍筋配置的数量过少（箍筋直径较小、间距较大），则斜裂缝一出现，原来由混凝土承受的拉力转由箍筋承受，箍筋很快达到屈服强度，变形迅速增加而不能抑制裂缝的发展。此时，梁的受力性能和破坏形态与无腹筋梁相似。当剪跨比较大时，也将发生斜拉破坏。

4.3.2 配箍率和箍筋强度

有腹筋梁出现斜裂缝以后，箍筋不仅可以直接承受部分剪力，还能抑制斜裂缝的开展和延伸，提高剪压区混凝土的抗剪能力和纵筋的销栓作用，间接地提高梁的受剪承载力。试验研究表明，当配箍量适当时，梁的受剪承载力随配箍量的增大和箍筋强度的提高而有较大幅度的提高。

配箍量一般用配箍率 ρ_{sv} 表示，即：

$$\rho_{sv} = \frac{nA_{sv1}}{bs} \qquad (4-7)$$

式中　ρ_{sv}——配箍率；

　　n——同一截面内箍筋的肢数；

　　A_{sv1}——单肢箍筋的截面面积；

　　b——截面宽度；

　　s——箍筋间距。

图 4-9 表示梁的受剪承载力与配箍率和箍筋屈服强度乘积的关系，即配箍特征系数

$\rho_{sv}f_{yv}$ 的关系。当其他条件相同时，受剪承载力与配箍特征系数两者大致呈线性关系。

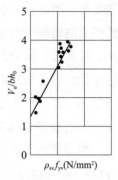

图 4-9　配箍率和箍筋屈服强度的影响

4.4　有腹筋梁斜截面受剪承载力计算

4.4.1　建立计算公式的原则

钢筋混凝土受弯构件斜截面破坏的各种形态中，有一些可以通过一定的构造措施来避免。例如，规定箍筋的最少数量，就可以防止斜拉破坏的发生；不使梁的截面过小，就可以防止斜压破坏的发生。

对于常见的剪压破坏，因为梁的受剪承载力变化幅度较大，设计时必须进行计算。我国《混凝土结构设计规范》（2015 年版）GB 50010—2010 的基本公式就是根据这种破坏形态的受力特征而建立的。

有腹筋梁发生剪压破坏时，从图 4-10 理想化模型中临界斜裂缝左边的脱离体可以看出，斜截面所承受的剪力由三部分组成，即：

$$V_u = V_c + V_{sv} + V_{sb} \tag{4-8}$$

式中　V_c——斜裂缝上端或压区混凝土承担的剪力；

　　　V_{sv}——穿过斜裂缝的箍筋承担的剪力；

　　　V_{sb}——穿过斜裂缝的弯起钢筋承担的剪力。

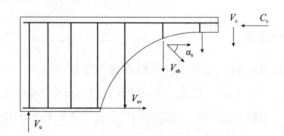

图 4-10　斜裂缝脱离体受力示意图

当不配置弯起钢筋时，则有：

$$V_u = V_c + V_{sv} = V_{cs} \tag{4-9}$$

式中　V_{cs}——构件斜截面上混凝土和箍筋共同承担的剪力。

由于影响斜截面受剪承载力的因素较多，尽管研究人员已进行大量的试验和研究，但迄今为止，钢筋混凝土梁受剪机理和计算的理论还未完全建立起来。因此，目前各国采用的受剪承载力公式仍为半经验、半理论的公式。我国《混凝土结构设计规范》（2015年版）GB 50010—2010 所建议使用的计算公式也是采用理论分析和实践经验相结合的方法，通过试验数据的统计分析得出的。对试验现象的观察和试验数据的分析表明，决定抗剪承载力的各项因素相互关联、交叉影响，并非简单叠加的关系。但从实用的角度出发，为方便计算而采用了式（4-8）和式（4-9）的形式，已赋予式中各项变量明确的物理、力学意义。

4.4.2　计算公式

1. 矩形、T 形、I 形截面受弯构件斜截面受剪承载力计算公式

矩形、T 形和 I 形截面的一般受弯构件，当仅配箍筋时，其斜截面受剪承载力的计算公式如下：

$$V_u = V_{cs} = 0.7 f_t b h_0 + 1.25 f_{yv} \cdot \frac{A_{sv}}{s} \cdot h_0 \tag{4-10}$$

式中　V_{cs}——构件斜截面上混凝土和箍筋的受剪承载力设计值；

f_t——混凝土轴心抗拉强度设计值；

f_{yv}——箍筋抗拉强度设计值；

A_{sv}——配置在同一截面内箍筋各肢的全部截面面积，$A_{sv} = n A_{sv1}$，其中 n 为在同一个截面内箍筋的肢数，A_{sv1} 为单肢箍筋的截面面积；

s——沿构件长度方向箍筋的间距；

b——矩形截面的宽度，T 形或 I 形截面的腹板宽度；

h_0——构件截面的有效高度。

2. 独立简支梁斜截面受剪承载力计算公式

对集中荷载作用下的独立简支梁（包括作用有多种荷载，其中集中荷载对支座截面或节点边缘所产生的剪力值占总剪力值的 75% 以上的情况），当仅配箍筋时，斜截面受剪承载力的计算公式如下：

$$V_u = V_{cs} = \frac{1.75}{\lambda + 1.0} f_t b h_0 + 1.0 f_{yv} \cdot \frac{A_{sv}}{s} \cdot h_0 \tag{4-11}$$

试验表明，剪跨比对集中荷载作用下梁受剪承载力的影响是相当明显的，故式（4-11）中引入了计算剪跨比 λ，可取 $\lambda = \frac{a}{h_0}$。a 为计算截面至支座截面或节点边缘的距离，计算截面取集中荷载作用点处的截面。

$\lambda < 1.5$ 和 $\lambda > 3$ 时，往往发生斜压和斜拉破坏；剪压破坏时，λ 约为 1.5 ~ 3，故 λ 的取值范围为 1.5 ~ 3。当 $\lambda < 1.5$ 时，取 $\lambda = 1.5$；当 $\lambda > 3$ 时，取 $\lambda = 3$。因而，第一项的系数 $\frac{1.75}{\lambda + 1.0}$ 在 0.7 ~ 0.44 之间，说明随着剪跨比的增大，梁的受剪承载力降低。第二项的系数为 1.0，小于以均布荷载为主时的系数值。由此可见，当荷载形式以集中荷载为主时，独立梁的受剪承载力将下降。

式（4-10）和式（4-11）都适用于矩形、T 形和 I 形截面，并不说明截面形状对受剪承载力无影响，只是影响不大，不再区分。

对于厚腹的 T 形梁，其抗剪性能与矩形梁相似，但受剪承载力略高。这是因为受压翼缘使剪压区混凝土的压应力和剪应力减小，但翼缘的这一有效作用是有限的，且翼缘超过肋宽两倍时，受剪承载力基本上不再提高。

对于薄腹的 T 形梁，腹板中有较大的剪应力，在剪跨区段内常有均匀的腹剪裂缝出现，当裂缝间斜向受压混凝土被压碎时，梁属斜压破坏，受剪承载力要比厚腹梁低，此时翼缘不能提高梁的受剪承载力。

综上所述，对于矩形、T 形和 I 形截面，采用同一计算公式是可行的。

前面讲过，对于有箍筋的梁，是不能把混凝土承担的剪力与箍筋承担的剪力分开表达的。所以要注意，不能把式（4-10）中的 $0.7f_tbh_0$ 和式（4-11）中的 $\dfrac{1.75}{\lambda+1.0}f_tbh_0$ 看成是混凝土承担的全部剪力；也不能把式（4-10）中的 $1.25f_{yv}\cdot\dfrac{A_{sv}}{s}\cdot h_0$ 和式（4-11）中的 $1.0f_{yv}\cdot\dfrac{A_{sv}}{s}\cdot h_0$ 看成单纯是箍筋承担的剪力。正确的认识应该是：由于箍筋限制了斜裂缝的开展，使剪压区面积增大，从而提高了混凝土承担的剪力。所以，$0.7f_tbh_0$ 或 $\dfrac{1.75}{\lambda+1.0}f_tbh_0$ 是指无腹筋梁混凝土承担的剪力；对有箍筋的梁，混凝土承担的剪力还要增加一些，也就是在 $1.25f_{yv}\cdot\dfrac{A_{sv}}{s}\cdot h_0$ 中或在 $1.0f_{yv}\cdot\dfrac{A_{sv}}{s}\cdot h_0$ 中有一小部分是属于混凝土的作用。

3. 设置弯起钢筋时，梁的受剪承载力计算公式

当梁中设置弯起钢筋时，其受剪承载力的计算公式中应增加一项弯起钢筋所承担的剪力值。

$$V_u = V_{cs} + V_{sb} \qquad (4-12)$$

式中，V_{cs} 即为上述式（4-9）或式（4-10）中混凝土和箍筋所共同承担的剪力值；V_{sb} 就是弯起钢筋的拉力在垂直于梁纵轴方向的分力值（图 4-11），按下式计算：

$$V_{sb} = 0.8f_yA_{sb}\sin\alpha_s \qquad (4-13)$$

式中　f_y——弯起钢筋的抗拉强度设计值；

A_{sb}——与斜裂缝相交的配置在同一弯起平面内的弯起钢筋截面面积；

α_s——弯起钢筋与梁纵轴线的夹角。一般为 45°，当梁截面超过 800mm 时，通常为 60°。

公式中的系数 0.8 是对弯起钢筋受剪承载力的折减。这是因为考虑到弯起钢筋与斜裂

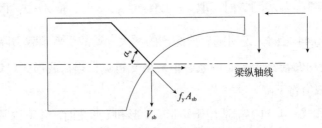

图 4-11　弯起钢筋所承担的剪力

缝相交时有可能已接近受压区，钢筋强度在梁破坏时不可能全部发挥作用的缘故。

4. 计算公式的适用范围

由于梁的斜截面受剪承载力计算公式仅是根据剪压破坏的受力特点而确定的，因而具有一定的适用范围，也即公式有其上、下限值。

（1）截面的最小尺寸（上限值）

当梁截面尺寸过小而剪力较大时，梁往往发生斜压破坏，这时即使多配箍筋也无济于事。因而，设计时为避免斜压破坏，同时也为了防止梁在使用阶段斜裂缝过宽（主要是薄腹梁），必须对梁截面的最小尺寸作如下规定：

当 $\dfrac{h_w}{b} \leqslant 4$ 时（厚腹梁，也即一般梁），应满足：

$$V \leqslant 0.25 \beta_c f_c b h_0 \tag{4-14}$$

当 $\dfrac{h_w}{b} \geqslant 6$ 时（薄腹梁），应满足：

$$V \leqslant 0.2 \beta_c f_c b h_0 \tag{4-15}$$

当 $4 < \dfrac{h_w}{b} < 6$ 时，按直线内插法取用。

式中　V——剪力设计值；

　　　β_c——混凝土强度影响系数，当混凝土强度等级不超过 C50 时，取 β_c=1.0；当混凝土强度等级为 C80 时，取 β_c=0.8，其间按直线内插法取用；

　　　f_c——混凝土抗压强度设计值；

　　　b——矩形截面的宽度，T 形截面或 I 形截面的腹板宽度；

　　　h_w——截面的腹板高度，矩形截面取有效高度 h_0，T 形截面取有效高度减去翼缘高度，I 形截面取腹板净高。

对于薄腹梁，采用较严格的截面限制条件是因为腹板在发生斜压破坏时，其抗剪能力要比厚腹梁低，同时也为了防止梁在使用阶段斜裂缝过宽。

（2）箍筋的最小配箍率（下限值）

箍筋配箍率过小，一旦斜裂缝出现，箍筋中突然增大的拉应力很可能达到屈服强度，造成裂缝的加速开展，甚至箍筋被拉断，进而导致梁的斜拉破坏。为了避免这类破坏，规定了配箍率的下限值，即最小配箍率为：

$$\rho_{sv,min} = 0.24 \frac{f_t}{f_{yv}} \tag{4-16}$$

5. 厚板的计算公式

试验表明，均布荷载下不配置箍筋和弯起钢筋的钢筋混凝土板，其受剪承载力随板厚的增大而降低。其斜截面受剪承载力按下式计算：

$$V_u = 0.7 \beta_h f_t b h_0 \tag{4-17}$$

式中 β_h——截面高度影响系数，$\beta_h = \left(\dfrac{800}{h_0}\right)^{1/4}$，当 $h_0 < 800\text{mm}$ 时，取 $h_0 = 800\text{mm}$；当 $h_0 > 2000\text{mm}$ 时，取 $h_0 = 2000\text{mm}$。

从 β_h 的取值范围来看，厚板有效高度限制在 800 ～ 2000mm 之间。当 $h_0 > 2000\text{mm}$ 时，厚板的受剪承载力还将进一步降低，设计时应予注意。

4.5 连系梁的抗剪性能及斜截面受剪承载力计算

4.5.1 破坏特点

连续梁在支座截面附近有负弯矩，在梁的剪跨段中有反弯点。斜截面的破坏情况和弯矩比 Φ 有很大关系，$\Phi = \left|\dfrac{M^-}{M^+}\right|$ 是支座负弯矩与跨内正弯矩两者之比的绝对值。另外，对承受集中力的简支梁而言，剪跨比 $\lambda = \dfrac{M}{Vh_0} = \dfrac{a}{h_0}$；但对连续梁，$\dfrac{M}{Vh_0} = \dfrac{a}{h_0} \cdot \dfrac{1}{1+\Phi}$，把 $\dfrac{a}{h_0}$ 称为计算剪跨比，其值将大于广义剪跨比 $\dfrac{M}{Vh_0}$。

图 4-12 所示为受集中荷载的连续梁的一剪跨段，由于在该段内存在有正负两向弯矩，因而在弯矩和剪力的作用下，剪跨段内会出现两条临界斜裂缝：一条位于正弯矩范围内，从梁下部伸向集中荷载作用点；另一条则位于负弯矩范围内，从梁上部伸向支座。在斜裂缝处的纵向钢筋拉应力因内力重分布而突然增大，但在反弯点处附近的纵筋拉应力却很小，造成这一不长的区段内钢筋拉应力差值过大，从而导致钢筋和混凝土之间的黏结破坏，沿纵筋水平位置混凝土上出现一些断断续续的黏结裂缝。临近破坏时，上下黏结裂缝分别穿过反弯点向压区延伸，使原先受压纵筋变成受拉，造成在两条临界

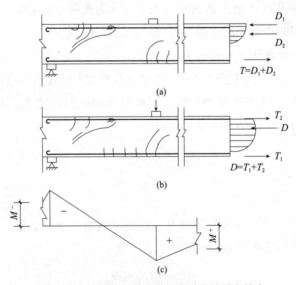

图 4-12　受集中荷载连续梁剪跨段的受力状态

裂缝之间的纵筋都处于受拉状态，如图 4-12（b）所示，梁截面只剩中间部分承受压力和剪力，这就相应提高了截面的压应力和剪应力，降低了连续梁的受剪承载力。因而，与相同广义剪跨比的简支梁相比，受集中荷载的连续梁的受剪能力要低。

对于受均布荷载的连续梁，弯矩比 $\Phi = \left| \dfrac{M^-}{M^+} \right|$ 的影响也是明显的。当 $\Phi < 1.0$ 时，由于 $|M^+| > |M^-|$，临界斜裂缝将出现于跨中正弯矩区段内，连续梁的抗剪能力随 Φ 的增大而提高；当 $\Phi > 1.0$ 时，因支座负弯矩超过跨中正弯矩，临界斜裂缝的位置移到跨中负弯矩区段内，这时连续梁的受剪能力随 Φ 的增大而降低，如图 4-13 所示。

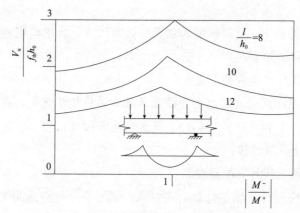

图 4-13 受均布荷载连续梁 $\Phi = \left| \dfrac{M^-}{M^+} \right|$ 的影响曲线

与集中荷载作用下的连续梁相比，均布荷载作用下的连续梁一般不会出现前述的沿纵筋的黏结裂缝。这是由于梁顶的均布荷载对混凝土保护层起侧向约束作用，从而提高了钢筋与混凝土之间的黏结强度，故负弯矩区段内不会有严重的黏结裂缝，即使在正弯矩区段内存在黏结破坏，但也不严重。

试验表明，均布荷载作用下连续梁的受剪承载力不低于相同条件下简支梁的受剪承载力。

4.5.2　连续梁受剪承载力的计算

根据以上试验研究结果，连续梁的受剪承载力与相同条件下的简支梁相比，仅在受集中荷载时偏低于简支梁，而在均布荷载时承载力是相当的。不过，在集中荷载作用时，连续梁与简支梁的这种对比用的是广义剪跨比，如果改用计算剪跨比来对比，由于连续梁的计算剪跨比大于广义剪跨比，连续梁的受剪承载力反而略高于同跨度的简支梁的受剪承载力。

据此，为了简化计算，设计规范采用了与简支梁相同的受剪承载力计算公式，即前述的式（4-10）、式（4-11）和式（4-12）。当然，式（4-11）中的 λ 应为计算剪跨比，使用条件同前所述。

其他的截面限制条件及最小配箍率等均与简支梁相同。

4.6 斜截面受剪承载力计算方法和步骤

在实际工程中，受弯构件斜截面承载力的计算通常包含两类问题，即截面设计和截面校核。

4.6.1 截面设计

当已知剪力设计值 V、材料强度和初选的截面尺寸，要求确定箍筋和弯起钢筋的数量，其计算步骤可归纳如下：

（1）验算梁截面尺寸是否满足要求

梁的截面以及纵向钢筋通常已由正截面承载力计算初步选定，在进行受剪承载力计算时，首先应按式（4-14）或式（4-15）复核梁截面尺寸，当不满足要求时，应加大截面尺寸或提高混凝土强度等级。

（2）判别是否需要按计算配置腹筋

若梁承受的剪力设计值满足计算公式要求，则可不进行斜截面受剪承载力计算，而按构造规定选配箍筋。否则，应按计算配置腹筋。

（3）计算箍筋

当剪力完全由混凝土和箍筋承担时，箍筋按下列公式计算。

对于矩形、T形或I形截面的一般受弯构件，由式（4-10）可得：

$$\frac{nA_{sv1}}{s} \geq \frac{V - 0.7 f_t b h_0}{1.25 f_{yv} h_0} \qquad (4-18)$$

对集中荷载作用下的独立简支梁（包括作用有多种荷载，且集中荷载对支座截面或节点边缘所产生的剪力值占总剪力值的75%以上的情况），由式（4-11）可得：

$$\frac{nA_{sv1}}{s} \geq \frac{V - \dfrac{1.75}{\lambda + 1.0} f_t b h_0}{f_{yv} h_0} \qquad (4-19)$$

计算出 $\dfrac{nA_{sv1}}{s}$ 后，可先确定箍筋的肢数（一般常用双肢箍，即 $n = 2$）和箍筋间距 s，然后便可确定箍筋的截面面积 A_{sv1} 和箍筋的直径。也可先确定单肢箍筋的截面面积 A_{sv1} 和肢数 n，然后求出箍筋的间距。注意选用的箍筋直径和间距应满足构造规定。

（4）计算弯起钢筋

当需要配置弯起钢筋与混凝土和箍筋共同承受剪力时，一般可先选定箍筋的直径和间距，并按式（4-10）或式（4-11）计算出 V_{cs}，再由下式计算弯起钢筋的截面面积，即：

$$A_{sb} \geq \frac{V - V_{cs}}{0.8 f_y \sin \alpha_s} \tag{4-20}$$

也可以先选定弯起钢筋的截面面积 A_{sb}，由式（4-10）或式（4-11）求出 V_{cs}，再按只配箍筋的方法计算箍筋。

4.6.2　截面校核

当已知材料强度、截面尺寸、配箍数量以及弯起钢筋的截面面积，要求校核斜截面所能承受的剪力 V 时，只要将各已知数据代入式（4-10）、式（4-18）或式（4-11）、式（4-19），即可求得。但应复核梁截面尺寸以及配箍率，并检验已配的箍筋直径和间距是否满足构造规定。

4.6.3　实例分析

【例 4-1】一钢筋混凝土简支梁如图 4-14 所示，两端支撑在 240mm 厚的砖墙上，梁净跨 l_n=3.56m，梁截面尺寸 $b \times h = 200mm \times 500mm$，承受永久均布荷载标准值 $g_k = 25kN/m$，可变均布荷载标准值 $q_k = 50kN/m$，采用 C30 混凝土，箍筋采用 HPB300 级钢筋，底部纵筋采用 3 根直径为 18mm 的 HRB400 级钢筋，试进行斜截面受剪承载力的计算。

【解】（1）已知条件

净跨 $l_n = 3.56m$，$b = 200mm$，$h_0 = h - 35 = 465mm$，C30 混凝土 $f_c = 14.3N/mm^2$，$f_t = 1.43N/mm^2$，HPB300 级钢筋 $f_{yv} = 270N/mm^2$，HRB400 级钢筋 $f_y = 360N/mm^2$。

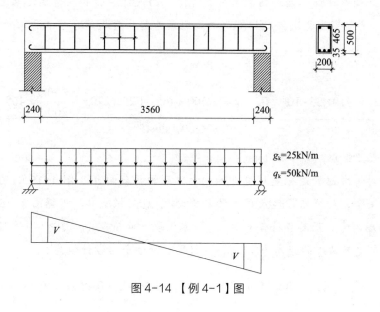

图 4-14　【例 4-1】图

（2）计算剪力设计值

最危险的截面在支座边缘处，以该处的剪力控制设计，剪力设计值为：

$$V = \frac{1}{2}(\gamma_G g_k + \gamma_Q q_k) l_n = \frac{1}{2} \times (1.3 \times 25 + 1.5 \times 50) \times 3.56 = 191.35 \text{kN}$$

（3）验算梁截面尺寸

$$h_w = h_0 = 465 \text{mm}$$

$$\frac{h_w}{b} = \frac{465}{200} < 4,$$

由公式 $V \leqslant 0.25\beta_c f_c b h_0$，进行验算（计算略），截面尺寸满足要求。

（4）判别是否需要按计算配置腹筋

$$0.7\beta_h f_t b h_0 = 0.7 \times 1.0 \times 1.43 \times 200 \times 465 = 332475 \text{N} = 93.093 \text{kN} < V = 191.35 \text{kN}$$

需要按计算配置腹筋。

（5）第一种方法——只配箍筋不配弯起钢筋

$$\frac{nA_{sv1}}{s} \geqslant \frac{V - 0.7f_t b h_0}{1.25 f_{yv} h_0} = \frac{191.35 \times 10^3 - 0.7 \times 1.43 \times 200 \times 465}{1.25 \times 270 \times 465} = 0.626 \text{mm}^2/\text{mm}$$

选 Φ8 双肢箍，$A_{sv1} = 50.3 \text{mm}^2$，$n = 2$，代入上式得：

$$s \leqslant 160 \text{mm}，\text{取 } s = 150 \text{mm}$$

配箍率：$\rho_{sv} = \dfrac{nA_{sv1}}{bs} = \dfrac{2 \times 50.3}{200 \times 150} = 0.335\% > \rho_{sv,min} = 0.24\dfrac{f_t}{f_{yv}} = 0.126\%$

所选箍筋直径和间距均符合构造规定。

（6）第二种方法——既配箍筋又配弯起钢筋

一般可先确定箍筋，箍筋的数量可参考以往的设计经验和构造规定来选定，本例选用 Φ8@200，弯起钢筋利用梁底 HRB400 级纵筋弯起，弯起角 $\alpha_s = 45°$，$f_y = 360 \text{N/mm}^2$。由（4-19）式可得：

$$A_{sb} \geqslant \frac{V - V_{cs}}{0.8 f_y \sin\alpha_s} = \frac{191.35 \times 10^3 - 0.7 \times 1.43 \times 200 \times 465 - 1.25 \times 270 \times \dfrac{2 \times 50.3}{200} \times 465}{0.8 \times 360 \times \sin 45°} = 94.86 \text{mm}^2$$

实际弯起 1 Φ18，$A_{sb} = 250 \text{mm}^2$，满足要求。

上面的计算考虑的是从支座边 A 处向上发展的斜截面 AI（图4-15），为了保证沿梁各斜截面的安全，对纵筋弯起点 C 处的斜截面 CJ 也应该验算。根据图4-15 弯起钢筋的上弯点到支座边缘的距离应符合 $s_1 \leqslant s_{max}$，本例取 $s_1 = 50 \text{mm}$，由 $\alpha_s = 45°$ 可求出弯起钢筋的下弯点到支座边缘的距离为 480mm，因此 C 处的剪力设计值为：

$$V_1 = \frac{1}{2} \times (1.3 \times 25 + 1.5 \times 50) \times (3.56 - 2 \times 0.48) = 139.75 \text{kN}$$

CJ 截面只配箍筋而未配弯起钢筋，其受剪承载力为：

$$V_{cs} = 0.7f_t bh_0 + 1.25f_{yv}\frac{nA_{sv1}}{s}h_0 = 0.7 \times 1.43 \times 200 \times 465 + 1.25 \times 270 \times \frac{2 \times 50.3}{200} \times 465$$

$$= 154490N = 154.49kN > V_1 = 139.75kN$$

CJ 斜截面受剪承载力满足要求，既配箍筋又配弯起钢筋的情况如图4-15所示。

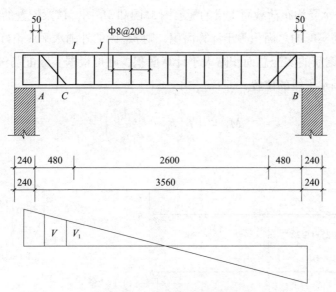

4-1 例题

图4-15 既配箍筋又配弯起钢筋

4.7 保证受弯构件斜截面承载力的构造要求

斜截面承载力包括斜截面受剪承载力和斜截面受弯承载力两个方面。梁的斜截面受弯承载力是指斜截面上的纵向受拉钢筋、弯起钢筋、箍筋等在斜截面破坏时，它们各自所提供的拉力对受压区 A 的内力矩之和（$M_u = F_s \cdot z + F_{sv} \cdot z_{sv} + F_{sb} \cdot z_{sb}$），如图4-16所示。

但是，通常斜截面受弯承载力是不进行计算的，而是用梁内纵向钢筋的弯起、截断、锚固及箍筋的间距等构造措施来保证。为了说清楚这一问题，先介绍材料抵抗弯矩图。

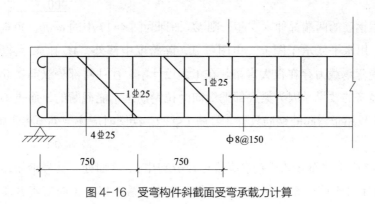

图4-16 受弯构件斜截面受弯承载力计算

4.7.1 抵抗弯矩图

由荷载对梁的各个正截面产生的弯矩设计值 M 所绘制的图形，称为荷载效应图，即 M 图。由钢筋和混凝土共同工作，对梁各个正截面产生的受弯承载力设计值 M_u 所绘制的图形，称为材料抵抗弯矩图 M_R。

设计时，所绘 M_R 图必须包住 M 图，才能保证梁的各个正截面有足够的受弯承载力。

图 4-17 为一承受均布荷载简支梁的配筋图 M 图和 M_R 图。该梁配置的纵筋为 $2\,\Phi\,25 + 1\,\Phi\,22$。如梁钢筋实配的总面积等于计算面积，则 M_R 图的外围水平线正好与 M 图上最大弯矩点相切，若钢筋的实配总面积略大于计算面积，则可根据实际配筋量 A_s，利用下式来求得 M_R 图外围水平线的位置，即：

$$M_R = A_s f_y \left(h_0 - \frac{f_y A_s}{\alpha_1 f_c} \right) \qquad (4\text{-}21)$$

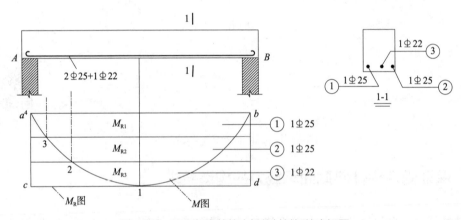

图 4-17　配通长直筋简支梁的材料抵抗弯矩图

每根钢筋所承担的 M_{Ri} 可近似按该钢筋的面积 A_{si} 与总钢筋面积 A_s 的比值，乘以 M_R 求得，即：

$$M_{Ri} = M_R \cdot \frac{A_{si}}{A_s} \qquad (4\text{-}22)$$

如果三根钢筋的两端都伸入支座，则 M_R 图即为图 4-17 中的 $acdb$。每根钢筋所能抵抗的弯矩 M_{Ri} 用水平线示于图上。由图可见，除跨度中部外，M_R 比 M 大得多，临近支座处正截面受弯承载力存在很大富裕。在工程设计中，往往将部分纵筋弯起，用以承受剪力，达到经济的效果。因为梁底部的纵向受拉钢筋是不能截断的，而进入支座也不能少于 2 根，所以用于弯起的钢筋只有③号筋 $1\,\Phi\,22$，绘图时应注意必须将它画在 M_R 图的外侧。

在图 4-17 中 1 截面处③号钢筋强度已充分利用；2 截面处，②号钢筋强度已充分利用，3 截面处①号钢筋已充分利用，而③号钢筋在 2 截面以外（向支座方向）就不再需要，②号钢筋在 3 截面以外也不再需要。因而，可以把 1、2、3 三个截面分别称为③、②、①号钢筋的充分利用截面，而把 2、3、4 三个截面分别称为③、②、①号钢筋的理论计算不需要截面。

如果将③号钢筋在临近支座处弯起，弯起点 e、f 必须在 2 截面的外面，钢筋弯起与梁截面高度的中心线（中性轴）相交 G、H 点之后，弯起钢筋进入受压区，因此可近似认为它不再提供受弯承载力，即抵抗弯矩消失。故该处的 M_R 图即为图 4-18 中所示的 $aigefhjb$。图中 e、f 点分别垂直对应于弯起点 E、F，g、h 点分别垂直对应于弯起钢筋与梁中性轴的交点 G、H。钢筋弯起后，由于力臂减小，该钢筋承担的正截面受弯承载力（正截面抵抗弯矩）也将逐渐减小，所以反映在 M_R 图上 eg 和 fh 不是台阶形的突变，而是呈斜直线变化。

作出的 M_R 图，g、h 点都不能落在 M 图以内，即 M_R 图应能完全包住 M 图，这样梁的正截面受弯承载力才能满足要求。那么，斜截面的受弯承载力又将如何保证呢？这就需要对弯起钢筋的弯起点位置进行讨论。

4.7.2 纵筋弯起点的位置

现在要研究弯起点 E、F 离充分利用截面 1 的距离。图 4-18 中，对弯起钢筋而言，未弯起前正截面 A—A 处的受弯承载力为：

$$M_I = f_y A_s z \tag{4-23}$$

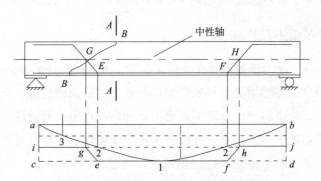

图 4-18　配弯起钢筋简支梁的材料抵抗弯矩图

弯起后，在 B—B 截面（斜截面）处的受弯承载力为：

$$M_{II} = f_y (A_s - A_{sb}) z + f_y A_{sb} z_b \tag{4-24}$$

为了保证斜截面的受弯承载力，至少要求斜截面受弯承载力与正截面受弯承载力等强度，即 $M_B = M_A$，$z_b = z$。

设弯起点离弯筋充分利用截面 1 的距离为 s_1，如图 4-19 所示。

$$\frac{z_b}{\sin \alpha} = z \cot \alpha + s_1 \tag{4-25}$$

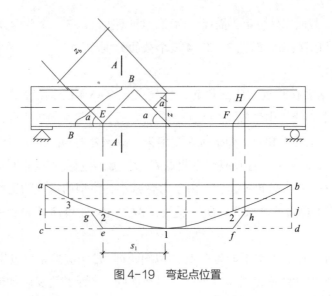

图 4-19　弯起点位置

所以，
$$s_1 = \frac{z_b}{\sin\alpha} - z\cot\alpha = \frac{z(1-\cos\alpha)}{\sin\alpha} \qquad (4-26)$$

通常，$\alpha = 45°$ 或 $60°$，近似取 $z = 0.9h_0$，则 $s_1 = (0.373 \sim 0.52)h_0$。

为方便起见，《混凝土结构设计规范》（2015 年版）GB 50010—2010 规定：弯起点与按计算充分利用该钢筋截面之间的距离不应小于 $0.5h_0$，也即弯起点应在该钢筋充分利用截面以外，大于或等于 $0.5h_0$ 处，所以图 4-19 中 e 和 h 点离 1 截面应不小于 $h_0/2$。

4.7.3　纵向钢筋的截断和锚固

一般情况下，纵向受力钢筋不宜在受拉区截断，因为截断处受力钢筋面积突然减小，容易引起混凝土拉应力突然增大，导致在纵筋截断处过早出现裂缝。因此，对于梁底承受正弯矩的钢筋，通常是将理论计算不需要的钢筋弯起作为抗剪钢筋或承受支座负弯矩的钢筋，而不采取截断的方式。对于连续梁（板）支座承受支座负弯矩的钢筋，如必须截断时，应按以下规定进行，如图 4-20 所示：

（1）当 $V < 0.7f_tbh_0$ 时，应延伸至按正截面受弯承载力计算不需要该钢筋的截面以外不小于 $20d$ 处截断，且从钢筋充分利用截面伸出的长度不应小于 $1.2l_a$。

（2）当 $V \geq 0.7f_tbh_0$ 时，应延伸至按正截面受弯承载力计算不需要该钢筋的截面以外不小于 h_0 且不小于 $20d$ 处截断，且从该钢筋充分利用截面伸出的长度不应小于 $(1.2l_a + h_0)$。

（3）若按上述规定确定的截断点仍位于支座最大负弯矩对应的受拉区内，则应延伸至不需要该钢筋的截面以外不小于 $1.3h_0$ 且不小于 $20d$ 处截断，且从该钢筋充分利用截面伸出的长度不应小于 $(1.2l_a + 1.7h_0)$。

上述规定中 l_a 为受拉钢筋的锚固长度。

伸入支座的纵向钢筋应有足够的锚固长度，以防止斜裂缝形成后纵向钢筋被拔出。

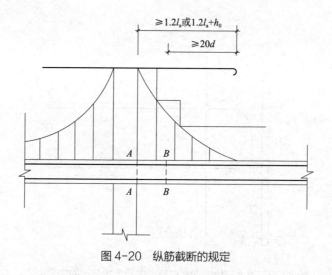

图 4-20　纵筋截断的规定

简支梁和连续梁简支端的下部纵向受力钢筋伸入梁支座范围内的锚固长度 l_{as}（图 4-21）应符合下列条件：

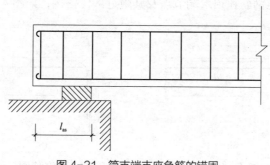

图 4-21　简支端支座负筋的锚固

当 $V < 0.7f_tbh_0$ 时：

$$l_{as} \geqslant 5d \tag{4-27}$$

当 $V \geqslant 0.7f_tbh_0$ 时：

$$l_{as} \geqslant 0.3l_a \tag{4-28}$$

如果纵向受力钢筋伸入梁支座范围内的锚固长度不符合上述规定，应采取在钢筋上加焊锚固钢板或将钢筋锚固端焊接在梁端的预埋件上等有效锚固措施。

框架梁或连续梁的上部纵向钢筋应贯穿中间节点或中间支座范围，纵向钢筋自节点或支座边缘伸向跨中的截断位置，应符合连续梁（板）支座承受负弯矩钢筋截断的规定。框架梁上部纵向钢筋伸入中间层端节点的锚固长度，当采用直线锚固形式时，不应小于受拉钢筋锚固长度 l_a，且伸过柱中心线不宜小于 $5d$，d 为梁上部钢筋直径；当柱截面尺寸不足时，梁上部钢筋应伸至节点对边并向下弯折，其包含弯弧在内的水平投影长度不应小于 $0.4l_a$，包含弯弧在内的垂直投影长度取为 $15d$，如图 4-22 所示。

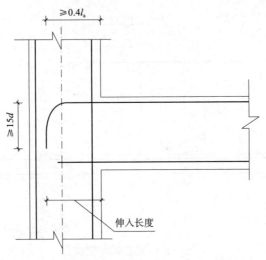

图 4-22　梁上部纵向钢筋在框架中间层端节点的锚固形式

框架梁顶层端节点纵向受力钢筋的锚固，在无专门规定（如抗震）时，可将柱外侧纵向钢筋的相应部分弯入梁上部作为梁的纵向钢筋使用，如图 4-23（a）所示；也可将梁上部钢筋与柱外侧纵向钢筋在顶层端节点及其附近部位搭接，如图 4-23（b）所示。

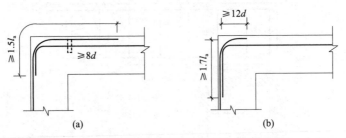

图 4-23　框架梁顶层端节点纵向受力钢筋的锚固
（a）柱外侧纵向钢筋弯入梁内；（b）梁上部钢筋与柱外侧钢筋搭接

框架梁或连续梁的下部纵向钢筋在中间节点或中间支座处的锚固应满足下列要求，如图 4-24 所示：

（1）当计算中不利用钢筋强度时，其伸入节点或支座的锚固长度应符合当 $V \geqslant 0.7 f_t b h_0$ 时，下部纵向受力钢筋伸入梁支座范围内锚固长度的规定。

（2）当计算中充分利用钢筋的抗拉强度时，下部纵向钢筋应锚固在节点或支座内；采用直线锚固形式时，锚固长度不应小于 l_a，如图 4-24（a）所示；采用带 90° 弯折锚固形式时，其竖直段应向上弯折，水平投影长度及垂直投影长度应符合图 4-24（b）的要求，下部纵向钢筋也可贯穿节点或支座范围，并在节点或支座以外梁内弯矩较小处设置搭接接头，如图 4-24（c）所示。

（3）当计算中充分利用钢筋的抗压强度时，下部纵向钢筋应按受压钢筋锚固在中间节点或中间支座内，其直线锚固长度不应小于 $0.7 l_a$；下部纵向钢筋也可贯穿节点或支座范围，并在节点或支座以外梁内弯矩较小处设置搭接接头。

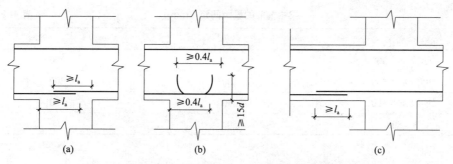

图 4-24　纵向钢筋在中间节点或中间支座处的锚固或搭接
（a）梁下部纵向钢筋在节点中的直线锚固；（b）梁下部纵向钢筋在节点中带 90° 弯折锚固；
（c）梁下部纵向钢筋贯穿节点或支座并在节点或支座范围以外搭接

4.7.4　箍筋的构造要求

1. 箍筋的形式与肢数

箍筋在梁内除承受剪力外，还起着固定纵筋位置，使梁内钢筋形成骨架的作用。箍筋有开口式和封闭式两种，如图 4-25 所示，通常采用封闭式箍筋。对现浇 T 形截面梁，由于在翼缘顶部通常另有横向钢筋，也可采用开口式箍筋。箍筋端部弯钩通常用 135°，不宜采用 90° 弯钩。箍筋的肢数分单肢、双肢及复合箍（多肢箍）；梁内配有受压钢筋时，应使受压钢筋至少每隔一根处于箍筋的转角处。

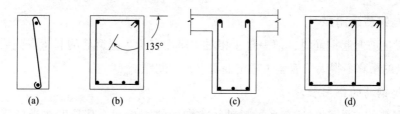

图 4-25　箍筋的形式和肢数
（a）单肢箍；（b）双肢封闭式；（c）双肢开口式；（d）复合箍

2. 箍筋的直径和间距

箍筋的直径和间距除了应按计算确定并符合最小直径（表 4-1）和最大间距 $s \leqslant s_{\max}$（表 4-2）的规定外，当梁中配有按计算需要的纵向受压钢筋时，箍筋直径尚不应小于纵向受压钢筋最大直径的 0.25 倍。箍筋应做成封闭式，此时箍筋的间距不应大于 15d（d 为纵向受压钢筋的最小直径），同时不应大于 400mm；当一层的纵向受压钢筋多于 5 根且直径大于 18mm 时，箍筋间距不应大于 10d。

梁中箍筋的最小直径（mm）　　　　　　　　　　　表 4-1

梁高 h	箍筋的最小直径
$h \leqslant 800$	6
$h > 800$	8

梁中箍筋的最大间距（mm） 表 4-2

梁高 h	$V > 0.7f_tbh_0$	$V \leqslant 0.7f_tbh_0$
$150 < h \leqslant 300$	150	200
$300 < h \leqslant 500$	200	300
$500 < h \leqslant 800$	250	350
$h > 800$	300	400

3. 箍筋的布置

按计算不需要配箍筋的梁，当截面高度大于 300mm 时，应沿梁全长设置箍筋；当截面高度为 150 ~ 300mm 时，可仅在构件端部各 1/4 跨度范围内设置箍筋，但当构件中部 1/2 跨度范围内有集中荷载作用时，则应沿梁全长设置箍筋；当截面高度小于 150mm 时，可不设箍筋。

在受力钢筋搭接长度范围内应配置箍筋，箍筋直径不应小于搭接钢筋直径的 0.25 倍；当为受拉搭接时，箍筋间距不应大于搭接钢筋较小直径的 5 倍，且不应大于 100mm；当为受压搭接时，箍筋间距不应大于搭接钢筋较小直径的 10 倍，且不应大于 200mm；当受压钢筋直径大于 25mm 时，应在搭接接头两个端面外 100mm 范围内各设置两个箍筋。

4.7.5 弯起钢筋的构造要求

1. 弯起钢筋的间距

当设置抗剪弯起钢筋时，前一排（相对支座而言）弯起钢筋的起弯点到后一排弯起钢筋上弯点的距离不得大于表 4-1 规定的箍筋最大间距 s_{max}。

2. 弯起钢筋的锚固长度

弯起钢筋的弯终点应尚有平行梁轴线方向的锚固长度，其长度在受拉区不应小于 $20d$，在受压区不应小于 $10d$，光面弯起钢筋末端应设弯钩，如图 4-26 所示。

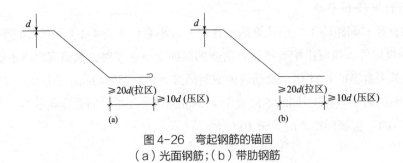

图 4-26　弯起钢筋的锚固
（a）光面钢筋；（b）带肋钢筋

3. 弯起钢筋的弯起角度

梁中弯起钢筋的弯起角度一般可取 45°，当梁截面高度大于 700mm 时，也可为 60°。梁底层钢筋中的角部钢筋不应弯起。

4.受剪弯起钢筋的形式

当为了满足材料抵抗弯矩图的需要，纵向受拉钢筋不能弯起时，可设置单独的受剪弯起钢筋。单独的受剪弯起钢筋应采用"鸭筋"，而不应采用"浮筋"，否则一旦弯起钢筋滑动将使斜裂缝开展过大（图4-27）。

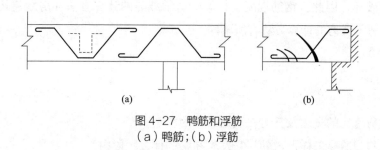

图4-27　鸭筋和浮筋
（a）鸭筋；（b）浮筋

本章小结

1.受弯构件在弯矩和剪力共同作用的区段常常产生斜裂缝，并可能沿斜截面发生破坏。斜截面破坏带有脆性破坏的性质，应当避免。在设计时必须进行斜截面承载力的计算。为了防止受弯构件发生斜截面破坏，应使构件有一个合理的截面尺寸，并配置必要的腹筋。

2.斜裂缝出现前后，梁的受力状态发生了明显的变化。斜裂缝出现后，剪力主要由斜裂缝上端剪压区的混凝土截面来承受，剪压区成为受剪的薄弱区域；与斜裂缝相交处纵筋的拉应力也明显增大；无腹筋梁沿斜截面破坏的形态主要有斜压破坏、剪压破坏和斜拉破坏三种类型。

3.箍筋和弯起钢筋可以直接承担部分剪力，并限制斜裂缝的延伸和开展，提高剪压区的抗剪能力；还可以增强骨料咬合作用和摩阻作用，提高纵筋的销栓作用。因此，配置腹筋可使梁的受剪承载力有较大提高。

4.影响受弯构件斜截面受剪承载力的因素主要有剪跨比、混凝土强度、配箍率和箍筋强度、纵向钢筋的配筋率等。

5.钢筋混凝土受弯构件斜截面破坏的各种形态中，斜压破坏和斜拉破坏可以通过一定的构造措施来避免。对于常见的剪压破坏，因为梁的受剪承载力变化幅度较大，设计时则必须进行计算。我国《混凝土结构通用规范》GB 55008—2021 和《混凝土结构设计规范》（2015 年版）GB 50010—2010 的基本公式就是根据这种破坏形态的受力特征而建立的。受剪承载力计算公式有适用范围，其截面限制条件是为了防止斜压破坏，最小配箍率和箍筋的构造规定是为了防止斜拉破坏。

6.以计算剪跨比代替广义剪跨比，简支梁受剪承载力计算公式仍可适用于连续梁。翼缘对提高 T 形截面梁的受剪承载力并不是很显著，在计算 T 形截面梁的受剪承载力时，仍应取腹板宽度 b 来计算。

7. 材料抵抗弯矩图是按照梁实配的纵向钢筋的数量计算并画出的各截面所能抵抗的弯矩图，要掌握利用材料抵抗弯矩图并根据正截面和斜截面的受弯承载力来确定纵筋的弯起点和截断的位置，要了解保证受力钢筋在支座处有效锚固的构造措施。

8. 钢筋混凝土桥梁除承受静力荷载外，还主要承受多次重复作用的动力荷载，有可能发生疲劳破坏，因此，钢筋混凝土桥梁受剪承载力的计算方法和房屋建筑结构钢筋混凝土梁的受剪承载力的计算方法有所不同。

思考与练习题

1. 试述剪跨比的概念及其对斜截面破坏的影响。

2. 梁上斜裂缝是怎样形成的？它发生在梁的什么区段内？

3. 斜裂缝有几种类型？有何特点？

4. 试述梁斜截面受剪破坏的三种形态及其破坏特征。

5. 影响斜截面受剪性能的主要因素有哪些？

6. 在设计中应采用什么措施来防止梁的斜压和斜拉破坏？

7. 为什么要规定截面尺寸限制条件？

8. 计算梁斜截面受剪承载力时应取哪些计算截面？

9. 什么是材料抵抗弯矩图？如何绘制？材料抵抗弯矩图的作用是什么？

10. 一钢筋混凝土矩形截面简支梁，净跨 $l_n = 6.76m$，截面尺寸 $b \times h = 200mm \times 600mm$，采用 C25 混凝土，纵筋采用 HRB400 级钢筋，箍筋采用 HPB235 级钢筋，承受均布荷载设计值为 41kN/m（包括自重）。

（1）试确定纵向受力钢筋。

（2）如果只配箍筋不配弯起钢筋，试确定箍筋的直径和间距。

（3）如果既配箍筋又配弯起钢筋，试确定箍筋和弯起钢筋。

11. 一 T 形截面简支梁 $b = 200mm$，$h = 600mm$，$b'_t = 600mm$，$h'_f = 80mm$，净跨 $l_n = 6.76m$，采用 C30 混凝土，并已沿梁全长配 HRB400 级 Φ8@200 箍筋，试按受剪承载力确定该梁所能承受的均布荷载设计值。

12. 一钢筋混凝土矩形截面伸臂梁，计算简图及承受荷载设计值（包括自重）如图 4-28 所示，截面尺寸 $b \times h = 250mm \times 650mm$，采用 C30 混凝土，纵筋和箍筋均采用 HRB400 级钢筋，若利用梁底纵筋弯起承受剪力，试确定箍筋和纵筋弯起或截断的位置，并画出材料抵抗弯矩图。

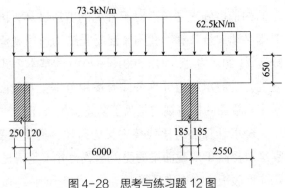

图 4-28　思考与练习题 12 图

第 5 章　偏心受力构件承载力计算

【本章要点及学习目标】

（1）了解偏心受压构件的受力工作特性。

（2）熟悉两种不同的受压破坏特征及由此划分成的两类偏心受压构件，深刻理解矩形截面受压承载力的计算简图和基本计算公式。

（3）理解二阶效应的概念，熟悉偏心受压构件二阶效应的判别方法及考虑二阶效应后截面控制弯矩的计算方法，掌握两类偏心受压构件正截面承载力计算公式及适用条件。

（4）熟练掌握偏心受压矩形截面对称配筋及非对称配筋受压承载力计算公式及方法，理解偏心受压 I 形截面对称配筋的计算方法，掌握偏心受压构件 $N_u - M_u$ 相关曲线的特点和应用，了解双向受压构件截面设计原理。

（5）掌握偏心受拉构件正截面承载力计算公式及方法。

（6）掌握偏心受压构件斜截面受剪承载力计算公式及方法。

（7）领会偏心受力构件中纵向钢筋和箍筋的主要构造要求。

5.1　概述

对于均质构件来说，若纵向外力作用线与构件截面形心轴线不重合，或构件上同时作用轴力与弯矩时，称为偏心受力构件。根据纵向外力的类型可分为偏心受压构件和偏心受拉构件，当纵向外力为压力时称为偏心受压构件，当纵向外力为拉力时称为偏心受拉构件。

偏心受压构件，根据纵向外力在截面上作用的位置不同又可分为单向偏心和双向偏心两类偏心受力构件。当纵向外力作用在截面的一个对称轴上，相对于另一对称轴偏心时为单向偏心受压构件；当纵向外力相对于截面对称轴均有偏心时为双向偏心受压构件，如图 5-1 所示。

实际工程中，真正的轴心受力构件几乎没有，但当弯矩很小，可忽略不计时，近似按轴心受力构件设计。钢筋混凝土偏心受力构件在工程中应用非常广泛，偏心受压构件多数为竖向受力构件，如：多层框架结构的框架柱、高层钢筋混凝土墙、单层厂房的排架柱、桥梁中的拱肋等都是典型的偏心受压构件。而承受节间荷载的桁架下弦杆，矩形

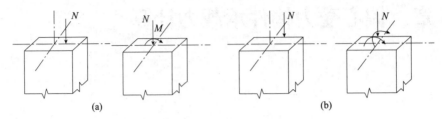

图 5-1 偏心受压构件

（a）单向偏心受压构件；（b）双向偏心受压构件

截面水池的池壁及工业厂房中双肢柱的肢杆等都是典型的偏心受拉构件。

5.2 偏心受压构件正截面承载力计算

如图 5-2 所示，偏心压力等效成作用轴向力 N 和弯矩 M，偏心受压构件可看作压弯构件，其受力性能介于受弯构件与轴心受压构件之间。当 $N = 0$，只有 M 时为受弯构件；当 $M = 0$ 时为轴心受压构件，故受弯构件和轴心受压构件是偏心受压构件的特殊情况。

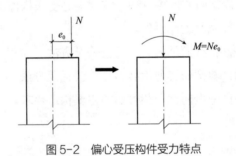

图 5-2 偏心受压构件受力特点

5.2.1 偏心受压构件的破坏特征

1. 偏心受压短柱的破坏特征

工程中的偏心受压构件大部分都是按单向偏心受压来进行截面设计，即只考虑轴心压力沿截面一个主轴方向的偏心作用。大量试验表明：偏心受压构件在压力和弯矩共同作用下，构件截面的平均应变符合平截面假定，可能发生的正截面破坏形态包括大偏心受压破坏（受拉破坏）和小偏心受压破坏（受压破坏）两种情况。

（1）大偏心受压破坏

当偏心距较大且受拉钢筋配置得不太多时，发生大偏心受压破坏，类似适筋受弯构件。在偏心荷载作用下，离偏心压力较远端受拉，离偏心压力较近端受压。当荷载达到一定数值，受拉区开始产生短的横向裂缝，随着荷载的增加，裂缝不断发展，裂缝截面处的拉力全部由钢筋来承担。荷载进一步增加，继而形成一条或几条主要水平裂缝，主要水平裂缝扩展较快，裂缝宽度增大，使中性轴上升，受压区高度减小，受拉钢筋的应力首先达到屈服强度，受拉变形发展大于受压变形，最后受压边缘的混凝土达到极限压应变而破坏，受压钢筋应力一般都能达到屈服强度，其破坏形态和应力如图 5-3 所示。

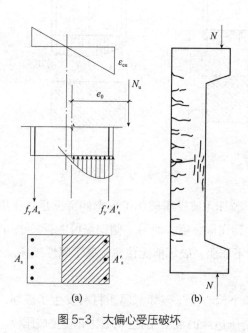

图 5-3　大偏心受压破坏

　　总之，大偏心受压破坏（或受拉破坏）形态的特征是：始于受拉区钢筋屈服，终于受压区混凝土被压碎，破坏前变形较大，裂缝明显，有明显的预兆，属延性破坏。

（2）小偏心受压破坏

　　当偏心距较小或很小时，或者虽然相对偏心距较大，但此时配置了很多受拉钢筋时，截面破坏从受压区开始，破坏形态属受压破坏，又称小偏压破坏。

　　当轴向力的相对偏心矩很小时，构件全截面受压或绝大部分受压，距轴向力近的一侧的混凝土压应力较大，另一侧混凝土压应力较小，构件破坏是由于受压应力较大一侧边缘的混凝土的压应变达到极限压应变开始。破坏时压力较大一侧的混凝土被压碎，该侧受压钢筋达到抗压屈服强度，而离 N 较远一侧的钢筋，可能受拉也可能受压，但未达到屈服强度，如图 5-4 所示。只有当偏心距很小（矩形截面 $e_0 \leq 0.15h_0$），而轴向力较大（$N > \alpha_1 f_c bh_0$）时，远侧的钢筋才能屈服。另外，当相对偏心距很小时，离 N 较近一侧的钢筋面积远大于离 N 较远一侧的钢筋面积时，构件截面的几何中心与实际形心不重合，这时离 N 较远一侧的混凝土先被压坏，称为"反向破坏"。

　　当轴向力 N 的相对偏心矩较大但受拉钢筋配置过多时，这时构件截面大部分受压，小部分受拉，如图 5-4（a）所示。随着荷载增加，受拉区产生裂缝但发展缓慢。破坏时受压区混凝土达到极限压应变，且压碎区域较大，受压钢筋达到抗压屈服强度，但受拉区拉应力较小，受拉钢筋不会屈服，破坏前无明显预兆，混凝土强度越高，破坏突发性越明显。

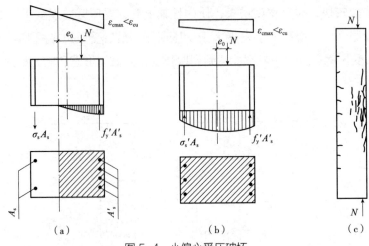

图 5-4　小偏心受压破坏

总之，小偏心受压破坏（或受压破坏）形态的特征是：压应力较大一侧混凝土先被压碎，该侧钢筋能够达到屈服强度，而另一侧钢筋可能受拉也可能受压，受拉时不屈服，受压时可能屈服也可能不屈服，破坏前无预兆，属于脆性破坏。

（3）界限破坏

大偏心受压破坏和小偏心受压破坏都属于材料发生了破坏，它们的相同之处是截面破坏时离 N 较近一侧受压边缘的混凝土达到极限压应变被压碎。区别是大偏心受压破坏是始于受拉钢筋屈服，小偏心受压破坏是由于受压边缘的混凝土达到极限压应变被压碎，二者的本质区别在于受拉区的钢筋是否屈服。

偏心受压构件在大偏心受拉破坏和小偏心受压破坏之间存在一种界限破坏状态，称为界限破坏。该破坏的特征是：受拉区钢筋应力达到屈服时，受压区边缘混凝土的压应变刚好达到极限压应变值 ε_{cu} 被压碎。界限破坏形态也属于受拉破坏形态，该状态可作为区分大小偏压的界限。

第 3 章讲的正截面承载力计算的基本假定，同样也适用于偏心受压构件正截面受压承载力计算。大量试验表明：偏心受压构件从加载到破坏，截面的平均应变符合平截面假定。受压边缘混凝土的极限压应变数值为 ε_{cu}，x_{cb} 表示界限破坏受压区的实际高度。这时受拉纵筋屈服，对应的应变值为 ε_y，图 5-5 为界限破坏时沿截面高度的平均应变分布，根据几何关系，得：

$$\frac{x_{cb}}{h_0} = \frac{\varepsilon_{cu}}{\varepsilon_{cu} + \varepsilon_y} = \frac{1}{1 + \dfrac{\varepsilon_y}{\varepsilon_{cu}}} \tag{5-1}$$

取 $x_b = \beta_1 x_{cb}$，$\varepsilon_y = f_y / E_s$，代入上式，得：

$$\xi_b = \frac{x_{cb}}{h_0} = \frac{\beta_1 x_{cb}}{h_0} = \frac{\beta_1}{1 + \dfrac{\varepsilon_y}{\varepsilon_{cu}}} = \frac{\beta_1}{1 + \dfrac{f_y}{E_s \varepsilon_{cu}}} \tag{5-2}$$

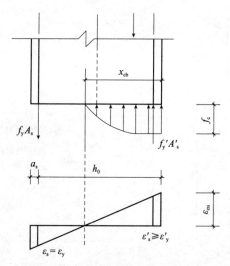

图 5-5　界限破坏时截面的平均应变

可见偏心受压和受弯构件界限破坏时相对受压区高度 ξ_b 的计算公式相同，也可利用第 3 章查表确定此值，故可用相对受压区高度大小来判别：

（1）当 $\xi \leqslant \xi_b$ 时，为大偏心受压；

（2）当 $\xi > \xi_b$ 时，为小偏心受压。

2. 偏心受压长柱的破坏特征

钢筋混凝土柱在承受偏心受压荷载后，将产生纵向弯曲。图 5-6（a）中的混凝土柱在荷载作用下产生了横向挠度 f，增加了柱的总横向侧移量，这时构件承受的实际弯矩为 $M = N(e_i + f)$，其值明显大于初始弯矩 $M_0 = Ne_i$，这种由加载后构件的变形引起的内力增大的情况，称为二阶效应。初始弯矩称为一阶弯矩，附加弯矩称为二阶弯矩。长细比较小的柱，即"短柱"，由于纵向弯曲小，在设计时一般忽略不计；长细比较大的柱则不同，将产生较大的纵向弯曲，在设计时必须考虑。

截面尺寸、配筋面积、材料强度均相同，仅长细比不同的三根柱，从加载到破坏时的承载力 M 和 N 的关系绘于图 5-6（b）。直线 OB 是长细比小的短柱从加载到破坏时 M 和 N 的关系线，即 $l_0/b \leqslant 8$（矩形、T 形和 I 形截面）、$l_0/b \leqslant 7$（圆形、环形截面）或 $l_0/i \leqslant 28$，这时侧向挠度可忽略不计，M 和 N 呈线性关系，构件破坏是由材料破坏所引起的；随着长细比的增大，（当 l_0/b 在 8~30 之间时，属中长柱），侧向弯曲产生的附加弯矩不能忽略，f 随 N 的增大而增大，N 比 M 增长得更快，二者不再是线性关系，正截面受压承载力比短柱低很多，但构件破坏仍属材料破坏；当长细比很大时，（当 $l_0/b > 30$ 时，为细长柱），在没有达到 M 和 N 的材料破坏相关曲线 $ABCD$ 前，构件侧向弯曲失去平衡，导致失稳破坏。E 点的承载力已达最大，但远小于短柱破坏时的承载力，此时构件的钢筋应力并未达到屈服强度，混凝土也未达到极限压应变，材料的性能并没能充分发挥。因此，在截面设计时应避免设计成细长柱。

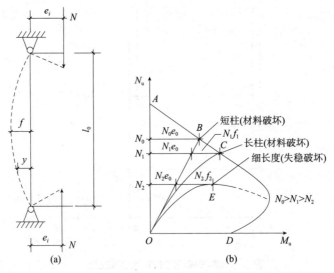

图 5-6 长细比不同的三种柱从加载到破坏的 M—N 关系图

可见，随着长细比的增加，构件的正截面受压承载力大大降低，$N_2 < N_1 < N_0$，破坏形式由材料破坏转变为失稳破坏。而根本原因就是，当长细比较大时，偏心受压构件的纵向弯曲引起了不可忽略的附加弯矩。

5.2.2　偏心受压构件的二阶效应

偏心受压构件在偏心压力作用下，将产生侧向变形，包括侧移和自身挠曲。这种变形产生的附加曲率和附加弯矩效应称为偏心受压构件的二阶荷载效应，简称二阶效应。其中，由竖向荷载在产生了侧移 Δ 的结构中引起重力二阶效应，称为 P—Δ 效应，如图 5-7（a）所示。构件自身挠曲变形产生的二阶效应，称为 P—δ 效应，如图 5-7（b）所示。

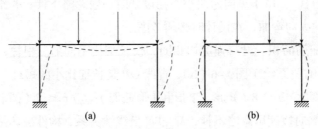

图 5-7　构件的二阶效应
（a）P—Δ 效应；（b）P—δ 效应

在结构分析中求得的是构件两端截面的弯矩和轴力，考虑二阶效应后，在构件某个截面，其弯矩可能会大于端部截面弯矩，设计时应取弯矩最大的截面进行计算。

1. P—Δ 效应

结构承受水平荷载和竖向荷载，由水平荷载引起结构侧移，但当结构或荷载不对称时，或两者均不对称时，结构也会产生侧移。如图 5-7（a）所示，门架中竖向荷载在侧移了的结构中引起附加内力和附加变形。此时，二阶弯矩为结构侧移和杆件变形所产生的附加弯矩之和。P—Δ效应一般在结构整体中分析考虑，截面承载力计算时一般不需要考虑该效应。

2. P—δ效应

结构无侧移时，根据偏心受压构件两端弯矩不同，纵向弯曲引起的二阶弯矩可能有以下三种情况：

（1）杆端弯矩同号相等

构件两端作用着偏心矩为e_i的轴向压力N，两端初始弯矩均为Ne_i，在Ne_i作用下，构件产生如图5-8（a）所示的弯曲变形，最大侧移量为f，这时构件的弯矩增加最多，最大弯矩在柱中：$M_{\max} = Ne_i + Nf$，其中Nf为由侧移产生的附加弯矩，如图5-8（b）所示。

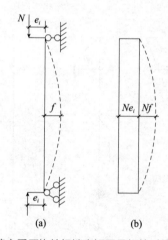

图5-8 偏心受压构件杆端弯矩同号相等时的P—δ效应

（2）杆端弯矩同号不等

构件两端弯矩不等，但均使构件一侧受拉时，其最大侧移发生在离端部一定高度处，如图5-9（a）所示。端部弯矩$M_2 = Ne_{i2} > M_1 = Ne_{i1}$，如图5-9（b）所示。纵向弯曲引起

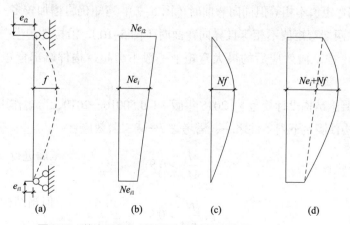

图5-9 偏心受压构件杆端弯矩同号不等时的P—δ效应

的二阶弯矩如图 5-9（c）所示，这时考虑纵向变形后构件的最大弯矩如图 5-9（d）所示，为：$M_{max} = Ne_i + Nf$，其中 Nf 为由侧移产生的附加弯矩，弯矩值仍增加较多。

（3）杆端弯矩异号且不等

构件两端弯矩异号且不等时，沿杆件产生一个反弯点，如图 5-10（a）所示，由两端不相等的杆端弯矩 $M_2 = Ne_{i2}$ 和 $M_1 = Ne_{i1}$ 引起构件总的弯矩分布如图 5-10（b）所示，纵向弯曲引起的二阶弯矩，如图 5-10（c）所示。总弯矩 M_{max} 可能有两种分布情况，图 5-10（d）中二阶弯矩未引起最大弯矩的增加，构件的最大弯矩在杆端：$M_{max} = Ne_{i2}$；图 5-10（e）中构件的最大弯矩在杆端一定距离处：$M_{max} = Ne_{i2} + Nf$。故当构件两端弯矩异号且不等时，纵向弯曲引起的构件弯矩增加很少，考虑二阶效应后的最大弯矩值一般不会超过构件端部的弯矩或稍有增大。

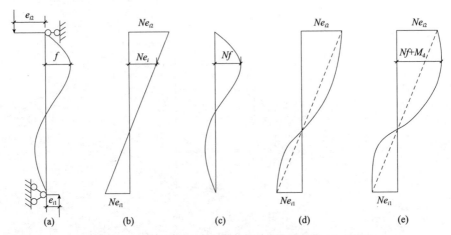

图 5-10　偏心受压构件杆端弯矩异号且不等时的 P—δ 效应

根据上述分析，可以得出以下几点结论：

1）一阶弯矩最大处与二阶弯矩最大处重合时（图 5-8），弯矩增加最多，即临界截面上的弯矩最大。

2）当两端弯矩值不相等但同向弯曲时（图 5-9），弯矩仍将增加较多。

3）当构件两端弯矩值不相等且异向弯曲时（图 5-10），沿构件产生一个反弯点，弯矩增加很少，考虑二阶效应后的最大弯矩值一般不会超过构件端部弯矩较大值或稍有增大。

根据《混凝土结构设计规范》（2015 年版）GB 50010—2010，弯矩作用平面内截面对称的偏心受压构件满足下列条件之一，需考虑 P—δ 二阶效应：

1）杆端弯矩比：
$$\frac{M_1}{M_2} > 0.9 \qquad (5-3)$$

2）轴压比：
$$\frac{N}{f_c A} > 0.9 \qquad (5-4)$$

3）长细比：

$$\frac{l_c}{i} > 34 - 12\frac{M_1}{M_2} \tag{5-5}$$

式中　M_1，M_2——考虑侧移影响的偏心受压构件两端截面按结构弹性分析确定的对同一主轴的组合设计值，绝对值较大端为M_2，绝对值较小端为M_1，当构件按单曲率弯曲时，M_1/M_2取正值，否则取负值；

　　　　l_c——构件的计算长度，可近似取偏心受压构件相应主轴方向上、下支撑点之间的距离；

　　　　i——偏心方向的截面回转半径。

【例5-1】某钢筋混凝土柱，弯矩作用平面内柱上、下两端的支承长度为9m，截面尺寸为$b \times h = 400\text{mm} \times 400\text{mm}$，混凝土强度等级为C35，柱底截面弯矩设计值$M_2 = 100\text{kN·m}$，柱顶截面弯矩设计值$M_1 = 88\text{kN·m}$，柱承受的轴向压力设计值$N = 346\text{kN}$，判别该构件是否需要考虑附加弯矩。

【解】（1）验算杆端弯矩比

$$\frac{M_1}{M_2} = \frac{88}{100} = 0.88 < 0.9$$

（2）验算轴压比

$$\frac{N}{f_c A} = \frac{346 \times 10^3}{16.7 \times 400 \times 400} = 0.13 < 0.9$$

（3）验算长细比

截面回转半径：$i = \dfrac{h}{2\sqrt{3}} = \dfrac{400}{2\sqrt{3}} = 115.5\text{mm}$

$$\frac{l_c}{i} = \frac{9000}{115.5} = 77.92 > 34 - 12\frac{M_1}{M_2} = 23.44$$

故应考虑杆件自身挠曲变形的影响。

3. 考虑P—δ二阶效应的计算方法

（1）根据《混凝土结构设计规范》（2015年版）GB 50010—2010，除排架结构以外的偏心受压构件若需考虑P—δ效应，应按以下方法计算控制截面的弯矩值：

$$M = C_m \eta_{ns} M_2 \tag{5-6}$$

$$C_m = 0.7 + 0.3\frac{M_1}{M_2} \tag{5-7}$$

$$\eta_{ns} = 1 + \frac{1}{1300\left(\dfrac{M_2}{N} + e_a\right)/h_0}\left(\frac{l_c}{h}\right)\zeta_c \tag{5-8}$$

$$\zeta_c = \frac{0.5 f_c A}{N} \tag{5-9}$$

式中　C_m——构件端截面偏心距调节系数，当 $C_m < 0.7$ 时取 0.7；

$\quad\quad$ η_{ns}——弯矩增大系数；

$\quad\quad$ N——与弯矩设计值 M_2 相对应的轴向压力设计值；

$\quad\quad$ e_a——附加偏心距，由于工程中实际存在的荷载作用位置的不确定性、混凝土的不均匀性及施工的偏差等因素可能产生的附加偏心距。在偏心受压构件正截面承载力计算中，应计入轴向压力在偏心方向存在的附加偏心距，其值应取 20mm 和偏心方向截面尺寸的 1/30 两者中的较大值；

$\quad\quad$ ζ_c——截面曲率修正系数，当计算值大于 1.0 时取 1.0；

$\quad\quad$ A——柱截面面积；

$\quad\quad$ h——截面高度，对于环形截面，取外直径；对于圆形截面，取直径；

$\quad\quad$ h_0——截面有效高度，对于环形截面，取 $h_0 = r_2 + r_s$；对于圆形截面，取 $h_0 = r + r_s$，r_2 是环形截面的外半径，r_s 是纵向钢筋所在圆周的半径，r 是圆形截面的半径。

当 $C_m\eta_{ns} < 1$ 时取 1。对剪力墙及核心筒墙，因二阶效应不明显，可取 $C_m\eta_{ns} = 1$。

1）两端铰支的等偏心距单向压弯构件

图 5-8 为两端铰支的钢筋混凝土细长杆件，两端对称平面内作用初始偏心矩为 e_i 的轴向压力 N。它在杆件两端产生的弯矩为同号弯矩，杆件在弯矩作用平面内产生单向变形。中间截面的挠度为 f，该截面上初始偏心距由 e_i 增大至 $e_i + f$ 时，构件截面的控制弯矩为：

$$M = N(e_i + f) = N\left(1 + \frac{f}{e_i}\right)e_i \qquad (5-10)$$

其中，e_i 为初始偏心距，$e_i = e_0 + e_a$，e_0 为轴向压力对截面重心的偏心距，$e_0 = M_0 / N$。

令：
$$\eta_{ns} = e_i + f = \left(1 + \frac{f}{e_i}\right)e_i$$

则：
$$M = \eta_{ns} Ne \qquad (5-11)$$

从以上两端铰支柱的计算公式推导中可知，两端铰支等偏心矩的细长柱考虑二阶弯矩后控制截面的弯矩等于一阶弯矩乘以弯矩增大系数。故求构件控制截面的弯矩就需先求弯矩增大系数 η_{ns}，按式（5-8）计算。

2）两端铰支的不等偏心距单向压弯构件

图 5-11（a）为两端铰支的不等偏心距单向压弯的钢筋混凝土细长杆件，上端弯矩 $M_2 = Ne_{i2}$，下端弯矩 $M_1 = Ne_{i1}$，$|M_1| \leqslant |M_2|$。二阶弯矩的影响下，控制弯矩为 M_{Imax}，如图 5-11（b）所示。现应用等效柱法用一等效柱替代原柱，如图 5-11（c）所示。等效柱为两端铰支等偏心矩 $C_m e_{i2}$ 的偏心构件，等效后的杆端弯矩为 $NC_m e_{i2}$。在二阶弯矩的影响下，控制截面位于柱中处，弯矩为 M_{IImax}，如图 5-11（d）所示。等效前后两柱的最大承载力相同，$M_{Imax} = M_{IImax} = M$。

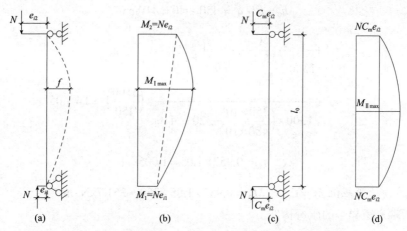

图 5-11 两端铰支的不等偏心距单向压弯构件的计算

等效柱法是把求两端铰支不等偏心矩（e_{i1}，e_{i2}）的压弯构件控制截面弯矩 $M_{I\max}$，变换成求其等效的两端铰支的等偏心矩 $C_m e_{i2}$ 的压弯构件控制截面弯矩 $M_{II\max}$，其中 C_m 称为构件端部截面偏心距调节系数，见式（5-7）。

【例 5-2】某钢筋混凝土偏心受压柱，弯矩作用平面内的计算长度为 5.1m，截面尺寸为 $b \times h = 400\text{mm} \times 450\text{mm}$，混凝土强度等级为 C35，$a_s = 40\text{mm}$，柱截面承受的内力设计值为 $M_1 = 300\text{kN·m}$，$M_2 = 350\text{kN·m}$，$N = 480\text{kN}$，求控制截面的弯矩。

【解】（1）判别是否需要考虑附加弯矩

验算杆端弯矩比：$\dfrac{M_1}{M_2} = \dfrac{300}{350} = 0.86 < 0.9$

验算轴压比：$\dfrac{N}{f_c A} = \dfrac{480 \times 10^3}{16.7 \times 400 \times 450} = 0.16 < 0.9$

其中，截面惯性矩：$I = \dfrac{bh^3}{12} = \dfrac{400 \times 450^3}{12} = 3037.5 \times 10^6 \text{mm}^4$

截面回转半径：$i = \sqrt{\dfrac{I}{A}} = \sqrt{\dfrac{3037.5 \times 10^6}{400 \times 450}} = 129.9\text{mm}$

验算长细比：$\dfrac{l_c}{i} = \dfrac{5100}{129.9} = 39.26 > 34 - 12\dfrac{M_1}{M_2} = 23.7$

应考虑附加弯矩的影响。

（2）计算控制截面的弯矩

$$\zeta_c = \frac{0.5 f_c A}{N} = \frac{0.5 \times 16.7 \times 400 \times 450}{480 \times 10^3} = 3.13 > 1，\text{取} \ \zeta_c = 1$$

$$C_m = 0.7 + 0.3 M_1 / M_2 = 0.957$$

$$e_a = (h/30, 20)_{\max} = (450/30, 20)_{\max} = 20\text{mm}$$

$$h_0 = h - a_s = 450 - 40 = 410\text{mm}$$

$$\eta_{ns} = 1 + \frac{1}{1300\left(\dfrac{M_2}{N} + e_a\right)/h_0}\left(\frac{l_0}{h}\right)^2\zeta_c$$

$$= 1 + \frac{1}{1300 \times \left(\dfrac{350\times10^6}{480\times10^3} + 20\right)/410} \times \left(\frac{5100}{450}\right)^2 \times 1 = 1.05$$

$$C_m\eta_{ns} = 0.957 \times 1.05 = 1.005 > 1$$

框架柱设计弯矩值 $M = C_m\eta_{ns}M_2 = 0.957 \times 1.05 \times 350 = 351.7\text{kN}\cdot\text{m}$

3）两端弯矩异号的压弯构件

两端弯矩异号的压弯构件，在中间区段存在一反弯点，这时：

5-1 例题

①当计算值 $C_m < 0.7$，取 $C_m = 0.7$。从式（5-7）中得，若柱端弯矩异号，C_m 值恒小于 0.7。这时取其等于 0.7，即对中部有反弯点的构件，取柱端绝对值较小的弯矩 $M_1 = 0$，这时构件将产生单向弯曲，则构件更安全。

②当计算值 $C_m\eta_{ns} < 1.0$，取 $C_m\eta_{ns} = 1.0$。多发生于反弯点位于柱中上部的偏心受压构件，二阶弯矩虽能增大构件中部截面的曲率和弯矩，但增大后的弯矩通常不能超过柱两端截面的弯矩，这时取柱端绝对值较大的弯矩 M_2 为控制截面弯矩。

（2）对于排架结构，考虑二阶效应以后的控制截面弯矩值应按照下列公式计算：

$$M = \eta_s M_0 \tag{5-12}$$

$$\eta_s = 1 + \frac{1}{1500\,e_i/h_0}\left(\frac{l_0}{h}\right)^2\zeta_c \tag{5-13}$$

式中　　M_0——一阶弹性分析柱端弯矩设计值；

　　　　e_i——初始偏心距，$e_i = e_0 + e_a$，其中 e_0 为轴向压力对截面重心的偏心距，$e_0 = M_0/N$；

　　　　l_0——排架柱的计算高度；

5-2 例题

其他符号含义同前。

5.2.3　矩形截面偏心受压构件正截面承载力计算

1. 基本公式及适用条件

同受弯构件，应用平截面假定，不计混凝土的抗拉强度，受压混凝土的应力采用等效应力图。

（1）大偏心受压

大偏心受压承载力极限状态时，截面计算简图如图 5-12 所示，由平衡条件得：

$$N_u = \alpha_1 f_c bx + f_y' A_s' - f_y A_s \tag{5-14}$$

$$N_u e = \alpha_1 f_c bx\left(h_0 - \frac{x}{2}\right) + f_y' A_s'(h_0 - a_s') \qquad (5-15)$$

$$e = e_i + \frac{h}{2} - a_s \qquad (5-16)$$

$$e_i = e_0 + e_a \qquad (5-17)$$

适用条件：$\xi \leqslant \xi_b$，保证破坏时受拉钢筋能屈服；

$\qquad x \geqslant 2a_s'$，保证破坏时受压钢筋能屈服。

式中，M 为控制截面的弯矩设计值，考虑 P—δ 效应时按式（5-6）计算。

若 $x < 2a_s'$，说明受压钢筋不屈服，根据《混凝土结构设计规范》（2015 年版）GB 50010—2010，取 $x = 2a_s'$，此时受压区混凝土合力点和受压钢筋合力点重合，对此点取矩：

$$N_u e' = f_y A_s(h_0 - a_s') \qquad (5-18)$$

$$e' = e_i - \frac{h}{2} + a_s' \qquad (5-19)$$

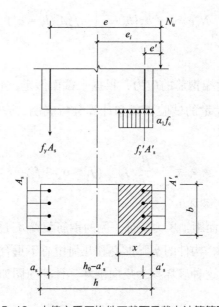

图 5-12 大偏心受压构件正截面承载力计算简图

（2）小偏心受压

1）小偏心受压承载力基本公式

小偏心受压承载力极限状态时，截面计算简图如图 5-13 所示，由平衡条件得：

$$N_u = \alpha_1 f_c bx + f_y' A_s' - \sigma_s A_s \qquad (5-20)$$

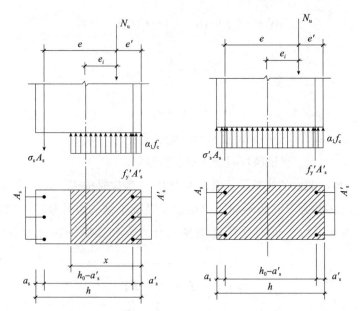

图 5-13 小偏心受压构件正截面承载力计算简图

$$N_\mathrm{u}e = \alpha_1 f_c bx\left(h_0 - \frac{x}{2}\right) + f_y'A_s'(h_0 - a_s') \qquad (5-21)$$

适用条件：$\xi > \xi_\mathrm{b}$。

式中，σ_s 为离 N 较远端钢筋的应力，根据平截面假定，$\sigma_\mathrm{s} = \varepsilon_\mathrm{cu}E_\mathrm{s}\left(\dfrac{\beta_1 h_0}{x} - 1\right)$，但应用此式计算较复杂，根据大量的试验资料和计算分析表明，σ_s 与 ξ 近似线性关系，故简化为：

$$\sigma_\mathrm{s} = \frac{\xi - \beta_1}{\xi_\mathrm{b} - \beta_1} f_\mathrm{y} \quad (f_\mathrm{y}' \leqslant \sigma_\mathrm{s} \leqslant f_\mathrm{y}) \qquad (5-22)$$

2）小偏心受压（反向破坏）

当相对偏心距很小，而距轴压力较远一侧的钢筋配置 A_s 过小，且轴向力很大时，截面的实际形心偏向受压侧，构件的实际形心和几何中心不重合，也可能发生离轴向力较远一侧的混凝土先压坏，这种破坏称为反向破坏。计算简图如图 5-14 所示，对 A_s' 的合力作用点取矩：

$$N_\mathrm{u}e' = \alpha_1 f_c bx\left(h_0' - \frac{h}{2}\right) + f_y'A_s(h_0' - a_s) \qquad (5-23)$$

$$e' = \frac{h}{2} - e_i - a_s' \qquad (5-24)$$

$$e_i = e_0 - e_\mathrm{a} \qquad (5-25)$$

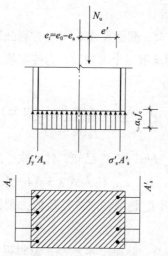

图 5-14　小偏心受压构件正截面承载力计算简图

式中，h'_0 为纵向受压钢筋合力点至截面远边的距离，$h'_0 = h - a'_s$。

为防止反向破坏，远端钢筋应满足：

$$A_s \geqslant \frac{Ne' - \alpha_1 f_c bh(h'_0 - 0.5h)}{f'_y(h'_0 - a_s)} \qquad (5-26)$$

计算分析表明：只有当 $N > \alpha_1 f_c bh$ 时，上式计算的 A_s 才有可能大于 $\rho_{min}bh$，故《混凝土结构设计规范》（2015 年版）GB 50010—2010 规定，只有 $N > \alpha_1 f_c bh$ 时，才验算反向受压破坏承载力。

2. 垂直于弯矩作用平面的轴心受压承载力计算

单向偏心受压构件的轴向压力对于一个对称轴来说是偏心的，而对另一个对称轴来说是轴心受压。当垂直于弯矩作用平面方向上的长细比较大时，有可能出现该方向轴压承载力不满足要求的情况。因而，在进行偏心受压构件承载力计算时除了要进行弯矩作用平面内的正截面承载力计算外，还要验算垂直于作用平面的轴心受压承载力。

按偏心受压构件正截面承载力计算确定出 A_s 和 A'_s 后，再验算垂直于弯矩作用平面的轴心受压承载力，此时 A_s 和 A'_s 均作为受压钢筋面积，利用公式 $N = 0.9\varphi(f_c A + f_y A_s + f'_y A'_s)$ 进行验算。

大偏心受压构件 N 相对较小，垂直于弯矩作用平面的轴心受压承载力均能满足要求，不必验算；而小偏心受压构件 N 相对较大，有可能出现垂直于弯矩作用平面的轴心受压承载力不满足要求的情况，因此必须验算。

3. 偏心受压构件非对称配筋正截面承载力计算

（1）截面设计

先用经验公式初步判别偏心受压类型：$e_i > 0.3h_0$ 时，先按大偏心受压计算；$e_i \leqslant 0.3h_0$ 时，先按小偏心受压计算。

1）大偏心受压构件截面设计

①已知：内力设计值 N、M，截面尺寸 b、h，材料强度，求 A_s 和 A'_s。

类似于双筋梁，两个方程求解三个未知数，为使配筋总量最少，取 $\xi = \xi_b$ 代入式（5-15）得：

$$A'_s = \frac{Ne - \alpha_1 f_c b \xi_b h_0 (h_0 - 0.5x)}{f_y(h_0 - a'_s)} \tag{5-27}$$

当 $A'_s < \rho_{min}bh$，取 $A'_s = \rho_{min}bh$，按 A'_s 已知，代入式（5-15）求 x，代入式（5-14）求 A_s；当 $A'_s > \rho_{min}bh$，按 A'_s 已知，$x = x_b$，代入式（5-14）求 A_s。

若计算出的 A_s 不满足最小配筋率要求或是负值，则说明按大偏压设计与实际不符，应按小偏压重新计算。

②已知：内力设计值 N、M，截面尺寸 b、h，材料强度，A'_s，求 A_s。

受压区高度 x 的解法 1：按式（5-15）得：

$$x = h_0 - \sqrt{h_0^2 - \frac{2[Ne - f'_y A'_s(h_0 - a'_s)]}{\alpha_1 f_c b}} \tag{5-28}$$

受压区高度 x 的解法 2：

先计算 $M_1 = f'_y A'_s(h_0 - a'_s)$，$a_s = \frac{Ne - M_1}{\alpha_1 f_c b h_0^2}$，计算 $\xi = 1 - \sqrt{1 - 2a_s}$，$x = \xi h_0$。

若 x 满足大偏心受压的条件：$2a'_s \leq x \leq \xi_b h_0$，代入式（5-14）求出 A_s；若 $x < 2a'_s$，说明受压区钢筋不屈服，代入式（5-18）得 $A_s = \frac{N_u e'}{f_y(h_0 - a'_s)}$；若 $x > \xi_b h_0$，说明受拉钢筋不屈服，A'_s 过少，应采取增大截面、提高混凝土强度等级等措施重新按大偏心受压设计，若 A'_s 值合适，则按小偏压进行设计。

2）小偏心受压构件截面设计

已知：内力设计值 N、M，截面尺寸 b、h，材料强度，求 A_s、A'_s。这时有三个未知量 A_s、A'_s、x，两个独立方程。小偏心受压构件远端钢筋一般不屈服，为了充分利用混凝土抗压强度，取 $A_s = \rho_{min}bh$，当 $N > \alpha_1 f_c bh$，按反向受压式（5-20）计算 A_s，同时满足最小配筋率。

将 A_s 代入式（5-20）、式（5-21），联立（5-22），得到 ξ 的通用公式：

$$\xi = u + \sqrt{u^2 + v} \tag{5-29}$$

$$v = \frac{2Ne'}{\alpha_1 f_c b h_0^2} - \frac{2\beta_1 f_y A_s}{(\xi_b - \beta_1)\alpha_1 f_c b h_0}\left(1 - \frac{a'_s}{h_0}\right) \tag{5-30}$$

$$u = \frac{a'_s}{h_0} + \frac{f_y A_s}{(\xi_b - \beta_1)\alpha_1 f_c b h_0}\left(1 - \frac{a'_s}{h_0}\right) \tag{5-31}$$

判别：①若 $\xi_b < \xi < \xi_{cy} = 2\beta_1 - \xi_b$，远端钢筋 A_s 可能受拉可能受压，不屈服，将 ξ 代

入式（5-22）算出 σ_s，代入式（5-20）得 A_s'；

② $\xi_{cy} < \xi < h / h_0$，远端钢筋 A_s 受压屈服，令 $\sigma_s = -f_y'$，联立式（5-20）、式（5-21）重求 ξ，得：

$$\xi = \frac{a_s'}{h_0} + \sqrt{\left(\frac{a_s'}{h_0}\right)^2 + 2\left[\frac{Ne}{\alpha_1 f_c b h_0^{\,2}} - \frac{A_s}{b h_0}\frac{f_y'}{\alpha_1 f_c}\left(1 - \frac{a_s'}{h_0}\right)\right]} \tag{5-32}$$

③ $\xi_{cy} < \xi$，且 $\xi > h / h_0$，取 $x = h$，$\sigma_s = -f_y'$，联立式（5-20）、式（5-21）求出 A_s'，得：

$$A_s' = \frac{Ne - f_c b h(h_0 - 0.5h)}{f_y'(h_0 - a_s')} \tag{5-33}$$

除 A_s' 应满足配筋率要求，再验算垂直于弯矩作用平面内轴心受压承载力。

（2）承载力校核

1）已知：轴向力 N，截面尺寸 b、h，材料强度，A_s 和 A_s'，求 M_u。

先验算配筋率，再判别偏心受压类型，将 A_s、A_s' 及 ξ_b 代入（5-14）计算出界限破坏时受压承载力 $N_{ub} = \alpha_1 f_c b \xi_b h_0 + f_y' A_s' - f_y A_s$，若 $N \leq N_{ub}$，为大偏压；$N > N_{ub}$，为小偏压。

对于大偏压，按式（5-14）计算 x，若 $2a_s' \leq x \leq \xi_b h_0$，按式（5-15）求出 e，按式（5-16）、式（5-17）求出 e_0；若 $2a_s' > x$，按式（5-18）、式（5-19）求出 e_0。

对于小偏压，按式（5-20）、式（5-21）计算出 x，①若 $\xi_b h_0 \leq x < \xi_{cy} h_0$，代入式（5-21）算出 e，进一步求出 e_0；② $\xi_{cy} h_0 \leq \xi < h$，远端钢筋 A_s 受压屈服，令 $\sigma_s = -f_y'$，代入式（5-21）算出 e，进一步求出 e_0；③ $x \geq h$，取 $x = h$，$\sigma_s = -f_y'$，代入式（5-21）算出 e，进一步求出 e_0。

最后，抗弯承载力 $M_u = Ne_0$。

2）已知：截面尺寸 b、h，材料强度，e_0，A_s 和 A_s'，求 N_u、M_u。

先验算配筋率，再假设为大偏心受压，按式（5-14）和式（5-15）计算出 x。

若 $2a_s' \leq x \leq \xi_b h_0$，则为大偏心受压，$x$ 代入式（5-14）求出 N_u；若 $x < 2a_s'$，同样为大偏心受压，但受压钢筋不屈服，按式（5-18）、式（5-19）求出 N_u。

若 $x > \xi_b h_0$，则假设错误，为小偏心受压，按式（5-20）、式（5-21）、式（5-22）计算出 x，①若 $\xi_b h_0 < x < \xi_{cy} h_0$，代入式（5-21）计算出 N_u；② $\xi_{cy} h_0 \leq \xi < h$，远端钢筋 A_s 受压屈服，令 $\sigma_s = -f_y'$，代入式（5-20）、式（5-21）重新计算出 x，进一步求出 N_u；③ $x > h$，取 $x = h$，$\sigma_s = -f_y'$，代入式（5-20）求出 N_u。

最后，抗弯承载力 $M_u = N_u e_0$。

（3）工程应用

【例5-3】某钢筋混凝土偏心受压柱，柱截面为矩形，计算长度为5m，截面尺寸为 $b \times h = 400\text{mm} \times 450\text{mm}$，混凝土强度等级为 C35，$a_s = a_s' = 40\text{mm}$，纵筋采用 HRB400 级钢筋。柱截面承受的内力设计值为 $M_1 = 345\text{kN·m}$，$M_2 = 380\text{kN·m}$，$N = 500\text{kN}$，求纵向受力筋的配筋面积。

【解】（1）确定基本参数

$\alpha_1 = 1.0$，$\beta_1 = 0.8$，$f_c = 16.7\text{N/mm}^2$，$f_y = f'_y = 360\text{N/mm}^2$，$\xi_b = 0.518$，$h_0 = 450 - 40 = 410\text{mm}$

（2）求框架柱设计弯矩值

$$\frac{M_1}{M_2} = \frac{345}{380} = 0.908 > 0.9$$

$$\zeta_c = \frac{0.5 f_c A}{N} = \frac{0.5 \times 16.7 \times 400 \times 450}{500 \times 10^3} = 3 > 1，\text{取} \zeta_c = 1$$

$$C_m = 0.7 + 0.3 M_1/M_2 = 0.97$$

$$e_a = (h/30, 20)_{max} = (450/30, 20)_{max} = 20\text{mm}$$

$$\eta_{ns} = 1 + \frac{1}{1300 \left(\dfrac{M_2}{N} + e_a \right) / h_0} \left(\frac{l_0}{h} \right)^2 \zeta_c$$

$$= 1 + \frac{1}{1300 \times \left(\dfrac{380 \times 10^6}{500 \times 10^3} + 20 \right) / 410} \times \left(\frac{5000}{450} \right)^2 \times 1 = 1.05$$

$$M = C_m \eta_{ns} M_2 = 0.97 \times 1.05 \times 380 = 387\text{kN} \cdot \text{m}$$

（3）初判偏心受压类型

$$e_0 = M/N = 387 \times 10^6 / 500 \times 10^3 = 774\text{mm}$$

$$e_i = e_0 + e_a = 774 + 20 = 794\text{mm}$$

$$e_i > 0.3 h_0 = 0.3 \times 410 = 123\text{mm}$$

初步按大偏心受压进行设计。

（4）计算受压钢筋面积 A'_s

$$e = e_i + 0.5h - a_s = 794 + 450/2 - 40 = 979\text{m}，\text{取} \xi = \xi_b = 0.518$$

$$A'_s = \frac{Ne - \alpha_1 f_c b \xi_b h_0 (h_0 - 0.5x)}{f_y (h_0 - a'_s)}$$

$$= \frac{500 \times 10^3 \times 979 - 1.0 \times 16.7 \times 400 \times 0.518 \times 410 \times (410 - 0.5 \times 0.518 \times 410)}{360 \times (410 - 40)}$$

$$= 439\text{mm}^2 > \rho'_{min} bh = 0.2\% \times 400 \times 450 = 360\text{mm}^2$$

（5）计算受拉钢筋面积 A_s

$$A_s = \frac{\alpha_1 f_c b \xi_b h_0 + f'_y A'_s - N}{f_y}$$

$$= \frac{1.0 \times 16.7 \times 400 \times 0.518 \times 410 + 360 \times 439 - 500 \times 10^3}{360}$$

$$= 2990.94\text{mm}^2 > \rho_{min} bh = 360\text{mm}^2$$

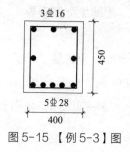

图 5-15 【例 5-3】图

5-3 例题

（6）选配钢筋并计算配筋率

受压钢筋配置 3 Φ 16（$A'_s = 603\text{mm}^2$），受拉钢筋配置 5 Φ 28（$A_s = 3079\text{mm}^2$），如图 5-15 所示。

全部纵筋配筋率：$\rho = \dfrac{A'_s + A_s}{bh} = \dfrac{603 + 3079}{400 \times 450} = 2.05\% > \rho_{\min} = 0.55\%$，且 $< \rho_{\max} = 5\%$

4. 偏心受压构件对称配筋正截面承载力计算

工程实际中，偏心受压构件在不同的荷载效应组合下可能承受异号弯矩，为了便于设计与施工，通常采用对称配筋，也就是截面两侧纵筋位置相同、面积相同、强度相同（即 $a_s = a'_s$，$A_s = A'_s$，$f_y = f'_y$）。装配式结构中，为了防止吊装错误，多采用对称配筋。

（1）截面设计

1）大偏心受压构件截面设计

对称配筋的大偏心受压构件，因 $f_y A_s = f'_y A'_s$，式（5-14）可简化为：

$$N_u = \alpha_1 f_c bx \tag{5-34}$$

可直接求出相对受压区高度 x，若 $2a'_s \leqslant x \leqslant \xi_b h_0$，则由式（5-15）得：

$$A_s = A'_s = \frac{Ne - \alpha_1 f_c bx(h_0 - 0.5x)}{f_y(h_0 - a'_s)} \tag{5-35}$$

若 $x < 2a'_s$，按式（5-18）、式（5-19），得：

$$A_s = A'_s = \frac{Ne'}{f_y(h_0 - a'_s)} \tag{5-36}$$

2）小偏心受压构件截面设计

若 $x > \xi_b h_0$，则应按小偏压进行截面设计，由小偏压的基本公式式（5-20）、式（5-21）、式（5-22）求解三个未知量 $A_s = A'_s$，x，σ_s，出现关于 x 的三次方程，较为不便，规范给出简化公式：

$$\xi = \frac{N - \xi_b \alpha_1 f_c bh_0}{\dfrac{Ne - 0.43\alpha_1 f_c bh_0^{\,2}}{(\beta_1 - \xi_b)(h_0 - a'_s)} + \alpha_1 f_c bh_0} + \xi_b \tag{5-37}$$

代入式（5-21），求出配筋面积，并满足配筋率要求。

（2）工程应用

【例 5-4】某单层厂房工字形截面偏心受压柱，计算长度为 10m，混凝土强度等级为 C35，$b \times h = 400\text{mm} \times 600\text{mm}$，纵筋采用 HRB400 级钢筋，对称配筋 4 Φ 22，$A'_s = A_s = 1520\text{mm}^2$，$a_s = a'_s = 40\text{mm}$，轴向力的偏心距 $e_0 = 950\text{mm}$，求柱截面承受的内力设计值。

5-4　例题

【解】（1）确定基本参数

$$\alpha_1 = 1.0, \quad \beta_1 = 0.8, \quad f_c = 14.3\text{N/mm}^2, \quad f_y = f'_y = 360\text{N/mm}^2, \quad \xi_b = 0.518$$

（2）验算配筋率

一侧配筋率 $\rho = \dfrac{A_s}{bh} = \dfrac{1520}{400 \times 600} = 0.63\% > \rho_{\min} = 0.2\%$

全部配筋率 $\rho = \dfrac{A_s + A'_s}{bh} = \dfrac{1520 \times 2}{400 \times 600} = 1.27\% > \rho_{\min} = 0.55\%$，且 $\rho < 5\%$

（3）判别偏心受压类型

$$e_a = (h/30, 20)_{\max} = (600/30, 20)_{\max} = 20\text{mm}$$

$$e_i = e_0 + e_a = 950 + 20 = 970\text{mm}$$

$$e = e_i + h/2 - a_s = 970 + 600/2 - 40 = 1230\text{mm}$$

联立式（5-14）、式（5-15）得：

$$\begin{cases} N = 1.0 \times 14.3 \times 400x \\ N \times 1230 = 1.0 \times 14.3 \times 400x(560 - x/2) + 360 \times 1520 \times (560 - 40) \end{cases}$$

得：$x = 70.53\text{mm} < 2a'_s = 80\text{mm}$，表明受压钢筋不屈服。

（4）求柱截面能承受的内力设计值

联立式（5-18）、式（5-19）得：

$$e' = e_i - h/2 + a_s = 970 - 600/2 + 40 = 710\text{mm}$$

$$N = \frac{f_y A_s (h_0 - a'_s)}{e'} = \frac{360 \times 1520 \times (560 - 40)}{710} = 400.77\text{kN}$$

$$M = Ne_0 = 400.77 \times 950 = 380.73\text{kN} \cdot \text{m}$$

5.2.4　I 形截面偏心受压构件正截面承载力计算

在单层工业厂房装配式结构中，当截面尺寸较大时，为了节省混凝土和减轻结构自重，广泛应用 I 形截面柱。其破坏特征、计算原则与矩形截面受压构件相同，但由于截面形状不同，受压区翼缘参与受力，其计算公式的形式有些差别。

1. 大偏心受压的计算公式及适用条件

大偏心受压时，受压区形状同 T 形截面梁，有以下两种情况，如图 5-16 所示：

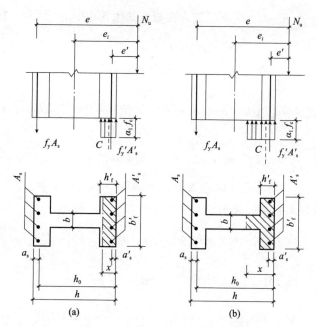

图 5-16 I 形截面大偏心受压计算简图

（1）当 $x \leqslant h'_f$，受压区在翼缘，如图 5-16（a）所示，则按宽度为 b'_f 的矩形截面计算，根据平衡条件得：

$$N_u = \alpha_1 f_c b'_f x \tag{5-38}$$

$$N_u e = \alpha_1 f_c b'_f x \left(h_0 - \frac{x}{2}\right) + f'_y A'_s(h_0 - a'_s) \tag{5-39}$$

式中　b'_f——I 形截面受压翼缘的宽度；

　　　h'_f——I 形截面受压翼缘的高度，其他同前。

（2）当 $x > h'_f$，受压区进入腹板为 T 形截面，如图 5-16（b）所示，根据平衡条件得：

$$N_u = \alpha_1 f_c [(b'_f - b) h'_f + bx] + f'_y A'_s - f_y A_s \tag{5-40}$$

$$N_u e = \alpha_1 f_c [(b'_f - b)h'_f(h_0 - \frac{h'_f}{2}) + bx(h_0 - \frac{x}{2})] + f'_y A'_s(h_0 - a'_s) \tag{5-41}$$

（3）为了保证上述计算公式中的受拉钢筋 A_s 及受压钢筋 A'_s 能达到屈服强度，要满足下列条件：$\xi \leqslant \xi_b$（或 $x \leqslant \xi_b h_0$），$x \geqslant 2a'_s$。

当 $x < 2a'_s$，表明受压区钢筋不屈服，同前取 $x = 2a'_s$，对受压区钢筋合力作用点取矩得：

$$N_u(e_i - \frac{h}{2} + a'_s) = f'_y A'_s(h_0 - a'_s) \tag{5-42}$$

2. 小偏心受压的计算公式及适用条件

I 形截面小偏心受压构件，一般有受压区进入腹板和受压区进入距离 N 较远一侧的翼缘中两种情况，如图 5-17（a）（b）所示。

（1）当 $\xi_b h_0 < x \leq h - h_f$，受压区进入腹板，如图 5-17（a）所示，根据平衡条件得承载力基本公式为：

$$N_u = \alpha_1 f_c[(b_f' - b)h_f' + bx] + f_y' A_s' - \sigma_s A_s \qquad （5-43）$$

$$N_u e = \alpha_1 f_c[(b_f' - b)h_f'(h_0 - \frac{h_f'}{2}) + bx(h_0 - \frac{x}{2})] + f_y' A_s'(h_0 - a_s') \qquad （5-44）$$

式中，$\sigma_s = \dfrac{\xi - \beta_1}{\xi_b - \beta_1} f_y$，$(f_y' \leq \sigma_s \leq f_y)$，同式（5-22）。

（2）当 $h - h_f < x \leq h$，受压区进入距离 N 较远一侧的翼缘中，如图 5-17（b）所示，根据平衡条件得承载力基本公式为：

$$N_u = \alpha_1 f_c[(b_f' - b)h_f' + bx + (b_f - b)(h_f + x - h)] + f_y' A_s' - \sigma_s A_s \qquad （5-45）$$

$$\begin{aligned} N_u e = \alpha_1 f_c[(b_f' - b)h_f'(h_0 - \frac{h_f'}{2}) + bx(h_0 - \frac{x}{2}) + \\ (b_f - b)h_f'(h_f + x - h)(h_f - \frac{h_f + x - h}{2} - a_s)] + f_y' A_s'(h_0 - a_s') \end{aligned} \qquad （5-46）$$

式中，$\sigma_s = \dfrac{\xi - \beta_1}{\xi_b - \beta_1} f_y$，$(f_y' \leq \sigma_s \leq f_y)$，同式（5-22）。

计算时，若 $x > h$ 时，取 $x = h$ 计算。

（3）同矩形截面，I 形截面当纵向力的偏心矩很小，且靠近纵向力一侧的钢筋 A_s' 较多，而远离纵向力一侧的钢筋 A_s 较少，远离轴向力一侧的混凝土可能先被压碎，如图 5-17（c）所示，设计应避免这种情况。非对称配筋时，当 $N > f_c A$，应满足：

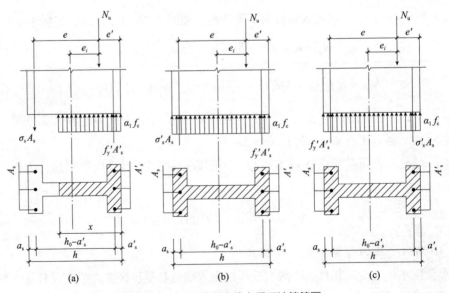

图 5-17　I 形截面小偏心受压计算简图

$$N_u[0.5h - a'_s - (e_0 - e_a)] \leqslant \alpha_1 f_c [(b'_f - b)h'_f(\frac{h'_f}{2} - a'_s)$$

$$+ (b_f - b)h_f(h_0 - \frac{h_f}{2}) + (b'_f - b)h'_f(\frac{h'_f}{2} - a'_s)] + f'_y A'_s(h_0 - a_s) \tag{5-47}$$

式中　h'_0——钢筋 A'_s 合力作用点距离纵向力 N 较远一侧边缘的距离，$h'_0 = h - a_s$。

（4）I 形截面小偏心受压构件基本公式的适用条件：$\xi > \xi_b$（或 $x > \xi_b h_0$）。

3. I 形截面对称配筋正截面承载力计算

由于在实际工程中，I 形截面多采用对称配筋，所以在这里只介绍对称配筋的计算公式。与对称配筋矩形截面类似，I 形截面对称配筋时，也是两侧纵筋位置相同、面积相同、强度相同（即 $a_s = a'_s$，$A_s = A'_s$，$f_y = f'_y$）。

（1）判别偏心受压类型

界限破坏时，$f_y A_s = f'_y A'_s$，则轴向受压承载力为：

$$N_{ub} = \alpha_1 f_c [(b'_f - b) h'_f + b x_b] \tag{5-48}$$

当 $N \leqslant N_{ub}$ 时，为大偏心受压；当 $N > N_{ub}$ 时，为小偏心受压。

（2）大偏心受压

先假设受压区在离 N 近一侧的受压翼缘中，由（5-38）得：$x = \dfrac{N}{\alpha_1 f_c b'_f}$。

根据 x 值的不同，分成三种情况：

1）当 $x < 2a'_s$，同前，取 $x = 2a'_s$，按式（5-42）得：

$$A'_s = A_s = \frac{N(e_i - \frac{h}{2} + a'_s)}{f'_y(h_0 - a'_s)} \tag{5-49}$$

2）当 $2a' < x \leqslant h'_f$，按式（5-39）得：

$$A'_s = \frac{Ne - \alpha_1 f_c b'_f x(h_0 - \frac{x}{2})}{f'_y(h_0 - a'_s)} \tag{5-50}$$

3）当 $x > h'_f$，此时受压区进入腹板，与假设不符，按式（5-40）重新计算 x 得：

$$x = \frac{N - \alpha_1 f_c (b'_f - b) h'_f}{\alpha_1 f_c b} \tag{5-51}$$

代入式（5-41）得：

$$A'_s = \frac{Ne - \alpha_1 f_c [(b'_f - b) h'_f(h_0 - \frac{h'_f}{2}) + b x(h_0 - \frac{x}{2})]}{f'_y(h_0 - a'_s)} \tag{5-52}$$

（3）小偏心受压

对称配筋 I 形截面的计算方法与对称配筋矩形截面的计算方法基本相同，一般采用迭代法和近似计算法。

经判别为小偏心受压时，若受压区进入腹板，采用式（5-53）近似计算相对受压区高度：

$$A'_s = \frac{Ne - \alpha_1 f_c [(b'_f - b)h'_f(h_0 - \frac{h'_f}{2}) + bx(h_0 - \frac{x}{2})]}{f'_y(h_0 - a'_s)} \quad （5-53）$$

将 ξ 代入式（5-44）计算出钢筋面积。若受压区进入距离 N 较远一侧的翼缘中，计算非常复杂，考虑到远端翼缘混凝土的合力对 A_s 合力作用点取矩较小，安全起见，可简化计算忽略此部分作用。仍按式（5-53）计算 ξ，代入式（5-44）计算出钢筋面积。

验算垂直于弯矩作用面的受压承载力。

4. 工程应用

【例 5-5】某单层厂房排架柱为工字形，计算长度为 6m，截面尺寸为 $b = 100$mm，$h = 600$mm，$b_f = b'_f = 400$mm，$h_f = h'_f = 150$mm，$a_s = a'_s = 40$mm，混凝土强度等级为 C35，纵筋采用 HRB400 级钢筋。柱截面承受的轴力设计值为 $N = 500$kN，一阶弹性分析柱端弯矩设计值 $M_0 = 270$kN·m，求对称配筋时所需纵向受力筋的配筋面积。

【解】（1）确定基本参数

$$\alpha_1 = 1.0,\ \beta_1 = 0.8,\ f_c = 16.7\text{N/mm}^2,\ f_y = f'_y = 360\text{N/mm}^2,\ \xi_b = 0.518$$

（2）计算考虑二阶效应后的截面弯矩值

$$e_0 = \frac{M_0}{N} = \frac{270 \times 10^6}{500 \times 10^3} = 540\text{mm}$$

$$e_a = (h/30, 20)_{max} = (600/30, 20)_{max} = 20\text{mm}$$

$$e_i = e_0 + e_a = 540 + 20 = 560\text{mm}$$

$$A = bh + 2(b'_f - b)h'_f = 100 \times 600 + 2 \times (400 - 100) \times 150 = 150 \times 10^3\text{mm}^2$$

$$\xi_c = \frac{0.5 f_c A}{N} = \frac{0.5 \times 16.7 \times 150 \times 10^3}{500 \times 10^3} = 2.505 > 1,\ 取\ \xi_c = 1$$

$$h_0 = h - a'_s = 600 - 40 = 560\text{mm}$$

$$\eta_s = 1 + \frac{1}{1500 e_i/h_0}\left(\frac{l_0}{h}\right)^2 \xi_c = 1 + \frac{1}{1500 \times 560/560} \times \left(\frac{6000}{600}\right)^2 \times 1 = 1.067$$

$$M = \eta_s M_0 = 1.067 \times 270 = 288.09\text{kN·m}$$

（3）初判偏心受压类型

$$\begin{aligned}N_{ub} &= \alpha_1 f_c [(b'_f - b)h'_f + bx_b] \\ &= 1.0 \times 16.7 \times [(400 - 100) \times 150 + 100 \times 0.518 \times 560] \\ &= 1235.93\text{kN}\end{aligned}$$

$N_{ub} > N = 500\text{kN}$，为大偏心受压。

（4）计算纵向受力筋的配筋面积

先假设受压区在离 N 近一侧的受压翼缘中：

$$x = \frac{N}{\alpha_1 f_c b'_f} = \frac{500 \times 10^3}{1.0 \times 16.7 \times 400} = 74.8\text{mm} < h'_f = 150\text{mm}，\text{假设成立}$$

且 $x < 2a'_s$，取 $x = 2a'_s$

$$e_0 = \frac{M}{N} = \frac{288.09 \times 10^3}{500} = 576.18\text{mm}$$

$$e_i = e_0 + e_a = 576.18 + 20 = 596.18\text{mm}$$

$$A'_s = A_s = \frac{N\left(e_i - \dfrac{h}{2} + a'_s\right)}{f'_y(h_0 - a'_s)} = \frac{500 \times 10^3 \times \left(596.18 - \dfrac{600}{2} + 40\right)}{360 \times (560 - 40)} = 898\text{mm}^2$$

$$A_s = A'_s > \rho_{\min} bh = 0.2\% \times 100 \times 600 = 120\text{mm}^2$$

受压和受拉钢筋均选配 4 $\underline{\Phi}$ 18（$A'_s = A_s = 1018\text{mm}^2$）。

5.2.5　偏心受压构件正截面承载力 N_u—M_u 相关曲线

　　对于给定截面、配筋及材料的偏心受压构件，无论是大偏心受压还是小偏心受压，到达承载能力极限状态时，其正截面承载力 N_u 和 M_u 并不是相互独立的，而是存在着相关性，即 N_u 和 M_u 之间一一对应，如图 5-18 所示。利用 N_u—M_u 相关曲线能更全面地理解钢筋混凝土构件正截面承载力的性能和规律。下面以对称配筋截面为例建立 N_u—M_u 相关曲线方程。

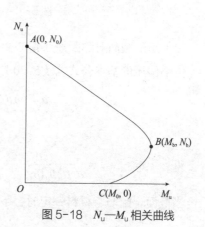

图 5-18　N_u—M_u 相关曲线

　　1. 矩形截面对称配筋偏心受压构件的 N_u—M_u 相关曲线

（1）矩形截面对称配筋大偏心受压构件的 N_u—M_u 相关曲线

根据对称配筋的大偏心受压构件基本公式式（5-34）$N_u = \alpha_1 f_c b x$，得 $x = N_u / \alpha_1 f_c b$，代入式（5-35）得：

$$N_u\left(e_i + \frac{h}{2} - a_s\right) = \alpha_1 f_c b \frac{N_u}{\alpha_1 f_c b}\left(h_0 - \frac{N_u}{\alpha_1 f_c b}\right) + f_y A_s(h_0 - a'_s) \tag{5-54}$$

整理得：

$$M_u = N_u e_i = -\frac{N_u^2}{2\alpha_1 f_c b} + \frac{N_u h}{2} + f'_y A'_s(h_0 - a'_s) \tag{5-55}$$

式（5-55）为对称配筋大偏心受压构件的 N_u—M_u 相关曲线方程，M_u 是 N_u 的二次函数，并随 N_u 的增大而增大，将方程绘成曲线，如图 5-19 中水平虚线以下曲线所示。

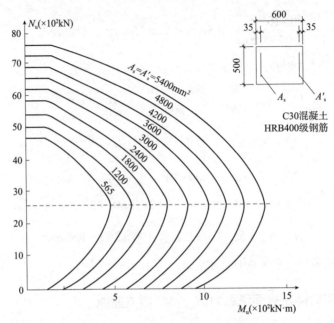

图 5-19　对称配筋时 N_u—M_u 相关曲线

（2）矩形截面对称配筋小偏心受压构件的 N_u—M_u 相关曲线

由小偏压的基本公式式（5-20）、（5-21）、（5-22）得：

$$N_u = \frac{\alpha_1 f_c b h_0(\xi_b - \beta_1) - f_y' A_s'}{\xi_b - \beta_1}\xi - (\frac{\xi_b}{\xi_b - \beta_1})f_y' A_s' \tag{5-56}$$

得：
$$\xi = \frac{\beta_1 - \xi_b}{\alpha_1 f_c b h_0(\beta_1 - \xi_b) + f_y' A_s'}N_u - \frac{\xi_b f_y' A'}{\alpha_1 f_c b h_0(\beta_1 - \xi_b) + f_y' A_s'} \tag{5-57}$$

当截面、配筋、材料一定时，下两式为常数，另：

$$\lambda_1 = \frac{\beta_1 - \xi_b}{\alpha_1 f_c b h_0(\beta_1 - \xi_b) + f_y' A_s'} \tag{5-58}$$

$$\lambda_2 = \frac{\xi_b f_y' A'}{\alpha_1 f_c b h_0(\beta_1 - \xi_b) + f_y' A_s'} \tag{5-59}$$

代入式（5-57）得：$\xi = \lambda_1 N_u + \lambda_2$ 代入式（5-21）得：

$$N_u(e_i + \frac{h}{2} - a_s) = \alpha_1 f_c b h_0^2(\lambda_1 N_u + \lambda_2)(1 - \frac{\lambda_1 N_u + \lambda_2}{2}) + f_y' A_s'(h_0 - a_s')$$

得：

$$N_u e_i = M_u = \alpha_1 f_c b h_0^2[(\lambda_1 N_u + \lambda_2) - 0.5(\lambda_1 N_u + \lambda_2)^2] - (\frac{h}{2} - a_s)N_u + f_y' A_s'(h_0 - a_s') \tag{5-60}$$

式（5-60）为对称配筋小偏心受压构件的 N_u—M_u 相关曲线方程，M_u 也是 N_u 的二次函数，并随 N_u 的增大而减小，将方程绘成曲线，如图 5-19 中水平虚线以上曲线所示。

2. 偏心受压构件的 N_u—M_u 相关曲线特征

（1）偏心受压构件的 N_u—M_u 相关曲线是偏心受压构件承载力计算的依据，在坐标系中，任意一点对应一组内力 P（N，M）。若 P 点位于曲线内侧，则说明截面未达到极限承载力，处于安全状态；若 P 点刚好位于曲线上，则说明截面达到极限承载力，处于极限状态；若 P 点位于曲线外侧，则说明截面超过极限承载力，处于发生破坏状态。

（2）如图 5-18 所示，A（0，N_0）点为轴心受压状态，B（M_b，N_b）点为偏心受压的界限受压状态，C（M_0，0）点为构件的受弯状态。整个曲线表明了截面一定时，构件从轴心受压到偏心受压，再到受弯整个过程的正截面承载力变化规律。轴心受压构件和受弯构件只是偏心受压构件的两种特殊情况。

（3）截面受弯承载力与轴压力大小有关。如图 5-18 所示，当轴压力较小时，M_u 随 N 的增加而增加（CB 段）；当轴压力较大时，M_u 随 N 的增加而减小（AB 段）。

（4）界限破坏时截面受弯承载力最大。CB 段（$N \leqslant N_b$）为大偏心受压破坏，AB 段（$N > N_b$）为小偏心受压破坏。小偏心受压破坏时，N_u 随 M_u 的增大而减小；大偏心受压破坏时，N_u 随 M_u 的增大而增大。

（5）对称配筋时，如果截面相同、材料相同，而配筋量变化，则在界限破坏时，N_{ub} 是相同的，$N_{ub} = \alpha_1 f_c b x_b$，$N_u$—$M_u$ 曲线上 N_u 在同一条水平线上。

3. 偏心受压构件的 N_u—M_u 相关曲线的应用

在实际工程中，受压构件在不同荷载效应组合下产生多组内力组合值，根据 N_u—M_u 相关曲线特征，选择出最不利的内力进行配筋设计。对于大偏心受压时，弯矩 M 大，轴力 N 小的内力最不利；而小偏心受压时，M 大 N 大的内力最不利。

【例 5-6】某钢筋混凝土大偏心受压柱，下列哪组内力控制配筋。

（A）$M = 150$kN·m，$N = 200$kN　　（B）$M = 150$kN·m，$N = 450$kN

（C）$M = 250$kN·m，$N = 200$kN　　（D）$M = 250$kN·m，$N = 450$kN

【解】大偏心受压时，弯矩 M 大，轴力 N 小时内力最不利。M 相同时，A 和 B 选 A，C 和 D 选 C；N 相同时，A 和 C 选 C。

【例 5-7】某钢筋混凝土小偏心受压柱，内力组合同【例 5-6】，问哪组内力控制配筋。

【解】小偏心受压时，弯矩 M 大，轴力 N 大时，内力最不利。M 相同时，A 和 B 选 B，C 和 D 选 D；N 相同时，B 和 D 中选 D。

5-6 例题

5.2.6　双向偏心受压构件正截面承载力

地震区的边框架柱、框架结构的角柱通常是同时承受轴向力 N 和两个主轴方向弯矩 M_x 和 M_y 的双向偏心受压构件。

双向偏心受压构件（图 5-20）正截面承载力的计算有两种方法，一种是采用正截面承载力的一般理论进行分析，但需借助于计算机采用迭代方法求解，比较复杂。采用正截面承载力计算时的基本假定为：将受压区混凝土的应力图形简化等效为矩形应力图形，根据平截面假定计算出任意点处钢筋的应力。另一种是采用弹性理论应力叠加原理的近似方法，其在工程设计中经常采用。

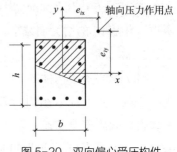

图 5-20　双向偏心受压构件

对于截面具有两个互相垂直的对称轴的钢筋混凝土双向受压构件，可按下列近似公式进行正截面承载力计算：

$$N \leqslant \frac{1}{\dfrac{1}{N_{ux}} + \dfrac{1}{N_{uy}} - \dfrac{1}{N_{u0}}}$$

（5-61）

式中　N_{u0}——截面轴心受压承载力设计值，不考虑稳定系数 φ 及系数 0.9，取 $N_{u0} = f_c A + f'_y A'_s$；

N_{ux}——轴向力作用于 x 轴，且考虑相应的计算偏心距 e_{ix} 后，按全部纵向钢筋截面面积计算的构件偏心受压承载力设计值；

N_{uy}——轴向力作用于 y 轴，且考虑相应的计算偏心距 e_{iy} 后，按全部纵向钢筋截面面积计算的构件偏心受压承载力设计值。

计算 N_{ux}、N_{uy} 时要考虑全部纵向钢筋受力。双向偏心受压构件的纵向受力钢筋可沿截面两对边配置或沿截面腹部均匀布置。

设计时，一般先拟定构件的截面尺寸和钢筋布置方案，并假定材料处于弹性阶段，根据材料力学原理，推导出双向偏心受压构件正截面承载力计算公式。

5.3　偏心受压构件斜截面承载力计算

偏心受压构件除了弯矩和压力外，还承受一定的剪力作用。试验表明，当轴向力不太大时，轴向压力对构件的抗剪承载力起有利作用。这是由于轴向压力能阻滞斜裂缝的出现和开展，增加了混凝土剪压区高度，从而提高了混凝土所承担的剪力。轴压比范围内，斜截面水平投影长度与相同参数的无轴向压力梁相比基本不变，故对箍筋所承担的剪力没有明显影响。

轴向压力对构件受剪承载力的有利作用是有限的，当轴压比 $N / (f_c bh)$ 在 0.3~0.5 范围内时，轴向压力对抗剪强度的有利影响达到峰值，如图 5-21 所示；若再增加轴向压力，则构件的抗剪强度反而会随着轴向压力的增大而逐渐下降，并转变为带有斜裂缝的正截面小偏心受压破坏，因此应对轴向压力对受剪承载力的提高范围予以限制。

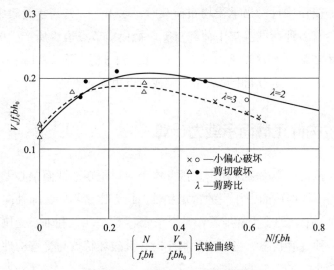

图 5-21 相对轴力与剪力的关系

5.3.1 偏心受压构件斜截面承载力计算公式

矩形、T 形和 I 形截面的钢筋混凝土偏心受压构件，当符合下列规定，可不进行斜截面承载力计算，仅需按构造配置箍筋。

$$V \leqslant \frac{1.75}{\lambda+1}f_{t}bh_{0}+0.07N \tag{5-62}$$

否则，斜截面承载力应符合下列规定：

$$V = \frac{1.75}{\lambda+1}f_{t}bh_{0}+f_{yv}\frac{A_{sv}}{s}h_{0}+0.07N \tag{5-63}$$

式中　λ——偏心受压构件计算截面的剪跨比；

N——与剪力设计值 V 相对应的轴向压力设计值，当 $N > 0.3f_{c}A$ 时，取 $N = 0.3f_{c}A$。

为了防止箍筋充分发挥作用之前产生由混凝土的斜向压碎引起的斜压型剪切破坏，矩形、T 形和 I 形截面的钢筋混凝土偏心受压构件截面与受弯构件类似，必须满足下列条件：

（1）当 $h_{w}/b \leqslant 4$ 时，应满足 $V \leqslant 0.25\beta_{c}f_{c}bh_{0}$；

（2）当 $h_{w}/b \geqslant 6$ 时，应满足 $V \leqslant 0.2\beta_{c}f_{c}bh_{0}$；

（3）当 $4 < h_{w}/b < 6$ 时，按线性内插确定。

5.3.2 计算剪跨比的取值

对各类结构的框架柱，宜取 $\lambda = M/Vh_{0}$。当框架结构中柱的反弯点在层高范围内时，可取 $\lambda = H_{n}/2h_{0}$，当 $\lambda < 1$ 时，取 $\lambda = 1$；当 $\lambda > 3$ 时，取 $\lambda = 3$。其中 H_{n} 为柱净高，M 为计算截面上与剪力设计值 V 相应的弯矩设计值。

对于其他偏心受压构件，当承受均布荷载时，取 $\lambda = 1.5$；当承受集中荷载时（包括作用有多种荷载且集中荷载对支座截面或节点边缘所产生的剪力值占总剪力值 75% 以上时），取 $\lambda = a / h_0$；当 $\lambda < 1.5$ 时，取 $\lambda = 1.5$；当 $\lambda > 3$ 时，取 $\lambda = 3$；此处，a 为集中荷载至支座或节点边缘的距离。

5-7 例题

5.4 偏心受拉构件正截面承载力计算

工程中偏心受拉构件截面多为矩形，因此本节只讨论矩形截面偏心受拉构件的设计问题。根据截面中作用的弯矩和轴向拉力比值不同，即轴向拉力偏心距的不同，把它的受力性能看作是介于受弯（$N = 0$）和轴心受拉（$M = 0$）之间的一种过渡状态。当偏心距很小时，其破坏特点与受弯构件类似。相关内容详见二维码 5-8。

5-8 矩形截面偏心受拉构件的设计问题

5.5 偏心受拉构件斜截面承载力计算

一般偏心受拉构件，在承受弯矩 M 和拉力 N 的同时，也存在剪力 V，当剪力较大时，还需验算斜截面受剪承载力。

5.5.1 偏心受拉构件斜截面承载力计算公式

试验表明，偏心受拉构件的轴向拉力使混凝土的剪压区高度比仅受到弯矩 M 作用时小，同时轴向拉力的存在也增大了构件中的主拉应力，构件上可能产生横贯全截面、垂直于杆轴的初始垂直裂缝。施加横向荷载后，构件顶部裂缝闭合而底部裂缝加宽，且斜裂缝可能直接穿过初始垂直裂缝向上发展，也可能沿初始垂直裂缝延伸再斜向发展。构件中的斜裂缝呈现宽度较大，倾角较大，斜裂缝末端剪压区高度减小，甚至没有剪压区，特别是小偏心受拉时形成贯穿全截面的斜裂缝，从而使截面的受剪承载力要比受弯截面的受剪承载力明显降低。考虑到结构试验条件与实际工程条件的差别，同时考虑轴向拉力的存在对构件抗剪是不利的，因此通过可靠度的分析计算，减去轴向拉力所降低的受剪承载力设计值，取为 $0.2N$。

偏心受拉构件承受轴向拉力、弯矩和剪力的作用，可视为受弯构件同时承受轴向拉力的受力状态，因此，以受弯构件斜截面受剪承载力计算公式为基础，考虑了轴向拉力对斜截面受剪承载力的不利影响，通过对试验资料的分析，矩形、I 形、T 形截面的偏心受拉构件斜截面受剪承载力可按下式计算：

$$V < V_\text{u} = \frac{1.75}{\lambda + 1} f_\text{t} b h_0 + f_\text{yv} \frac{A_\text{sv}}{s} h_0 - 0.2N \tag{5-64}$$

式中　λ——计算剪跨比。当承受均布荷载时，取 $\lambda = 1.5$；当承受集中荷载时，取 $\lambda = a /$
h_0（a 为集中荷载到支座截面或节点边缘的距离），当 $\lambda < 1.5$ 时，取 $\lambda = 1.5$，
当 $\lambda > 3$ 时，取 $\lambda = 3$；

　　N——与剪力设计值 V 相对应的轴向拉力设计值。

当式（5-64）右边的计算值小于 $f_{yv} \dfrac{A_{sv}}{s} h_0$ 时，即斜裂缝贯通全截面，此时剪力全部

由箍筋承担，受剪承载力应取等于 $f_{yv} \dfrac{A_{sv}}{s} h_0$。同时，为了防止箍筋过少，保证箍筋承担

一定数量的受剪承载力，$f_{yv} \dfrac{A_{sv}}{s} h_0$ 不得小于 $0.36 f_t b h_0$。

与偏心受压构件类似，受剪截面也应满足下列条件：

（1）当 $h_w / b \leqslant 4$ 时，应满足 $V \leqslant 0.25 \beta_c f_c b h_0$；

（2）当 $h_w / b \geqslant 6$ 时，应满足 $V \leqslant 0.2 \beta_c f_c b h_0$；

（3）$4 < h_w / b < 6$，按线性内插确定，符号同前。

5.5.2　公式应用

【例5-8】某钢筋混凝土受拉构件如图5-22所示，截面尺寸 $b \times h = 250\text{mm} \times 300\text{mm}$，混凝土强度等级为C30，箍筋采用HPB300级钢筋，环境类别一类，安全等级二级，承受轴向拉力设计值 $N = 150\text{kN}$，跨中承受集中荷载 $P = 180\text{kN}$，确定所需的箍筋用量。

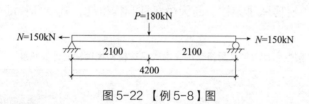

图5-22　【例5-8】图

【解】（1）确定基本参数

查表得保护层厚度 $c = 25\text{mm}$，设纵筋到近侧混凝土边缘的距离 $a_s = 40\text{mm}$，$h_0 = h -$
$a_s = 300 - 40 = 260\text{mm}$

$f_c = 14.3\text{N/mm}^2$，$f_t = 1.43\text{N/mm}^2$，$f_y = f'_y = 360\text{N/mm}^2$，$f_{yv} = 270\text{N/mm}^2$

计算得，构件的最大剪力 $V = \dfrac{P}{2} = 90\text{kN}$

（2）验算截面控制条件

$$h_w / b = (300 - 40)/250 = 1.04 < 4$$

$0.25 \beta_c f_c b h_0 = 0.25 \times 1.0 \times 14.3 \times 250 \times (300 - 40) = 232.38\text{kN} > V = 90\text{kN}$，满足要求

（3）计算所需的箍筋用量

$$\lambda = \frac{a}{h_0} = \frac{2100}{260} = 8.08 > 3，取 \lambda = 3.0$$

$$\frac{1.75}{\lambda+1}f_t bh_0 - 0.2N = \frac{1.75}{3+1} \times 1.43 \times 250 \times 260 - 0.2 \times 150 \times 10^3 = 10665.63\text{N}$$

$$0.36 f_t bh_0 = 0.36 \times 1.43 \times 250 \times 260 = 33462\text{N}$$

$$f_{yv}\frac{A_{sv}}{s}h_0 = V - \left(\frac{1.75}{\lambda+1}f_t bh_0 - 0.2N\right) = 90 \times 10^3 - \left(\frac{1.75}{3+1} \times 1.43 \times 250 \times 260 - 0.2 \times 150 \times 10^3\right)$$

$$= 90 \times 10^3 - 10665.63 = 79334.37\text{N} > 0.36 f_t bh_0 = 33462\text{N}，满足要求$$

$$\frac{A_{sv}}{s} = \frac{V - \left(\frac{1.75}{\lambda+1}f_t bh_0 - 0.2N\right)}{f_{yv}h_0} = \frac{79334.37}{270 \times 260} = 1.13\text{mm}^2/\text{mm}$$

选用 φ10 的箍筋，$A_{sv1} = 78.5\text{mm}^2$

$s = \dfrac{78.5 \times 2}{1.13} = 138.94\text{mm}$，取 $s = 130\text{mm}$，φ10@130 双肢箍，符合构造要求。

5.6 偏心受力构件一般构造要求

5.6.1 柱的计算长度

轴心受压和偏心受压柱的计算长度 l_0 可按下列规定取用。

（1）刚性屋盖单层房屋排架柱、露天吊车柱和栈桥柱，其计算长度可按表 5-1 取用。

刚性屋盖单层房屋排架柱、露天吊车柱和栈桥柱的计算长度　　　　表 5-1

柱的类别		l_0		
		排架方向	垂直排架方向	
			有柱间支撑	无柱间支撑
无吊车房屋柱	单跨	$1.5H$	$1.0H$	$1.2H$
	两跨及多跨	$1.25H$	$1.0H$	$1.2H$
有吊车房屋柱	上柱	$2.0H_u$	$1.25H_u$	$1.5H_u$
	下柱	$1.0H_l$	$0.8H_l$	$1.0H_l$
露天吊车柱和栈桥柱		$2.0H_l$	$1.0H_l$	—

注：① 表中 H 为从基础顶面算起的柱子全高；H_l 为从基础顶面至装配式底面或现浇式吊车梁顶面的柱子下部高度；H_u 为从装配式吊车梁底面或现浇式吊车梁顶面算起的柱子上部高度。

② 表中有吊车房屋排架柱的计算长度，当计算中不考虑吊车荷载时，可按无吊车房屋柱的计算长度采用，但上柱的计算长度仍可按有吊车房屋柱采用。

③ 表中有吊车房屋排架柱的上柱在排架方向的计算长度，仅适用于 $H_u / H_l \geqslant 0.3$ 的情况；当 $H_u / H_l < 0.3$ 时，计算长度宜采用 $2.5H_u$。

（2）一般多层房屋中梁柱为刚接的框架结构，各层柱的计算长度可按表5-2取用。

框架结构各层柱的计算长度 表 5-2

楼盖类型	柱的类别	l_0
现浇楼盖	底层柱	1.0H
	其余各层柱	1.25H
装配式楼盖	底层柱	1.25H
	其余各层柱	1.5H

注：表中 H 为底层柱从基础顶面到一层楼盖顶面的高度；对其余各层柱为上下两层楼盖顶面之间的高度。

5.6.2 截面形式及尺寸

为了受力合理且便于制作，钢筋混凝土偏心受力构件多采用矩形截面，如图5-23（a）所示。承受内力较大的预制构件，当截面尺寸较大时，为了节约混凝土，减轻结构自重，可采用工字型和箱形截面，如图5-23（b）（c）所示。公共建筑中建筑有特殊要求时，也可采用圆形截面或多边形截面柱，如图5-23（d）所示。拱结构的肋常做成T形截面。采用离心法制造的桩、电杆、烟囱及水塔支筒等常采用环形截面。

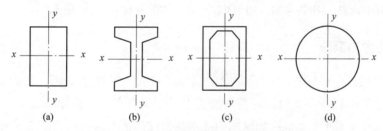

(a)   (b)   (c)   (d)

图 5-23 偏心受力构件的常见截面形式

为了避免柱长细比过大产生侧向挠曲从而降低构件的受压承载力，使构件的材料刚度不能得到充分发挥，故对长细比有所限制。通常要求，$l_0 / b \leqslant 30$，$l_0 / h \leqslant 25$，$l_0 / d \leqslant 25$。其中，l_0 为桩的计算长度，b 为矩形截面宽度，h 为矩形截面长度，d 为圆形截面直径。

《混凝土结构设计规范》（2015年版）GB 50010—2010规定，框架柱的截面尺寸应符合下列要求：矩形截面柱，抗震等级为四级或层数不超过2层时，其最小截面尺寸不宜小于300mm，一、二、三级抗震等级且层数超过2层时，其最小截面尺寸不宜小于400mm；圆柱的截面直径，抗震等级为四级或层数不超过2层时，其最小截面尺寸不宜小于350mm，一、二、三级抗震等级且层数超过2层时，其最小截面尺寸不宜小于450mm。柱的剪跨比宜大于2，矩形柱截面的长边和短边之比不宜大于3。

对于I形截面，为了便于施工浇筑混凝土，防止翼缘过薄，使构件过早产生裂缝，同时防止车间生产运行过程中把柱底的混凝土碰坏，从而影响构件的承载力和耐久性，翼缘厚度不宜小于 120mm，腹板厚度不宜小于 100mm。在抗震设防区，I 形截面的截面尺寸还应适当加大。

另外，为了便于制作施工，偏心受力构件的截面尺寸还应符合模数要求，截面尺寸宜采用整数。边长在 800mm 以下时，宜取 50mm 为模数；边长大于 800mm 时，宜取 100mm 为模数。

5.6.3　材料选择

混凝土的强度等级对受压构件的抗压承载力影响较大，在工程中，为了充分利用混凝土的抗压性能，节约钢材，减小构件截面尺寸，受压构件宜采用较高强度等级的混凝土。混凝土强度等级一般采用 C30、C35、C40、C45 及 C50。若受荷较大，如高层建筑的底层柱等，也可采用更高强度等级的混凝土。

试验表明，偏心受压构件，当混凝土强度达到极限压应变，混凝土压碎时，构件中钢筋应力约为 400N/mm^2。可见，若采用高强钢筋，钢筋强度并不能发挥出来，所以不宜采用高强钢筋来提高构件的受压承载力。但钢筋的等级不宜过低，在偏心受力构件中，部分钢筋还需承受拉力作用。

设计时，纵向受力钢筋一般采用 HRB400、HRB500、HRBF400、HRBF500 级钢筋。箍筋宜采用 HRB400、HRBF400、HPB300、HRB500 和 HRBF500 级钢筋。

5.6.4　纵向受力钢筋

偏心受力构件的纵向受力钢筋设置在偏心方向截面的两边。矩形截面受压构件中，纵向受力筋根数不得少于 4 根，以便与箍筋形成钢筋骨架。当截面高度 $h \geqslant 600\text{mm}$ 时，在侧面应设置直径不小于 10mm 的纵向构造钢筋，以保证纵向钢筋的净距不大于 300mm，并相应地设置附加箍筋和拉筋。

圆柱中纵向钢筋一般应沿周边均匀布置，不宜少于 8 根，且不应少于 6 根。

受压构件纵向钢筋直径不宜小于 12mm，通常在 16 ~ 32mm 内选用。一般应选择较大直径的纵向钢筋，以增强钢筋骨架的刚度，防止纵筋在施工中纵向弯曲。对于受拉构件，为了减小裂缝宽度，应优先选择直径较小的钢筋。轴心受拉和小偏心受拉构件的纵向受力钢筋不得采用绑扎接头。

受压构件在长期荷载作用下，由于混凝土徐变，混凝土的压应力逐渐变小，钢筋的压应力逐渐变大，开始变化较快，经过一定时间后趋于稳定。若突然卸载，构件回弹，而混凝土徐变变形的大部分不可恢复，故当荷载为零时，会使柱中钢筋受压而混凝土受拉，若配筋率过大，混凝土可能拉裂，若纵筋与混凝土间的黏结应力很大，则会同时产生纵向裂缝。为了防止出现这种情况，另外从经济和施工方面考虑，故要控制柱中纵筋的配筋要求，全部纵筋配筋率不宜超过 5%。

若全部纵向钢筋配筋率过小，纵向钢筋对柱的承载力影响很小，接近于素混凝土柱，钢筋作用不是很明显。为了改善混凝土的脆性特征，避免混凝土突然压溃，能够承受收缩和温度引起的拉应力，并使受压构件具有必要的刚度，同时为了承受由于偶然附加偏心距变化引起的拉应力，对受压构件的最小配筋率应有所限制。《混凝土结构通用规范》GB 55008—2021 和《混凝土结构设计规范》（2015 年版）GB 50010—2010 规定，纵向钢筋的配筋率不得小于 0.5% ～ 0.6%。偏心受压构件中单侧钢筋的最小配筋率不应小于 0.2%。

偏心受拉构件为了避免配筋过少发生脆性破坏，纵向钢筋应满足最小配筋率要求，受拉侧最小配筋率取 $0.45\dfrac{f_{t}}{f_{y}}\%$ 和 0.2% 的较大值，受压侧最小配筋率不应小于 0.2%。其中偏心受力构件配筋率由相应纵筋截面面积除以构件全截面面积计算得出。

为便于浇筑混凝土，纵向钢筋的净间距不应小于 50mm，对水平放置浇筑的预制受压构件，其纵向钢筋的间距要求与梁相同。偏心受压构件中，垂直于弯矩作用平面的侧面上的纵向钢筋以及轴心受压构件中各边的纵向钢筋间距不宜大于 300mm，如图 5-24 所示。

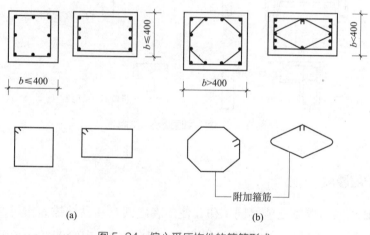

图 5-24　偏心受压构件的箍筋形式

5.6.5　箍筋

箍筋除固定纵筋，与纵筋形成钢骨架，能承担剪力和扭矩外，还能防止纵筋受压后屈曲外凸。受压构件中，密排的箍筋还能约束核心区的混凝土，提高其承载力和变形性能。受压构件为保证钢筋骨架的整体刚度，与纵向钢筋一起形成对核心区混凝土的套箍约束，构件的箍筋应做成封闭式。圆柱及配筋率较大的柱，对箍筋提出更高的要求，其末端 135° 的弯钩，弯后末端平直段的长度不应少于 10 倍的箍筋直径，且应勾住纵筋。当柱截面短边尺寸大于 400mm 且各边纵向钢筋多于 3 根，或柱截面短边尺寸不大于 400mm但各边纵向钢筋多于 4 根时，为防止受压屈曲应设置复合箍筋，宜使纵筋每隔 1 根位于箍筋的转折点处。

箍筋的直径不应小于 $d/4$，且不应小于 6mm，其中 d 为纵向钢筋直径。当柱中全部配筋率大于 3% 时，箍筋的直径不应小于 8mm，间距不应大于纵向钢筋最小直径的 10 倍，且不应大于 200mm。

箍筋间距不应大于 400mm 及构件截面短边尺寸，且不应大于纵向钢筋最小直径的 15 倍。间距不应大于纵向钢筋最小直径的 10 倍，且不应大于 200mm。

在搭接长度范围内，箍筋的直径不宜小于搭接钢筋直径的 0.25 倍，箍筋间距不应大于 $5d$，且不应大于 100mm，d 为搭接钢筋中的较小直径。当搭接受压钢筋直径大于 25mm 时，应在搭接接头两个端面外 10mm 范围内各设置两道箍筋。

对于截面形状复杂的构件，不可采用具有内折角的箍筋，以避免折角处产生向外的拉力，致使折角处的保护层脱落，构件混凝土破损，如图 5-25 所示，应采用分离式封闭箍筋。

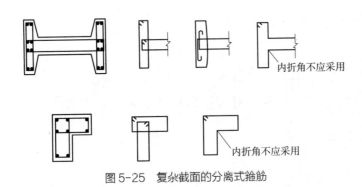

图 5-25　复杂截面的分离式箍筋

5.6.6　保护层厚度

为了保证钢筋与混凝土能协同工作，使二者之间存在黏结锚固作用，并能满足耐久性、耐火性要求，《混凝土结构设计规范》（2015 年版）GB 50010—2010 给出不同环境类别下混凝土保护层的最小厚度，详见附表 10，同时保护层厚度不应小于纵向钢筋直径。

本章小结

1. 偏心受压构件根据偏心距的大小和离轴向力远侧钢筋 A_s 配筋量的不同，存在两种破坏形式：大偏心受压破坏（即：受拉破坏）和小偏心受压破坏（即：受压破坏）。这两种不同破坏形式的根本区别并不在于偏心矩的大小，而是构件达到极限承载力时远端钢筋 A_s（即距离竖向力较远端）是否受拉屈服，设计中通常用相对受压区高度 ξ 与界限受压区高度 ξ_b 的相对关系来判断偏压类型。两种偏心受压短柱的对比分析见表 5-3。

两种偏心受压短柱的对比分析　　　　　　　　　　　　表 5-3

破坏形态	大偏心受压破坏		小偏心受压破坏	
判别方法	$\zeta \leqslant \zeta_b$		$\zeta > \zeta_b$	
发生条件	偏心矩较大，且 A_s 配置适中		偏心矩很小	偏心矩较大但 A_s 配置较多
截面受力	离轴向力近侧受压，远侧受拉		全截面受压	离轴向力近侧受压，远侧受拉
远侧钢筋	离轴向力一侧钢筋受拉屈服		离轴向力一侧钢筋可能受拉也可能受压，不屈服	
破坏特征	受拉区混凝土先出现横向裂缝，随荷载增加，裂缝发展，中性轴上移，远离 N 的钢筋先屈服，受压区混凝土压碎，构件破坏		随荷载增加，靠近 N 侧的钢筋先屈服，受压区混凝土压碎，而远离 N 的钢筋未屈服	
破坏性质	塑性破坏		脆性破坏	

2. 考虑到实际工程中荷载作用位置的不确定、混凝土质量的不均匀及施工偏差等因素，在偏心方向考虑附加偏心距，其值取 20mm 和偏心方向截面尺寸的 1/30 两者中的较大值。

3. 当结构发生层间位移和挠曲变形时，要考虑 $P—\Delta$ 和 $P—\delta$ 二阶效应。$P—\delta$ 效应是由于构件自身侧向弯曲引起，$P—\Delta$ 效应是由于结构整体侧移时产生。结构整体侧移时的二阶效应一般在结构整体分析时考虑，构件设计中需要考虑的是其自身侧向弯曲引起的二阶弯矩，截面设计时应按考虑侧向挠曲效应后的弯矩设计值计算。

4. 随着长细比的增加，构件的正截面受压承载力大大降低，破坏形式由材料破坏转变为失稳破坏。根本原因为，当长细比较大时，偏心受压构件的纵向弯曲引起了不可忽略的附加弯矩。

5. 偏心受压构件正截面承载力计算的基本假定同受弯构件，大偏心受压构件的计算过程与受弯构件双筋截面的设计过程类似；小偏心受压构件计算过程较为复杂，需要根据计算的相对受压区高度值的范围判断远端钢筋 A_s 的受力状态而采取不同的计算方法。

6. 单向偏心受压构件有非对称配筋与对称配筋两种方式，对称配筋是实际工程中常用的偏心受压构件配筋方式，其计算过程相对于非对称配筋简单得多。对于小偏心受压构件的对称配筋计算，为避免出现关于 x 的三次方程，《混凝土结构设计规范》（2015 年版）GB 50010—2010 采用了简化公式。

7. 单向偏心受压构件常用的截面形式有矩形截面、工字形截面、T 形截面、箱形截面和圆形截面，其正截面受力特征基本相同，只是由于截面尺寸的特点在计算公式的表达上及截面几何特征的计算上有所不同。

8. 根据偏心受压构件的 $N_u—M_u$ 相关曲线可知：在小偏心受压范围内，当弯矩 M 一定时，轴向压力 N 越大越不安全；大偏心受压范围内，当弯矩 M 一定时，轴向压力 N 越大越安全。无论大偏心受压还是小偏心受压，当轴向压力 N 一定时，始终是弯矩 M 越大越不安全。

9. 根据 $N_u—M_u$ 相关曲线的特点，在工程设计中应用在以下两个方面：选取一组或若干组不利内力进行配筋计算；绘制不同配筋率下的 N_u—M_u 相关曲线，设计时可直接查相应的相关曲线得到承载力所需的钢筋面积。

10. 两类偏心受压的判别方法，见表 5-4。

大小偏心受压短柱的判别方法   表 5-4

方法	大偏心受压破坏	应用
ξ 判别法	同大偏心受压基本公式直接求出 ξ，$\xi \leqslant \xi_b$ 为大偏心受压，$\xi > \xi_b$ 为小偏心受压	主要用于截面校核和偏心受压构件对称配筋时的截面设计
界限承载力判别法	求出界限破坏时的受压承载力：$N_b = \alpha_1 f_c b h_0 \xi_b + f'_y A'_s - f_y A_s$ 当 $N \leqslant N_b$ 时为大偏心受压，$N > N_b$ 时为小偏心受压	主要用于截面校核
界限偏心距判别法	求出界限破坏时的承载力：$N_b = \alpha_1 f_c b h_0 \xi_b + f'_y A'_s - f_y A_s$ $M_b = \alpha_1 f_c b h_0 \xi_b \left(\dfrac{h}{2} - \dfrac{h_0 \xi_b}{2}\right) + f'_y A'_s \left(\dfrac{h}{2} - a'_s\right) + f_y A_s$ 界限偏心距：$e_{0b} = M_b / N_b$，当 $e_0 > e_{0b}$ 时为大偏心受压，否则为小偏心受压	
经验公式判别法	$e_i \leqslant 0.3 h_0$ 时，初步按小偏心受压设计；否则按大偏心受压设计（进一步计算 ξ，若 $\xi \leqslant \xi_b$ 为大偏心受压，否则为小偏心受压）	主要用于矩形截面偏心受压构件截面设计时的初判

11. 双向偏心受压构件正截面承载力计算方法，同样可以根据平截面假定，计算较为复杂。《混凝土结构设计规范》（2015 年版）GB 50010—2010 中给出了双向偏心受压构件的简化计算公式，实际工程中一般先按照单向偏心受压构件初步配筋，再按照拟定的配筋方案采用双向偏心受压构件简化计算公式复核其受压承载力。

12. 偏心受力构件的斜截面抗剪承载力计算与受弯构件类似，但因压力的存在一般可使抗剪承载力有所提高。

13. 偏心受拉构件由于偏心力的作用位置不同分为大偏心受拉和小偏心受拉两种情况。小偏心受拉构件破坏时拉力全部由钢筋承担；大偏心受拉构件的受力特点类似于受弯构件，随着受拉钢筋配筋率的变化，将出现少筋、适筋和超筋破坏。

14. 偏心受拉构件的斜截面抗剪承载力计算与受弯构件类似，但拉力的存在一般可使抗剪能力明显降低。

思考与练习题

1. 工程中偏心受力构件有哪些？哪些构件属于双向偏心受压构件？

2. 偏心受压构件正截面破坏形态有哪几种？发生条件和破坏特征是什么？

3. 什么是大、小偏心受压的界限破坏？与界限状态对应的 ξ_b 是如何确定的？

4. 计算偏心受压构件承载力时，为什么要考虑附加偏心 e_i？如何取值？

5. 什么是偏心受压构件的二阶效应？计算时应如何考虑？

6. 大偏心受压构件承载力计算时，为什么要有适用条件 $x \geqslant 2a'_s$？若出现 $x < 2a'_s$，则说明什么，这时应如何计算？

7. 小偏心受压构件中远离纵向力一侧的钢筋可能有几种受力状态？

8. 偏心受压构件，为什么要对垂直于弯矩作用平面的轴心受压承载力进行验算？

9. 对称配筋时，应如何判别偏心受压类型？

10. 什么是 N_u—M_u 相关曲线，并简述相关曲线的特点及工程应用。

11. 偏心受拉构件正截面破坏形态有哪几种？发生条件和破坏特征是什么样的？

12. 如何判别偏心受拉构件类型？

13. 偏心受压和偏心受拉构件斜截面承载力公式有何异同，为什么？

14. 已知偏心受压柱，柱截面尺寸 $b \times h = 400\text{mm} \times 400\text{mm}$，混凝土强度等级为 C30，纵向钢筋采用 HRB400 级钢筋，荷载设计值作用下的轴向压力设计值 $N = 300\text{kN}$，柱顶截面的弯矩设计值 $M_1 = 100\text{kN·m}$，柱底截面的弯矩设计值 $M_2 = 121\text{kN·m}$。弯矩作用平面内柱的计算长度 $l_0 = 10\text{m}$，判别构件是否需要考虑附加弯矩。

15. 某钢筋混凝土偏心受压柱，弯矩作用平面内的计算长度为 4.8m，截面尺寸为 $b \times h = 500\text{mm} \times 500\text{mm}$，混凝土强度等级为 C35，柱截面承受的轴向压力设计值为 $N = 330\text{kN}$，柱顶截面的弯矩设计值 $M_1 = -300\text{kN·m}$，柱底截面的弯矩设计值 $M_2 = 330\text{kN.m}$，求控制截面的弯矩设计值。

16. 已知一偏心受压柱的轴向力设计值 $N = 402\text{kN}$，柱端截面的弯矩设计值 $M_1 = M_2 = 180\text{kN·m}$，柱的计算长度 $l_0 = 6.5\text{m}$，截面尺寸 $b \times h = 300\text{mm} \times 500\text{mm}$，混凝土强度等级为 C40，钢筋为 HRB400 级，采用不对称配筋，求钢筋截面面积。

17. 已知作用在某柱上的纵向压力 $N = 600\text{kN}$，弯矩 $M = 180\text{kN·m}$，柱截面尺寸 $b \times h = 300\text{mm} \times 600\text{mm}$，$a_s = a'_s = 40\text{mm}$，混凝土强度等级为 C30，采用 HRB400 级钢筋，柱的计算长度 $l_0 = 3.0\text{m}$，已知受压钢筋 $A'_s = 402\text{mm}^2$（2 Φ 16），求受拉钢筋截面面积 A_s。

18. 一矩形截面偏心受压柱的截面尺寸 $b \times h = 300\text{mm} \times 500\text{mm}$，计算长度 $l_0 = 6\text{m}$，混凝土强度等级为 C30，采用 HRB400 级钢筋，轴心压力设计值 $N = 1521\text{kN}$，弯矩设计值 $M = 134\text{kN·m}$，试求所需钢筋截面面积 A_s 和 A'_s，并绘制配筋图。

19. 某钢筋混凝土框架柱，截面尺寸 $b \times h = 400\text{mm} \times 450\text{mm}$，$a_s = a'_s = 40\text{mm}$，混凝土强度等级为 C30，采用 HRB400 级钢筋，承受轴向压力设计值 $N = 330\text{kN}$，弯矩设计值 $M = 310\text{kN·m}$，对称配筋，不考虑长细比的影响，试求所需纵向钢筋截面面积。

20. 已知条件同思考与练习题 16，采用对称配筋，试求所需纵向钢筋截面面积，并绘制配筋图。

21. 已知条件同思考与练习题 18，采用对称配筋，试求所需纵向钢筋截面面积，并绘制配筋图。

22. 某钢筋混凝土框架柱，截面尺寸 $b \times h = 500\text{mm} \times 600\text{mm}$，弯矩作用平面内的计算长度 $l_0 = 4.2\text{m}$。环境类别为一类，安全等级为二级，对称配筋，$a_s = a'_s = 40\text{mm}$，混凝土强

度等级为 C30（$\alpha_1 = 1.0$，$f_c = 14.3\text{N/mm}^2$），采用 HRB400 级钢筋（$f_y = f'_y = 360\text{N/mm}^2$），经内力组合得到以下 8 组内力：

第 1 组：$N = 1050\text{kN}$，$M = 410\text{kN·m}$；第 2 组：$N = 1750\text{kN}$，$M = 410\text{kN·m}$；

第 3 组：$N = 1050\text{kN}$，$M = 880\text{kN·m}$；第 4 组：$N = 1750\text{kN}$，$M = 880\text{kN·m}$；

第 5 组：$N = 3000\text{kN}$，$M = 405\text{kN·m}$；第 6 组：$N = 4156\text{kN}$，$M = 405\text{kN·m}$；

第 7 组：$N = 3105\text{kN}$，$M = 895\text{kN·m}$；第 8 组：$N = 4156\text{kN}$，$M = 915\text{kN·m}$。

请选出最不利的内力，并计算出所需纵向钢筋截面面积，绘制配筋图。

23. 某钢筋混凝土排架柱，柱净高 6m，柱上端铰接，下端固接，截面尺寸 $b \times h = 400\text{mm} \times 400\text{mm}$，混凝土强度等级为 C30，纵筋采用 HRB400 级钢筋，箍筋采用 HPB300 级钢筋，柱顶作用轴力设计值 $N = 410\text{kN}$，水平力设计值 $H = 60\text{kN}$，安全等级为二级，环境类别为一类，已配置 6 $\underline{\Phi}$ 20 的纵筋，求出所需的箍筋用量。

24. 某矩形水池，壁厚 250mm，池壁跨中水平向每米宽度上最大弯矩 $M = 120\text{kN·m}$，相应的轴向拉力 $N = 210\text{kN}$，该水池的混凝土强度等级为 C30，采用 HRB400 级钢筋，求池壁水平向所需钢筋截面面积 A_s 和 A'_s。

25. 某钢筋混凝土矩形偏心受拉构件，截面尺寸 $b \times h = 200\text{mm} \times 400\text{mm}$，$a_s = a'_s = 40\text{mm}$，承受轴向拉力设计值 $N = 452\text{kN}$，弯矩设计值 $M = 59.5\text{kN·m}$，混凝土强度等级为 C30（$\alpha_1 = 1.0$，$f_c = 14.3\text{N/mm}^2$），采用 HRB400 级钢筋（$f_y = f'_y = 360\text{N/mm}^2$），求该构件所需钢筋截面面积。

26. 已知条件同思考与练习题 25，采用对称配筋，试求所需纵向钢筋截面面积，并绘制配筋图。

第6章 钢筋混凝土结构构件的变形、裂缝宽度验算和耐久性

【本章要点及学习目标】

（1）了解最小刚度原则。

（2）了解钢筋混凝土构件裂缝的产生和开展。

（3）掌握受弯构件的变形和裂缝宽度计算方法。

（4）熟悉减小构件变形和裂缝宽度以及增加结构耐久性的方法。

6.1 概述

钢筋混凝土结构除了要满足承载能力极限状态的要求，还应进行正常使用极限状态验算，以保证结构构件的适用、美观和耐久性。结构构件产生过大的变形可能损害甚至丧失使用功能，例如楼盖板变形过大可能造成非结构构件（吊顶、隔墙）的损坏；吊车梁变形过大将使吊车轨道歪斜而影响吊车的正常运行，甚至引发安全事故。虽然一般的钢筋混凝土构件是允许带裂缝工作的，但裂缝过宽会影响建筑物的外观，也可能产生钢筋锈蚀，影响建筑结构的耐久性。过宽裂缝和过大变形也会使房屋使用者在心理上产生不安全感。

根据《混凝土结构设计规范》（2015年版）GB 50010—2010，混凝土结构构件应根据其使用功能及外观要求，按下列规定进行正常使用极限状态验算：

（1）对需要控制变形的构件，应进行变形验算。

（2）对不允许出现裂缝的构件，应进行混凝土拉应力验算。

（3）对允许出现裂缝的构件，应进行受力裂缝宽度验算。

（4）对舒适度有要求的楼盖结构，应进行竖向自振频率验算。

对于正常使用极限状态，钢筋混凝土构件、预应力混凝土构件应分别按荷载的准永久组合并考虑长期作用的影响或标准组合并考虑长期作用的影响，采用下列极限状态设计表达式进行验算：

$$S \leqslant C \tag{6-1}$$

式中　S——正常使用极限状态荷载组合的效应设计值；

　　　C——结构构件达到正常使用要求所规定的变形、应力、裂缝宽度和自振频率等的限值。

《混凝土结构设计规范》（2015 年版）GB 50010—2010 将结构构件正截面的受力裂缝控制等级分为三级。

一级——严格要求不出现裂缝的构件，按荷载标准组合计算时，构件受拉边缘混凝土不应产生拉应力。

二级——一般要求不出现裂缝的构件，按荷载标准组合计算时，构件受拉边缘混凝土拉应力不应大于混凝土抗拉强度的标准值。

三级——允许出现裂缝的构件：对钢筋混凝土构件，按荷载准永久组合并考虑长期作用影响计算时，构件的最大裂缝宽度不应超过附表 12 规定的最大裂缝宽度限值。对预应力混凝土构件，按荷载标准组合并考虑长期作用影响计算时，构件的最大裂缝宽度不应超过附表 12 规定的最大裂缝宽度限值；对二 a 类环境的预应力混凝土构件，尚应按荷载准永久组合计算，且构件受拉边缘混凝土的拉应力不应大于混凝土的抗拉强度标准值。

混凝土楼盖结构还应根据使用功能的要求进行竖向自振频率验算，并宜符合下列要求：

（1）住宅和公寓不宜低于 5Hz。

（2）办公楼和旅馆不宜低于 4Hz。

（3）大跨度公共建筑不宜低于 3Hz。

6.2　受弯构件变形验算

6.2.1　截面弯曲刚度的概念

截面弯曲刚度是使截面弯曲产生单位曲率需要施加的弯矩值，当截面形状、尺寸和材料一致时，梁的截面弯曲刚度 EI 是一个常数，$EI = M/\varphi$，E 是材料的弹性模量，I 是截面的惯性矩，φ 为截面曲率。由材料力学可知，均布荷载作用下匀质弹性材料简支梁跨中挠度为：

$$f = \frac{5ql_0^4}{384EI} \tag{6-2}$$

其中，EI 为梁的截面弯曲刚度，q 为均布荷载，l_0 为梁的计算跨度。由上述挠度计算公式可知，截面弯曲刚度越大，挠度 f 越小。这里的弯曲刚度是指的某一截面，而不是整个杆件的弯曲刚度。对于钢筋混凝土梁而言，由于其材料的不均质和弹塑性，钢筋混凝土受弯构件正截面在整个受力过程中的弯矩—曲率（$M - \varphi$）关系是不断变化的，也就是梁的抗弯刚度 EI 并不是一个常数。研究表明，钢筋混凝土受弯构件正常使用时是带裂缝工作的，其正截面承受的弯矩大致是其受弯承载力 M_u 的 50%~70%，并有如下特点：

（1）梁的抗弯刚度随荷载的增加而减小，即 M 越大，抗弯刚度越小。验算变形时，截面抗弯刚度在梁带裂缝工作阶段确定。

（2）梁的抗弯刚度随配筋率 ρ 的降低而减少。对于截面尺寸和材料都相同的适筋梁，ρ 越小，截面抗弯刚度越小。

（3）梁的抗弯刚度沿构件跨度变化，即使在纯弯段刚度也不尽相同，抗弯刚度在裂缝截面处的小些，在裂缝间截面的大些。

（4）梁的抗弯刚度随加载时间的增长而减小，构件在长期荷载作用下，变形会加大，在变形验算中，除了要考虑短期效应组合，还应考虑荷载长期效应的影响，故有短期刚度 B_s 和长期刚度 B_l。

6.2.2　短期刚度 B_s

混凝土受弯构件的挠度主要取决于构件的弯曲刚度，而截面弯曲刚度不仅随荷载增大而减小，而且随荷载作用时间的增长而减小，由于材料的非弹性性质和受拉区裂缝的开展，梁抗弯刚度变化的主要特点如下：

如图 6-1 所示，当荷载较小时，混凝土处于弹性工作状态，M – f 曲线与直线 OD 几乎重合，临近出现裂缝时，曲线即将发生偏转，这时梁的抗弯刚度仍可视为常数，对于不出现裂缝的构件，其短期刚度考虑混凝土材料特性统一取 $0.85EI$。裂缝出现以后，M – f 曲线发生了明显的转折，出现了第一个转折点 B。裂缝出现以后，塑性变形加剧，变形模量降低显著，且随着荷载的增加，抗弯刚度进一步降低。受拉钢筋的应变沿梁长分布不均匀，呈波浪形变化。如图 6-2 所示，在裂缝处，混凝土与钢筋直接的黏结力遭到破坏，混凝土参与受拉的程度较小，而受拉钢筋应变较大。在裂缝之间，钢筋与混凝土依旧黏结，距裂缝截面越远，混凝土参与受拉的程度越大，受拉钢筋的应变越小。因而，取裂缝处的钢筋应变作为受拉钢筋的平均应变。

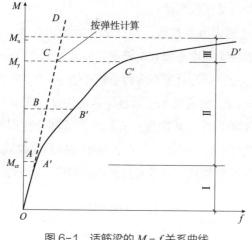

图 6-1　适筋梁的 M – f 关系曲线

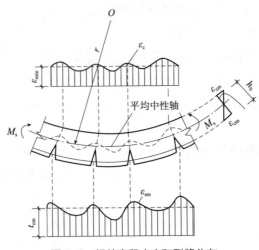

图 6-2　梁纯弯段应变和裂缝分布

根据裂缝截面受拉钢筋和受压区边缘混凝土各自的应变与相应的平均应变，可建立下列关系：

$$\varepsilon_{sm} = \psi \frac{M_k}{A_s \eta h_0 E_s} \qquad (6\text{-}3)$$

$$\varepsilon_{cm} = \frac{M_k}{\xi E_c b h_0^2} \qquad (6\text{-}4)$$

式中　ε_{sm}——纵向受拉钢筋的平均应变；

$\quad\ \ \varepsilon_{cm}$——截面受压区边缘混凝土的平均应变；

$\quad\ \ M_k$——按荷载的标准组合计算的弯矩；

$\quad\ \ E_s$——钢筋的弹性模量；

$\quad\ \ E_c$——混凝土的弹性模量；

$\quad\ \ A_s$——受拉区纵向普通钢筋截面面积；

$\quad\ \ \xi$——构件截面相对受压区高度；

$\quad\ \ \eta$——裂缝截面处的内力臂系数，与配筋及截面形状有关，可以通过试验确定，对常用的混凝土强度等级和配筋率，可近似取 0.87；

$\quad\ \ \psi$——裂缝间纵向受拉钢筋应变不均匀系数：当 $\psi < 0.2$ 时，取 $\psi = 0.2$；当 $\psi > 1.0$ 时，取 $\psi = 1.0$；对直接承受重复荷载的构件，取 $\psi = 1.0$。系数 ψ 反映了钢筋应变的不均匀性，其物理意义就是裂缝间受拉混凝土参加工作，对减小变形和裂缝宽度的贡献。ψ 越小，说明裂缝间受拉混凝土帮助纵向受拉钢筋承担拉力的程度越大，对增大截面弯曲刚度、减小裂缝和变形的贡献越大。

$$\psi = 1.1 - 0.65 \frac{f_{tk}}{\rho_{te} \sigma_s} \qquad (6\text{-}5)$$

$$\rho_{te} = \frac{A_s}{A_{te}} \quad\quad\quad (6-6)$$

式中　f_{tk}——混凝土轴心抗拉强度标准值；

ρ_{te}——按有效受拉混凝土截面面积计算的纵向受拉钢筋配筋率；对无黏结后张构件，仅按纵向受拉普通钢筋计算配筋率；在最大裂缝宽度计算中，当 $\rho_{te} <$ 0.01 时，取 $\rho_{te} = 0.01$；

A_{te}——有效受拉混凝土截面面积：对轴心受拉构件，取全截面面积，对受弯、偏心受压和偏心受拉构件，$A_{te} = 0.5bh + (b_f - b)h_f$，此处，$b_f$、$h_f$ 为受拉翼缘的宽度和高度；

σ_s——按荷载准永久组合计算的钢筋混凝土构件纵向受拉普通钢筋应力或按标准组合计算的预应力混凝土构件纵向受拉钢筋等效应力；对于受弯构件 σ_s 按下式计算：

$$\sigma_s = \frac{M_q}{0.87 A_s h_0} \quad\quad\quad (6-7)$$

根据截面刚度与曲率的理论关系得：

$$\frac{M_k}{B_s} = \varphi = \frac{\varepsilon_{sm} + \varepsilon_{cm}}{h_0} \quad\quad\quad (6-8)$$

所以截面弯曲短期刚度为：

$$B_s = \frac{M_k}{\varphi} = \frac{M_k h_0}{\varepsilon_{sm} + \varepsilon_{cm}} \quad\quad\quad (6-9)$$

将受拉区钢筋的平均应变和受压混凝土的平均应变代入式（6-9）计算得：

$$B_s = \frac{M_k}{\varphi} = \frac{1}{\dfrac{\psi}{A_s \eta h_0^2 E_s} + \dfrac{1}{\xi b h_0^3 E_c}} \quad\quad\quad (6-10)$$

$$B_s = \frac{E_s A_s h_0^2}{\dfrac{\psi}{\eta} + \dfrac{E_s A_s}{\xi b h_0 E_c}} = \frac{E_s A_s h_0^2}{\dfrac{\psi}{\eta} + \dfrac{\alpha_E \rho}{\xi}} \quad\quad\quad (6-11)$$

式中　α_E——钢筋弹性模量与混凝土弹性模量的比值，$\alpha_E = \dfrac{E_s}{E_c}$；

ξ——受压区边缘混凝土平均应变综合系数；

ρ——纵向受拉钢筋配筋率。

根据试验资料回归，系数 $\alpha_E \rho / \xi$ 可按下列公式计算：

$$\frac{\alpha_E \rho}{\xi} = 0.2 + \frac{6\alpha_E \rho}{1 + 3.5\gamma_f'} \quad\quad\quad (6-12)$$

$\eta = 0.87$ 且 $\gamma'_f = \dfrac{(b'_f - b)h'_f}{bh_0}$。其中，$\gamma'_f$ 为受压翼缘面积与腹板有效面积之比，b'_f、h'_f 分别为受压翼缘的宽度和高度。

在按裂缝控制等级要求的荷载组合作用下，钢筋混凝土受弯构件和预应力混凝土受弯构件的短期刚度计算公式如下：

$$B_s = \frac{E_s A_s h_0^2}{\dfrac{\psi}{\eta} + \dfrac{E_s A_s}{\xi b h_0 E_c}} = \frac{E_s A_s h_0^2}{\dfrac{\psi}{\eta} + \dfrac{\alpha_E \rho}{\xi}} \qquad (6\text{-}13)$$

化简后得到：

$$B_s = \frac{E_s A_s h_0^2}{1.15\psi + 0.2 + \dfrac{6\alpha_E \rho}{1 + 3.5\gamma'_f}} \qquad (6\text{-}14)$$

6.2.3 荷载长期作用下受弯构件截面的弯曲刚度 B_l

长期刚度 B_l 是指考虑荷载长期效应组合时的刚度值。在荷载的长期作用下，钢筋混凝土构件的抗弯刚度会有所降低，而构件的挠度会随时间增大。在长期荷载作用下，受压混凝土发生徐变，在荷载不变的情况下，混凝土的微变形却随时间持续增长。在配筋率不高的梁中，混凝土裂缝的开展和钢筋产生的滑移使混凝土不断退出工作，钢筋的平均应力和应变亦随时间持续增长。经研究表明，混凝土的徐变和收缩都会对抗弯刚度产生不利影响，一般在前 6 个月，挠度增长较快，以后逐渐减缓，在一年后逐步趋于稳定，其在 5 ~ 6 年内仍有变化，但变化很小。

计算挠度时必须考虑各种荷载时间效应的影响，故验算受弯构件的挠度须采用长期刚度 B_l。其是在短期刚度的基础上，用弯矩的准永久组合值 M_q 和对挠度增大的影响系数 θ 来考虑荷载长期作用的影响。因此需要将弯矩作用的那部分长期挠度乘 θ，在 $(M_k - M_q)$ 的短期挠度部分是不用增大的。《混凝土结构设计规范》（2015 年版）GB 50010—2010 规定，矩形、T 形、倒 T 形和 I 形截面受弯构件考虑荷载长期作用影响的刚度 B_l 可按下列规定计算：

当采用荷载标准组合时：

$$B_l = \frac{M_k}{M_q(\theta - 1) + M_k} B_s \qquad (6\text{-}15)$$

采用荷载标准组合时：

$$B_l = \frac{B_s}{\theta} \qquad (6\text{-}16)$$

式中 M_k——按荷载的标准组合计算的弯矩，取计算区段内的最大弯矩值；

M_q——按荷载的准永久组合计算的弯矩，取计算区段内的最大弯矩值；

B_s——按荷载准永久组合计算的钢筋混凝土受弯构件或按标准组合计算的预应力混凝土受弯构件的短期刚度；

θ——考虑荷载长期作用对挠度增大的影响系数，当纵向受压钢筋配筋率 $\rho' = 0$ 时，取 $\theta = 2.0$；当 $\rho' = \rho$ 时，取 $\theta = 1.6$；当 ρ' 为中间数值时，按线性内插法取用，即 $\theta = 2.0 - \dfrac{\rho'}{\rho}$。对翼缘位于受拉区的倒 T 形截面，$\theta$ 应增加 20%。

6.2.4　最小刚度原则和挠度计算

在求得截面长期抗弯刚度后，可按照材料力学的方法计算构件的挠度。由于构件各截面上弯矩并不相等，沿构件长度方向的弯曲刚度也是变值。例如承受对称集中荷载的简支梁，越靠近支座弯矩越小，弯曲刚度要比纯弯段大，而纯弯段的弯矩比支座处要小一些，计算的挠度值偏大。在实际情况中，梁上的剪跨段还有少许斜裂缝，也会使挠度计算值偏大，这就给挠度计算带来了一定的复杂性。为了简化计算，可近似按纯弯段的平均截面抗弯刚度采用，称为"最小刚度原则"。

《混凝土结构设计规范》（2015 年版）GB 50010—2010 规定，在等截面构件中，可假定各同号弯矩区段内的刚度相等，并取用该区段内最大弯矩处的刚度。当计算跨度内的支座截面刚度不大于跨中截面刚度的 2 倍或不小于跨中截面刚度的 1/2 时，该跨也可按等刚度构件进行计算，其构件刚度可取跨中最大弯矩截面的刚度。理论上讲，按 B_{min} 计算会使挠度值偏大，但实际情况并不是这样。因为在剪跨区段还存在剪切变形，甚至出现斜裂缝，它们都会使梁的挠度增大，而这是在计算中没有考虑到的，这两方面的影响大致可以相互抵消，亦即在梁的挠度计算中除了弯曲变形的影响外，还包含剪切变形的影响。

钢筋混凝土受弯构件的最大挠度应按荷载的准永久组合，预应力混凝土受弯构件的最大挠度应按荷载的标准组合，并均应考虑荷载长期作用的影响进行计算，其计算值不应超过附表 13 规定的挠度限值。

【例 6-1】某钢筋混凝土简支梁，计算跨度 $l = 6.5$m，截面尺寸 $b = 250$mm，$h = 500$mm，混凝土强度等级为 C25，构件已配置 4 根直径为 20mm 的 HRB400 级钢筋，梁所承受的永久荷载标准值（包括自重）$g_k = 12$kN/m，可变荷载值 $q_k = 8$kN/m，楼面活载的准永久系数 $\gamma = 0.5$，混凝土保护层厚度为 $c = 25$mm，室内正常环境。试验算其使用阶段的挠度是否满足要求。

【解】查表知各类参数与系数为：

$A_s = 1256$mm^2，$E_s = 2.0 \times 10^5$N/mm^2，$f_{tk} = 1.78$N/mm^2，$E_c = 2.80 \times 10^4$N/mm^2

（1）计算荷载效应组合，确定 M_k、M_q

按荷载效应标准组合所计算的最大弯矩：

$$M_k = \frac{1}{8}(g_k + q_k)l_0^2 = \frac{1}{8} \times (12 + 8) \times 6.5^2 = 105.6 \text{kN·m}$$

按荷载效应准永久组合所计算的最大弯矩：

$$M_q = \frac{1}{8}g_k l_0^2 + \gamma\frac{1}{8}q_k l_0^2 = \frac{1}{8}\times 12\times 6.5^2 + 0.5\times\frac{1}{8}\times 8\times 6.5^2 = 84.5\text{kN}\cdot\text{m}$$

（2）计算有关参数

$$a_s = 25 + 20/2 = 35\text{mm}, \quad h_0 = 500 - 35 = 465\text{mm}$$

$$\alpha_E = E_s/E_c = 2.0\times 10^5/(2.8\times 10^4) = 7.143$$

$$\rho_{te} = A_s/A_{te} = 1256/(0.5\times 250\times 500) = 0.0201 > 0.01$$

$$\sigma_s = \frac{M_k}{0.87h_0 A_s} = \frac{105.6\times 10^6}{0.87\times 465\times 1256} = 207.8\text{N/mm}^2$$

$$\psi = 1.1 - \frac{0.65f_{tk}}{\rho_{te}\sigma_s} = 1.1 - \frac{0.65\times 1.78}{0.0201\times 207.8} = 0.823 > 0.2$$

（3）计算 B_s

$$\gamma_f' = 0 \quad \rho = A_s/bh_0 = 1256/(250\times 465) = 0.0108$$

$$B_s = \frac{E_s A_s h_0^2}{1.15\psi + 0.2 + [6\alpha_E\rho/(1+3.5\gamma_f')]}$$

$$= \frac{2.0\times 10^5\times 1256\times 465^2}{1.15\times 0.823 + 0.2 + 6\times 7.143\times 0.0108}$$

$$= 33.76\times 10^{12}\text{Nmm}^2$$

（4）计算受弯构件的长期刚度 B_l

$\rho' = 0$，$\theta = 2.0$

$$B_l = \frac{M_k}{M_q(\theta - 1) + M_k}B_s = \frac{105.6}{84.5\times(2-1) + 105.6}\times 33.76\times 10^{12} = 18.75\times 10^{12}\text{Nmm}^2$$

（5）验算梁的挠度

$$f = \frac{5}{48}\times\frac{M_k l_0^2}{B_l} = \frac{5}{48}\times\frac{105.6\times 10^6\times 6500^2}{18.75\times 10^{12}} = 24.79\text{mm}$$

挠度的限值为：

$$f_{lim} = l_0/200 = 6500/200 = 32.5\text{mm}$$

$f = 24.79 < f_{lim}$，满足要求。

6-1 例题

6.3 裂缝宽度验算

6.3.1 裂缝产生的原因

裂缝是工程结构中常见的一种作用效应，混凝土结构中存在拉应力是产生裂缝的必要条件。裂缝按其形成的原因可分为两大类：一类是由荷载直接作用引起的裂缝；另一类是由荷载间接作用引起的裂缝。

　　作用在钢筋混凝土构件上的弯矩、剪力、轴力、扭矩等都会引起构件的开裂。荷载的类型不一样，裂缝的形态也不一样，如图 6-3 所示。一般情况下，裂缝总是与主拉应力的方向垂直，且在荷载效应最大处产生。如果荷载效应相同，则裂缝首先在抗拉能力最薄弱的位置产生。对于由荷载效应产生的裂缝，只要通过合理配筋控制钢筋的应力，并且分布均匀，则可以控制正常使用条件下的裂缝宽度。

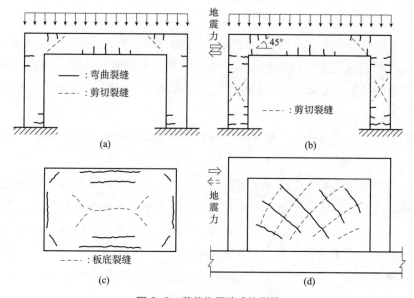

图6-3　荷载作用造成的裂缝
（a）竖向荷载下的裂缝；（b）地震作用下的裂缝；
（c）板在竖向荷载下的裂缝；（d）剪力墙在地震作用下的裂缝

　　对于由荷载间接作用引起的裂缝，主要有由于温度变化、混凝土收缩、基础不均匀沉降、冻融循环、钢筋锈蚀以及碱集料反应引起的裂缝。其主要原因就是混凝土的变形受到各种约束而不能自由发生从而产生应力并导致开裂。

　1. 由于温度变化引起的裂缝

　　钢筋混凝土结构或构件随着温度的变化会产生变形，即热胀冷缩。施工期混凝土在凝结和硬化过程中，水泥与水产生化学反应，释放出大量的热量，称为"水化热"，会导致混凝土温度升高。当混凝土内部的温度与外部环境温度相差很大，以致形成的温度应力造成的温度变形超过混凝土当时的抗拉强度或极限拉伸值时，就会产生裂缝。防止这种裂缝产生的主要措施是合理地分层、分块、分缝，采用低热水泥，加掺合料（如粉煤灰），埋冷却水管，预冷骨料，预冷水，加强养护等。正常使用期混凝土结构必然经历气温的年变化、日变化，室内外温差、太阳辐射以及短期内大幅度的降温，如寒潮、暴雨的袭击会产生较大的内外温差，引起较大的温度应力而使混凝土开裂。某些特种结构，如海下石油储罐、混凝土烟囱、核反应堆容器等，正常工作时也要承受较高的环境温度，从而引起温度裂缝。防止这类裂缝的主要措施是设置伸缩缝，合理布置构造配筋，注意天气预报，采取防寒、保温、隔热措施。

2. 由于混凝土收缩引起的裂缝

引起混凝土收缩的原因很多，主要包括自生收缩、干燥收缩和塑性塌落。自生收缩是指在恒温绝湿的条件下由于胶凝材料的继续水化引起自干燥而造成的混凝土宏观体积的减少。当自生收缩受到约束而不能自由变形时，就有可能出现裂缝。防止这类裂缝的主要措施是优化混凝土的配合比，例如掺入适量的粉煤灰、膨胀剂或减缩剂，尽可能减小自生收缩。

干燥收缩是指混凝土在不饱和的空气中结硬时或结硬后，由于内部毛细孔和凝胶孔的吸附水蒸发而引起混凝土的体积收缩，此时如果得不到来自外部或内部的水分补充，就有可能因为混凝土的干缩而产生裂缝。这种现象在阳光直射、干燥或大风的天气更明显。防止这类裂缝产生的主要措施就是加强混凝土的潮湿养护，特别要注意混凝土浇筑后要避免阳光直射和大风直吹；配置构造钢筋使收缩裂缝分布均匀，避免产生集中的大裂缝。

混凝土的塑性塌落发生在混凝土浇筑后的前几个小时内，这时混凝土还处于塑性状态，受到模板或顶部钢筋的抑制，或是在过分凸凹不平的基础上进行浇筑，或是模板沉降、移动，以及斜面浇筑的混凝土向下流滴，混凝土发生不均匀的塌落从而导致裂缝产生。防止这种裂缝产生的方法是仔细选择骨料级配，优化设计配合比，防止模板沉陷，合适的振捣和养护等，一旦发生这种裂缝，可在混凝土终凝前重新抹面压光，使裂缝闭合。

3. 由于基础不均匀沉降引起的裂缝

超静定结构的基础沉降不均匀时，结构构件会受到强迫变形而开裂，随着不均匀沉降的进一步发展，裂缝会进一步扩大。防止这类裂缝产生的措施是，根据地基条件和上部结构形式采用合理的基础形式。对于软弱地基，适当加大基础刚度可以减小不均匀沉降；对于地基不均匀或上部结构重量差别很大的结构，应设置沉降缝以解决不均匀沉降问题。

4. 由于冻融循环引起的裂缝

处于饱水状态的混凝土受冻时，在温度正负交替作用下，其毛细孔壁同时承受冰胀压力及渗透压力的联合作用。当这两种压力超过混凝土的抗拉强度时，混凝土就会开裂。防止这类裂缝的措施是掺用引气剂或减水剂或引气型减水剂，严格控制水灰比以提高混凝土密实性，加强早期养护或掺入防冻剂防止混凝土早期受冻。

5. 由于钢筋锈蚀引起的裂缝

钢筋混凝土构件处于不利环境时，如容易碳化或渗入氯离子和氧（溶于海水中）的海洋环境，当混凝土保护层过薄，特别是混凝土的密实性不良时，埋在混凝土中的钢筋将生锈，即产生氧化铁。氧化铁的体积比原来未锈蚀的金属大很多，铁锈体积膨胀，对周围混凝土造成挤压，使其胀裂，这种裂缝通常是"先锈后裂"，其走向沿钢筋方向，称为"顺筋裂缝"，比较容易识别。"顺筋裂缝"发生后，加速了钢筋腐蚀，最后导致混凝土保护层成缝间片剥落。防止这类裂缝的措施可分为两类：一类是常规防腐蚀法；另一类是特殊防腐蚀法。常规防腐蚀法主要是从材料选择、工程设计、施工质量、维护管理四个方面采取综合措施。特殊防腐蚀法有：①阴极保护；②环氧树脂涂层钢筋；③用纤维增强塑料和 FRP 代替钢筋；④镀锌钢筋；⑤在混凝土内或钢筋表面加防锈剂。

6. 由于碱集料反应引起的裂缝

碱集料反应是指混凝土孔隙中的碱性溶液与活性骨料（含活性 SiO_2）反应生成碱硅凝胶，它遇水后会膨胀，从而在混凝土表面形成不规则的细小裂缝，由表向内发展，碱集料反应引起的裂缝出现在同一工程的潮湿部位，湿度越大，越严重，而同一工程的干燥部位则无此种裂缝。碱集料反应产物碱硅凝胶有时可顺裂缝渗流出来，凝胶多为半透明的乳白色、黄褐色或黑色物质。混凝土裂缝是否属于碱集料反应引起，除由外观检查外还应通过取芯检验，综合分析，作出评估。为了控制碱集料的反应速度，应选择优质骨料和低含碱量的水泥，提高混凝土的密实度，采用较低的水灰比。

混凝土裂缝开展过宽一方面影响工程结构的外观，在心理上给人一种不安全感；另一方面影响结构的耐久性，过宽的裂缝易造成钢筋的锈蚀，尤其是当结构处于恶劣环境条件下时影响更大，比如海上建筑物、地下建筑物等。由于变形引起的裂缝因素很多，不易准确把握，一般非荷载裂缝主要是通过构造措施来控制，详见各章的要求。故此处裂缝宽度计算的裂缝主要是指由荷载原因引起的裂缝。

6.3.2　裂缝的发生及分布

以钢筋混凝土简支梁为例，如图 6-4 所示在混凝土未开裂之前，在钢筋混凝土梁纯弯段受拉区，钢筋和混凝土共同受力，钢筋和混凝土的应力沿长度方向大致相等。随着荷载的施加，当混凝土的拉应力达到其抗拉强度时，由于混凝土塑性状态的发展，并没有马上出现裂缝。而当混凝土的拉应变达到极限拉应变时，首先会在构件最薄弱截面位置出现第一条（批）裂缝。在裂缝出现的瞬间，裂缝截面位置的混凝土退出受拉工作，应力为零，而钢筋拉应力产生突增 $\sigma_s = f_t / \rho$，配筋率越小，σ_s 就越大。由于钢筋与混凝土之间存在黏结，随着距裂缝截面距离的增加，混凝土中又重新建立起拉应力 σ_c，而钢筋的拉应力则随距裂缝截面距离的增加而减小。当距裂缝截面有足够的长度 l 时，混凝土拉应力 σ_c 增大到 f_t，此时将出现新的裂缝。如果两条裂缝的间距小于 $2l$，则由于黏结应力传递长度不够，混凝土拉应力不可能达到 f_t，因此将不会出现新的裂缝，裂缝的间距最终将稳定在 $l \sim 2l$ 之间，平均间距可取 $1.5l$。从第一条（批）裂缝出现到裂缝全部出现为裂缝出现阶段，该阶段的荷载增量并不大，主要取决于混凝土强度的离散程度。裂缝间距

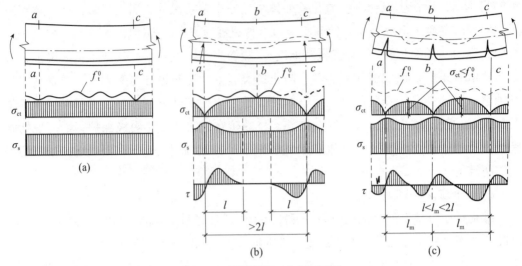

图 6-4　裂缝出现、分布和开展

的计算公式即是以该阶段的受力分析为基础建立的。裂缝全部出现后，随着荷载的继续增加，裂缝宽度不断开展。裂缝的开展是由于混凝土的回缩，钢筋不断伸长，导致钢筋与混凝土之间产生变形差，这是裂缝宽度计算的依据。

由于混凝土材料的不均匀性，裂缝的出现、分布和开展具有很大的离散性，因此裂缝间距和宽度也是不均匀的。但大量的试验统计资料分析表明，裂缝间距和宽度的平均值具有一定规律性，是钢筋与混凝土之间黏结受力机理的反映。

从平均意义上讲，裂缝间距和宽度具有以下特性：

（1）裂缝宽度与裂缝间距密切相关。裂缝间距大，裂缝宽度也大；裂缝间距小，裂缝宽度也小。而裂缝间距与钢筋表面特征有关，变形钢筋裂缝密而窄，光圆钢筋裂缝疏而宽。在钢筋面积相同的情况下，钢筋直径细、根数多，则裂缝密而窄，反之裂缝疏而宽。

（2）裂缝间距和宽度随受拉区混凝土有效面积的增大而增大，随混凝土保护层厚度的增大而增大；裂缝宽度随受拉钢筋用量的增大而减小。

（3）裂缝宽度与荷载作用时间长短有关。

6.3.3　平均裂缝宽度计算

裂缝宽度的计算理论如下：

（1）滑移理论：认为在裂缝与钢筋相交处，钢筋与混凝土之间发生局部黏结破坏，裂缝的开展是由于钢筋与混凝土之间不再保持变形协调而出现相对滑移形成的。裂缝开展的宽度为一个裂缝间距内钢筋伸长与混凝土伸长之差。

（2）无滑移理论：认为裂缝宽度在通常允许的范围时，钢筋表面相对于混凝土不产生滑动，钢筋表面裂缝宽度为 0，而随着逐渐接近构件表面，裂缝宽度增大，到表面时最大。裂缝开展的宽度与钢筋到所计算点的距离成正比。

（3）一般裂缝理论：把以上两种结论结合，既考虑保护层厚度的影响，也考虑相对滑移的影响。

如果把混凝土的性质加以理想化，理论上裂缝分布应为等间距分布，而且也几乎是同时发生的，此后荷载的增加只会使裂缝宽度加大而不再产生新的裂缝。

裂缝出现后混凝土与钢筋的应力变化如图6-5所示。

如图6-6所示，平均裂缝宽度 ω_m 等于构件裂缝区段内钢筋的平均伸长与相应水平处构件侧表面混凝土平均伸长的差值，即：

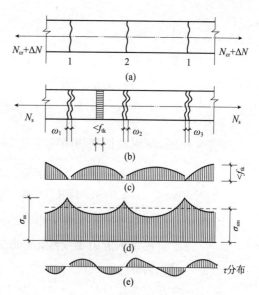

图6-5 裂缝出现后混凝土与钢筋的应力变化

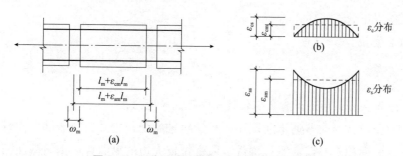

图6-6 裂缝出现后混凝土与钢筋的应变变化

$$\omega_m = (\varepsilon_{sm} - \varepsilon_{cm}) l_m = \left(1 - \frac{\varepsilon_{cm}}{\varepsilon_{sm}}\right) \varepsilon_{sm} \cdot l_m = \alpha_c \frac{\sigma_{sm}}{E_s} l_m \qquad （6-17）$$

式中　σ_{sm}，ε_{sm}——纵向受拉钢筋的平均拉应力和拉应变；

　　　　ε_{cm}——与纵向受拉钢筋相同水平处侧表面混凝土的平均拉应变；

　　　　α_c——裂缝间混凝土伸长对裂缝宽度的影响系数，$\alpha_c = 1 - \varepsilon_{cm} / \varepsilon_{sm}$，通常取0.85；

　　　　l_m——平均裂缝间距。

　　令 $\sigma_{sm} = \psi \sigma_{ss}$，

　　则

$$\omega_m = \alpha_c \psi \frac{\sigma_{ss}}{E_s} l_m \qquad （6-18）$$

式中　ψ——钢筋应力的不均匀系数；

　　　　σ_{ss}——纵向受拉钢筋的最大拉应力。

$$l_{\mathrm{m}} = \beta \left[1.9 c_{\mathrm{s}} + 0.08 \frac{d_{\mathrm{eq}}}{\rho_{\mathrm{te}}} \right] \tag{6-19}$$

此处，对轴心受拉构件，取 $\beta = 1.1$；对其他受力构件，均取 $\beta = 1.0$。

式中 c_{s}——最外层纵向受拉钢筋外边缘至受拉区底边的距离（mm）：当 $c_{\mathrm{s}} < 20$ 时，取 $c_{\mathrm{s}} = 20$；当 $c_{\mathrm{s}} > 65$ 时，取 $c_{\mathrm{s}} = 65$；

d_{eq}——受拉区纵向钢筋的等效直径（mm），$d_{\mathrm{eq}} = \dfrac{\sum n_i d_i^2}{\sum n_i v_i d_i}$，对无黏结后张构件，仅为受拉区纵向受拉普通钢筋的等效直径；d_i 为受拉区第 i 种纵向钢筋的公称直径；对于有黏结预应力钢绞线束的直径取 $\sqrt{n_1} d_{\mathrm{p1}}$，其中，$d_{\mathrm{p1}}$ 为单根钢绞线的公称直径，n_1 为单束钢绞线根数；n_i 为受拉区第 i 种纵向钢筋的根数；对于有黏结预应力钢绞线，n_i 取钢绞线束数；v_i 为受拉区第 i 种纵向钢筋的相对黏结特性系数；

ρ_{te}——按有效受拉混凝土截面面积计算的纵向受拉钢筋配筋率；对无黏结后张构件，仅按纵向受拉普通钢筋计算配筋率；在最大裂缝宽度计算中，当 $\rho_{\mathrm{te}} < 0.01$ 时，取 $\rho_{\mathrm{te}} = 0.01$。

在荷载准永久组合或标准组合下，钢筋混凝土构件受拉区纵向普通钢筋的应力，根据受力形式按以下公式计算：

（1）轴心受拉

$$\sigma_{\mathrm{s}} = \frac{N_{\mathrm{q}}}{A_{\mathrm{s}}} \tag{6-20}$$

式中 N_{q}——按荷载效应的准永久组合计算的轴向拉应力；

A_{s}——受拉区纵向普通钢筋截面面积：对轴心受拉构件，取全部纵向普通钢筋截面面积；对偏心受拉构件，取受拉较大边的纵向普通钢筋截面面积；对受弯、偏心受压构件，取受拉区纵向普通钢筋截面面积。

（2）受弯

$$\sigma_{\mathrm{s}} = \frac{M_{\mathrm{q}}}{0.87 h_0 A_{\mathrm{s}}} \tag{6-21}$$

式中 M_{q}——按荷载效应的准永久组合计算的弯矩值。

（3）偏心受拉

$$\sigma_{\mathrm{s}} = \frac{N_{\mathrm{q}} e'}{A_{\mathrm{s}}(h_0 - a_{\mathrm{s}}')} \tag{6-22}$$

式中 e'——轴向拉力作用点至受压区或受拉较小边纵向钢筋合力点的距离。

$$e' = e_0 + \frac{h}{2} - a_{\mathrm{s}}' \tag{6-23}$$

式中 e_0——荷载准永久组合下的初始偏心距，取为 $M_{\mathrm{q}} / N_{\mathrm{q}}$。

（4）偏心受压

$$\sigma_s = \frac{N_q(e-z)}{zA_s} \tag{6-24}$$

$$z = \left[0.87 - 0.12(1-\gamma_f')(\frac{h_0}{e})^2\right]h_0$$

$$\gamma_f' = \frac{(b_f'-b)h_f'}{bh_0}$$

$$\eta_s = 1 + \frac{1}{4000e_0/h_0}(\frac{l_0}{h})^2$$

式中 e——轴向压力作用点至纵向受拉普通钢筋合力点的距离，$e = \eta_s e_0 + y_s$，y_s 为截面

重心至纵向受拉普通钢筋合力点的距离，对矩形截面 $y_s = \frac{h}{2} - a_s$；

z——纵向受拉钢筋合力点至受压区合力点的距离，且不大于 $0.87h_0$；

η_s——使用阶段的轴向压力偏心距增大系数，当 l_0/h 不大于 14 时，取 1.0；

γ_f'——受压翼缘截面面积与腹板有效截面面积的比值；

b_f'，h_f'——受压区翼缘的宽度和高度；当 $h_f' > 0.2h_0$ 时，取 $0.2h_0$。

6.3.4 最大裂缝宽度及其验算

实测表明，裂缝宽度具有很大的离散性。取最大裂缝宽度 ω_{max} 与上述计算的平均裂缝宽度 ω_m 的比值为 τ。最大裂缝宽度由平均宽度乘以扩大系数得到。扩大系数主要考虑以下两种情况：一是考虑在荷载标准组合下裂缝的不均匀性；二是考虑在长期荷载作用下混凝土进一步收缩、受拉混凝土的应力松弛以及混凝土与钢筋之间的滑移等因素。扩大系数由对试验结果的统计分析并参照使用经验得到。

$$\omega_{max} = \tau_1 \tau_s \omega_m \tag{6-25}$$

式中 τ_s——短期裂缝宽度的不均匀与扩大系数；

τ_1——荷载长期作用对裂缝的影响系数。

根据试验数据分析，对受弯构件和偏心受压构件，取 $\tau_s = 1.66$；对偏心受拉和轴心受拉构件，取 $\tau_s = 1.9$。扩大系数 τ_s 取值的保证率约为 95%。根据试验结果，给出了考虑长期作用影响的扩大系数 $\tau_1 = 1.50$。试验表明，对偏心受压构件，当 $e_0/h_0 \leq 0.55$ 时，裂缝宽度较小，均能符合要求，故规定不必验算。

《混凝土结构设计规范》（2015 年版）GB 50010—2010 中最大裂缝宽度计算公式如下：

$$\omega_{max} = \alpha_{cr}\psi\frac{\sigma_{sm}}{E_s}\left(1.9c + 0.08\frac{d_{eq}}{\rho_{te}}\right) \tag{6-26}$$

式中 α_{cr}——构件受力特征系数，对钢筋混凝土构件中的轴心受拉构件，α_{cr} 取 2.7；偏心受拉构件，α_{cr} 取 2.4；受弯和偏心构件，α_{cr} 取 1.9。

【例 6-2】某钢筋混凝土简支梁，计算跨度 $l = 6\text{m}$，截面尺寸 $b = 250\text{mm}$，$h = 650\text{mm}$，混凝土强度等级为 C20，构件已配置 4 根直径为 20mm 的 HRB400 级钢筋，梁所承受的永久荷载标准值（包括自重）$g_k = 18.6\text{kN/m}$，可变荷载值 $q_k = 14\text{kN/m}$，混凝土保护层厚度 $c = 25\text{mm}$，环境类别为一类。试验算其裂缝宽度。

【解】已知各类参数与系数为：

$A_s = 1256\text{mm}^2$，$E_s = 2.0 \times 10^5\text{N/mm}^2$，$f_{tk} = 1.54\text{N/mm}^2$，$v = 1.0$，$\alpha_{cr} = 1.9$，$h_0 = 650 - 35 = 615\text{mm}$。

（1）按荷载的标准效应组合计算弯矩 M_k：

$$M_k = \frac{1}{8}(g_k + q_k)l^2 = \frac{1}{8} \times (18.6 + 14) \times 6^2 = 146.7\text{kN·m}$$

（2）计算纵向受拉钢筋的应力 σ_s：

$$\sigma_s = \frac{M_k}{0.87h_0A_s} = \frac{146.7 \times 10^6}{0.87 \times 615 \times 1256} = 218.3\text{N/mm}^2$$

（3）计算有效配筋率 ρ_{te}：

$$A_{te} = 0.5bh = 0.5 \times 250 \times 650 = 81250\text{mm}^2$$

$$\rho_{te} = A_s / A_{te} = 1256/81250 = 0.0155 > 0.01$$

（4）计算受拉钢筋应变的不均匀系数 ψ：

$$\psi = 1.1 - \frac{0.65f_{tk}}{\rho_{te}\sigma_{sk}} = 1.1 - \frac{0.65 \times 1.54}{0.0155 \times 218.3} = 0.804$$

（5）计算最大裂缝宽度 ω_{max}：

$$d_{eq} = \frac{d}{v} = 20\text{mm}$$

$$\omega_{max} = a_{cr}\psi\frac{\sigma_{sm}}{E_s}\left(1.9c + 0.08\frac{d_{eq}}{\rho_{te}}\right)$$

$$= 1.9 \times 0.804 \times \frac{218.3}{2 \times 10^5} \times (1.9 \times 25 + 0.08 \times \frac{20}{0.0155})$$

$$= 0.25\text{mm}$$

（6）最大裂缝宽度限值：

$$\omega_{max} = 0.25\text{mm} < \omega_{lim} = 0.3\text{mm}，满足要求。$$

6-2 例题

6.4 变形、裂缝及耐久性要求

6.4.1 对受弯构件挠度计算的影响

1. 短期刚度 B_s 的影响因素

通过对短期刚度 B_s 计算公式的分析可知，影响截面短期刚度的外在因素是截面弯矩，而内在因素有截面有效高度、混凝土强度等级、截面形式以及截面配筋率。

其中，增大构件截面有效高度是提高构件截面刚度最有效的措施，在混凝土强度、钢筋截面和种类都不变的前提下，矩形截面受弯构件的 B_s 与截面宽度成正比，与梁截面有效高度的三次方成正比。当截面高度及其他条件不变时，如有受拉翼缘或受压翼缘，则 B_s 有所增大。在钢筋种类、截面尺寸不变，在常用配筋率情况下，提高混凝土强度等级对短期刚度 B_s 影响不大，而在低配筋率情况下，提高混凝土强度等级对增加构件短期刚度 B_s 有一定的作用。增大受拉筋的配筋率，B_s 略有增大。当设计中构件的截面高度受到限制时，可考虑增加受压钢筋配筋率、采用双筋截面等措施。采用高性能混凝土、对构件施加预应力等都是提高混凝土构件刚度的有效措施。

2. 长期刚度 B_l 的影响因素

在长期荷载作用下，导致受弯构件长期刚度 B_l 降低有以下几方面的原因：

（1）受压区混凝土发生徐变，在配筋率不高的受弯构件中，裂缝间受拉混凝土的应力松弛、混凝土和钢筋的滑移徐变，使受拉混凝土不断退出工作。

（2）裂缝的不断发展，使其上部原来受拉的混凝土脱离工作，使内力臂减小。

（3）由于受拉区和受压区混凝土的收缩不一致，使梁发生翘曲，亦将导致曲率的增大和刚度的降低。

（4）所有影响混凝土徐变和收缩的因素都将使构件刚度降低、挠度增大。

6.4.2　改善混凝土构件裂缝的措施

1. 间接作用裂缝控制的原则

（1）可控性原则。间接作用引起混凝土裂缝是常见现象，可以控制，但需较大的代价，应根据结构的使用功能和经济造价决定限制间接裂缝的等级。

（2）综合性原则。间接作用裂缝控制宜从"抗""防"和"放"三方面综合考虑。"抗"是指合理选择原材料，优化配合比，施加预应力，提高混凝土抗裂能力。"防"是指加强保温、合理养护、采用通水冷却等措施降低温差等。"放"是指选择合适的施工方法减轻约束，减小混凝土拉应力。

（3）真实性原则。温度、湿度、风速、太阳辐射等外界环境因素选择时应遵循真实性原则，混凝土随龄期变化的热学、力学和变形等参数确定时应符合实际情况。分析方法应能够考虑混凝土约束、松弛和开裂等真实行为。

（4）后评价原则。间接作用大小和效应与构件是否开裂、裂缝大小和钢筋用量呈非线性关系。间接作用裂缝评价，主要是进行构件开裂危险性评价。施工期和使用期的间接作用不进行组合，间接作用与其他荷载共同作用时，当其他荷载所需的受拉钢筋面积超过间接作用配筋用量时，可不配间接作用钢筋。

2. 合理选择原材料

（1）水泥选择。要合理选择水泥品种，并控制水泥质量，通常宜选用硅酸盐水泥，通用硅酸盐水泥或低发热量的中热硅酸盐水泥或低热矿渣硅酸盐水泥，减少混凝土水化热总量，降低放热速率，同时减小自收缩。水泥选择应符合《通用硅酸盐水泥》GB 175—2007 和《中热硅酸盐水泥、低热硅酸盐水泥》GB/T 200—2017 等国家标准，当采用其他品种的水泥时，其性能指标必须符合有关国家标准的要求。

（2）骨料选择。骨料线膨胀系数大的混凝土的温度作用变形较大；弹性模量高的骨料可以抵制水泥石的收缩变形，减小混凝土收缩；增加骨料含量可减小混凝土收缩，且可降低水泥用量、降低水化热量。通常宜选用线膨胀系数小、导热系数小、吸水率低、弹性模量高的非碱活性砂石骨料，宜采用较高的骨料含量和连续级配骨料，骨料的选择应符合《普通混凝土用砂、石质量及检验方法标准》JGJ 52—2006 的质量要求。

（3）掺合料选择。粉煤灰代替部分水泥，可以降低混凝土温度峰值、减小水化反应速率、延缓峰值到达时间和减小混凝土早期自收缩。掺加矿渣能减小混凝土早期放热速率和放热量，但掺加磨细矿渣会增大高性能混凝土的自收缩。高性能混凝土宜掺加粉煤灰、矿渣等掺合料，其用量应根据配合比和现场材料通过计算和试验确定。掺合料应符合《用于水泥和混凝土中的粉煤灰》GB/T 1596—2017 和《用于水泥、砂浆和混凝土中的粒化高炉矿渣粉》GB/T 18046—2017 等国家标准的规定。

（4）外加剂选择。外加剂可以减小水泥用量、降低水化热、改善混凝土和易性、延缓混凝土凝结时间、改善混凝土的力学和变形性能，合理选择外加剂可以达到防裂和抗裂目的。掺加膨胀剂可以减小混凝土收缩值，部分补偿混凝土温降收缩变形。减缩剂能降低混凝土早期自收缩，改善混凝土工作性能，提高混凝土极限拉伸率。引气剂可改善混凝土和易性、均匀性，提高混凝土变形性能。外加剂应符合《混凝土外加剂》GB 8076—2008 和《混凝土外加剂应用技术规范》GB 50119—2013 等国家标准和有关环境保护的规定。

（5）其他。掺入纤维可以提高混凝土强度，降低弹性模量，增强混凝土的韧性，控制塑性收缩引起的裂纹，有利于混凝土防裂。通常可采用聚丙烯纤维或纤维素纤维，提高混凝土的极限拉伸值，进而提高其抗裂性能。

3. 优化混凝土的配合比

（1）优化的指标。尽量选择较低的水胶比，宜控制在 0.30 ~ 0.40 范围内，不宜过小，过小水胶比会导致混凝土自收缩增大。根据胶凝材料的不同适当调整砂率，应尽量采用较小的砂率，一般控制在 35% ~ 45%。粉煤灰掺量不宜超过水泥用量的 15% ~ 20%，矿粉掺量不宜超过水泥用量的 20%。含水泥带入的混合料时，粉煤灰掺量不宜大于 30% ~ 40%，矿粉掺量不宜大于 4%，在满足施工前提下宜采用较小的混凝土坍落度，以减少混凝土用水量与胶凝材料用量，降低温升、减少干缩，配合比设计宜符合《普通混凝土配合比设计规程》JGJ 55—2011 的要求。

（2）配合比优化试验。配合比优化时除进行常规配合比试验外，宜进行水化热、线膨胀系数、导温系数、导热系数、收缩、徐变、极限拉应变等技术参数的试验和圆环法、平板法等抗裂性能的试验。

4. 间接作用裂缝施工控制措施

（1）选择施工方法。施工方法分现场浇筑和工厂预制两种。现场浇筑通常都采用商品混凝土泵送工艺。当混凝土体量较大时，有时要采取分层分块浇筑，两薄层混凝土之间的间隔时间应控制在混凝土初凝期内，避免发生冷缝。当间隔时间很长时，老混凝土表面要凿毛后再施工，确保黏结的可靠性。

（2）控制入仓温度。施工现场水泥及粉煤灰等掺合料宜提前存储7天以上，以降低胶凝材料的温度。夏季宜采取增大堆料高度、低温时段上料、搭设遮阳篷和低温水水洗冷却等措施降低骨料温度，冬季宜采取搭设保温棚、覆盖保温被或土工布等措施增加骨料温度；夏季可采用冷水拌合混凝土，冬季可采用热水拌合混凝土，以控制混凝土拌合物温度。夏季宜在夜间浇筑混凝土，可采取洒水等措施降低混凝土搅拌车、输送泵和泵管的温度；冬季宜在白天浇筑混凝土，并对泵管进行覆盖保温，以控制混凝土的运输和浇筑温度。

（3）进行表面保温。混凝土表面保温可有效地控制内外温差并保持表面的湿度，有利于混凝土防裂。混凝土施工期宜采取在模板外侧粘贴保温材料等表面保温措施，拆模后应及时进行表面保温。保温材料类型、厚度及保温开始时间和持续时间应通过计算确定。同时要防止过度保温带来的不利影响，过度保温易使混凝土的最高温度增加。

（4）埋设冷却水管。在混凝土内部埋设冷却水管进行内部降温，可有效降低混凝土内部最高温度和内外温差，减小后期温降幅度和收缩变形，有利于混凝土防裂。冷却水管的材质、管径和壁厚、水管布置形式、通水时间等参数宜通过计算确定。有时可利用预应力管道进行通水冷却。水管冷却降温幅度过大会使混凝土内部温度低于外部温度，可能引起水管周围混凝土裂缝，对混凝土防裂不利。

（5）制定养护措施。重大工程混凝土结构应制定合理养护措施，保持混凝土上表面湿度，减少新浇混凝土水分损失，保证混凝土强度正常发展，防止混凝土出现干缩裂缝。可采取喷雾、洒水等措施。

6.4.3　混凝土结构的耐久性

耐久性是指结构在设计使用年限内，在正常维护条件下，不需要进行大修和加固，而满足正常使用和安全功能要求的能力。根据《建筑结构可靠性设计统一标准》GB 50068—2018 的规定，临时性结构的设计使用年限是5年，易于替换结构构件的设计使用年限是25年，普通房屋和构筑物的设计使用年限是50年，纪念性建筑和特别重要的建筑结构的使用年限是100年。建筑结构设计时应对环境影响进行评估，当结构所处的环境对其耐久性有较大影响时，应根据不同的环境类别采用相应的结构材料、设计构造、防护措施、施工质量要求等，并应制定结构在使用期间的定期检修和维护制度，使结构在设计使用年限内不至于因材料的劣化而影响其安全或正常使用。

混凝土结构耐久性的设计是一个十分重要的问题，近几年的工程调查表明，我国的混凝土结构普遍存在耐久性不足的问题，有相当数量的混凝土结构使用不到 20 年就开始出现钢筋锈蚀、混凝土破损等现象，提高混凝土结构的耐久性和耐久性设计问题日益受到重视。耐久性设计目的在于配制服役中耐久可靠的混凝土构筑物。

（1）混凝土结构的耐久性极限状态

混凝土结构的耐久性极限状态，是指整个结构或结构的一部分超过某一特定状态就不能满足设计规定的耐久性要求，此特定状态称为耐久性极限状态。一般认为，当混凝土结构因耐久性不满足设计要求而使维修费用过大，严重超出正常维修的允许范围时，结构的使用寿命也就结束了。因此，混凝土结构不满足设计规定的耐久性要求，即为一种失效状态，应计入混凝土结构失效概率之内，不能正常使用或外观出现不可接受的破损等均可作为结构耐久性极限状态的标志。

（2）混凝土保护层的碳化

混凝土中碱性物质 $[Ca(OH)_2]$ 使混凝土内的钢筋表面形成氧化膜，它能有效地保护钢筋，防止钢筋锈蚀。但由于大气中的二氧化碳（CO_2）与混凝土中的碱性物质发生反应，使混凝土的 pH 值降低。其他物质，如 SO_2、H_2S，也能与混凝土中的碱性物质发生类似的反应，使混凝土的 pH 值降低，这就是混凝土的碳化。当混凝土保护层被碳化到钢筋表面时，将破坏钢筋表面的氧化膜，引起钢筋的锈蚀。此外，碳化还会加剧混凝土的收缩，可导致混凝土开裂。因此，混凝土的碳化是混凝土结构耐久性的重要问题。混凝土的碳化从构件表面开始向内发展，到保护层完全碳化，所需要的时间与碳化速度、混凝土保护层厚度、混凝土密实性以及覆盖层情况等因素有关。

1）环境因素

碳化速度主要取决于空气中的 CO_2 浓度和向混凝土中的扩散速度。空气中的 CO_2 浓度越大，混凝土内外 CO_2 浓度梯度也越大，因而 CO_2 向混凝土内的渗透速度快，碳化反应也快。空气湿度和温度对碳化反应速度有较大影响。因为碳化反应要产生水分向外扩散，湿度越大，水分扩散越慢。当空气相对湿度大于 80%，碳化反应的附加水分几乎无法向外扩散，使碳化反应大大降低。而在极干燥环境下，空气中的 CO_2 无法溶于混凝土中的孔隙水，碳化反应也无法进行。试验表明，当混凝土周围介质的相对湿度为 50% ~ 75% 时，混凝土碳化速度最快。环境温度越高，碳化的化学反应速度越快，且 CO_2 向混凝土内的扩散速度也越快。环境对结构耐久性的影响可通过工程经验、试验研究、计算、检验或综合分析等进行评估，耐久性极限状态设计可根据《建筑结构可靠性设计统一标准》GB 50068—2018 附录 C 的规定进行。

2）材料因素

水泥是混凝土中最活跃的成分，其品种和用量决定了单位体积中可碳化物质的含量，因而对混凝土碳化有重要影响。单位体积中水泥的用量多，既会提高混凝土的强度，又会提高混凝土的抗碳化性能。水灰比也是影响碳化的主要因素。在水泥用量不变的条件下，水灰比越大，混凝土内部的孔隙率也越大，密实性就越差，CO_2 的渗入速度就越快，因而碳化的速度也越快。水灰比大会使混凝土孔隙中的游离水增多，有利于碳化反应。混凝土中外加掺合料和骨料品种对碳化也有一定的影响。

3）施工养护条件

混凝土搅拌、振捣和养护条件均会影响混凝土的密实性，因而对碳化有较大影响。此外，养护方法与龄期对水泥的水化程度也有影响，进而影响混凝土的碳化。所以，保证混凝土施工质量对提高混凝土的抗碳化性能十分重要。

（3）侵蚀性介质的腐蚀

1）硫酸盐腐蚀：硫酸盐溶液与水泥石中的 $Ca(OH)_2$ 及 $CaO·Al_2O_3·10H_2O$ 发生化学反应，生成石膏和硫铝酸钙，产生体积膨胀，使混凝土破坏。硫酸盐除在一些化工企业存在外，海水及一些土壤中也存在。当硫酸盐的浓度（以 SO_2 的含量表示）达到 2‰时，就会产生严重的腐蚀。

2）酸腐蚀：混凝土是碱性材料，遇到酸性物质会产生化学反应，使混凝土产生裂缝、脱落，并导致破坏。酸不仅存在于化工企业，在地下水，特别是沼泽地区或泥炭地区广泛存在碳酸及溶有 CO_2 的水。此外有些油脂、腐殖质也呈酸性，对混凝土有腐蚀作用。

3）海水腐蚀：在海港、近海结构中的混凝土构筑物，经常受到海水的侵蚀。海水中的 $NaCl$、$MgCl_2$、$MgSO_4$、K_2SO_4 等成分，尤其是 Cl^- 和 $MgSO_4$ 对混凝土有较强的腐蚀作用。在海岸飞溅区，受到干湿的物理作用，也有利于 Cl^- 和 SO_4^{2-} 的渗入，极易造成钢筋锈蚀。

（4）混凝土的冻融破坏

混凝土水化结硬后，内部有很多毛细孔。在浇筑混凝土时，为得到必要的和易性，往往会比水泥水化所需要的水多些。多余的水分滞留在混凝土毛细孔中。低温时水分因结冰产生体积膨胀，引起混凝土内部结构破坏。反复冻融多次，就会使混凝土的损伤累积达到一定程度而引起结构破坏。防止混凝土冻融破坏的主要措施是降低水灰比，减少混凝土中多余的水分。冬季施工时，应加强养护，防止早期受冻，并掺入防冻剂等。

（5）碱集料反应

混凝土集料中的某些活性矿物与混凝土微孔中的碱性溶液产生化学反应称为碱集料反应。碱集料反应产生的碱—硅酸盐凝胶吸水后会膨胀，体积可增大 3 ~ 4 倍，从而导致混凝土的剥落、开裂、强度降低，甚至导致破坏。

引起碱集料反应有三个条件：

1）混凝土的凝胶中有碱性物质。这种碱性物质主要来自于水泥，若水泥中的含碱量（Na_2O, K_2O）大于 0.6% 时，则会很快析出到水溶液中，遇到活性骨料则会产生化学反应。

2）骨料中有活性骨料，如蛋白石、黑硅石、燧石、玻璃质火山石、安山石等含 SiO_2 的骨料。

3）水分。碱集料反应的充分条件是有水分，在干燥环境下很难发生碱集料反应。

（6）钢筋锈蚀

钢筋锈蚀是影响钢筋混凝土结构耐久性的最关键问题。当混凝土未碳化时，由于水泥的高碱性，钢筋表面形成一层致密的氧化膜，阻止了钢筋锈蚀电化学过程。当混凝土被碳化，钢筋表面的氧化膜被破坏，在有水分和氧气的条件下，就会发生锈蚀的电化学反应。钢筋锈蚀产生的铁锈 $[Fe(OH)_3]$ 体积比铁增加 2 ~ 6 倍，保护层被挤裂，使空气中的水分更易进入，促使锈蚀加快发展。

氧气和水分是钢筋锈蚀的必要条件，混凝土的碳化仅是为钢筋锈蚀提供了可能。当构件使用环境很干燥（湿度 <40%），或完全处于水中，钢筋锈蚀极慢，几乎不发生锈蚀。而裂缝的发生为氧气和水分的浸入创造了条件，同时也使混凝土的碳化形成立体发展。但近年来的研究发现，锈蚀程度与荷载产生的横向裂缝宽度无明显关系，在一般大气环境下，裂缝宽度即便达到 0.3mm，也只是在裂缝处产生锈点。由于钢筋锈蚀是一个电化学过程，因此锈蚀主要取决于氧气通过混凝土保护层向钢筋表面阴极的扩散速度，而这种扩散速度主要取决于混凝土的密实度。裂缝的出现仅是使裂缝处钢筋局部脱钝，使锈蚀过程得以开始，但它对锈蚀速度不起控制作用。因此，防止钢筋锈蚀最重要的措施是增加混凝土的密实性和混凝土保护层厚度。钢筋锈蚀引起混凝土结构损伤过程如下，首先在裂缝宽度较大处发生个别点的"坑蚀"，继而逐渐形成"环蚀"，同时向裂缝两边扩展，形成锈蚀面，使钢筋有效面积减小。严重锈蚀时，会导致沿钢筋长度出现纵向裂缝，甚至导致混凝土保护层脱落，称为"暴筋"，从而导致截面承载力下降，直至最终引起结构破坏。

（7）混凝土保护层厚度

混凝土保护层厚度是影响结构耐久性的重要因素。在结构耐久性设计中，应根据环境类别，提出对混凝土材料的耐久性要求，并确定钢筋的混凝土保护层厚度。混凝土保护层（最小）厚度按附表 10 的规定，当结构表面采取有效防护措施时，混凝土保护层厚度可适当减小。

本章小结

1. 钢筋混凝土结构和构件应根据承载力极限状态及正常使用极限状态分别进行计算和验算。对各类构件都要求进行承载力计算，此外还应该根据其使用条件，一方面通过验算使变形和裂缝宽度不超过规定限值，另一方面还应满足保证耐久性的其他规定。

2.《混凝土结构设计规范》（2015 年版）GB 50010—2010 规定，钢筋混凝土受弯构件的最大挠度和最大裂缝宽度的计算，应采用荷载的准永久组合；预应力混凝土受弯构件的最大挠度应按荷载的标准组合，并应考虑荷载长期作用的影响进行计算。

3. 由于构件开裂的裂缝宽度和高度受弯矩的影响，钢筋混凝土受弯构件沿构件长度各个截面的刚度是不相同的，在计算挠度时，假定各同号弯矩区段内的刚度相等，并取用该区段内最大弯矩处的刚度（最小刚度）计算。

4.《混凝土结构设计规范》（2015 年版）GB 50010—2010 规定，结构构件正截面的受力裂缝控制等级分为三级，等级划分及要求应符合下列规定：一级——严格要求不出现裂缝的构件，按荷载标准组合计算时，构件受拉边缘混凝土不应产生拉应力；二级——一般要求不出现裂缝的构件，按荷载标准组合计算时，构件受拉边缘混凝土拉应力不应大于混凝土的抗拉强度标准值；三级——允许出现裂缝的构件，构件的最大裂缝宽度不应超过附表12的规定。

5.混凝土结构的环境类别应按附表14的要求划分为五类。对临时性的混凝土结构可不考虑混凝土的耐久性要求。耐久性设计应根据结构的设计使用年限和环境类别进行。混凝土的碳化和钢筋的锈蚀是影响混凝土耐久性最主要的因素。

思考与练习题

1.为什么要进行钢筋混凝土结构构件的变形、裂缝宽度验算以及耐久性设计？

2.受弯构件刚度 B 的意义是什么？

3.受弯构件的长期刚度 B_l 和短期刚度 B_s 有何区别？

4.何谓"最小刚度原则"？

5.怎样理解受拉钢筋的配筋率对受弯构件的挠度、裂缝宽度的影响？

6.怎样理解混凝土结构的耐久性？如何理解混凝土的碳化？

7.影响混凝土结构耐久性的主要因素有哪些？

8.《混凝土结构设计规范》（2015年版）GB 50010—2010 为什么要规定最小混凝土保护层厚度？

9.已知预制 T 形截面简支梁，安全等级为二级，计算跨度 $l_0 = 6\text{m}$，截面尺寸 $b = 250\text{mm}$，$h = 55\text{mm}$，$b'_f = 500\text{mm}$，$h'_f = 80\text{mm}$。配置 HRB500 级钢筋，混凝土强度等级为 C30，永久荷载在跨中截面所引起的弯矩为 80kN·m，可变荷载在跨中截面所引起的弯矩为 70kN·m，准永久值系数 $\psi_{q1} = 0.4$，雪荷载在跨中截面所引起的弯矩为 15kN·m，准永久值系数 $\psi_{q2} = 0.2$。求：

（1）受弯正截面受拉钢筋面积，并选用钢筋直径（在 18～22mm 范围选择）及根数。

（2）验算挠度是否小于 $f_{\text{lim}} = l_0/250$。

（3）验算裂缝宽度是否小于 $\omega_{\text{lim}} = 0.3\text{mm}$。

第7章　预应力混凝土构件设计

【本章要点及学习目标】

（1）掌握预应力混凝土的基本概念，理解施加预应力的效果及其优点，掌握两种预应力张拉工艺，了解预应力结构的材料和配套设备，理解预应力混凝土构件的分类方法。

（2）掌握张拉控制应力及预应力损失的相关概念，理解产生各种损失的原因和减小各种损失的措施，理解各项损失值的计算方法及其组合。

（3）掌握预应力混凝土轴心受拉构件使用阶段的承载力计算、抗裂度和裂缝宽度验算，掌握施工阶段的验算。

（4）理解预应力混凝土受弯构件各阶段应力分析，理解预应力混凝土受弯构件使用阶段的正截面受弯承载力计算、斜截面受剪承载力计算、抗裂度验算、裂缝宽度验算和变形验算，理解预应力混凝土受弯构件施工阶段的验算。

（5）了解预应力混凝土构件的相关构造要求。

7.1　预应力混凝土结构的基本原理

7.1.1　预应力混凝土的概念

1. 预应力的概念

在人们的日常生活中利用预应力原理的情况随处可见，如用铁箍箍紧木桶、辐条收紧车轮钢圈、麻绳绷紧木锯的锯条等，其原理均是利用预先施加的压应力来抵抗使用过程中出现的拉应力，或利用预先施加的拉应力抵抗使用过程中出现的压应力。

混凝土的抗拉性能远低于其抗压性能，抗拉强度仅为抗压强度的 $1/18 \sim 1/8$，极限拉应变只有 $0.1 \times 10^{-3} \sim 0.15 \times 10^{-3}$。钢筋混凝土构件在混凝土开裂前钢筋的拉应力通常只有其屈服强度的 1/10 左右（$20 \sim 30$MPa）。当钢筋应力超过此值时，混凝土将产生裂缝。因此，在正常使用阶段，普通钢筋混凝土梁一般是带裂缝工作的，截面的开裂使得构件刚度减小、变形增大，结构的耐久性降低。

普通钢筋是被动参与工作的，高强钢筋达到其屈服强度时混凝土裂缝宽度往往已超过使用要求，所以高强钢筋不能充分发挥作用。提高混凝土强度等级对提高其极限拉应变影响很小，因此在普通钢筋混凝土梁中无法利用高强度材料，而采用低强度材料必然造成构件尺寸、自重过大，这在一定程度上限制了普通钢筋混凝土结构的使用范围。采用预应力的方法可以解决上述普通钢筋混凝土结构的缺点。在构件受荷载作用之前对其潜在受拉区施加压力，结构受荷载作用后产生的拉应力必须先抵消混凝土上预先施加的压应力，然后才能使其受拉。预压应力可减少甚至抵消荷载在混凝土中产生的拉应力，使混凝土结构（构件）在正常使用荷载作用下不产生过大的裂缝，甚至不出现裂缝。

通过张拉预应力钢筋来施加预应力是常用的方法，现以图 7-1 所示简支梁为例，来说明预应力混凝土的基本概念。

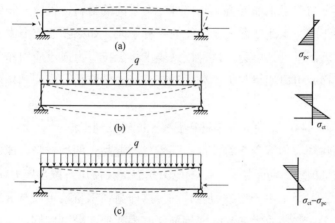

图 7-1　预应力混凝土梁工作原理示意
（a）预压力作用下；（b）外荷载作用下；（c）预压力与外荷载共同作用下

如图 7-1（a）所示，荷载作用之前，在梁的受拉区施加预应力 σ_{pc}，截面的下边缘产生压应力，上边缘产生拉应力或较小的压应力（这取决于预压力的偏心程度）。在荷载 q 作用下，梁截面下部受拉，上部受压，如图 7-1（b）所示，跨中截面下边缘产生拉应力 σ_{ct}（此时截面可能开裂，为便于说明预应力的原理，假设截面未开裂）。显然，在预应力和外荷载共同作用下，该梁跨中截面应力分布等于预压力单独作用下截面应力分布与荷载 q 单独作用下截面应力分布的叠加，如图 7-1（c）所示。

根据截面的下边缘预压应力值 σ_{pc} 和荷载产生的拉应力值 σ_{ct} 相对大小的变化，叠加后的截面应力状态可能有以下几种情况：

（1）当 $\sigma_{pc} > \sigma_{ct}$ 时，荷载产生的拉应力不足以抵消预应力，截面下边缘仍处于受压状态。

（2）当 $\sigma_{pc} = \sigma_{ct}$ 时，荷载产生的拉应力和预应力刚好抵消，截面下边缘的应力刚好为零。

（3）当 $\sigma_{pc} < \sigma_{ct}$ 时，荷载产生的拉应力全部抵消预应力后，在截面下边缘产生拉应力，如果该拉应力未超过混凝土抗拉能力，截面不会开裂；如果该拉应力超过混凝土抗拉能力，截面将开裂。

由此可见，由于预应力 σ_{pc} 全部或部分抵消了荷载作用下产生的拉应力 σ_{ct}，因而可以使梁不开裂或延缓裂缝的出现与开展。这表明，施加预应力可以显著提高混凝土构件的抗裂能力或推迟裂缝的出现，从而提高构件刚度，并且可以利用高强钢材。

2. 施加预应力的目的

"预应力先生"林同炎曾提出用以下三种不同的概念来分析预应力混凝土，这样可以全面地理解预应力混凝土的基本概念。

（1）预加应力的目的是将混凝土由脆性材料变成"弹性材料"

预加应力的目的只是为了改变混凝土的性能，变脆性材料为弹性材料。这种概念认为预应力混凝土与普通钢筋混凝土是两种完全不同的材料，预应力筋的作用不仅是配筋，也是施加预压应力来改变混凝土性能的一种手段。如果预压应力大于荷载产生的拉应力，则混凝土就不承受拉应力。这种概念要求将无拉应力或零应力作为预应力混凝土的设计准则，这样就可以用材料力学公式计算混凝土的应力、应变和挠度、反拱，十分方便。

（2）预加应力的目的是使高强钢材和混凝土能够共同工作

这一概念是将预应力混凝土看作由高强钢材与混凝土两种材料组成的一种特殊的钢筋混凝土。预先将预应力筋张拉到一定的应力状态，在使用阶段预应力筋的应力（应变）增加的幅度较小，混凝土不开裂或裂缝较细，这样高强钢材就可以与混凝土一起正常工作。利用这一概念，将预应力筋与普通钢筋作等强代换，减少用钢量，可以解决受拉钢筋数量过多不便施工的矛盾，在很多情况下这种做法是经济的。

（3）预加应力的目的是荷载平衡

预加应力可认为是对混凝土构件预先施加与使用荷载相反的荷载，以抵消全部或部分工作荷载。用荷载平衡的概念调整预应力与外荷载的关系，概念清晰，计算简单，可以方便地控制构件的挠度及裂缝，其优点在超静定预应力结构的设计中尤为突出。

7.1.2　预加应力的效果

1. 预应力混凝土与钢筋混凝土的比较

（1）裂缝及变形

预应力混凝土裂缝出现迟、宽度小，因此构件刚度大，同时施加预应力会产生一定的反拱，所以挠度小；而钢筋混凝土开裂早、刚度减小、挠度大。

（2）钢筋应力变化情况

两种梁截面承受的弯矩均由钢筋合力和受压区混凝土压应力的合力组成的力矩平衡，但钢筋应力变化有很大不同：开裂后的钢筋混凝土梁中的钢筋应力随外荷载的增加而增加，内力臂的变化不大，抵抗弯矩的增大主要靠钢筋应力的增加；而预应力筋由于已有较高的预拉应力，在使用荷载范围内，随着外荷载的增加，抵抗弯矩的增大主要靠内力臂的增加。预应力筋应力增长比例小，因此在使用荷载下，即使预应力梁开裂，裂缝宽度也较小。

（3）裂缝闭合

预应力程度高的预应力梁，超载时可能开裂，但卸载后裂缝会闭合；而钢筋混凝土梁裂缝闭合程度较差。

（4）预应力被克服后

一旦预应力被克服，预应力混凝土和钢筋混凝土之间就没有本质区别，预应力混凝土梁的受弯承载力或轴拉构件的承载力与钢筋混凝土完全相同，与是否施加预应力无关。

2. 预应力混凝土结构的优点

与钢筋混凝土结构相比，预应力混凝土结构主要有以下几方面的优点：

（1）可充分发挥结构工程师的主观能动性，变被动设计为主动设计。

（2）在使用荷载作用下不开裂或延迟开裂、限制裂缝开展，提高结构的抗剪性能、刚度和耐久性。

（3）可以合理、有效地利用高强钢筋和高强混凝土，从而节省材料，减轻结构自重。

（4）由于在正常使用阶段钢筋和混凝土的应力变化幅度较小，重复荷载下的抗疲劳性能较好。

（5）具有良好的裂缝闭合性能。

预应力混凝土结构主要适用于受弯、受拉和大偏心受压等构件。预应力混凝土结构的计算、构造、施工等方面比钢筋混凝土结构复杂，设备及技术要求也较高，应注意预应力结构的合理性和经济性。

7.1.3 预应力筋的张拉工艺

张拉预应力筋的方法有千斤顶张拉、机械张拉、电热法张拉以及化学张拉等。目前最为普遍的是利用液压千斤顶张拉预应力筋，其分为先张法和后张法两种工艺。

1. 先张法

先张法是指在浇筑混凝土之前张拉预应力筋，其主要施工流程如下：

（1）张拉钢筋至要求的控制应力，并将其临时锚固于台座上。

（2）浇筑构件混凝土。

（3）待构件混凝土达到一定的强度（一般不宜低于混凝土设计强度等级的75%）后，放张预应力筋。由于预应力筋与混凝土黏结成一体，其回缩受到混凝土的限制，从而在混凝土构件中产生预压应力。

在先张法预应力混凝土构件中，预应力的传递主要是通过预应力筋与混凝土之间的黏结力，有时也补充设置特殊的锚具。

先张法生产有台座法（图7-2）和钢模法两种。先张法工艺简单、生产效率高、质量易保证、成本低，一般用于生产中小型构件，如楼板、屋面板、檩条和中小型吊车梁等。

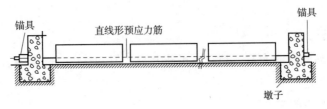

图 7-2　先张法工艺示意

2. 后张法

后张法是指在混凝土达到一定强度后直接在构件上张拉预应力筋（图 7-3），其主要施工流程如下：

（1）立模板、绑钢筋，并在预应力筋位置处预留孔道。

（2）浇筑构件混凝土，待混凝土达到一定强度（一般不宜低于混凝土设计强度等级的 75%）后，将预应力筋穿入预留孔道，然后直接在构件上张拉预应力筋，同时混凝土受压。

（3）当预应力筋张拉至要求的控制应力值时，在张拉端用锚具将其锚固，使混凝土构件维持受压状态。

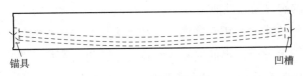

图 7-3　后张法工艺示意

在后张法预应力混凝土构件中，预应力的传递主要是依靠设置在构件端部的锚具挤压作用。

后张法预应力混凝土构件施工时不需要台座，且预应力筋可以按预留孔道的形状呈直线或曲线布置，因而，可更好地根据结构的受力特点调整预应力沿构件的分布。与先张法构件相比，后张法需要锚具，构造和施工工艺也较复杂，成本较高，一般适用于现场施工的大型构件或结构。

7.1.4　预应力混凝土材料及配套设备

1. 预应力混凝土材料

（1）混凝土

预应力混凝土结构中，应采用高强度、低徐变和低收缩的混凝土。高强度混凝土可以适应高强度预应力筋的要求，建立尽可能高的预应力，从而提高结构构件的抗裂度和刚度。高强度混凝土的弹性模量较高，徐变和收缩较小，相应的预应力损失较小。选择混凝土强度等级时，应考虑构件的跨度、使用条件、施工方法及预应力筋的种类等因素。

《混凝土结构通用规范》GB 55008—2021 规定，预应力混凝土楼板结构的混凝土强度等级不应低于 C30，其他预应力混凝土结构构件的混凝土强度等级不应低于 C40。为了适应现代预应力混凝土结构发展的需要，混凝土应向快硬、高强、轻质方向发展。

（2）预应力筋

预应力混凝土结构中，预应力筋要求高强度、低松弛。混凝土预应力的大小主要取决于预应力筋的数量、张拉控制应力及预应力损失。在结构构件的施工和使用过程中，由于各种因素的影响，预应力筋将会产生预应力降低的现象，其值有时可达到 200MPa 左右。因此，必须采用高强度、低松弛的钢材才可以建立较高的预应力值，以达到预期效果。同时，预应力筋应具有一定的塑性，保证结构在达到承载力极限状态时具有一定的延性。尤其是当结构处于低温或受冲击荷载作用时，更应注意预应力筋的塑性和抗冲击韧性，以免发生脆性断裂。预应力筋还应具有良好的加工性能。此外，钢筋还应具有耐腐蚀性能及与混凝土间良好的黏结性能等。常用的预应力筋有钢绞线、高强钢丝和精轧螺纹钢筋等，如图 7-4 所示。

图 7-4 常用预应力筋
（a）钢绞线；（b）高强钢丝；（c）精轧螺纹钢筋

2. 相关配套设备

（1）锚具和夹具

锚具和夹具是依靠摩阻、握裹和承压来固定预应力筋的工具。能够重复使用的称为夹具，留在构件上不再取下的称为锚具。锚具和夹具应具备足够的强度和刚度，以保证预应力混凝土构件的安全可靠；同时，应使预应力筋尽可能不产生滑移，以可靠地传递预应力。此外，还应制作简单，使用方便，节省钢材。

常见的锚具有夹片锚、镦头锚和螺纹锚，如图 7-5 所示。夹片锚应用于钢绞线，镦头锚应用于高强钢丝，螺纹锚应用于精轧螺纹钢筋。

（2）其他配套产品

1）波纹管

对于后张法预应力混凝土结构，需要在混凝土中预留预应力筋孔道，该孔道即是利用波纹管成形。波纹管通常有两种类型：金属波纹管和塑料波纹管，如图 7-6 所示。

(a)   (b)   (c)

图 7-5 常用预应力筋锚具
（a）夹片锚；（b）镦头锚；（c）螺纹锚

(a)   (b)

图 7-6 波纹管
（a）金属波纹管；（b）塑料波纹管

  金属波纹管可用于各种形状的孔道成孔，具有使用方便、重量轻、刚度好、与混凝土的黏结力强等优点，但是金属波纹管具有耐腐蚀性较差、容易生锈、使用寿命较短等缺点，相对于塑料波纹管而言，价格便宜。

  塑料波纹管是一种多方面比金属波纹管性能更优的预应力管道，这种管道具有防水、耐候、抗氧化及耐化学腐蚀（塑料管道自身不腐蚀，且能有效防止氯离子侵入），受力后密封性好、摩阻更小、不导电、强度高等优点，有利于预应力筋防腐，适用于小半径布置预应力筋，满足特殊结构对预应力筋的绝缘要求。

  2）连接器

  连接器用于预应力混凝土结构中预应力束的接长，主要由连接体、夹片、保护罩、约束圈等组成，如图7-7所示，可以解决超长束孔道摩擦过大的问题，对于分段施工、分段张拉的结构，连接器也是必不可少的。

图 7-7 多孔连接器

  3）预应力机具

  预应力机具包括油泵、千斤顶、镦头器等设备。不同系列的油泵和千斤顶用于不同场合，油泵和千斤顶必须配套使用，通过软管连接，如图7-8所示。对于大型油压千斤顶，需用无缝钢管或铜管作为高压油管，并配备高压离合器和阀门。

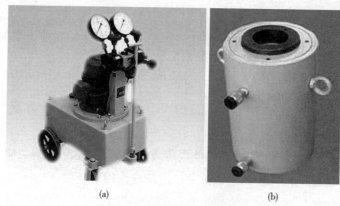

图7-8 高压油泵与千斤顶
（a）高压油泵；（b）千斤顶

镦头器是一种预应力施工专用设备，用来制作高强钢丝墩粗头，不同的钢丝直径对应于不同的镦头器型号，图7-9为用于$\phi 5$高强钢丝镦头的镦头器。

4）压浆设备

对于后张法有黏结预应力混凝土结构，在预应力筋锚固完之后，需在预应力筋与波纹管之间的空隙填充水泥浆（强度等级不应低于M20），其作用有两个：一是可以起到防止预应力筋腐蚀的作用；二是可以使预应力筋与混凝土共同工作。目前，常用的是真空辅助压浆工艺，即在传统压浆工艺的基础上将孔道系统密封，一端用真空泵抽吸预应力孔道内的空气，使孔道达到一定的真空度，然后在孔道的另一端用压浆机（图7-10）以正压力压入水泥浆。当水泥浆从真空端流出且稠度与压浆端基本相同时，再经过特定的排浆和保压以保证孔道内水泥浆体饱满。管道中间可以根据需要设置一定数量的观察孔，但必须保证观察孔在抽真空时的密封性能，以防止观察孔漏气导致抽真空失败。

图7-9 钢丝镦头器

图7-10 孔道压浆机

7.1.5 预应力混凝土分类

预应力混凝土结构按照制作工艺、设计和施工等的不同，可作如下分类：

1. **按施工工艺分**

根据混凝土浇筑和预应力筋张拉的先后次序不同，可以将预应力混凝土结构分为先张法结构和后张法结构，详见 7.1.3 节。

2. **按预应力程度分**

根据混凝土构件中所施加预应力程度的大小，可以将其分为全预应力混凝土构件和部分预应力混凝土构件。

全预应力混凝土构件指的是在正常使用荷载作用下受拉区不出现拉应力的构件。

部分预应力混凝土构件指的是在正常使用荷载作用下受拉区出现拉应力（A 类）或裂缝（B 类）的构件。

3. **按预应力筋与混凝土的黏结状态分**

对后张法预应力混凝土构件，根据预应力筋与混凝土之间的黏结状态，可以分为有黏结预应力混凝土构件和无黏结预应力混凝土构件。

当预应力筋张拉完成后，用水泥浆将预留孔道填实封闭，使预应力筋沿全长与周围混凝土黏结，这类构件称为有黏结预应力混凝土构件。

当预应力筋沿全长与周围混凝土不黏结，可发生相对滑动，仅靠锚具传力，这类构件称为无黏结预应力混凝土构件。

4. **按预应力筋位置分**

预应力筋布置在混凝土构件截面内的称为体内预应力混凝土构件，先张预应力混凝土构件及预设孔道穿筋的后张预应力混凝土构件等均属此类。

预应力筋布置在混凝土构件截面之外的称为体外预应力混凝土构件。

7.2 张拉控制应力和预应力损失

7.2.1 张拉控制应力

张拉控制应力 σ_{con} 是指张拉预应力钢筋时，张拉设备所控制的总张拉力除以预应力钢筋截面面积所得的应力值。

为了充分发挥预应力的优点，张拉控制应力 σ_{con} 宜定得高一点，以使混凝土获得较高的预压应力，提高构件的抗裂性。但 σ_{con} 过高，构件开裂时的荷载与破坏时的荷载接近，构件开裂不久即丧失承载力。另外，多根预应力筋组成的预应力束，各预应力筋的应力有差别，还可能采用超张拉以减少预应力损失，如果 σ_{con} 过高，则可能引起个别预应力筋断裂。因此，张拉控制应力不能过高。

张拉控制应力限值还与其施工工艺有关。先张法构件，张拉预应力筋时的张力由台座承担，混凝土是在截断钢筋后才受到压缩；而后张法构件在张拉的同时混凝土的弹性压缩已经完成。另外，先张法的混凝土收缩、徐变引起的预应力损失比后张法大。所以，在张拉控制应力相同时，后张法的实际预应力效果高于先张法。因此，对于相同种类的钢筋，先张法的张拉控制应力可高于后张法。

《混凝土结构设计规范》（2015 年版）GB 50010—2010 规定，张拉控制应力 σ_{con} 应符合表 7-1 的规定。在符合下列情况之一时，表 7-1 中的张拉控制应力限值可相应提高 $0.05f_{ptk}$：

（1）要求提高构件在施工阶段的抗裂性能而在使用阶段受压区内设置的预应力筋。

（2）要求部分抵消由于应力松弛、摩擦、钢筋分批张拉以及预应力筋与张拉台座之间的温差等因素产生的预应力损失。

张拉控制应力限值 表 7-1

预应力筋种类	张拉控制应力限值
消除应力钢丝、钢绞线	$0.75f_{ptk}$
中强度预应力钢丝	$0.70f_{ptk}$
预应力螺纹钢筋	$0.85f_{ptk}$

注：①消除应力钢丝、钢绞线、中强度预应力钢丝的张拉控制应力值不应小于 $0.4f_{ptk}$。
②预应力螺纹钢筋的张拉控制应力值不宜小于 $0.5f_{ptk}$。

7.2.2 预应力损失

在预应力结构的施工和使用过程中，由于张拉工艺、材料特性和环境因素的影响，使得预应力筋中的应力不断降低的现象，称为预应力损失。预应力损失会降低预应力的效果。预应力损失对承载力影响甚小，但对裂缝、变形影响较大。因此，准确地预估和尽可能减少预应力损失，对预应力混凝土结构的设计具有十分重要的意义。

引起预应力损失的因素很多，且各种因素之间相互影响，精确计算其值是很难的。《混凝土结构设计规范》（2015 年版）GB 50010—2010 建议了预应力损失值的计算方法和减少预应力损失的措施。

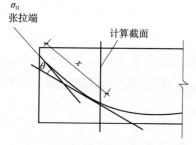

图 7-11 摩擦引起的损失计算简图

1. 预应力筋与孔道壁之间的摩擦引起的损失 σ_{l1}

后张法预应力混凝土构件张拉过程中，由于预应力筋与孔道壁之间的摩擦作用，或先张法预应力混凝土构件张拉过程中，由于预应力筋在转向装置处的摩擦作用，使得预应力筋产生预应力损失，用符号 σ_{l1} 表示，计算简图如图 7-11 所示，按式（7-1）计算：

$$\sigma_{l1} = \sigma_{con}\left(1 - \frac{1}{e^{\kappa x + \mu\theta}}\right) \tag{7-1}$$

式中 x——从张拉端至计算截面的孔道长度，可近似取该段孔道在纵轴上的投影长度（m）；

θ——从张拉端至计算截面曲线孔道部分切线的夹角（rad）；

κ——考虑孔道每米长度局部偏差的摩擦系数，按表 7-2 取用；

μ——预应力筋与孔道壁之间的摩擦系数，按表 7-2 取用。

预应力钢筋摩擦系数 表 7-2

孔道成形方式	κ	μ	
		钢绞线、钢丝	螺纹钢筋
预埋金属波纹管	0.0015	0.25	0.50
预埋塑料波纹管	0.0015	0.15	—
预埋钢管	0.0010	0.30	—
抽芯成形	0.0014	0.55	0.60
无黏结预应力筋	0.0040	0.09	—

注：摩擦系数也可根据实测数据确定。

当 $\kappa x + \mu\theta \leq 0.2$ 时，σ_{l1} 近似按式（7-2）计算：

$$\sigma_{l1} = (\kappa x + \mu\theta)\,\sigma_{con} \qquad (7-2)$$

为了减小摩擦损失，可采用两端张拉或超张拉。

2. 锚具变形和预应力筋回缩引起的损失 σ_{l2}

预应力筋在锚固时，由于锚具变形（包括锚具及锚具与构件之间缝隙压缩）和预应力筋在锚具中内缩滑移等因素的影响，将产生预应力损失。计算这项损失时，只需考虑张拉端，无需考虑锚固端，因为锚固端的锚具变形等在张拉过程中已经完成。

对直线预应力筋，σ_{l2} 按式（7-3）计算：

$$\sigma_{l2} = \frac{a}{l}E_s \qquad (7-3)$$

式中 a——张拉端锚具变形和预应力筋内缩值，按表 7-3 取值（mm）；

l——张拉端至锚固端之间的距离（mm）；

E_s——预应力筋的弹性模量。

式（7-3）中没有考虑摩擦的影响，计算所得的预应力损失沿预应力筋全长是相同的。对预制拼装结构，计算预应力损失时尚应计算填缝的预压变形。当采用混凝土或砂浆为填缝材料时，每条填缝的预压变形值取 1mm。

锚具变形与钢筋内缩值 a 表 7-3

锚具类别		a（mm）
支承式锚具 （钢丝束镦头锚具等）	螺帽缝隙	1
	每块后加垫板的缝隙	1
夹片式锚具	有顶压时	5
	无顶压时	6 ~ 8

注：①表中的锚具变形和预应力筋内缩值也可根据实测数据确定。
②其他类型的锚具变形和预应力筋内缩值应根据实测数据确定。

为了减少张拉端锚具变形和钢筋内缩引起的预应力损失，应尽量减少垫片数量，增加台座的长度。

3. 预应力筋与台座之间温差引起的损失 σ_{l3}

为了缩短制作周期，先张法预应力混凝土构件常采用蒸汽养护。升温时，预应力筋温度上升，与张拉台座之间存在温差。因此，预应力筋因受热膨胀而产生的伸长量比台座大。但由于预应力筋固定在台座上，其实际长度保持与台座相同，故而预应力筋的膨胀导致其拉应力降低。这时混凝土尚未硬化凝固成形，与预应力筋未黏结成整体，不能共同变形。降温时，因混凝土已凝固成形，与预应力筋黏结成整体，二者产生相同的回缩变形。因此，预应力筋在升温时引起的应力降低值不能恢复，从而产生预应力损失，用符号 σ_{l3} 表示，按式（7-4）计算：

$$\sigma_{l3} = E_s \alpha \Delta t = 2 \Delta t \qquad (7-4)$$

式中　α ——预应力筋的温度线膨胀系数，近似取 $1 \times 10^5/℃$；

　　Δt ——混凝土加热养护时，受张拉的预应力筋与张拉台座之间的温差。

为减少混凝土养护温差引起的预应力损失，可采取二次升温养护的措施，即首先按设计允许的温差范围控制升温，待混凝土凝固并具有一定的强度后，再进行二次升温。由于第二次升温时混凝土与预应力筋已黏结成整体，故不再因养护温差产生预应力损失。

4. 预应力筋应力松弛引起的损失 σ_{l4}

预应力筋在高应力作用下，具有随时间增长而产生塑性变形的性能，在预应力筋长度保持不变的情况下，预应力筋的应力会随时间的增长而不断降低，这种现象称为应力松弛。应力松弛将导致预应力筋的预应力损失，用符号 σ_{l4} 表示，该项损失与预应力筋应力的大小和应力作用时间有关。根据试验研究结果，σ_{l4} 按下列公式计算：

（1）消除应力钢丝、钢绞线

1）普通松弛

$$\sigma_{l4} = 0.4 \left(\sigma_{con} / f_{ptk} - 0.5 \right) \sigma_{con} \qquad (7-5)$$

2）低松弛

当 $\sigma_{con} \leqslant 0.7 f_{ptk}$ 时　　　　　$\sigma_{l4} = 0.125 \left(\sigma_{con} / f_{ptk} - 0.5 \right) \sigma_{con}$ 　（7-6a）

当 $0.7 f_{ptk} < \sigma_{con} \leqslant 0.8 f_{ptk}$ 时　　　　$\sigma_{l4} = 0.2 \left(\sigma_{con} / f_{ptk} - 0.575 \right) \sigma_{con}$ 　（7-6b）

（2）中强度预应力钢丝

$$\sigma_{l4} = 0.08 \sigma_{con} \qquad (7-7)$$

（3）预应力螺纹钢筋

$$\sigma_{l4} = 0.03 \sigma_{con} \qquad (7-8)$$

当 $\sigma_{con} / f_{ptk} \leqslant 0.5$ 时，预应力筋的应力松弛损失值取零。

为减少预应力筋应力松弛引起的损失，可采用低松弛钢筋。

5. 混凝土收缩和徐变引起的损失 σ_{l5}、σ_{l5}'

在压应力作用下，混凝土将产生徐变；在正常条件下，混凝土将产生收缩。这两种现象均导致构件缩短，从而引起预应力筋产生预应力损失。因这两种现象引起的预应力损失往往是同时发生并相互影响，难以准确区分，为简化计算一般合并考虑，并以符号 σ_{l5}（对受拉区预应力筋）和 σ_{l5}'（对受压区预应力筋）来表示。混凝土收缩和徐变引起的预应力损失与混凝土强度、混凝土应力大小及其加载龄期、预应力施工工艺、环境条件以及构件的配筋率等相关。

根据试验研究结果，σ_{l5}、σ_{l5}' 按下列公式计算：

先张法构件：

$$\sigma_{l5} = \frac{60+340\sigma_{pc}/f_{cu}'}{1+15\rho} \tag{7-9a}$$

$$\sigma_{l5}' = \frac{60+340\sigma_{pc}'/f_{cu}'}{1+15\rho'} \tag{7-9b}$$

后张法构件：

$$\sigma_{l5} = \frac{55+300\sigma_{pc}/f_{cu}'}{1+15\rho} \tag{7-10a}$$

$$\sigma_{l5}' = \frac{55+300\sigma_{pc}'/f_{cu}'}{1+15\rho'} \tag{7-10b}$$

式中 f_{cu}' ——施加预应力时的混凝土立方体抗压强度；

σ_{pc}、σ_{pc}' ——受拉区、受压区预应力筋在各自合力点处混凝土法向压应力；

ρ、ρ' ——受拉区、受压区预应力筋和普通钢筋的配筋率。

对先张法构件： $\rho = (A_s+A_p)/A_0$, $\rho' = (A_s' + A_p')/A_0$ (7-11a)

对后张法构件： $\rho = (A_s+A_p)/A_n$, $\rho' = (A_s' + A_p')/A_n$ (7-11b)

式中 A_0——构件换算截面面积，包括扣除孔道、凹槽等削弱部分以外的混凝土全部截面面积与全部纵向预应力筋和普通钢筋的换算截面面积（按钢筋与混凝土的弹性模量比换算成混凝土的截面面积）；

A_n——构件净截面面积，即换算截面面积减去全部纵向预应力筋截面面积。

对于对称配置预应力筋和普通钢筋的构件，$\rho = \rho'$，此时配筋率应按其钢筋总截面面积的一半进行计算。

受拉、受压区预应力筋在合力点处混凝土的法向应力 σ_{pc}、σ_{pc}'，计算时仅考虑混凝土预压前（第一批）损失，其普通钢筋的应力值应取零，并可根据施工情况考虑构件自重的影响，σ_{pc}、σ_{pc}' 不得大于 $0.5f_{cu}'$。

计算 σ_{pc}、σ_{pc}' 时，当 σ_{pc}/f_{cu}'（或 σ_{pc}'/f_{cu}'）小于 0.5 时，混凝土产生线性徐变。但当 σ_{pc}/f_{cu}'（或 σ_{pc}'/f_{cu}'）大于 0.5 时，混凝土将产生非线性徐变，此时由混凝土徐变产生

的预应力损失将大幅度增加。因此,《混凝土结构设计规范》(2015 年版)GB 50010—2010 规定, σ_{pc}、σ'_{pc} 不得大于 $0.5f'_{cu}$。当 σ_{pc} 为拉应力时,式(7-9a)、式(7-10a)中的 σ_{pc} 应取零。

式(7-9a)~式(7-10b)是根据一般环境条件下的试验结果确定的。对处于干燥环境(年平均相对湿度低于 40% 的环境)的结构,由于混凝土的收缩和徐变较大,按式(7-9a)~式(7-10b)计算的 σ_{l5} 及 σ'_{l5} 应增加 30%。

从混凝土受预压到构件承受外荷载的时间,对混凝土收缩和徐变损失有影响。因此,当需要考虑施加预应力时混凝土龄期的影响,以及需要考虑松弛、收缩、徐变损失随时间的变化和较精确计算时,可按《混凝土结构设计规范》(2015 年版)GB 50010—2010 提供的方法计算。

由于混凝土的收缩和徐变损失一般在总的预应力损失中占的比例较大(在曲线配筋构件中,一般占总损失值的 30% 左右;在直线配筋构件中,一般可达总损失值的 60% 左右),因此,在设计和施工中应尽量采取措施减少混凝土的收缩和徐变引起的预应力损失。

为减少混凝土收缩和徐变引起的损失,一般可采用提高混凝土质量、增加普通钢筋配置等措施。

6. 螺旋式预应力筋局部挤压混凝土引起的损失 σ_{l6}

配置螺旋式预应力筋的环形构件中,混凝土由于受环向预应力筋的挤压,产生径向局部挤压变形,导致预应力筋产生预应力损失。该项预应力损失与构件的直径有关,直径越大损失越小。因此,《混凝土结构设计规范》(2015 年版)GB 50010—2010 规定,当构件直径小于或等于 3m 时,取 $\sigma_{l6} = 30$MPa;当构件直径大于 3m 时,可忽略其影响。

除上述六种预应力损失外,在后张法构件中,当预应力筋采用分批张拉时,受后批张拉时构件弹性压缩的影响,前批张拉的预应力筋的应力将降低,其值为 $\alpha_E \sigma_{pci}$,其中 α_E 为预应力筋与混凝土的弹性模量比值,σ_{pci} 为后批张拉预应力筋时在已张拉预应力筋合力作用点处产生的混凝土法向应力。因此,设计计算时应考虑其影响,或采取措施消除其影响,如提高先批张拉预应力筋的张拉控制应力。

7.2.3 预应力损失组合与有效预应力

由于各种预应力损失是分批产生的,而对预应力混凝土构件除应根据使用条件进行承载力计算及变形、裂缝和应力验算外,还需对构件制作、运输、吊装等施工阶段进行验算,不同的受力阶段应考虑相应的预应力损失,因此,需分阶段对预应力损失值进行组合。通常把混凝土预压前产生的预应力损失称为第一批损失,其值以符号 σ_{lI} 表示;把混凝土预压后产生的预应力损失称为第二批损失,其值以符号 σ_{lII} 表示。σ_{lI} 和 σ_{lII} 可按表 7-4 取值。

各阶段预应力损失值的组合 表 7-4

预应力损失值组合	先张法构件	后张法构件
混凝土预压前（第一批）损失 σ_{lI}	$\sigma_{l1}+\sigma_{l2}+\sigma_{l3}+\sigma_{l4}$	$\sigma_{l1}+\sigma_{l2}$
混凝土预压后（第二批）损失 σ_{lII}	σ_{l5}	$\sigma_{l4}+\sigma_{l5}+\sigma_{l6}$

注：先张法构件由钢筋应力松弛引起的损失在第一批和第二批中所占的比例如需区分，按实际情况确定。

由于预应力损失的计算值和实际值有一定的误差，而且有时误差较大，因此为了保证预应力效果，《混凝土结构设计规范》（2015 年版）GB 50010—2010 规定，当按计算所得的预应力总损失值小于以下数值时，则按以下数值取用：先张法构件为 100MPa；后张法构件为 80MPa。

预应力筋张拉控制应力扣除总的预应力损失即为有效预应力。

7.3 预应力混凝土轴心受拉构件

7.3.1 承载力计算

预应力混凝土轴心受拉构件达到承载力极限状态时，全部轴向拉力由预应力筋和普通钢筋共同承担（图 7-12），此时，预应力筋接近破坏强度，普通钢筋屈服，在计算其抗拉承载力时，钢筋应力取各自抗拉强度设计值，按式（7-12）计算：

$$N \leqslant f_{py}A_p+f_yA_s \tag{7-12}$$

式中　N——轴向拉力设计值；

f_{py}、f_y——分别为预应力筋和普通钢筋的抗拉强度设计值；

A_p、A_s——分别为预应力筋和普通钢筋的面积。

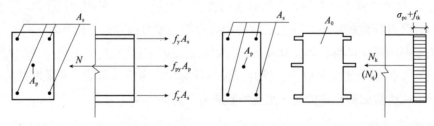

图 7-12　轴心受拉构件计算简图　　　图 7-13　轴心受拉构件抗裂度验算简图

7.3.2 使用阶段抗裂度及裂缝宽度验算

当荷载加至换算截面上的应力超过 $\sigma_{pc}+f_{tk}$ 时（图 7-13），截面将开裂。如前所述，由于结构的使用功能及所处环境不同，对构件裂缝控制的要求也应不同。因此，对预应力混凝土轴心受拉构件，应根据《混凝土结构设计规范》（2015 年版）GB 50010—2010 规定，按所处环境类别和使用要求，选用相应的裂缝控制等级，并按下列规定进行受拉边缘应力或正截面裂缝宽度验算。

1. 一级——严格要求不出现裂缝的构件

对于使用阶段严格要求不出现裂缝的预应力混凝土轴心受拉构件，在荷载标准组合下应符合下列规定：

$$\sigma_{ck} - \sigma_{pc} \leqslant 0 \tag{7-13}$$

2. 二级——一般要求不出现裂缝的构件

对于使用阶段一般要求不出现裂缝的预应力混凝土轴心受拉构件，在荷载标准组合下应符合下列规定：

$$\sigma_{ck} - \sigma_{pc} \leqslant f_{tk} \tag{7-14}$$

式中　σ_{ck}——荷载标准组合下的混凝土法向应力，按式（7-15）计算；

σ_{pc}——扣除全部预应力损失后在抗裂验算边缘混凝土的预压应力，按式（7-16）计算；

f_{tk}——混凝土抗拉强度标准值。

$$\sigma_{ck} = N_k / A_0 \tag{7-15}$$

式中　N_k——按荷载标准组合计算的轴向拉力；

A_0——换算截面面积，$A_0 = A_c + \alpha_E A_s + \alpha_E A_p$，其中 A_c 为混凝土净截面面积，α_E 为钢筋与混凝土的弹性模量比。

先张法轴拉构件：

$$\sigma_{pc} = N_{p0} / A_0 \tag{7-16a}$$

后张法轴拉构件：

$$\sigma_{pc} = N_p / A_n \tag{7-16b}$$

式中　A_n——净截面面积；

N_{p0}、N_p——先张法构件、后张法构件的预应力筋及普通钢筋合力，按式（7-17）计算。

先张法轴拉构件：

$$N_{p0} = \sigma_{p0} A_p - \sigma_{l5} A_s \tag{7-17a}$$

式中　σ_{p0}——受拉区预应力筋合力点处混凝土法向应力等于零时的预应力筋应力，$\sigma_{p0} = \sigma_{con} - \sigma_l$。

后张法轴拉构件：

$$N_p = \sigma_{pe} A_p - \sigma_{l5} A_s \tag{7-17b}$$

式中　σ_{pe}——预应力筋的有效预应力，$\sigma_{pe} = \sigma_{con} - \sigma_l$。

3. 三级——允许出现裂缝的构件

使用阶段允许出现裂缝的预应力混凝土轴心受拉构件，按荷载的标准组合并考虑长期作用影响效应计算所得的最大裂缝宽度不应超过裂缝宽度允许值。

预应力混凝土轴心受拉构件在荷载作用下混凝土消压后，在继续增加的荷载作用下，截面的内力特征和应变变化规律与普通钢筋混凝土构件相同。因此，参照钢筋混凝土轴心受拉构件，对于使用阶段允许出现裂缝的预应力混凝土轴心受拉构件，按荷载的标准组合计算，并考虑荷载准永久组合影响的最大裂缝宽度 ω_{max} 的计算以及最大裂缝宽度验算公式同钢筋混凝土构件，其中预应力混凝土轴心受拉构件的受力特征系数 α_{cr} 为 2.2。

对于环境类别为二 a 类的预应力混凝土构件，在荷载准永久组合下，受拉边缘应力尚应符合下式：

$$\sigma_{cq} - \sigma_{pc} \leq f_{tk} \tag{7-18}$$

式中　σ_{cq}——荷线准永久组合下抗裂验算边缘的混凝土法向应力，可按式（7-19）计算。

$$\sigma_{cq} = \frac{N_q}{A_0} \tag{7-19}$$

式中　N_q——按荷线准永久组合计算的轴向拉力。

7.3.3　施工阶段验算

后张法预应力混凝土构件张拉预应力筋（或先张法预应力混凝土构件放张预应力筋）时，由于预应力损失尚未完成，混凝土受到的压力最大，而此时混凝土的强度一般最低（一般要求达到设计强度的 75%），此外，对于后张法预应力混凝土构件，预应力是通过锚具传递的，在构件端部锚具下将产生很大的局部压力，因此，不论是后张法预应力混凝土构件还是先张法预应力混凝土构件，都必须进行施工阶段的验算。

1. 张拉或放张预应力筋时的强度验算

对预应力混凝土轴心受拉构件，预压时，一般处于全截面均匀受压状态。为保证此时截面的受压承载力，截面上混凝土法向压应力 σ_{cc} 应符合下式：

$$\sigma_{cc} \leq 0.8 f'_{ck} \tag{7-20}$$

式中　f'_{ck}——预压时混凝土的抗压强度标准值。

计算 σ_{cc} 时，对于先张法构件，按锚具变形和钢筋内缩引起的预应力损失完成后计算；对于后张法构件，按不考虑应力损失计算，即：

先张法构件：　　　　　$\sigma_{cc} = (\sigma_{con} - \sigma_{II}) A_p / A_0 \tag{7-21}$

后张法构件：　　　　　$\sigma_{cc} = \sigma_{con} A_p / A_n \tag{7-22}$

对后张法构件，必要时应考虑孔道及预应力筋偏心的影响。对运输或安装等施工阶段，应考虑预加压力、自重及施工荷载（必要时应考虑动力系数）的共同作用，对截面进行验算。

2. 局部承压验算

后张法构件的预应力是通过锚具经垫板再传递给混凝土的。一般情况下预应力很大，而垫板与混凝土的受力接触面往往较小，锚下的混凝土将承受较大的局部应力。为保证构件端部的局部受压承载力，一般需要在锚固区配置间接钢筋。对配置间接钢筋的预应力混凝土构件锚固区，其局部受压验算应按下述方法进行。

（1）局部受压面积验算

配置间接钢筋的混凝土结构构件，其局部受压区的截面尺寸应符合下列要求：

$$F_1 \leq 1.35\beta_c\beta_1 f_c A_{ln} \qquad (7-23)$$

$$\beta_1 = \sqrt{\frac{A_b}{A_1}} \qquad (7-24)$$

式中　F_1——局部受压面上作用的局部压力设计值，对后张法预应力混凝土构件中的锚头局部受压区，取 1.2 倍的张拉控制力，即 $F_1 = 1.2\sigma_{con}A_p$；在无黏结预应力混凝土构件中，尚应与 $f_{ptk}A_p$ 值相比较，取其中的较大值；

　　　　β_1——混凝土局部受压时的强度提高系数；

　　　　f_c——预压时混凝土的轴心抗压强度设计值；

　　　　A_1——混凝土局部受压面积；

　　　　A_{ln}——锚具垫圈下的混凝土局部受压净面积，当有垫板时，可考虑预压力沿锚具垫圈边缘在垫板中按 45° 角扩散后传递至混凝土的受压面积，对后张法构件，应在混凝土局部受压面积中扣除孔道、凹槽部分的面积；

　　　　A_b——局部受压时的计算底面积，可由局部受压面积与计算底面积按同心、对称的原则确定，一般情况按图 7-14 确定。

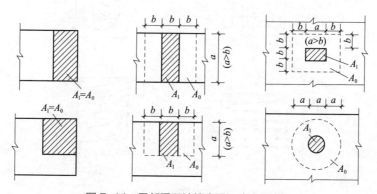

图 7-14　局部受压计算底面积确定示意图

满足上述截面限制条件，一般不会发生受压面过大的下沉及表面开裂。当截面尺寸不符合式（7-23）的要求时，可以根据具体情况扩大端部锚固区的截面尺寸，调整锚具位置或提高混凝土强度等级等。

（2）局部受压承载力验算

配置方格网式或螺旋式间接钢筋的锚固区段，当其核心面积 A_{cor} 大于等于混凝土局部受压面积 A_1 时，局部受压承载力按式（7-25）计算：

$$F_1 \leqslant 0.9\left(\beta_c\beta_1 f_c + 2\alpha\rho_v\beta_{cor}f_{yv}\right)A_{ln} \tag{7-25}$$

式中 β_{cor}——配置间接钢筋的局部受压承载力提高系数，仍按式（7-24）计算，但应以 A_{cor} 代替 A_b，即 $\beta_{cor}=\sqrt{A_{cor}/A_1}$；且当 A_{cor} 大于 A_b 时，A_{cor} 取 A_b；当 A_{cor} 不大于混凝土局部受压面积 A_1 的 1.25 倍时，β_{cor} 取 1.0；

  α——间接钢筋对混凝土约束的折减系数，当混凝土强度等级不超过 C50 时，取 1.0；当混凝土强度等级为 C80 时，取 0.85；其间按线性内插法取值。

当为方格网配筋时（图 7-15a），其体积配筋率按式（7-26）计算：

$$\rho_v = \frac{n_1 A_{s1}l_1 + n_2 A_{s2}l_2}{A_{cor}s} \tag{7-26}$$

式中 A_{cor}——配置方格网间接钢筋内表面范围内的混凝土核心面积，但不应大于 A_b，且其重心应与 A_1 的重心重合；

  ρ_v——间接钢筋的体积配筋率（核心面积 A_{cor} 范围内单位混凝土体积所含间接钢筋的体积）；

  n_1、A_{s1}——方格网沿 l_1 方向的钢筋根数、单根钢筋的截面面积；

  n_2、A_{s2}——方格网沿 l_2 方向的钢筋根数、单根钢筋的截面面积。

此时，在钢筋网两个方向的单位长度内，其钢筋截面面积相差不应大于 1.5 倍。

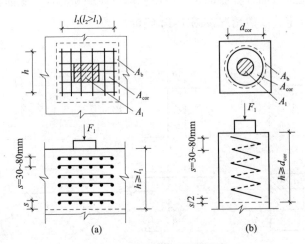

图 7-15 局部承压配筋示意
（a）方格网配筋；（b）螺旋式配筋

当为螺旋配筋时（图 7-15b），其体积配筋率按式（7-27）计算：

$$\rho_v = \frac{4A_{ss1}}{d_{cor}s} \tag{7-27}$$

式中 A_{ss1}——螺旋式单根间接钢筋的截面面积；

  d_{cor}——配置螺旋式间接钢筋内表面范围内的混凝土直径；

  s——方格网或螺旋式间接钢筋的间距。

间接钢筋应配置在图 7-15 所规定的 h 范围内，配置方格网钢筋不应少于 4 片，配置螺旋式钢筋不应少于 4 圈。

【例 7-1】某跨度 24m 的预应力混凝土折线形屋架，采用后张法施工工艺，其下弦杆的轴向拉力设计值 $N = 750kN$，荷载效应标准组合轴向拉力 $N_k = 600kN$，荷载效应准永久组合轴向拉力 $N_q = 500kN$。下弦杆截面尺寸及非预应力筋配置如图 7-16 所示。采用 HRB400 级钢筋，$f_y = 360N/mm^2$，$E_s = 200000N/mm^2$。采用 C40 混凝土，$f_{ck}' = 26.8N/mm^2$，$E_c = 32500N/mm^2$，ϕ^s5 低松弛 1860 级预应力钢绞线，$f_{ptk} = 1860N/mm^2$，$f_{py} = 1320N/mm^2$，$E_s = 195000N/mm^2$，单端张拉，一般要求不出现裂缝。试计算所需预应力筋数量，并验算使用阶段抗裂性。

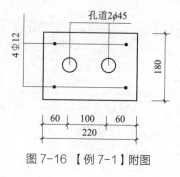

图 7-16 【例 7-1】附图

【解】（1）计算所需预应力筋数量

由公式（7-12）可得：

$$A_p = \frac{N - f_y A_s}{f_{py}} = \frac{750 \times 10^3 - 360 \times 4 \times 113}{1320} = 445mm^2$$

选取 26 根 ϕ^s5 高强钢丝（$A_p = 510mm^2$），每束 13 根，预留孔道直径 45mm。

（2）使用阶段的抗裂验算

1）截面几何特性计算

$$A_c = 220 \times 180 - 2 \times \frac{\pi \times 45^2}{4} - 4 \times \frac{\pi \times 12^2}{4} = 35969mm^2$$

$$\alpha_{E1} = \frac{195000}{32500} = 6$$

$$\alpha_{E2} = \frac{200000}{32500} = 6.15$$

$$A_s = 4 \times \frac{\pi \times 12^2}{4} = 452mm^2$$

$$A_n = 35969 + 6.15 \times 452 = 38749mm^2$$

$$A_0 = 35969 + 6.15 \times 452 + 6 \times 510 = 41809mm^2$$

2）预应力损失计算

取 $\sigma_{con} = 0.75 \times 1860 = 1395\text{MPa}$

例题为直线型构件，$\theta = 0$，查表 7-2 得 $k = 0.0015$，$x = 24\text{m}$ 为下弦杆长度，一端张拉取 24m。代入式（7-2）可得：

$$\sigma_{l1} = 1395 \times 0.0015 \times 24 = 50.2\text{MPa}$$

$$\sigma_{l2} = \frac{a}{l} E_s = \frac{1}{24000} \times 195000 = 8.125\text{MPa}$$

第一批损失为：$\sigma_{lI} = 8.125 + 50.2 = 58.3\text{MPa}$

$$\sigma_{pc} = \frac{(\sigma_{con} - \sigma_{lI}) A_p}{A_n} = \frac{(1395 - 58.3) \times 510}{38749} = 17.6\text{MPa}$$

$$\sigma_{l4} = 0.2 \left(\frac{\sigma_{con}}{f_{ptk}} - 0.575 \right) \sigma_{con} = 0.2 \times \left(\frac{1395}{1860} - 0.575 \right) \times 1395 = 48.8\text{MPa}$$

$$\sigma_{l5} = \frac{55 + 300 \dfrac{\sigma_{pc}}{f'_{cu}}}{1 + 15\rho} = \frac{55 + 300 \times 17.6/40}{1 + 15 \times (452 + 510)/38749} = 136.2\text{MPa}$$

第二批损失为：$\sigma_{lII} = 48.8 + 136.2 = 185\text{MPa}$

总损失为 $\sigma_l = 58.3 + 185 = 243.3\text{MPa}$

3）计算混凝土应力

混凝土预压应力为：

$$\sigma_{pc} = \frac{(1395 - 243.3) \times 510 - 136.2 \times 452}{38749} = 13.57\text{MPa}$$

荷载作用引起下弦杆截面拉应力为：

荷载标准组合下：

$$\sigma_{ck} = \frac{N_k}{A_0} = \frac{600000}{41809} = 14.35\text{MPa}$$

4）验算抗裂性

荷载标准组合下：

$$\sigma_{ck} - \sigma_{pc} = 14.35 - 13.57 = 0.78\text{MPa} < f_{tk} = 2.4\text{MPa}（满足要求）$$

满足一般要求不出现裂缝。

（3）施工阶段混凝土应力验算

$$\sigma_{cc} = 1395 \times \frac{510}{38749} = 18.4\text{MPa}$$

$$0.8f'_{ck} = 0.8 \times 26.8 = 21.4\text{MPa}$$

$$\sigma_{cc} < 0.8f'_{ck}$$

满足要求。

预应力混凝土受弯构件相关内容详见二维码 7-1。

7-1　预应力混凝土
受弯构件

7.4　预应力混凝土构件的构造要求

7.4.1　构件截面形式与尺寸

预应力轴心受拉构件通常采用正方形或矩形截面。预应力受弯构件的截面形式有矩形、T形、I形以及箱形等。矩形截面构造简单、模板量小，但自重大，一般用于跨度较小的先张法预应力混凝土梁和预应力实心板。为了充分发挥受压翼缘的作用、便于布置预应力筋，可采用上、下翼缘不对称的I形截面，下部受拉翼缘的宽度小于上部翼缘、高度大于上部翼缘。沿构件纵轴线除了采用等截面外，为了减少混凝土用量、降低构件自重，还可以采用变截面。如鱼腹式吊车梁，弯矩较大的跨中截面采用较大的截面高度、弯矩较小的支座截面采用较小的截面高度；连续梁支座截面弯矩大，采用较大的截面高度；跨中截面弯矩小，采用较小的截面高度。T形、I形截面梁靠近支座处，为了承受较大的剪力、有足够的位置布置锚具，一般会增大腹板宽度。

7.4.2　预应力筋布置

常用的预应力筋线形有直线和曲线两种。预应力轴心受拉构件采用直线预应力筋；预应力受弯构件根据跨度、荷载的大小和弯矩包络图形状可选择不同的线形，其中曲线预应力筋的形状与外荷载作用下的弯矩图形状基本一致时，预应力筋的效率最高，配筋量最少。采用曲线形预应力筋时，其曲率半径不宜小于4m。当沿构件凹面布置曲线预应力筋时，应配置U形插筋进行防崩裂设计。

为了保证先张法预应力筋与混凝土之间的黏结力，预应力筋之间的净距不宜小于其公称直径的2.5倍和混凝土粗骨料最大粒径的1.25倍，当混凝土振捣密实性有保证时，净距可以放宽到粗骨料最大粒径的1.0倍；且应满足：预应力钢丝，不应小于15mm；三股钢绞线，不应小于20mm；七股钢绞线，不应小于25mm。

后张法预制构件中预留孔道的水平净距不宜小于50mm，且不宜小于粗骨料粒径的1.25倍；孔道外壁至构件边缘的净距不宜小于30mm，且不宜小于孔道直径的50%。

现浇混凝土梁中预留孔道在竖直方向的净距不应小于孔道外径，水平方向净距不宜小于1.5倍孔道外径，且不应小于粗骨料粒径的1.25倍。孔道外壁至构件边缘的净距：梁底不宜小于50m，梁侧不宜小于40mm；裂缝控制等级为三级的梁，梁底不宜小于60mm，梁侧不宜小于50mm。预留孔道的内径宜比预应力束外径及需要穿过孔道的连接器外径大6～15mm，且孔道的截面面积宜为穿入预应力束截面面积的3～4倍；当有可靠经验并能保证混凝土浇筑质量时，预留孔道可水平并列贴紧布置，但并列数量不应超过2束。

7.4.3　锚固区局部加强

为了防止先张法预应力传递长度范围内局部挤压引起的环向拉应力导致构件端部混凝土出现劈裂裂缝，构件端部应采取下列构造措施：单根配置的预应力筋，其端部宜设置螺旋筋；分散布置的多根预应力筋，在构件端部 10d（d 为预应力筋的公称直径）且不小于 100mm 长度范围内，宜设置 3～5 片与预应力筋垂直的钢筋网片；预应力钢丝薄板，在板端 100mm 长度范围内宜适当加密横向钢筋；槽形板类构件，应在构件端部 100mm 长度范围内沿构件板面设置附加横向钢筋，数量不少于 2 根。

为了防止预应力在构件端部过分集中而造成混凝土开裂或局部压坏，后张法构件的端部锚固区应按下列规定配置间接钢筋：

（1）采用普通垫板时，应进行局部受压承载力计算，并配置间接钢筋。

（2）在局部受压间接钢筋配置区以外的附加配筋区范围内，应均匀配置附加防劈裂箍筋或网片。

（3）当构件端部预应力筋需集中布置在截面下部或集中布置在上部和下部时，应在构件端部 0.2h（h 为梁高）范围内设置附加竖向防端面裂缝构造筋。

（4）当构件在端部有局部凹进时，除了配置竖向钢筋尚需增设折线构造筋。

7.4.4　锚具防护

预应力筋锚具采用混凝土封锚时，其强度等级宜与构件混凝土强度等级一致，且不应低于 C30。封锚混凝土与构件混凝土之间应采取措施保证可靠黏结，如在封锚前将周围混凝土界面凿毛并冲洗干净，且宜配置 1～2 层钢筋网片，网片应与构件混凝土拉结。采用无收缩砂浆或混凝土封锚时，锚具及预应力筋端部的保护层厚度不应小于：一类环境时为 20mm；二 a、二 b 类环境时为 50mm；三 a、三 b 类环境时为 80mm。

本章小结

本章主要讲述了预应力混凝土结构的基本概念及分类，预应力混凝土构件对材料的要求，常用锚具类型，施加预应力的方法及建立预应力的原理，预应力损失的原因及其计算、预应力损失的组合，预应力混凝土构件的正常使用极限状态与承载能力极限状态相关计算与验算，预应力混凝土构件的基本构造措施。

思考与练习题

1. 何谓预应力混凝土？为什么要对构件施加预应力？
2. 预应力混凝土的主要优点是什么？其基本原理是什么？
3. 先张法与后张法有哪些异同点？
4. 预应力混凝土结构有哪些优缺点？
5. 为什么在预应力混凝土中应采用较高强度等级的混凝土？
6. 何谓张拉控制应力？为什么先张法的张拉控制应力高一些？

7. 张拉控制应力过高和过低将出现什么问题?

8. 预应力损失有哪些?采用先张法与后张法时应怎样组合?怎样减少预应力损失值?

9. 何谓全预应力混凝土?何谓部分预应力混凝土?

10. 何谓有效预应力?它与张拉控制应力有何不同?

11. 当钢号相同时,未施加预应力与施加预应力对轴拉构件承载能力有无影响?

第8章　钢筋混凝土梁板结构设计

【本章要点及学习目标】

（1）掌握梁板结构布置的一般方法及其构造要求、计算简图的取用。

（2）掌握换算荷载的计算、活载最不利布置及内力包络图的绘制；理解塑性铰及内力重分布的概念；掌握单向板肋梁楼盖按弹性理论及塑性理论（如弯矩调幅法）的设计方法和施工图绘制。

（3）掌握双向板肋梁楼盖按弹性理论和塑性理论（塑性铰线法）的设计方法和施工图绘制；了解双向板的构造要求。

（4）理解装配式楼盖的设计要点和连接构造。

（5）掌握楼梯、雨篷的结构类型，计算与构造要求。

8.1　楼盖结构及布置原则

钢筋混凝土梁板结构是由钢筋混凝土梁和板组成的水平承重结构体系，其竖向承重体系通常是由柱或墙组成。梁板结构广泛应用在土木工程的各领域，例如楼盖和屋盖、筏式基础、挡土墙、储液池的底板、侧壁和顶盖，以及楼梯、阳台和雨篷、桥梁工程中的桥面结构等。其中楼盖和屋盖是最典型的梁板结构，因此其设计原理具有普遍意义。本章着重讲述梁板结构中楼（屋）盖结构的设计。

楼盖（屋盖）是房屋结构中的重要组成部分，它将楼面（或屋面）荷载传给竖向承重结构，最终传给地基。楼盖也将各竖向承重结构连成一个结构整体，成为竖向承重结构的水平支撑，从而增强了结构的整体性和稳定性。混凝土楼盖对于保证建筑物的承载力、刚度以及抗震性能等有非常重要的意义。

8.1.1　楼盖结构的选型

在房屋建筑中，混凝土楼盖的造价约占土建造价的 20% ~ 30%，在高层结构中，混凝土楼盖的自重约占结构总重的 50% ~ 60%，且楼盖与建筑物的舒适度、隔声、隔热，屋盖与建筑物的耐久性等都有直接关系，因此，合理选择楼盖结构形式决定着建筑物的使用功能要求和经济技术指标。

1. 楼盖的结构形式

钢筋混凝土楼盖的主要结构形式有：

（1）肋梁楼盖，由梁、板组成，是应用最广泛的结构形式。根据主次梁的布置方式和板区格平面尺寸比的不同，可分为单向板肋梁楼盖，如图 8-1（a）所示；双向板肋梁楼盖，如图 8-1（b）所示。

（2）无梁楼盖，楼盖中不设主次梁，板直接在柱上（或有柱帽的柱上），楼面荷载直接由板传给柱再传给基础。这种结构缩短了传力路径，增大了楼层净高。无梁楼盖顶棚平整，楼层净空高，通风卫生条件相对较好，常用于各种仓库、商店等对空间要求大的工程中，如图 8-1（c）所示。

（3）密肋楼盖，一般情况下把肋距在 0.5 ~ 2m 的单向或双向肋形楼盖称为密肋楼盖。双向密肋楼盖由于双向共同承受荷载作用，受力性能较好，如图 8-1（d）所示。

（4）井式楼盖，将纵横两个方向的梁做成不分主次之等高梁，形如网格，故称为井式楼盖。井式楼盖的梁是以楼盖四周的柱或墙作为支承的，两个方向梁的相交点会产生一定数量的挠度，整个楼盖的变形类似一块很大的双向板，常用于公共建筑的大厅，如图 8-1（e）所示。

（5）扁梁楼盖，该楼板结构中梁宽大于柱宽，且梁中线宜与柱中线重合，如图 8-1（f）所示。

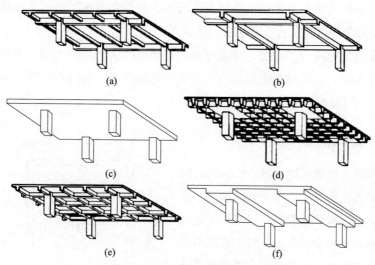

图 8-1　楼盖的结构类型
（a）单向板肋梁楼盖；（b）双向板肋梁楼盖；（c）无梁楼盖；
（d）密肋楼盖；（e）井式楼盖；（f）扁梁楼盖

2. 施工方法

按施工方法不同，混凝土楼盖可分为：

（1）现浇整体式楼盖，施工现场支模、绑扎钢筋、浇筑混凝土，因而整体性好、刚度大、防水抗震性能好，对不规则结构适应性好，开洞容易。但现场模板用量大，工期较长，施工容易受季节影响。因随着施工技术的改进，商品混凝土、泵送混凝土和工具式钢模板的广泛应用，以上缺点正在逐渐被克服。《高层建筑混凝土结构技术规程》JGJ 3—2010 规定，房屋高度超过 50m，框架—剪力墙结构、筒体结构及复杂高层建筑结构应采用现浇楼盖结构，剪力墙结构和框架结构宜采用现浇楼盖结构；房屋高度不超过 50m，8、9 度抗震设计时宜采用现浇楼盖结构；房屋高度不超过 50m，顶层、结构转换层和平面复杂或开洞过大的楼层，也应采用现浇楼盖。楼板的刚性可以保证建筑物的空间整体性能和水平力的有效传递，高层建筑结构计算中假设楼板在自身平面内刚度无限大，水平荷载作用下只有刚性位移而不变形。

（2）装配式楼盖，可以是现浇梁和预制板结合而成，也可以是预制梁和预制板在现场装配结合而成。由于楼盖的构件采用预制构件，施工速度快，节省劳动力，便于工业化生产、标准化设计和机械化施工，主要应用在多层砌体建筑中。但此楼盖结构形式整体性、抗震性及防水性等均较差，且不便于在楼板上开洞，故不宜用于高层建筑。在抗震设防区限制使用装配式楼盖。

（3）装配整体式楼盖，即楼盖的部分构件现浇，部分构件预制。将预制构件在施工现场吊装就位后，通过连接构造和现浇混凝土形成整体，故其特点介于前两种楼盖结构之间。施工过程中可利用预制部分作为现浇部分的支撑模板，从而大量节省模板，且增强了结构的整体性、刚度和抗震性能。装配整体式楼盖是提高装配式楼盖整体性、抗震性及防水性的一种措施，但焊接工作量大，需二次浇筑混凝土，多用于荷载较大的多层工业厂房、高层民用建筑及有抗震要求的建筑。

（4）根据施加预应力的情况，楼盖可分为钢筋混凝土楼盖和预应力混凝土楼盖。预应力混凝土楼盖最普遍的是无黏结预应力混凝土平板楼盖，其可有效减小板厚，增加建筑净高，同时也可控制或减小裂缝的产生和发展。

8.1.2　单向板和双向板

肋梁楼盖中，板被梁划分成若干区格，每个区格形成四边支承的板，由于梁的刚度远大于板的刚度，在分析板受力时，忽略梁的竖向变形，假设梁为板的不动支承，板上荷载通过板的受弯传到四边的支承梁上。由于梁尺寸不同，各区格板的长短边比例不同，则板的受力状态也不尽相同。

图 8-2 为承受均布荷载的四边简支板，l_1 和 l_2 分别为板短边和长边的计算跨度，板上作用均布荷载 q，设想整块板化分成若干相互垂直的单位宽度板带，板的荷载由两个方向的

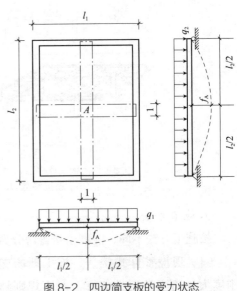

图 8-2　四边简支板的受力状态

垂直板带传给相应的支座。设两个方向板带分担的均布荷载分别为 q_1 和 q_2，根据变形协调条件，板中点 A 在两个方向的挠度相等：

$$\frac{5q_1l_1^4}{384EI} = \frac{5q_2l_2^4}{384EI}$$

得：$\dfrac{q_1}{q_2} = \dfrac{l_2^4}{l_1^4}$，$q_1 = \eta_1 q = \dfrac{l_2^4}{l_1^4 + l_2^4}q$，$q_2 = \eta_2 q = \dfrac{l_1^4}{l_1^4 + l_2^4}q$。

当 $l_2/l_1 = 3$ 时，$q_1 = 0.988q$，$q_2 = 0.012q$，说明板上的荷载主要由短向板带承受，长向板带分配的荷载可以忽略。荷载作用下，如图 8-3（a）所示，板在短边方向的弯曲几乎相同，呈单向弯曲。设计时近似仅考虑板在短向的受弯计算，把这种荷载作用下，只在一个方向或主要在一个方向弯曲的板称为单向板。

当 $l_2/l_1 = 2$ 时，$q_1 = 0.941q$，$q_2 = 0.059q$，当 $l_2/l_1 = 1$ 时，$q_1 = q_2 = 0.5q$，可见随着两个方向跨度比值的减小，板面上荷载沿两个方向传递的荷载均不能忽略，产生的弯曲变形也不能忽略。如图 8-3（b）所示，板的变形为双向弯曲，呈碗形。把这种荷载作用下，在两个方向弯曲，且不能忽略任一方向弯曲的板称为双向板。

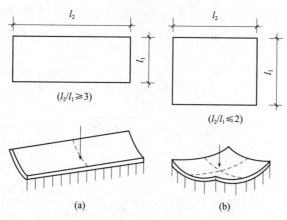

图8-3　荷载作用下单、双向板的变形特点
（a）单向板；（b）双向板

《混凝土结构设计规范》（2015 年版）GB 50010—2010 规定：

（1）两对边支承的板，应按单向板计算。

（2）对于四边支承的板（l_2 为长边长度；l_1 为短边长度）：

1）$l_2/l_1 \geqslant 3$ 时，可按沿短边方向受力的单向板计算；

2）$2 < l_2/l_1 < 3$ 时，宜按双向板计算，若按单向板计算，应沿长边方向布置构造钢筋，以承担长边方向的弯矩；

3）$l_2/l_1 \leqslant 2$ 时，应按双向板计算。

8.1.3 现浇混凝土梁、板的尺寸

现浇钢筋混凝土梁、板常用尺寸应满足承载力、刚度和舒适度等要求，楼盖设计梁板除满足各项功能要求外，可参考表 8-1 取值，当板的荷载、跨度较大时，跨厚比宜适当减小。

梁、板截面的常用尺寸   表 8-1

构件种类		高跨比（h/l）	备注
多跨连续次梁		$\frac{1}{12} \sim \frac{1}{8}$	梁的高宽比一般为 $h/b = 1/3 \sim 1/2$ T 形截面梁的高宽比一般为 $h/b = 1/4 \sim 1/2.5$，b 为腹板宽度 高度和宽度以 50mm 为模数 最小梁高：次梁 $h = \frac{l}{25}$，主梁 $h = \frac{l}{15}$
多跨连续主梁		$\frac{1}{14} \sim \frac{1}{8}$	
单跨简支梁		$\frac{1}{14} \sim \frac{1}{8}$	
单向板	简支	$\geqslant \frac{1}{35}$	最小板厚：屋面板 60mm 民用建筑楼板 60mm 工业建筑楼板 70mm 行车道下的楼板 80mm
	连续	$\geqslant \frac{1}{40}$	
双向板	四边简支	$\geqslant \frac{1}{45}$	最小板厚：80mm
	四边连续	$\geqslant \frac{1}{50}$	
密肋板	单跨简支	$\geqslant \frac{1}{20}$	最小板厚：面板 50mm 最小肋高：250mm
	多跨连续	$\geqslant \frac{1}{25}$	
悬臂板		$\geqslant \frac{1}{12}$	悬臂长度不大于 500mm，最小板厚 60mm 悬臂长度为 1200mm，最小板厚 100mm
无梁楼板	无柱帽	$\geqslant \frac{1}{30}$	最小板厚 150mm
	有柱帽	$\geqslant \frac{1}{35}$	

注：①板厚的模数为 10mm。
②现浇空心楼盖最小板厚为 200mm。
③ l 为短边跨度。
④若梁、板尺寸选值在此表范围内，一般不作挠度验算。

矩形截面梁的宽度，T 形截面肋宽，可取 100mm、120mm、150mm、180mm、200mm、250mm、300mm，300mm 以上级差 50mm。现浇板的宽度一般较大，设计时取单位宽度的板带（1000mm）进行计算。

8.1.4 楼盖的结构布置原则

钢筋混凝土肋梁楼盖由梁、板组成，整体支承在墙、柱等竖向承重构件上。合

理布置柱网、梁格是楼盖设计的主要内容，且直接关系到建筑物的功能要求和造价、美观。

1. 楼盖结构的平面布置原则

（1）满足建筑要求

对于住宅建筑，不应设置穿越厅、房的梁，保证室内不露出梁角线的优先顺序为：客、餐厅→走道→主卧室→次卧室→其他房间。电梯间前室、入户门附近的楼板一般情况下会有很多线管，应适当加厚。不做吊顶时，一个房间平面内不宜只放 1 根梁；卫生间、厨房及不封闭的卫生间宜降板（板面标高低于其他房间 30 ～ 50mm），现室内装修也常做平。

（2）荷载传递简捷明确

尽量做到楼面荷载以最简捷的路线传递，避免梁系凌乱，荷载由板先传给次梁，再由次梁传给主梁，再由主梁传给竖向构件，尽量避免出现二级以上次梁；避免把梁搁在门、窗洞口上的过梁上，否则过梁须单独设计；主梁上宜布置两根及以上的次梁，这样弯矩平缓，便于主梁受力；楼面（或屋面）上较大集中荷载处，如水箱、机械设备和隔断墙等处加设次梁，避免荷载直接作用在楼板上；楼面（或屋面）上开洞较大，如屋面上人孔等洞口尺寸大于 800mm 时，在洞口周边布设小梁。

（3）方便施工

结构布置应力求规整，梁的截面种类不宜过多，尽可能布置规则，截面尺寸符合模数，方便搭模，最好是能重复使用模板。

2. 柱网和梁系的布置

柱网和梁系的布置尽可能地简单、规整、统一，梁格布置还应考虑主、次梁的方向和次梁的间距，并与柱网布置相协调，以减少构件类型，便于设计和施工。为此，梁、板应尽量布置成等跨，柱网一般应布置成矩形或正方形，柱网布置应综合考虑房屋的使用要求和梁的合理跨度，板厚及梁截面尺寸在各跨内应尽量统一。

合理布置柱网、梁格对楼盖设计具有非常重要的意义，直接关系到工程造价和房屋居住的舒适度。若柱网和梁格尺寸过大，则梁和板的截面也大，影响房屋净高，增大结构自重，相应增大材料用量和工程造价；但若柱网和梁格尺寸过小，相应梁、柱和基础数量增加，同时还需满足构造要求，使材料性能得不到充分发挥，造成不必要的浪费，而且还影响房屋使用。

8.2　单向板肋梁楼盖设计

单向板肋梁楼盖由楼板、次梁、主梁组成。楼盖则支承在墙、柱等竖向承重构件上。其荷载的传递路线为：板→次梁→主梁→柱（墙）→基础。其中支承在柱或其他竖向承重构件上，并将楼板的荷载传给竖向承重构件的梁称为主梁。而与主梁相交，并将楼板的荷载传给主梁的梁称为次梁。单向板肋梁楼盖板区格的长短边之比至少应大于 2，楼板荷载主要沿短边方向传给次梁。

8.2.1 单向板肋梁楼盖的结构布置

单向板肋梁楼盖中，次梁的间距决定了板的跨度，主梁的间距决定了次梁的跨度，柱距则决定了主梁的跨度。进行结构平面布置时，应综合考虑建筑功能、造价及施工条件等，合理确定梁的平面布置。根据工程实践，常用经济跨度为：单向板的跨度为 1.7 ~ 2.5m；次梁的跨度为 4 ~ 6m；主梁的跨度为 5 ~ 8m。

单向板肋梁楼盖结构平面布置通常有以下三种方案，如图 8-4 所示：

（1）主梁横向布置，次梁纵向布置，如图 8-4（a）所示。主梁和柱可形成横向框架，其侧向刚度较大。各榀横向框架间由纵向的次梁连系，故房屋的整体性较好。此外，由于主梁与外纵墙窗户垂直，在外纵墙上可开较大的窗口，对室内采光有利。

（2）主梁纵向布置，次梁横向布置，如图 8-4（b）所示。此种布置适用于横向柱距比纵向柱距大得多的情况。这样可减小主梁的截面高度，从而增大了室内净高。它的优点是减小了主梁的截面高度，增大了室内净高，但房屋的侧向刚度较主梁横向布置、次梁纵向布置时差。

（3）只布置次梁，不设主梁，如图 8-4（c）所示。此种布置仅适用于有中间走道，纵墙间距较小的楼盖。

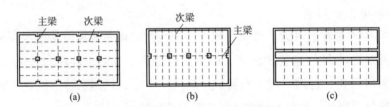

图 8-4 单向板肋梁楼盖结构平面布置方案
（a）主梁沿横向布置；（b）主梁沿纵向布置；（c）有中间走道

8.2.2 弹性理论计算法

在设计时对实际结构受力情况常需要忽略一些次要因素，抽象为计算简图，进行内力计算。计算简图应尽量反映结构实际受力状态，方便计算。

单向板肋梁楼盖的板、次梁、主梁和柱均整体浇筑在一起，形成一个复杂体系。由于板的刚度远小于次梁的刚度，可以将板看作简支在次梁上的结构部分。次梁的刚度远小于主梁的刚度，次梁可以看作简支在主梁上的结构部分。因此，整个楼盖体系即可以分解为板、次梁和主梁几类构件，单独进行计算，虽然荷载传递过程上忽略了梁板的连续性，但没有影响荷载的传递。

1. 计算假定

（1）支座没有竖向位移，且可以自由转动

在单向板肋梁楼盖中，次梁是板的支座，主梁是次梁的支座，柱或墙是主梁的支座。假定支座处没有竖向位移，就相当于忽略了次梁、主梁、柱的竖向变形对板、次梁、主梁的影响。柱子的竖向位移主要由轴向变形引起，在通常的内力分析时可以忽略。但忽略主梁变形，将导致次梁跨中弯矩偏小、主梁跨中弯矩偏大。当主梁的线刚度比次梁的线刚度大得多时，主梁变形对次梁内力的影响较小、次梁变形对板内力的影响也较小。如要考虑这种影响，内力分析就相当复杂了。

对于板和次梁，不论其支承是砌体还是现浇的钢筋混凝土梁，均可简化成结构力学中的多跨连续梁。梁板能自由转动，但忽略支承构件的竖向变形，即支座无沉降。主梁支承在砖墙和砖柱上视为铰支座，与钢筋混凝土柱现浇在一起，柱对主梁弯曲转动的约束能力取决于梁柱抗弯线刚度比值，如果较大（如大于5），则表明约束能力较弱，仍可将主梁视为铰支于钢筋混凝土柱上的连续梁进行计算，当梁柱抗弯线刚度比值小于3时，则考虑柱对主梁的转动约束能力，应按框架横梁设计。

假定支座可自由转动，实际上忽略了次梁对板、主梁对次梁、柱对主梁的约束。在现浇混凝土楼盖中，梁、板是整浇在一起的，当板发生弯曲时，支承它的次梁将产生扭转，次梁的抗扭刚度将约束板的弯曲转动，使板中支座处的实际转角比理想铰支座时的转角小。同样的情况发生在次梁和主梁之间。由此假定带来的误差将通过折算荷载的方式来弥补。

（2）不考虑薄膜效应对板内力的影响

四周与梁整体连接的低配筋率板，临近破坏时其中和轴非常接近板的表面。因此，支座截面在负弯矩作用下上部开裂，跨内则由于正弯矩作用在下部开裂，这就使跨内和支座实际的中和轴成为拱形。当板的周边具有足够的侧向刚度能提供水平推力，因周边活荷载变形受到约束，板内将存在轴向压力，这种轴向力一般称为薄膜力（图8-5）。轴向压力的存在将提高正截面的受弯承载力，特别是在受拉混凝土开裂后，实际中和轴呈拱形，将减少板在竖向荷载下的截面弯矩。但是，为了简化板的计算模型，在内力分析时，一般不考虑板的薄膜效应。这一有利作用将在板的截面设计时，根据支座约束情况，对板的计算弯矩进行折减。

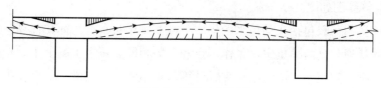

图8-5　板的内拱作用

（3）计算跨数小于五跨按实际跨数，多于五跨跨度相差不大于10%时，可按五等跨计算

连续梁任何一个截面的内力值与其跨数、各跨跨度、刚度以及荷载等因素均有关，但对任一跨，相隔两跨以上的上述因素对该跨内力的影响很小（图8-6）。因此，为了简化计算，对于跨数多于五跨的等跨、等刚度、等荷载的连续梁板，可近似地按五跨计算。中间各跨的内力与第三跨非常接近，为了减少计算工作量，截面设计时，中间各跨（四、五跨）的跨中内力可取与第三跨的内力相同，如图8-6所示。等跨连续梁的内力可直接查图表，跨度相差不超过10%的非等跨连续梁也可利用等跨连续梁的内力图表简化计算。

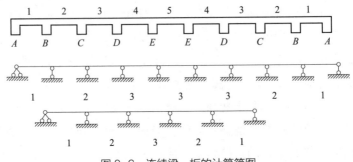

图 8-6 连续梁、板的计算简图

2. 计算单元

为了减少计算工作量，结构内力分析时，常常不是对整个结构进行分析，而是从实际结构中选取有代表性的一部分作为计算、分析的对象，称为计算单元。

对于单向板，可取1m宽度的板带作为其计算单元，作用在板上的荷载有恒荷载和活荷载，恒荷载包括构件自重、各种构造层重量、永久设备自重等，活荷载主要为使用时的人群、家具及一般设备的重量，一般情况下均按均布荷载考虑。

图8-7中用阴影线表示的楼面均布荷载便是该板带承受的荷载，这一负荷范围称为负荷面积，即计算构件负荷的楼面面积。次梁和砌体墙作为板的不动铰支座，多跨板可简化为承受均布荷载的多跨连续梁。

次梁的负荷范围取次梁左右各半跨，或相邻板跨中线所分割出来的面积，包括负荷范围内板传来的荷载（板的自重和板面活荷载）及次梁本身自重，故次梁承受的荷载为均布荷载，计算简图如图8-7所示。

主梁所承受的荷载包括次梁传来的集中荷载和主梁自重，为简化计算，主梁自重也作为集中荷载处理，且两种集中荷载作用点和个数相同。每个主梁上主梁自重集中荷载值等于长度为次梁间距的一段主梁自重，计算时可不考虑连续性，每个集中荷载所考虑范围如图8-7（a）所示。主梁支承在砖墙或砖柱上，或与钢筋混凝土柱现浇在一起，但梁柱抗弯线刚度比大于5时按多跨连续梁计算，否则按框架横梁设计。

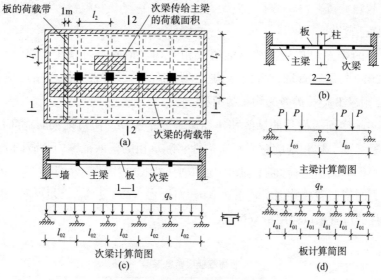

图 8-7　单向板楼盖的计算简图

3. 计算跨度

弹性理论分析时，梁、板的计算跨度取相邻支座中心间的距离。实际计算跨度取值与支座的构造形式、构件的截面尺寸以及内力计算方法有关，详见表 8-2。

梁板的计算跨度（弹性理论计算时）　　　　　　表 8-2

支承情况	连续梁	连续板
两端支承在砖墙上	当 $a \leqslant 0.05l_c$，取 $l_0 = l_c$ 当 $a > 0.05l_c$，取 $l_0 = 1.05l_n$	当 $a \leqslant 0.1l_c$，取 $l_0 = l_c$ 当 $a > 0.1l_c$，取 $l_0 = 1.1l_n$
两端与梁（柱）整体连接	$l_0 = l_c$	$l_0 = l_c$
一端支承在砖墙上，另一端与梁（柱）整体连接	$l_0 = l_n + \dfrac{a}{2} \leqslant 1.025l_n$	$l_0 = l_n + \dfrac{h}{2} + \dfrac{b}{2} \leqslant l_n + \dfrac{a}{2} + \dfrac{b}{2}$

4. 荷载取值

（1）楼面活荷载

各类建筑的楼面均布活荷载标准值及相关代表值系数可按《建筑结构荷载规范》GB 50009—2012 附录 C 查取，楼面结构上的局部活荷载可按《建筑结构荷载规范》GB 50009—2012 附录 B 换算等效为均布活荷载。

考虑到实际楼面活荷载的量值和作用位置经常变动，不可能同时满布所有的楼面，所以在设计梁、墙、柱和基础时要考虑构件实际承担的楼面范围内荷载的分布变化，并予以折减。当楼面梁的负荷面积超过一定值时（根据使用功能分别取 $25m^2$ 或 $50m^2$），计算楼面梁内力时活荷载应乘以折减系数 0.9。对于多、高层建筑，设计墙、柱和基础时应根据计算构件的位置乘以楼层折减系数，见表 8-3。

活荷载楼层折减系数 表 8-3

梁、墙、柱和基础计算截面以上层数	1	2 ~ 3	4 ~ 5	6 ~ 8	9 ~ 20	>20
计算截面以上各楼层活荷载总和折减系数	1.00（0.9）	0.85	0.70	0.65	0.60	0.55

（2）折算荷载

对于等跨连续板（或梁），当荷载沿各跨均为满布时（如只有恒载），铰支简图计算与实际情况相差很小，此时板或梁在中间支座发生的转角很小（$\theta \approx 0$），如图 8-8（a）所示。但当活荷载隔跨布置时，情况则不相同，此时按铰支简图计算时，板绕支座的转角 θ 值较大。实际上，由于板与次梁整浇在一起，当板受荷弯曲在支座发生转动时，将带动次梁一起转动。同时，次梁具有一定的抗扭刚度，且两端又受主梁约束，将阻止板自由转动，使板在支承处的转角由铰支时的 θ 减小为 θ'，如图 8-8（b）所示，使板的跨内弯矩有所降低，支座负弯矩相应地有所增加，但不会超过两相邻跨满布活荷载时的支座负弯矩。

在整体现浇楼盖中梁板的实际支承与理想的铰支座不同，其影响将使板跨中的弯矩值降低，为了减少误差，采取保持荷载总值不变的前提下用降低活荷载比例的方法加以调整。当板或梁搁置在砌体或钢结构上时，则荷载不作调整。即：

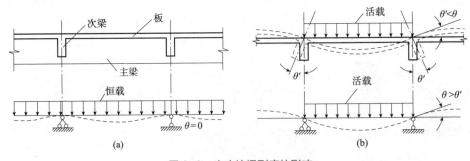

图 8-8 支座抗扭刚度的影响
（a）荷载满布；（b）活载作用

板：$g' = g + \dfrac{q}{2}$，$q' = \dfrac{q}{2}$；次梁：$g' = g + \dfrac{q}{4}$，$q' = \dfrac{3q}{4}$

其中：g'，q'——调整后的折算恒荷载、活荷载；

$\quad\quad g$，q——实际的恒荷载、活荷载。

5. 活荷载的最不利组合

由于恒荷载每跨都有，活荷载的分布却是随机的，引起构件各截面的内力也是变化的，为了保证构件的安全可靠，必须确定活荷载的最不利位置，与恒荷载组合后使控制截面可能产生最大的内力，则为活荷载的最不利组合问题。

如图 8-9 所示为五跨连续梁活荷载布置在不同跨时的弯矩图和剪力图，分析其不利组合及变化规律可得出连续梁最不利活荷载的布置规律：

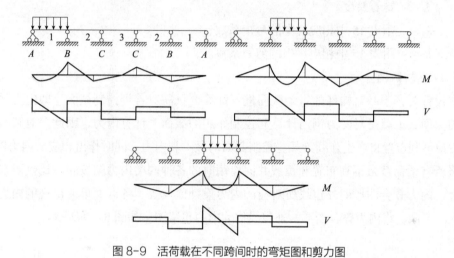

图 8-9　活荷载在不同跨间时的弯矩图和剪力图

（1）求某跨跨中最大正弯矩 $+M_{max}$ 时，除了必须在该跨布置活荷载，然后每隔一跨布置活荷载。

（2）求某跨跨中最小正弯矩 M_{min} 或最小负弯矩 $-M_{min}$，该跨不布置活荷载，左、右相邻跨布置活荷载，然后隔跨布置。

（3）求某支座最大负弯矩 $-M_{max}$，在该支座左、右两跨布置活荷载，然后隔跨布置。

（4）求某支座左、右支座最大剪力 $\pm V_{max}$ 时，活荷载的布置方式与求某支座最大负弯矩 $-M_{max}$ 相同。

根据以上规律，欲求图 8-9 中五跨连续梁第一、三跨最大正弯矩时，应将活荷载布置在第一、三跨，求第二跨最大正弯矩时，应将活荷载布置在第二跨。

6. 内力计算

恒荷载的布置应根据实际情况，一般除活荷载按最不利位置求出该截面的内力外，再加上恒荷载在该截面产生的内力。连续梁在各种荷载作用下，可按一般结构力学方法计算内力。对于等跨连续梁（或连续梁各跨跨度相差不超过 10%），可由附表 15 查出相应的内力系数，利用下列公式计算跨内或支座截面的最大内力。

当受均布荷载及三角荷载作用时，内力计算公式如下：

$$M = k_1gl_0^2 + k_2ql_0^2 \qquad\qquad (8-1a)$$

$$V = k_3gl_0 + k_4ql_0 \qquad\qquad (8-1b)$$

当受集中荷载作用时，内力计算公式如下：

$$M = k_1Gl_0 + k_2Ql_0 \qquad\qquad (8-2a)$$

$$V = k_3G + k_4Q \qquad\qquad (8-2b)$$

式中　g，q——单位长度上的均布恒荷载设计值、均布活荷载设计值；

　　Q，G——集中恒荷载设计值、集中活荷载设计值；

　　　l_0——计算跨度；

　　k_1，k_2——附表 15 中相应栏中的弯矩系数；

　　k_3，k_4——附表 15 中相应栏中的剪力系数。

7. 内力包络图

在设计时，不必对构件的每个截面进行计算，只需对若干控制截面（即内力最大值所在的截面，也就是对受力钢筋计算起控制作用的截面）计算内力，因此，对某一种活荷载的最不利布置将产生连续梁某些控制截面的最不利内力，同时作出相应的内力图。

将所有活荷载最不利布置和恒载共同作用时的各种同类内力图按同一比例画在同一基线上，内力叠合图形的外包线所对应的内力设计值代表了各截面可能出现的内力设计值的上、下限，将内力叠合图形的外包线称为内力包络图，如图 8-10 所示。

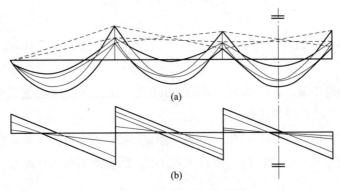

图 8-10　内力包络图
（a）弯矩包络图；（b）剪力包络图

包络图中跨内和支座截面的弯矩、剪力设计值，就是连续梁相应截面进行受弯、受剪承载力计算的依据。对于梁跨以内，则分别取包络图中正弯矩最大值及负弯矩最大值（绝对值）进行配筋计算，弯矩和剪力的最大值所在截面即为控制截面。通过内力包络图可以合理确定纵向受力钢筋弯起和截断的位置，检查构件截面承载力的可靠度和材料用料的情况。

　8.控制截面及内力

　在现浇钢筋混凝土肋梁楼盖中，支座处通常是包络图中梁内力最大处，但一般并不是控制截面。因为按弹性理论计算连续梁、板内力时，计算跨度取支座中心线间的距离，故计算所得的支座弯矩及剪力是指支座中心处的内力，由于计算跨度取至支承中心，忽略了支座宽度，故所得支座截面负弯矩和剪力值也都是在支座中心位置的。当板、梁、柱整浇时，支座中心处截面的高度较大，对配筋不起控制作用。在支座处起控制作用的是支座边缘处的梁截面，尽管支座边缘处梁的内力稍小于支座中心线处，但应按支座边缘处包络图中的内力进行配筋计算，如图8-11所示。

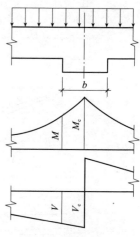

图8-11　支座边缘的弯矩和剪力

支座边缘处负弯矩最大值：

$$M = M_c - V_c \times \frac{b}{2} \approx M_c - V_0 \times \frac{b}{2} \qquad (8-3)$$

支座边缘处剪力最大值：

均布荷载作用时：$V = V_c - (g+q) \times \frac{b}{2}$　　　　　　（8-4a）

集中荷载作用时：$V = V_c$　　　　　　（8-4b）

式中　M_c，V_c——支座中心处截面的弯矩和剪力设计值；

　　　V_0——支座中心处按简支梁计算的截面剪力设计值。

8.2.3　塑性理论计算法

　按照弹性理论分析连续梁、板的内力，认为结构是理想弹性体。而实际上，钢筋混凝土是一种弹塑性材料，钢筋达到屈服后，还会产生一定的塑性变形，由此结构的实际承载能力通常大于按弹性理论计算的结果。因此，结构按弹性理论分析方法并不能真实地反映结构的实际受力与工作状态，而且采用弹性理论计算的板配筋一般支座钢筋过密，既造成材料浪费，又难以保证施工质量，且内力计算与截面设计不协调，不能正确反映结构的实际内力，故在楼盖结构设计时考虑材料的塑性性质来分析结构内力将会更加合理。塑性理论考虑了材料的塑性性能，截面上各点的应力达到极限状态即为丧失承载力。我国行业标准《钢筋混凝土连续梁和框架考虑内力重分布设计规程》CECS 51：93主要推荐用弯矩调幅法计算钢筋混凝土连续梁、板和框架的内力。

　1.塑性铰

　钢筋混凝土适筋梁正截面受弯的全过程分为未裂阶段、裂缝阶段和破坏阶段三个阶段。图8-12为钢筋混凝土简支梁在跨中集中荷载作用下随荷载值变化作出的弯矩图以及

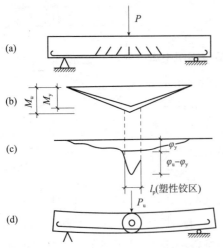

图 8-12　钢筋混凝土受弯构件的塑性铰

弯矩曲率图。在破坏阶段，钢筋屈服后，承载能力提高很小，但曲率增长非常迅速，表明在截面承载能力基本保持不变的情况下，截面相对转角剧增，相当于该截面形成一个能转动的"铰"，其实质是在该处塑性变形的集中发展。对于这种塑性变形集中的区域，在杆系结构中称为塑性铰，在板内称为塑性铰线，它是构件塑性变形发展的结果。一旦塑性铰出现，简支梁形成三铰共线的破坏结构，标志着结构进入破坏状态。

图 8-12 中当跨中截面达到极限弯矩 M_u，截面附近出现塑性铰。塑性铰转动后，截面受压区混凝土压应变不断增大，最后混凝土被压坏。理论上塑性铰对应的弯矩范围为 $M_u > M_y$，塑性铰的转动能力是指从受拉钢筋屈服开始，到混凝土压碎这一过程的塑性转动。图 8-12（c）是相应各截面的曲率分布曲线，达到极限弯矩 M_u 相应的曲率为 φ_u，跨中截面钢筋开始屈服时截面曲率为 φ_y，相应的长度 l_p 为塑性铰长度，塑性转角 θ_p 理论上由塑性曲率积分来计算，为了简化计算，塑性曲率等效成矩形代替。

$$\theta_p = (\varphi_u - \varphi_y) l_p \tag{8-5}$$

与理想铰相比，塑性铰具有以下特点：

1）塑性铰能承担屈服状态的极限弯矩，而理想铰不能承担任何弯矩；

2）理想铰集中于一点，塑性铰具有一定长度；

3）塑性铰是单向铰，只能在弯矩方向做有限转动，而理想铰是双向铰，在两个方向可以无限转动；

4）塑性铰的转动能力受到配筋率和混凝土极限受压变形的限制，较理想铰转动值小。

2. 塑性内力重分布

在超静定结构中，未裂阶段各截面内力之间的关系是由各构件的弹性刚度确定的；裂缝截面的刚度小于未开裂截面的刚度；当某截面出现塑性铰后，结构的计算简图发生了改变，结构中引起内力重分布，使结构的内力分布规律不同于按弹性理论计算的结果。这种由于超静定钢筋混凝土结构的非弹性性质引起的各截面内力之间的关系不再遵循线弹性关系的现象称为内力重分布或塑性内力重分布。

以承受集中荷载的两跨连续梁为例（图 8-13），假设支座和跨中的截面尺寸与配筋均相同。加载初期，结构接近弹性体系，随着荷载的变化，$M_{Bu}/M_1 =$ 常量，弯矩分布近似由弹性理论计算。随着荷载增加，中间支座受拉区混凝土先开裂，截面弯曲刚度降低，但跨内截面尚未开裂。支座与跨内截面弯曲刚度的比值降低，致使支座截面弯矩的增长

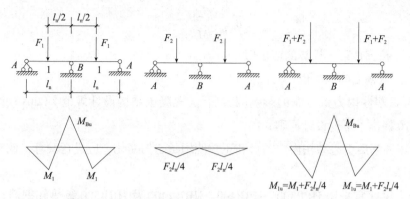

图8-13 集中荷载作用下两跨连续梁的塑性内力重分布

率低于跨内弯矩的增长率，内力在支座和跨中重新分配。继续加载，梁跨中也出现裂缝，截面抗弯刚度的比值有所回升，M 的增长率又有所加快，两者的弯矩比值不断发生变化。当荷载继续增加至 F_1，支座截面 B 上部受拉钢筋屈服，形成支座塑性铰，塑性铰能承受的弯矩 M_{Bu}。再继续增加荷载，梁从一次超静定的连续梁转变成了两根简支梁。由于跨内截面承载力尚未耗尽，因此还可以继续增加荷载，直至跨中截面也出现塑性铰，梁成为几何可变体系而破坏。设后加的那部分荷载为 F_2，应按简支梁来计算跨内弯矩，此时支座弯矩不增加，则梁承受的总荷载为 F_2+F_1。

由上述分析可知，超静定钢筋混凝土结构的塑性内力重分布可概括为两个过程：在受拉混凝土开裂到第一个塑性铰形成之前，由于截面弯曲刚度比值的改变而引起的塑性内力重分布；第二个过程发生于第一个塑性铰形成以后直到形成机构、结构破坏，由于结构计算简图的改变而引起的塑性内力重分布。显然，第二个过程的塑性内力重分布比第一个过程显著得多。所以，通常所说的塑性内力重分布主要是针对第二个过程而言的。

对钢筋混凝土静定结构，塑性铰出现即导致结构破坏；对超静定结构，只有当结构上出现足够数量的塑性铰，使结构成为几何可变体时才破坏。弹性方法的承载力为 F_1，内力重分布法的承载力为 F_2+F_1。说明弹性方法未充分发挥结构的潜力，反过来说，在同样的外荷载下，按内力重分布法可降低支座处的内力进行设计。

3. 弯矩调幅法

超静定混凝土梁、板考虑塑性内力重分布的方法有极限平衡法、弯矩调幅法、变刚度法、非线性全过程设计法等。弯矩调幅法是一种实用的设计方法，概念清晰、使用方便，在许多国家得到应用。它是把连续梁、板按弹性理论计算的弯矩值和剪力值进行适当调整（通常是弯矩绝对值较大截面的弯矩），用以考虑结构因非弹性变形所引起的内力重分布，然后按调整后的内力进行截面设计。

（1）弯矩调幅的计算原则

截面弯矩的调整幅度用弯矩调幅系数 β 来表示，即：

$$\beta = \frac{M_e - M_a}{M_e} \tag{8-6}$$

式中　M_e——按弹性理论计算的弯矩值；

　　　M_a——调幅后的弯矩值。

综合考虑塑性内力重分布的影响因素后，《混凝土结构设计规范》（2015 年版）GB 50010—2010 提出了下列设计原则：

1）弯矩调幅后引起结构内力图形和正常使用状态的变化，应进行验算，或有构造措施加以保证。

2）受力钢筋宜采用 HPB300、HRB400、HRBA400 及 HRB500 级热轧钢筋；混凝土强度等级在 C25 ~ C45 范围内；截面的相对受压区高度应满足 $0.10 \leqslant \zeta \leqslant 0.35$。

同时，为了防止结构在实现弯矩调整所要求的内力重分布前发生剪切破坏，应在可能产生塑性铰的区段适当增加箍筋数量。即将按《混凝土结构设计规范》（2015 年版）GB 50010—2010 斜截面受剪承载力计算所需要的箍筋数量增大 20%。增大的区段范围为：当为集中荷载时，取剪跨区段；当为均布荷载时，取距支座边为 $1.05h_0$ 的区段，其中 h_0 为梁截面的有效高度。此外，为了减少构件发生斜拉破坏的可能性，配置的受剪箍筋配筋率的下限值应满足下列要求：

$$\rho = \frac{A_{sv}}{bs} \geqslant 0.36 \frac{f_t}{f_{yv}} \tag{8-7}$$

按弯矩调幅法设计的结构，必须满足正常使用阶段变形及裂缝宽度的要求，在使用阶段不应出现塑性铰。

弯矩调幅法计算按下列步骤进行：

1）用线弹性方法计算，并确定荷载最不利布置下的结构控制截面的弯矩最大值 M_e。

2）采用调幅系数法降低各支座截面弯矩，即设计值按下式计算：$M = (1-\beta) M_e$，其中 $\beta \leqslant 0.20$。

3）结构的跨中截面弯矩值应取弹性分析所得的最不利弯矩值和按下式计算值中的较大值：

$$M = 1.02 M_0 - \frac{M^r + M^l}{2} \tag{8-8}$$

式中　M_0——按简支梁计算的跨中弯矩设计值；

　M^r，M^l——连续梁或连续单向板的左、右支座截面弯矩调幅后的设计值。

4）调幅后，支座和跨中截面的弯矩值均应大于等于 M_0 的 1/3。

5）各控制截面的剪力设计值按荷载最不利布置和调幅后的支座弯矩由静力平衡条件计算确定。

（2）弯矩调幅的计算方法

根据上述调幅法的概念和调幅原则，相等均布荷载和间距相同、大小相等的集中荷载作用的等跨连续梁（板），考虑内力重分布后各跨跨中和支座截面的弯矩设计值 M 可分别按下列公式计算。跨度相差不大于 10% 的不等跨梁（板），跨中弯矩计算时取本跨的跨度值，支座弯矩按相邻两跨的较大跨度值计算。

承受均布荷载时：

$$M = \alpha_m (g+q) l_0^2 \qquad (8-9)$$

承受间距相同、大小相等的集中荷载时：

$$M = \eta \alpha_m (g+q) l_0^2 \qquad (8-10)$$

式中　g，q——作用在板上的均布恒、活荷载设计值；

　　　l_0——计算跨度，采用塑性理论计算时，由于连续梁、板的支座边缘截面形成塑性铰，计算跨度取两塑性铰之间的跨离，按表 8-4 取值；

　　　α_m——考虑塑性内力重分布的弯矩计算系数，按表 8-5 取值；

　　　η——集中荷载修正系数，按表 8-6 取值。

梁板的计算跨度（塑性理论计算时）　　　　　　表 8-4

支承情况	连续梁	连续板
两端支承在砖墙上	当 $a \leqslant 0.05 l_c$，取 $l_0 = l_c$ 当 $a > 0.05 l_c$，取 $l_0 = 1.05 l_n$	当 $a \leqslant 0.1 l_c$，取 $l_0 = l_c$ 当 $a > 0.1 l_c$，取 $l_0 = 1.1 l_n$
两端与梁（柱）整体连接	$l_0 = l_c$	$l_0 = l_c$
一端支承在砖墙上，另一端与梁（柱）整体连接	$l_0 = l_n + \dfrac{a}{2} \leqslant 1.025 l_n$	$l_0 = l_n + \dfrac{h}{2} \leqslant l_n + \dfrac{b}{2}$

注：b 为梁的支承宽度，a 为板的搁置长度，h 为板厚。

考虑塑性内力重分布的弯矩计算系数 α_m 　　　　　　表 8-5

支承情况		截面位置					
		端支座	边跨跨中	离端第二支座	离端第二跨中	中间支座	中间跨跨中
		A	Ⅰ	B	Ⅱ	C	Ⅲ
梁板搁置在墙上		0	1/11	二跨连续 –1/10 三跨以上连续 –1/11	1/16	–1/14	1/16
板	与梁整体浇筑	–1/16	1/14				
梁		–1/24					
梁与柱整体浇筑		–1/16	1/14				

注：①表中系数适用于荷载比 $q/g>0.3$ 的等跨连续梁和连续单向板。

②连续梁或连续单向板的各跨长度不等，相邻两跨的长短跨的比值小于 1.10 时，仍可采用表中系数。计算支座弯矩时应取相邻两跨中的较长跨度值，计算跨中弯矩应取本跨长度。

集中荷载修正系数 η 　　　　　　表 8-6

荷载情况	截面位置					
	A	Ⅰ	B	Ⅱ	C	Ⅲ
当跨中中点作用一个集中荷载时	1.5	2.2	1.5	2.7	1.6	2.7
当跨中三分点作用两个集中荷载时	2.7	3.0	2.7	3.0	2.9	3.0
当跨中四分点作用三个集中荷载时	3.8	4.1	3.8	4.5	4.0	4.8

等跨连续梁剪力设计值：

承受均布荷载时：

$$V = \alpha_v \left(g+q \right) l_n \qquad (8-11)$$

承受间距相同、大小相同的集中荷载时：

$$V = \alpha_v n \left(G+Q \right) \qquad (8-12)$$

式中　α_v——考虑塑性内力重分布的剪力计算系数，按表 8-7 取值；

l_n——净跨度；

n——跨内集中荷载的个数。

次梁对板、主梁对次梁的转动约束作用，以及活荷载的不利布置等因素，在按弯矩调幅法分析结构时均已考虑。

考虑塑性内力重分布的剪力计算系数 α_v 　　　　　　表 8-7

支承情况	截面位置				
	端支座内侧	离端第二支座		中间支座	
		左	右	左	右
搁置在墙上	0.45	0.60	0.55	0.55	0.55
与梁、柱整体浇筑	0.50	0.55			

现以承受均布荷载的五跨连续梁为例（图 8-9），说明采用弯矩调幅法计算边跨控制截面内力的方法，其他截面内力计算也可用类似方法。设次梁的边支座为砖墙，$q/g = 3$，

即：$g+q = \dfrac{q}{3}+q = \dfrac{4q}{3}$或 $g+q = g+3g = 4g$

则：$q = \dfrac{3}{4}（g+q），g = \dfrac{1}{4}（g+q）$

次梁的折算荷载：$g' = g+\dfrac{1}{4}q = 0.437（g+q），q' = \dfrac{3}{4}q = 0.563（g+q）$

按弹性方法，当边跨支座 B 弯矩最大时（绝对值），活荷载应布置在一、二、四跨。查附表 15 得：$M_{Bmax} = -0.105g'l^2 - 0.119q'l^2 = -0.113（g+q）l^2$

调幅 20%，则：$M_B = 0.8M_{Bmax} = -0.0903（g+q）l^2$，为实用方便，计算时查表 8-5 取：$M_B = -\dfrac{1}{11}（g+q）l^2$

根据静力平衡条件得，边跨最大弯矩在距支座 $0.409l$ 处：

$$M_1 = \dfrac{1}{2}（g+q）（0.409l）^2 = 0.0836（g+q）l^2$$

按弹性方法，当边跨跨内出现最大弯矩时，活荷载应布置在一、三、五跨。查附表 15 得：$M_{1max} = 0.078g'l^2+0.1q'l^2 = 0.0904（g+q）l^2$，取大值，作为跨中弯矩设计值，即：$M_1 = 0.0904（g+q）l^2$。为实用方便，计算时查表 8-5 取：$M_1 = \dfrac{1}{11}（g+q）l^2$。

（3）弯矩调幅计算不等跨梁板

对于相邻两跨的跨度之比大于 10% 的不等跨连续梁、板，或各跨荷载值相差较大的等跨连续梁、板，现行规程提出了简化方法，可按下列步骤进行计算：

1）不等跨连续梁

按荷载的最不利布置，用弹性理论分别求出连续梁各控制截面的弯矩最大值 M_e；在弹性弯矩的基础上，降低各支座截面的弯矩，其调幅系数不宜超过 0.2；在进行正截面受弯承载力计算时，连续梁各支座截面的弯矩设计值可按下列公式计算：

当连续梁搁置在墙上时：

$$M =（1-\beta）M_e \tag{8-13}$$

当连续梁两端与梁或柱整体连接时：

$$M =（1-\beta）M_e - V_0b/3 \tag{8-14}$$

式中　V_0——按简支梁计算的支座剪力设计值；

　　　b——支座宽度。

连续梁各跨中截面的弯矩不宜调整，其弯矩设计值取考虑荷载最不利布置并按弹性理论求得的最不利弯矩值和按式（8-8）算得的弯矩的较大值。各控制截面的剪力设计值可按荷载最不利布置，根据调整后的支座弯矩用静力平衡条件计算，也可近似取考虑活荷载最不利布置按弹性理论算得的剪力值。

2）不等跨连续板

从较大跨度开始，其跨中弯矩值在下列范围内选定：

边跨：

$$(g+q) l_0^2/11 \geq M \geq (g+q) l_0^2/14 \qquad (8-15)$$

中间跨：

$$(g+q) l_0^2/16 \geq M \geq (g+q) l_0^2/20 \qquad (8-16)$$

选定跨中弯矩值后，按静力平衡条件确定出该较大跨度两端支座弯矩值，以支座弯矩为已知值，重复上述步骤和条件确定相邻跨中和支座的弯矩值。

（4）塑性内力重分布的适用范围

塑性内力重分布是以形成塑性铰为前提，不适用于下列情况：

1）直接承受动力和重复荷载作用的结构；

2）轻质混凝土结构及其他特种混凝土结构；

3）受侵蚀性气体或液体严重作用的结构；

4）预应力混凝土结构和二次受力的叠合结构；

5）使用阶段对裂缝有严格限制的结构及具有较高安全储备的结构。

8.2.4 单向板肋梁楼盖的截面设计和构造要求

1. 单向板的截面设计和构造要求

（1）设计要点

单向板的厚度按 8.1.3 节取值，板应尽可能薄些，因板的混凝土用量占整个楼盖的 50% 以上，板的配筋率一般为 0.3% ~ 0.8%。

考虑板的拱作用效应，四周与梁整体连接的板区格，计算所得的弯矩值可根据下列情况予以减少：中间跨的跨中及中间支座截面折减 20%；对于边区格和角区格一边或两邻边支承在砖墙上，内拱作用不明显，边跨支座和跨中弯矩不考虑折减。

板一般能满足斜截面抗剪承载力要求，设计时可不进行受剪承载力计算，可以按不配置箍筋的一般板类受弯构件进行斜截面受剪承载力验算。

现浇板在砌体墙上的支承长度不宜小于 120mm。

（2）配筋构造

配置板中钢筋需要确定的内容有：选定受力纵筋的直径、间距、位置和配筋方式，以及构造钢筋的配筋面积及位置等。

1）板中受力筋

由计算确定的板中受力筋分为承受正弯矩的板底正筋和承受负弯矩的板面负筋两种。受力钢筋的构造要求，可参考表 8-8，配置方式可参见图 8-14。

为了施工方便，选择板内受力筋时，一般宜使它们的间距相同而直径不同，直径不宜多于两种。伸入支座的钢筋，其间距不应大于 400mm，且截面积不得少于受力筋的

受力筋构造要求　　　　　　　　　　　　　　　表 8-8

钢筋种类	一般采用 HRB400、HPB300		
常用直径	6mm、8mm、10mm、12mm，负钢筋防施工时踩踏宜采用较大直径，不小于 8mm		
间距	一般不小于 70mm 板厚 $h \leqslant 150mm$ 时，不宜大于 200mm 板厚 $h > 150mm$ 时，不宜大于 $1.5h$，且不宜大于 250mm		
钢筋弯钩	板底钢筋：半圆弯钩（采用 HPB300 时）或斜钩；上部负弯矩钢筋：直钩支承在底模上		
截断	一般按构造处理 板相邻跨度相差超过 20% 或各跨荷载相差较大时，应按弯矩包络图确定		

1/3。钢筋间距也不宜小于 70mm。简支板或连续板下部纵向受力钢筋伸入支座的锚固长度不应小于钢筋直径的 5 倍，且宜伸过支座中心线。当连续板内温度、收缩应力较大时，伸入支座的长度宜适当增加。

连续板受力筋的配筋方式有弯起式和分离式两种，如图 8-14 所示。弯起式配筋可先按跨内正弯矩的需要确定所需钢筋的直径和间距，然后在支座附近弯起 1/2 ～ 2/3，如果弯起钢筋的截面面积还不满足所要求的支座负钢筋的需要，再另加直钢筋；通常取相同的钢筋间距。弯起角一般为 30°，当板厚大于 120mm 时，可采用 45°。弯起式配筋的钢筋锚固较好，可节省钢材，但施工较复杂，现在工程中应用较少。

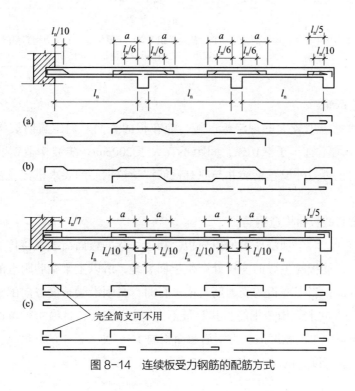

图 8-14　连续板受力钢筋的配筋方式

分离式配筋的钢筋锚固稍差，耗钢量略高，但设计和施工都比较方便，是目前最常用的方式。采用分离式配筋的多跨板，板底钢筋宜全部伸入支座，支座负弯矩筋向跨内延伸的长度应根据负弯矩图确定，并满足钢筋锚固的要求。

连续单向板内受力钢筋的弯起和截断，一般可以按图 8-14 确定，图中 a 的取值为：当板上均布活载 q 与均布恒荷载 g 的比值 $g/q \leq 3$ 时，$a = l_n/4$；当 $g/q > 3$ 时，$a = l_n/3$，l_n 为板的净跨长。当连续板的相邻跨度之差超过 20%，或各跨荷载相差很大时，钢筋的弯起与截断应按弯矩包络图确定。

2）板中构造钢筋

连续单向板除了按计算配置受力钢筋外，通常还应布置以下五种构造钢筋，包括分布钢筋、防裂构造钢筋、垂直于梁肋的板面构造钢筋、嵌入承重墙内的板面构造钢筋和板角附加钢筋。

①分布筋

在平行于单向板的长跨，在与受力钢筋垂直的方向设置分布筋，分布筋放在受力筋的内侧，在受力钢筋的弯折处也宜设置分布筋，构造要求可参考表 8-9。

板中分布筋的构造要求 表 8-9

位置	与受力钢筋垂直，均匀布置于受力钢筋的内侧
作用	浇筑混凝土时固定受力钢筋的位置；抵抗收缩和温度变化产生的内力；承担并分布板上局部荷载产生的内力；对四边支承板，可承受在计算中未计但实际存在的长跨方向的弯矩
直径	不宜小于 6mm
间距	不宜大于 250mm
数量	单向板中单位长度上的分布钢筋，截面面积不宜小于单位宽度上受力钢筋截面面积的 15%，且不宜小于该方向板截面面积的 0.15%

②防裂构造钢筋

在温度、收缩应力较大的现浇板区域，应在板的表面双向配置防裂构造钢筋。每一方向的配筋率均不宜小于 0.10%，间距不宜大于 200mm。防裂构造钢筋可利用原有钢筋贯通布置，也可另外设置钢筋并与原有钢筋按受拉钢筋的要求搭接或在周边构造中锚固。

③垂直于梁肋的板面构造钢筋

荷载就近传递，对于现浇楼盖的单向板，靠近主梁的板面荷载直接传给主梁，故产生一定的负弯矩，使板与主梁的连接处产生板面裂缝，所以主梁梁肋附近的板面存在一定的负弯矩。因此，当现浇板的受力筋与梁平行时，必须沿梁长度方向配置间距不大于 200mm 且与梁垂直的上部构造钢筋，其数量不少于每米 5ϕ8，且沿主梁单位长度内的总截面面积不少于板中单位宽度内受力钢筋截面积的 1/3，伸入板中的长度从主梁梁肋边算起不小于板的计算跨度 l_0 的 1/4，如图 8-15 所示。

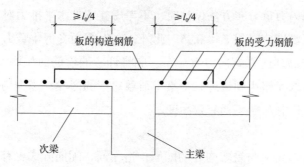

图 8-15　垂直于梁肋的板面构造钢筋

④嵌入承重墙内的板面构造钢筋、板角附加钢筋

嵌入承重砌体墙内的单向板，计算时按简支考虑，但实际上有一部分嵌固作用，将产生局部负弯矩，为了防止图 8-16（a）板面裂缝的出现和开展，在板中需配置如图 8-16（b）所示的钢筋。沿承重砌体墙每米配置不少于 $5\phi8$ 的附加短负筋，伸出墙边长度不小于 $l_0/7$。

两边嵌入砌体墙内的板面部分，应在板面双向配置附加的短负钢筋。沿受力方向配置的负钢筋截面面积不宜少于该方向跨中受力钢筋截面面积的 1/3，且一般不少于 $5\phi8$；另一方向的负钢筋一般不少于 $5\phi8$。每边伸出墙边长度不小于 $l_0/4$，如图 8-16（b）所示。

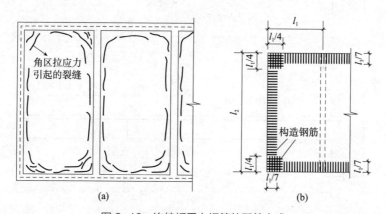

图 8-16　连续板受力钢筋的配筋方式
（a）板嵌固在承重墙内时板顶的裂缝分布；（b）板嵌固在承重墙内时板上部的钢筋

2. 次梁

（1）设计要点

次梁的跨度一般为 4～6m，梁高为跨度为 1/18～1/12；梁宽为梁高的 1/3～1/2，因梁与板整浇在一起，故梁宽可取偏小值；纵向钢筋配筋率一般为 0.6%～1.5%。

在现浇肋梁楼盖中，板可作为次梁的上翼缘，在跨内正弯矩作用下，板位于受压区，故次梁的跨内截面应按 T 形截面计算，翼缘计算宽度 b_f' 按本教材第 3 章规定确定；在支座附近的负弯矩区段，板处于受拉区，仍应按矩形截面计算纵向受拉钢筋。

当次梁按考虑内力重分布方法设计时，不考虑支座处水平推力对弯矩的影响；调幅截面的相对受压区高度应满足 $\xi \leqslant 0.35$。此外，在斜截面受剪承载力计算中，为避免梁因出现斜截面受剪破坏而影响内力重分布，应将计算的箍筋面积增大 20%。增大范围：当为集中荷载时，取支座边到最近一个集中荷载之间的区段；当为均布荷载时，取支座边起 $1.05h_0$ 范围，其中 h_0 为截面有效高度。

（2）配筋构造

次梁的一般构造要求与受弯构件的配筋构造相同，配筋方式也有弯起式和连续式两种。当梁各跨内和支座截面的配筋数量确定后，沿梁长纵向钢筋的弯起和截断原则上应按弯矩及剪力包络图处理。但根据工程经验总结，对于相邻跨跨度相差不超过 20%，活荷载和恒荷载的比值 $g/q \leqslant 3$ 的连续次梁，可参照图 8-17 布置钢筋。

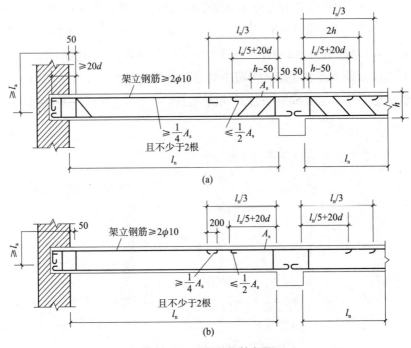

图 8-17　次梁的钢筋布置
（a）设弯起钢筋；（b）不设弯起钢筋

中间支座钢筋的弯起，第一排的上弯点距支座边缘为 50mm；第二排、第三排上弯点距支座边缘分别为 h 和 $2h$，其中 h 为截面高度。支座上部受力钢筋面积为 A_s，第一次截断的钢筋面积不得超过 50%，延伸长长度从支座边缘起不小于 $l_n/5+20d$（d 为截断钢筋的直径）；第二次截断不超过 25%，延伸长长度不小于 $l_n/3$。所余下的纵筋不得少于两根，可用来承担部分负弯矩并兼作架立钢筋，且伸入支座的锚固长度不得小于 l_a。

位于连续次梁下部弯起后剩余的纵向钢筋应全部伸入支座，不得在跨间截断，下部纵筋伸入边支座和中间支座的锚固长度详见本教材第 4 章。

连续次梁因截面上、下均配置有受力纵筋，所以一般均沿梁全长配置封闭式箍筋，第一根箍筋可距支座边50mm处开始布置，同时在简支端的支座范围内一般宜布置一根箍筋。

3. 主梁

主梁的跨度一般在 5～8m 为宜；梁高为跨度的 1/15～1/10。主梁除承受自重和直接作用在主梁上的荷载外，主要承受次梁传来的集中荷载。为简化计算，也可将主梁的自重等均布荷载转化成集中荷载，其作用点与次梁的位置相同。主梁正截面受弯承载力计算类似次梁，因梁板整体浇筑，跨中按T形截面计算，支座按矩形截面计算。若主梁是框架横梁，水平荷载（风荷载、地震作用等）也会在梁中产生弯矩和剪力，因此应按框架梁设计。

由于主梁支座处因板、次梁及主梁钢筋纵横重叠，如图 8-18 所示，故截面的有效高度 h_0 应适当减小。单排钢筋布置时，$h_0 = h-（50～60）mm$，双排钢筋布置时，$h_0 = h-（70～80）mm$，其中 h 为截面高度。

主梁和次梁相交处，在主梁高度范围内受到次梁传来的集中荷载的作用。此集中荷载在主梁的局部长度上将引起法向应力和剪应力，此局部应力所产生的主拉应力可能使梁腹部出现斜裂缝。为了防止斜裂缝出现而引起局部破坏，应在次梁两侧设置附加横向钢筋，把集中荷载传递到主梁顶部受压区，如图 8-19 所示。

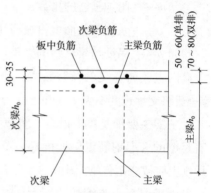

图 8-18　主梁支座处的截面有效高度

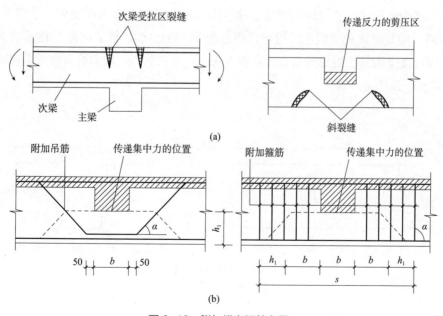

(a)

(b)

图 8-19　附加横向钢筋布置

附加横向钢筋应布置在长度 $s = 2h_1+3b$ 范围内，以便能充分发挥作用。附加横向钢筋可采用吊筋和附加箍筋，宜优先采用附加箍筋。附加箍筋和吊筋的总截面面积按下式计算：

$$F_1 \leqslant 2f_yA_{sb}\sin\alpha+mnf_{yv}A_{sv1} \tag{8-17}$$

式中　F_1—— 由次梁传来的集中荷载设计值；

　　　f_y—— 吊筋的抗拉强度设计值；

　　　f_{yv}—— 附加箍筋的抗拉强度设计值；

　　　A_{sb}—— 单根吊筋的截面面积；

　　　A_{sv1}—— 单肢箍筋的截面面积；

　　　m—— 附加箍筋的排数；

　　　n—— 在同一截面上附加箍筋的肢数；

　　　α—— 吊筋与梁轴线的夹角。

因主梁所承受的荷载较大，当主梁支承在砌体上，除应保证有足够的支承长度外（一般取支承长度不少于 370mm），还应进行砌体的局部受压承载力计算。

主梁主要承受集中荷载，斜截面受剪承载力计算时应考虑采用弯起钢筋，且跨中应有足够的弯起钢筋以使抵抗弯矩图完全覆盖剪力包络图，主梁纵向钢筋的弯起和截断，原则上应按弯矩包络图确定。

由于混凝土收缩量的增大，在梁的侧面产生收缩裂缝的现象时有发生，如图 8-20 所示。裂缝一般呈枣核状，两头尖而中间宽，向上伸至板底，向下至梁底纵筋处，截面较高的梁情况更为严重。《混凝土结构通用规范》GB 55008—2021 和《混凝土结构设计规范》（2015 年版）GB 50010—2010 规定，当梁的腹板高度 $h_w \geqslant 450mm$ 时，在梁的两个侧面沿高度配置纵向构造钢筋（腰筋），每侧纵向构造钢筋（不包括梁上、下部受力钢筋及架立筋）的截面面积不应小于腹板截面面积 bh_w 的 0.1%，且其间距不宜大于 200mm。此处，腹板高度为 h_w，矩形截面有效高度为 h_0；对 T 形截面，取有效高度减去翼缘高度；对 I 形截面，取腹板净高。

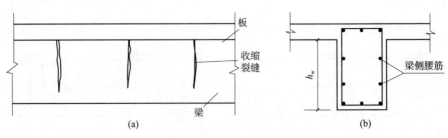

图 8-20　梁侧腰筋布置方式
（a）梁侧裂缝；（b）梁侧腰筋

8.3 双向板肋梁楼盖设计

向两个方向传递荷载且都不能忽略的板称为双向板，双向板的支承方式可以是四边支承、三边支承或两邻边支承。板面荷载可以是均布荷载、局部荷载或线性分布荷载。板的平面形状有方形、矩形、三角形、圆形等，但双向板肋形楼盖中，常见的是均布荷载作用下四边支承的矩形板，本节主要阐述四边支承的双向矩形板肋梁楼盖的设计方法。计算方法同单向板，也有两种，一种是将混凝土视为弹性体，按弹性理论分析求解板的内力与配筋；另一种是将混凝土视为弹塑性材料，按塑性理论分析求解板的内力与配筋，弹性理论计算偏于安全，塑性理论能更好地发挥材料的性能。

8.3.1 试验研究

四边简支双向板的均布加载试验表明：四边搁置无约束的双向板，在均布荷载作用下四角处有向上翘的趋势。板的竖向位移呈碟形，因此板传给四边支座的压力沿边长是不均匀的，其特点是中部大、两端小，大致按正弦曲线分布，如图 8-21 所示。

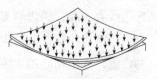

图 8-21 四边搁置无约束的双向板在均布荷载作用下变形图

在裂缝出现前，矩形双向板基本上处于弹性工作阶段，短跨方向的最大正弯矩出现在中点，而长跨方向的最大正弯矩偏离跨中截面。两个方向配筋相同的正方形板，由于跨中正弯矩最大，板的第一批裂缝出现在板底中间部分；随后由于主弯矩的作用，裂缝沿对角线方向向四角发展，如图 8-22（a）所示；随着荷载不断增加，板底裂缝继续向四角扩展，直至因板的底部钢筋屈服而破坏。当接近破坏时，由于主弯矩的作用，板顶面靠近四角附近出现垂直于对角线方向大体上呈圆形的环状裂缝，这些裂缝的出现又促进了板底对角线方向裂缝的进一步扩展。两个方向配筋相同的矩形板板底的第一批裂缝出现在中部，平行于长边方向，这是由于短跨跨中的正弯矩 M_1 大于长跨跨中的正弯矩 M_2 所致。随着荷载进一步加大，这些板底的跨中裂缝逐渐延长，并沿45°角向板的四角扩展，板顶四角也出现大体呈圆形的环状裂缝，如图 8-22（b）所示。

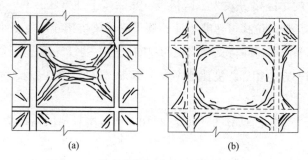

(a)　　　　　　　　　(b)

图 8-22 均布荷载作用下双向板的裂缝分布
（a）板底裂缝；（b）板面裂缝

总之，矩形板最终因板底裂缝处受力钢筋屈服而破坏。首先在板底中央出现裂缝，然后裂缝沿对角线方向向板角扩展，在板接近破坏时板四角处顶面亦出现圆弧形裂缝，促使板底对角线裂缝处截面受拉钢筋达到屈服，混凝土达到抗压强度导致破坏。

8.3.2 弹性理论计算方法

在实际设计中，对常用的荷载分布及支承情况的双向板，可利用已有图表手册中的弯矩系数计算其内力。

1. 均布荷载作用下单块四边支承双向板的内力计算

当板厚远小于板短边边长的 1/8 ~ 1/5，且板的挠度远小于板的厚度时，可按双向板弹性薄板理论计算。附表 16 列出 6 种不同边界条件的矩形板在均布荷载下的挠度及弯矩系数，即：四边简支；一边固定，三边简支；两对边固定，两对边简支；两邻边固定，两邻边简支；三边固定，一边简支；四边固定。计算时，可根据支承情况、短长跨的比值，查出相应的弯矩系数，进一步计算出相应的板中弯矩。板的跨中弯矩可按下式计算：

$$m = 表中系数 \times p l_{01}^2 \qquad (8-18)$$

式中 m—— 跨中或支座单位板宽内的弯矩设计值（kN·m/m）；

p—— 均布荷载设计值（kN/m²）；

l_{01}—— 短跨长跨方向的计算跨度（m），计算方法与单向板的相同。

由于附表 16 系数是根据泊松比 $\upsilon = 0$ 定的，而钢筋混凝土的泊松比 $\upsilon = 0.2$，挠度系数不变，支座负弯矩按式（8-17）计算，跨中弯矩需要按下式进行修正：

$$\begin{cases} m_1^\upsilon = m_1 + \upsilon m_2 \\ m_2^\upsilon = m_2 + \upsilon m_1 \end{cases} \qquad (8-19)$$

式中 m_1，m_2—— $\upsilon = 0$ 时两个方向固定边中点沿 l_{01} 方向、l_{02} 方向单位板宽内的弯矩。

2. 均布荷载作用下连续四边支承双向板的内力计算

多跨连续四边支承双向板的精确计算相对复杂，在实际工程中多采用实用计算方法。将多区格连续板中的每区格等效为单区格板，然后按上述方法计算。假设双向板支承梁抗弯线刚度很大，其竖向位移可忽略不计；假设支承梁抗扭线刚度很小，可以自由转动，可忽略梁对板的约束作用，即将支承梁视为双向板的不动铰支座。

适用条件：同一方向相邻跨度比值不大于 20%，以免计算误差过大。

（1）跨中最大弯矩

双向板跨中最大弯矩的计算方法见表 8-10。边区格和角区格按楼盖周边实际支承情况确定。

双向板跨中最大弯矩的计算方法	表 8-10

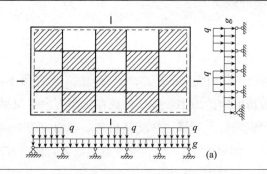

在求连续板跨中最大弯矩时，应在该区格及其前后左右每隔一区格布置活荷载，即棋盘式布置，如图（a）所示

如前所述，梁可视为双向板的不动铰支座，因此任一区格的板边既不是完全固定也不是理想简支。而附表16中各单块双向板的支承情况却只有固定和简支。为了能利用附表16，可将活荷载设计值 q 分解为满布各区格的对称荷载 $q/2$ 和逐区格间隔布置的反对称荷载 $\pm q/2$ 两部分，如图（b）（c）所示

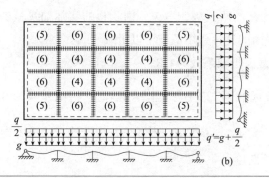

当全板区格作用有 $g+q/2$ 时，可将中间支座视为固定支座，内区格板均看作四边固定的单块双向板；而边区格的内支座按固定、外边支座按简支（支承在砖墙上）或固定（支承在梁上）考虑，然后按相应支承情况的单区格板查表计算

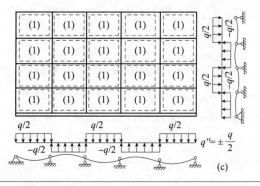

当连续板承受反对称荷载 $\pm q/2$ 时，可视为简支，从而内区格板的跨中弯矩可近似按四边简支的单块双向板计算；而边区格的内支座按简支、外边支座根据实际情况确定，然后查表计算其跨中弯矩即可

最后，将所求区格在两部分荷载作用下的跨中弯矩值叠加，即为该区格的跨中最大弯矩

（2）支座最大负弯矩

活荷载的最不利布置与单向板相似，但计算更为复杂，为简化计算，近似地按满跨布置（与理论计算结果相差甚微）。将全部区格满布均布活荷载时，支座弯矩最大。此时可假定各区格板都固结于中间支座，因而内区格板可按四边固定的单跨双向板计算其支座弯矩；边区格的内支座按固定考虑，外边界支座则按实际情况考虑。

由相邻区格板分别求得的同一支座负弯矩不相等时，取绝对值较大者作为该支座最大负弯矩。

塑性理论计算方法相关内容详见二维码8-1。

8-1 塑性理论计算方法

8.3.3 双向板肋梁楼盖的截面设计和构件要求

1. 单向板的截面设计和构造要求

（1）设计要点

双向板的板厚按8.1.3节取值。双向板由于双向配筋，板在两个方向的有效高度不同，短跨方向的弯矩大于长跨方向，故应将短跨方向的跨中受拉钢筋放在长跨方向受拉钢筋的外侧，即：在跨中正弯矩截面短跨方向钢筋放在下排；在支座负弯矩截面短跨方向钢筋放在上排，以充分利用板的有效高度。例如环境类别一类，通常取值如下：短跨方向，$h_{01} = h-20$（mm）；长跨方向 $h_{02} = h-30$（mm）。其中，h 为板厚。

与单向板一样，对于四周与梁整体连接的双向板，考虑到由于板的实际轴线呈拱形对板的弯矩降低的影响，因此规范规定截面的计算弯矩值应予以折减。

1）中间区格的跨中截面及中间支座截面折减系数为0.8。

2）边区格的跨中截面及楼板边缘算起的第二支座：当 $\frac{l_b}{l} < 1.5$ 时，折减系数为0.8；当 $1.5 \le \frac{l_b}{l} \le 2$ 时，折减系数为0.9；当 $\frac{l_b}{l} > 2$ 时，不折减。其中，l_b 为沿楼板边缘方向的计算跨度；l 为垂直于楼板边缘方向的计算跨度。

3）楼板角区格不应折减。

（2）钢筋配置

1）受力钢筋的分布方式

根据双向板的破坏特征，双向板的板底应配置平行于板边的双向受力钢筋以承担跨中正弯矩；对于四边有固定支座的板，在其上部沿支座边尚应布置承受负弯矩的受力钢筋。与单向板中配筋方式类似，双向板的配筋方式有分离式和弯起式两种。为简化施工，目前在工程中多采用分离式配筋。

当内力按弹性理论计算时，所求得的弯矩是中间板带的最大弯矩，并由此求得板底配筋，而跨中弯矩沿板长或板宽向两边逐渐减小，因此配筋应向两边逐渐减少，如图8-23所示。考虑到施工方便，将板在 l_1 和 l_2 方向各分为三个板带：两边板带的宽度为较小跨度 l_1 的1/4；其余为中间板带。在中间板带均配置按最大正弯矩求得的板底钢筋，两边板带内则减少一半，但每米宽度内不得少于3根。而对支座边界板顶的负弯矩钢筋，为了承受板四角的扭矩，沿全支座宽度均匀配置。按塑性理论计算时，钢筋可分带布置，但为了施工方便，也可均匀分布。

由于双向板短向正弯矩比长向的大，故沿短向的跨中受力钢筋应放在沿长向的受力钢筋下面。

2）支座负钢筋的配置

沿墙边、墙角处的构造钢筋，与单向板楼盖设计相同。

在简支的双向板中，考虑到计算时未计及的支座部分约束作用，故每个方向的正钢

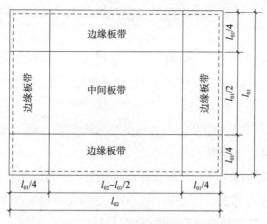

图 8-23　双向板划分图

筋均应弯起 1/3。

固定支座的双向板及连续双向板中，板底钢筋可弯起 1/2 ～ 2/3 作为支座负钢筋，不足时，则另外设置板顶负钢筋。

2. 双向板支承梁的计算

（1）支承梁上的荷载

如前所述，双向板上的荷载沿两个方向传给四边的支承梁或墙上，但要精确计算每根支承梁上分到的荷载是相当困难的。一般采用简化方法，根据荷载就近传递原则，即在每一区格板的四角作 45° 线（图 8-24），将板分成四个区域，每块面积内的荷载传给与其相邻的支承梁。这样对双向板的长边梁来说，由板传来的荷载呈梯形分布；而对短边梁来说，荷载则呈三角形分布。

（2）支承梁的内力计算

1）按弹性理论设计

对承受三角形和梯形荷载的连续梁（图 8-24），在计算内力时，为方便计算，可按支座弯矩相等的原则把分布荷载转化成等效均布荷载（图 8-25），求得等效均布荷载作用下的支座弯矩；然后取各跨为隔离体，由固端弯矩求梁跨中弯矩、支座处剪力值时，不能

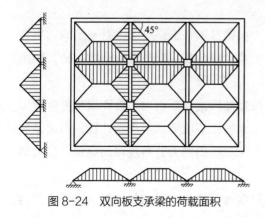

图 8-24　双向板支承梁的荷载面积

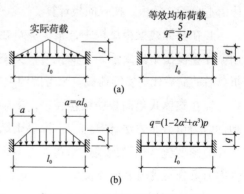

图 8-25　支承梁的荷载等效示意图

按等效分布荷载来计算，应将所求该跨的支座弯矩和实际荷载一同作用在该跨梁上，按静力平衡条件来计算。

对于无内柱的双向板楼盖，通常称为井字形楼盖。这种楼盖的双向板仍按连续双向板计算，其支承梁的内力则按结构力学的交叉梁系进行计算，或查有关设计手册。

2）按塑性理论设计

首先按弹性理论计算其支座及跨中截面的最大弯矩值，然后根据连续梁塑性内力重分布设计原则计算其塑性弯矩值。

各支座及跨中截面的塑性设计弯矩值可查阅有关手册的计算图表。

当考虑塑性内力重分布时，可在弹性分析求得的支座弯矩的基础上，应用调幅法确定支座弯矩，再按实际荷载分布计算跨中弯矩。

3）支承梁的配筋设计及构造要求

双向板支承梁的截面配筋计算和构造要求与单向板楼盖中的梁相同。

楼梯和雨篷设计相关内容详见二维码 8-2。

8-2 楼梯和雨篷设计

本章小结

1. 梁板结构设计的主要步骤是：结构选型和结构布置、结构计算（包括确定计算简图、荷载计算、内力分析、内力组合及承载力计算等）、施工图绘制。其中，结构选型和结构布置属结构方案设计，其合理与否对整个结构的可靠性和经济性有很大影响，应根据使用要求、结构受力特点等综合考虑。

2. 确定结构计算简图（包括计算模型和荷载图式等）是进行结构分析的关键。用简化后的图形代替实际结构，并反映结构受力和变形的基本特点。

3. 设计中可按板的四边支承情况和板两个方向的跨度比值来区分单、双向板。荷载作用下，只在一个方向或主要在一个方向弯曲的板称为单向板。两对边支承的板或四边支承的板、长边与短边长度比值大于 3 的板，按单向板计算。荷载作用下，在两个方向弯曲，且不能忽略任一方向弯曲的板称为双向板。一般四边支承的板，长边与短边长度比值不大于 2 的板，按双向板计算。

4. 在整体式梁板结构中，梁板浇筑在一起，次梁对板、主梁对次梁有一定的约束作用。计算模型中把支承条件简化为铰支座，采用增大恒荷载、减小活荷载的方法，即用折算后的荷载代替实际荷载，来考虑约束的影响。

5. 在整体式单向板肋梁楼盖中，主梁一般按弹性理论计算内力，板和次梁可按考虑塑性内力重分布方法计算内力。混凝土结构由于刚度比值改变或出现塑性铰，引起结构计算简图变化，从而出现使结构内力不再服从弹性理论的内力分布规律的现象，称为塑性内力重分布或内力重分布。

6. 弯矩调幅法就是对结构按弹性方法所求得的弯矩值进行适当的调低，以考虑结构非弹性变形所引起的内力重分布。应注意：

（1）钢筋宜采用 HRB400 级钢筋，混凝土强度等级宜在 C25 ~ C45 范围内选用；

（2）调整后的结构内力必须满足静力平衡条件，并具有安全储备；

（3）调幅系数一般不宜超过 0.25，不等跨连续梁、板不宜超过 0.2；

（4）相对受压区高度不应超过 0.35，不宜小于 0.10。

考虑塑性内力重分布后，结构应满足正常使用阶段的变形和裂缝宽度限值。

7. 双向板可按弹性理论，计算跨中截面最大正弯矩时，恒荷载布满所有区格，将支承梁视为双向板的不动铰支座，在所求板内布置活荷载，其他活荷载按棋盘式布置；计算各区格板支座截面的最大负弯矩时，应让活荷载布满所有区格板。

8. 按塑性理论计算双向板肋梁楼盖的内力时，常用塑性铰线法。一般先假定塑性铰线分布，使板形成机动体系，后由虚功方程求出板极限荷载。

9. 板式楼梯，斜放的踏步板荷载直接传给平台梁。梁式楼梯，踏步板的荷载传给斜梁，斜梁再把荷载传给平台梁。板式楼梯宜用于可变荷载较小，梯段板跨度一般小于 3.0m 的情况。当梯段板水平方向的跨度大于 3m 时，采用梁式楼梯较为经济。

10. 梁式楼梯的斜梁和板式楼梯的梯段板均是斜向梁板结构，其内力可按跨度为水平投影长度的水平结构进行计算，荷载应取沿单位水平长度的竖向均布荷载值 p。竖向均布荷载作用下的最大弯矩等于水平投影长度的简支梁在 p 作用下的最大弯矩，最大剪力应等于水平投影长度的简支梁在 p 作用下的最大剪力值乘以 $\cos\alpha$。

思考与练习题

1. 什么是单向板？试叙述其受力与配筋构造的特点。

2. 如图 8-26 所示，请画出求下列内力时的活荷载最不利布置图：$M_{A\max}$、$M_{B\max}$ 以及 $V^{D}_{\max}$。

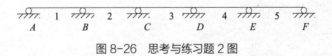

图 8-26　思考与练习题 2 图

3. 连续板计算简图中将梁考虑为铰接，这种处理办法有什么好处？与实际受力情况有何差异？设计中如何考虑这种差异？

4. 某钢筋混凝土框架结构办公楼标准层的结构平面图如图 8-27 所示，请问：

（1）应按单向板计算的板编号有哪些？

（2）宜按双向板计算，也可按单向板计算的板编号有哪些？

（3）③、④号板的设计厚度应取多少？

（4）若⑤号板单向板厚 120mm，$h_0 = 100$mm，采用 C25 混凝土，受力筋、分布筋均采用 HRB400 级钢筋。若配 870mm²/mm 的受力筋，试确定该板的分布筋？

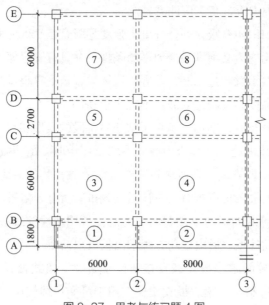

图 8-27 思考与练习题 4 图

5. 什么是塑性铰？它与普通铰的区别是什么？

6. 使用弯矩调幅法时，为什么要限制 ξ？

7. 单向板和双向板楼盖支承梁的荷载各应如何计算？

8. 图 8-28 的两跨连续梁，计算跨度相等，$l_0 = 4.0$m，环境类别为一类，承受均布荷载总设计值为 33.3kN/m（包括自重），截面尺寸为 200mm×400mm。采用 C25 混凝土（$f_c = 11.9$N/mm^2，$f_t = 1.27$N/mm^2，$\alpha_1 = 1.0$）、HRB400 级受力纵筋（$f_y = 360$N/mm^2）。该梁满足抗剪要求，按考虑塑性内力重分布方法进行设计，得中间支座负弯矩配筋为 3ϕ16，试问：

（1）支座弯矩的调幅值是多少？

（2）试分析此设计是否恰当。

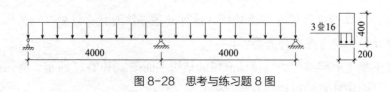

图 8-28 思考与练习题 8 图

9. 某公共建筑现浇板式楼梯平面图如图 8-29 所示，层高 4.2m，踏步尺寸为 150mm×300mm，楼梯活荷载标准值 $q_k = 3.5$kN/m^2，构造做法：水磨石面层，20mm 厚混合砂浆板底抹灰，采用 C30 混凝土，采用 HPB300、HRB400 级钢筋，试设计此楼梯。

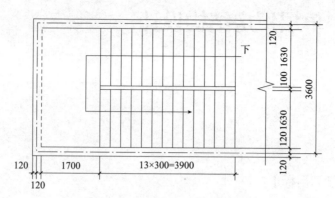

图 8-29　思考与练习题 9 图

第9章 单层厂房结构设计

【本章要点及学习目标】

（1）了解单层工业厂房的结构选型、结构组成和结构布置。

（2）掌握等高排架内力计算和内力自合。

（3）掌握单层工业厂房柱下独立基础设计方法。

（4）理解牛腿的受力性能和承载力计算。

9.1 概述

9.1.1 单层厂房的分类

1. 按结构体系分类

（1）排架结构体系

混凝土排架结构是单层厂房中应用较多的最基本的结构形式，排架结构传力明确，构造简单，施工方便。如图9-1所示，混凝土排架结构可做成等高、不等高、单跨、多跨等多种形式。锯齿形厂房属于一种特殊的排架结构，多见于昼夜连续生产的纺织类企业。相对其他结构形式，混凝土排架结构刚度大，跨度和高度均可达到30m，适用于大

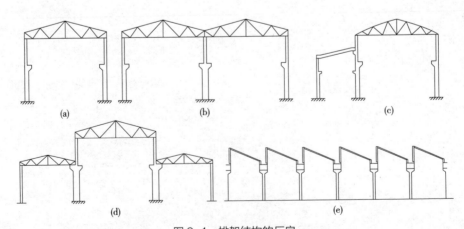

图9-1 排架结构的厂房

（a）单跨排架；（b）等高双跨排架；（c）不等高双跨排架；（d）不等高三跨排架；（e）锯齿形厂房

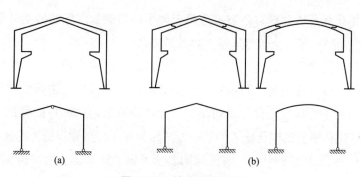

图 9-2 刚架结构的厂房

（a）三铰刚架；（b）两铰刚架

吨位吊车。排架结构的构件一般采取现场预制、养护，然后吊装，各构件间多采用预埋铁件焊接以形成结构整体，属于预制装配式结构体系。

（2）刚架结构体系

目前常用的刚架结构是装配式钢筋混凝土门式刚架，它的特点是柱子和横梁刚接形成一个构件，柱与基础为铰接，属梁柱合一的结构形式，截面可随力的变化做成变截面，结构轻巧。顶点做成铰接的称为三铰刚架，顶点做成刚接的称为两铰刚架，如图9-2所示。前者是静定结构，后者是超静定结构。

门式刚架一般分段预制，然后通过螺栓或焊接连成整体，也属预制、装配式施工的结构体系。门式刚架刚度差，承载时易产生"跨变"，用于屋盖轻、无吊车或吊车起重小于等于100kN，且跨度和高度都较小的厂房和仓库。

2. 按材料分类

（1）混凝土单层厂房

如前所述各类结构体系。

（2）钢结构单层厂房

钢结构造型美观、结构轻巧，施工周期短，安装、拆卸方便，抗震能力强。随着彩色钢板、组合钢板等各类新型建材的出现，其维护费用高的缺点也逐渐被克服。目前，钢结构已经成为房屋结构的一支新军。常见的钢结构单层厂房形式有门式刚架体系和悬索结构体系。

9.1.2 单层厂房的特点

（1）房屋具有很大的空间尺度，中间不设承重柱或者少设承重柱。从建筑物构成上来说，由于单层厂房需要在车间内放置尺寸较大的生产设备，要求具有较大的内置空间，对于高度设置以及通风采光等也比一般车间要高。

（2）结构构件要满足承载要求，尤其是承重柱必须满足荷载的要求。单层厂房的结构构件要满足工业生产需要，其结构构件要有足够的承载能力。特别是承重柱，不仅要满足厂房本身的荷载及活荷载，还需考虑吊车产生的荷载和房屋的振动荷载；有些厂房设计还需要考虑大型汽车、火车等运输工具的进出。

（3）单层厂房的非承重构件一般采用定型设计，标准化生产。由于单层工业厂房属于轻工业生产的主流标准配置，目前我国已经针对这一建筑形式进行了定型设计及标准化配件的生产。对于非承重构件，目前单层工业厂房常采用构配件标准化、系列化、通用化、生产工厂化和便于机械化施工的建造方式，加快了厂房建设施工的速度。

（4）单层厂房设计高度不一，内部结构要求不同，应根据工程实际需要进行设计。虽然都是单层工业厂房，但是由于其使用用途不同，厂房设计高度也不一样；由于高度的不同，其结构和跨度的设计也不尽相同，高度越高的建筑，对其结构安全性及耐久度的考虑也会相应提高。部分需要安装桥式起重机或者行车的单层工业厂房，一般将承重柱分开，增加牛腿设计。

9.2 单层厂房的结构组成与结构布置

9.2.1 结构组成

1. 屋盖结构

屋盖结构由屋面板（包括天沟板）、屋架或屋面梁（包括屋盖支撑）组成，有时还设有天窗架和托架等（图9-3），分为无檩和有檩两种屋盖体系。将大型屋面板直接支承在屋架或屋面梁上的称为无檩屋盖体系；这种屋盖的屋面刚度大、整体性好、构件数量和种类少，施工速度快，是单层厂房中应用比较广泛的一种屋盖结构形式。将小型层面板或瓦材支承在檩条上，再将檩条支承在屋架上的称为有檩屋盖体系。屋面板起围护作用，

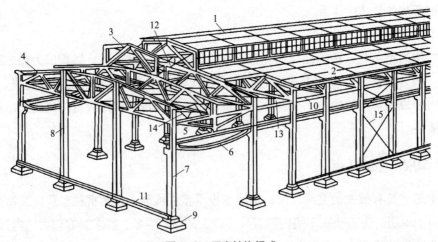

图9-3　厂房结构组成

1—屋面板；2—天沟板；3—天窗架；4—屋架；5—托架；6—吊车梁；7—排架柱；8—抗风柱；
9—基础；10—连系梁；11—基础梁；12—天窗架垂直支撑；13—屋架下弦横向水平支撑；
14—屋架端部垂直支撑；15—柱间支撑

屋架或屋面梁是屋面承重构件，承受屋盖结构自重和屋面活荷载、雪荷载和其他荷载，并将这些荷载传至排架柱。天窗架支承在屋架或屋面梁上，也是一种屋面承重构件。

2. 横向平面排架

横向平面排架由横梁（屋架或屋面梁）和横向柱列（包括基础）组成，是厂房的基本承重结构。厂房结构承受的竖向荷载及横向水平荷载都是通过横向平面排架传至基础和地基的。

3. 纵向平面排架

纵向平面排架由纵向柱列、连系梁、吊车梁、柱间支撑和基础组成，其作用是保证厂房的稳定性和刚性，并承受作用在山墙、天窗端壁以及通过屋盖结构传来的纵向风荷载、吊车纵向水平荷载，再传至地基，另外它还承受纵向水平地震作用、温度应力。

4. 吊车梁

吊车梁一般简支在牛腿上，主要承受吊车竖向荷载、横向或纵向水平荷载，并将它们分别传至横向或纵向平面排架。

5. 支撑

支撑包括屋盖支撑和柱间支撑两种，其作用是加强厂房结构的空间刚度，保证结构构件在安装和使用阶段的稳定和安全，同时起到把风荷载、吊车水平荷载或水平地震作用等传递到相应的承重构件的作用。

6. 基础

基础承受柱和基础梁传来的荷载，并将它们传至地基。

7. 围护结构

围护结构位于厂房四周，包括纵墙、横墙（山墙）、抗风柱、连系梁、基础梁等构件。这些构件所承受的荷载主要是墙体和构件的自重以及作用在墙面上的风荷载。

单层厂房结构中，纵向平面排架和横向平面排架间主要通过屋盖结构和支撑体系相连接而形成空间结构，各构件及其作用见表9-1。

单层厂房各组成构件及其作用
表 9-1

构件名称		构件作用	备注
屋盖结构	屋面板	承受屋面构造层自重、屋面活荷载、雪荷载、积灰荷载以及施工荷载等，并将它们传给屋架（屋面梁），具有覆盖、围护和传递荷载的作用	支撑在屋架（屋面梁）或檩条上
	天沟板	屋面排水并承受屋面积水及天沟板上的构造层自重、施工荷载等，并将它们传给屋架	
	天窗架	形成天窗以便于采光和通风，承受其上屋面板传来的荷载及天窗上的风荷载等，并将它们传给屋架	
	托架	当柱距比屋架间距大时，用以支撑屋架，并将荷载传给柱	
	屋架或屋面梁	与柱形成横向排架结构，承受屋盖上的全部竖向荷载，并将它们传给柱	
	檩条	支撑小型屋面板（或瓦材），承受屋面板传来的荷载，并将它们传给屋架	有檩体系屋盖中采用

续表

构件名称		构件作用	备注
柱	排架柱	承受屋盖结构、吊车梁、外墙、柱间支撑等传来的竖向和水平荷载，并将它们传给基础	同时为横向排架和纵向排架中的构件
	抗风柱	承受山墙传来的风荷载，并将它们传给屋盖结构和基础	也是围护结构的一部分
支撑体系	屋盖支撑	加强屋盖结构空间刚度，保证屋架的稳定，将风荷载传给排架结构	
	柱间支撑	加强厂房的纵向刚度和稳定性，承受并传递纵向水平荷载至排架柱或基础	
围护结构	外纵墙或山墙	厂房的围护构件，承受风荷载及其自重	
	连系梁	连系纵向柱列，增强厂房的纵向刚度，并将风荷载传递给纵向柱列，同时还承受其上部墙体的重量	
	圈梁	加强厂房的整体刚度，防止由于地基不均匀沉降或较大振动荷载引起的不利影响	
	过梁	承受门窗洞口上部墙体的重量，并将它们传给门窗两侧墙体	
	基础梁	承受围护墙体的重量，并将它们传给基础	
吊车梁		承受吊车竖向和横向或纵向水平荷载，并将它们分别传给横向或纵向排架	简支在柱牛腿上
基础		承受柱、基础梁传来的全部荷载，并将它们传给地基	

9.2.2 结构布置

1. 柱网布置

厂房承载柱的纵向和横向定位轴线，在平面上排列所形成的网格，称为柱网。柱网布置就是确定柱子纵向定位轴线之间的距离（跨度）和横向定位轴线之间的距离（柱距）。确定柱网尺寸，既是确定柱的位置，也是确定屋面板、屋架（屋面梁）、吊车梁等构件的跨度，同时还涉及厂房其他结构构件的布置。柱网布置恰当与否，将直接影响工业厂房结构的经济合理性、生产使用性及施工速度。

柱网布置的一般原则是：在符合《厂房建筑模数协调标准》GB/T 50006—2010 有关规定和要求的前提下，做到建筑平面和结构方案既经济合理，又满足生产和使用要求；厂房结构形式和施工方法既先进合理，又能适合生产发展和技术革新的要求。

厂房跨度在 18m 及以下时，应采用扩大模数 30M 数列；在 18m 以上时，应采用扩大模数 60M 数列；厂房柱距应采用扩大模数 60M 数列。当工艺布置和技术经济有明显的优越性时，工业厂房柱距也可采用扩大模数 30M 数列或其他数值。

目前，工业厂房特别是高度较低的厂房，大多采用 6m 柱距，因为从经济指标、材料消耗、施工条件等方面综合比较衡量，6m 柱距优于 12m 柱距。但从现在的工业发展趋势来看，扩大柱距可以增加车间的有效面积，提高设备布置的灵活性，加快施工进度。在大、小车间相结合时，6m 柱距和 12m 柱距可以配合使用。

2. 变形缝

变形缝包括伸缩缝、沉降缝和防震缝。

（1）伸缩缝

如果厂房长度和宽度过大，当温度变化时，会引起墙面、屋面及其他结构构件的热胀冷缩，从而产生很大的温度应力，严重时会将这些结构构件拉裂，影响正常使用。为了减少结构中温度的应力，可设置伸缩缝将厂房结构分成若干温度区段。温度区段的长度（即伸缩缝之间的距离）取决于结构类型和温度变化情况。《混凝土结构设计规范》（2015年版）GB 50010—2010 对混凝土结构伸缩缝的最大距离作了规定，见表 9-2。

混凝土结构伸缩缝的最大距离（m）

表 9-2

结构类别		室内或土中	露天
排架结构	装配式	100	70
框架结构、板柱结构	装配式	70	50
	现浇式	50	30
剪力墙结构	装配式	60	40
	现浇式	40	30
挡土墙等结构	装配式	40	30
	现浇式	30	20

超过规定或对厂房有特殊要求时，应进行温度应力验算。伸缩缝应从基础顶面开始，将两个温度区段的上部结构完全断开，并留出一定宽度的缝隙，使温度变化时上部结构可自由伸缩，从而减少温度应力，不致引起房屋开裂。

（2）沉降缝

为了避免厂房因地基不均匀沉降而引起的开裂和破坏，需在适当部位用沉降缝将厂房划分成若干刚度较一致的单元，使相邻单元可以自由沉降，而不影响整体结构。沉降缝一般在下列情况下设置：厂房相邻两部分高差很大；地基承载力或下卧层有巨大差别；两跨间吊车起重量相差悬殊；厂房各部分施工时间先后相差较长；地基土的压缩程度不同等。沉降缝应将建筑物从基础到屋顶全部断开，以防止在缝两边发生不同沉降时引起整个建筑物受损。沉降缝可兼作伸缩缝，但是伸缩缝不能代替沉降缝。

（3）防震缝

在地震区建造厂房，应考虑地震作用的影响。当厂房体形复杂、结构高度或刚度相差很大，以及在厂房侧边毗邻建筑物或构筑物时，应设置防震缝将相邻两部分分开，以适应缝隙两侧建筑物不同频率和振幅的振动。地震区的伸缩缝和沉降缝均应符合防震缝的要求。防震缝的要求和做法参见《建筑抗震设计规范》（2016年版）GB 50011—2010。

缝隙宽度的要求一般为：防震缝 > 沉降缝 > 伸缩缝。进行多缝合一设计时，对于震区房屋，应满足防震缝宽度要求；当考虑有沉降缝时，必须将基础分开。

9.2.3 单层厂房的支撑

单层厂房的支撑可以保证结构构件稳定工作，增加结构的整体刚度。单层厂房的支撑是整体的重要组成部分，可分为屋盖支撑和柱间支撑。

1. 屋盖支撑布置

屋盖支撑包括上弦横向水平支撑、下弦横向水平支撑、纵向水平支撑、垂直支撑、水平系杆、天窗架支撑等。

（1）上弦横向水平支撑

沿厂房跨度方向用交叉角钢、直腹杆和屋架上弦杆构成的水平桁架称为上弦横向水平支撑，如图9-4所示。其作用是：保证屋架上弦的侧向稳定性；增强屋盖的整体刚度；作为山墙抗风柱的顶端水平支座，承受由山墙传来的风荷载和其他纵向水平荷载，并传至厂房纵向柱列。

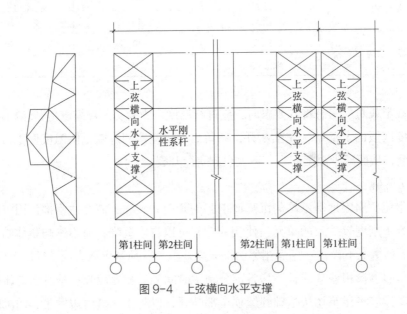

图9-4　上弦横向水平支撑

当屋盖为有檩体系，或屋盖为无檩体系，但屋面板与屋架的连接质量不能保证且抗风柱与屋架上弦连接时，每一伸缩缝区段端部第1或第2柱间布置，如图9-4所示。当设有天窗，且天窗通过厂房端部的第2柱间或通过伸缩缝，应在第1或第2柱间的天窗范围内设置上弦横向水平支撑，并在天窗范围内沿纵向设置1～3道通长的受压系杆，将天窗范围内各榀屋架与上弦横向水平支撑连系起来。

（2）下弦横向水平支撑

在屋架下弦平面内，由交叉角钢、直腹杆和屋架下弦杆构成的水平桁架称为下弦横向水平支撑，如图9-5所示。其作用是：将山墙风荷载及纵向水平荷载传至纵向柱列；防止屋架下弦侧向振动。当屋架下弦设有悬挂吊车，或厂房内有较大振动，或山墙风荷

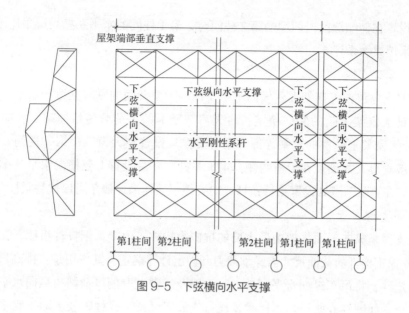

屋架端部垂直支撑

下弦横向水平支撑 下弦纵向水平支撑 下弦横向水平支撑 下弦横向水平支撑

水平刚性系杆

第1柱间 第2柱间 第2柱间 第1柱间 第1柱间

图9-5 下弦横向水平支撑

载通过抗风柱传至屋架下弦，应在每一伸缩缝区段两端的第1或第2柱间设置下弦横向水平支撑，宜与上弦横向水平支撑设置在同一柱间。

（3）纵向水平支撑

由交叉角钢、直杆和屋架下弦第一节间组成的纵向水平桁架称为下弦纵向水平支撑。其作用是：加强屋盖结构的横向水平刚度；保证横向水平荷载的纵向分布，加强厂房的空间工作；保证托架上弦的侧向稳定。当设有软钩桥式吊车且厂房高度大、吊车起重量较大时，应在屋架下弦端节间沿厂房纵向通长或局部设置一道纵向水平支撑；当已设有下弦横向水平支撑时，为保证厂房空间刚度，应尽可能与横向水平支撑连接，以形成封闭的水平支撑系统。

（4）垂直支撑

由角钢杆件与屋架直腹杆组成的垂直桁架称为屋盖垂直支撑。形式为十字交叉形或W形。其作用是：保证屋架受荷后在平面外的稳定；传递纵向水平力。屋盖垂直支撑应与下弦横向水平支撑布置在同一柱间。当厂房跨度小于18m且无天窗时，一般可不设垂直支撑和水平系杆；当厂房跨度为18～30m、屋架间距为6m、采用大型屋面板时，应在每一伸缩缝区段端部的第1或第2柱间、屋架跨中设置一道垂直支撑；当屋架跨度大于30m时，应在每一伸缩缝区段端部的第1或第2柱间、屋架跨度1/3左右的节点处设置两道垂直支撑。

（5）水平系杆

水平系杆分为上弦水平系杆和下弦水平系杆。其作用是：上弦水平系杆是为保证屋架上弦或屋面梁受压翼缘的侧向稳定；下弦水平系杆是为防止在吊车或有其他水平振动时屋架下弦侧向颤动。当屋盖设置垂直支撑时，未设置垂直支撑的屋架间，在相应于垂直支撑平面内的屋架上弦和下弦节点处，应设置通长的水平系杆。凡设置在屋架端部主要支承节点处和屋架上弦屋脊节点处的通长水平系杆，均应采用刚性系杆；当屋架横向水平支撑设置在伸缩缝区段两端的第 2 柱间时，第 1 柱间的水平系杆均应采用刚性系杆；其余均可采用柔性系杆。

（6）天窗架支撑

天窗架支撑包括天窗架上弦横向水平支撑、天窗架间的垂直支撑和水平系杆。其作用是：保证天窗架上弦的侧向稳定；将天窗端壁上的风荷载传给屋架。纵向位置（柱间）：一般天窗架上弦横向水平支撑和垂直支撑均设置在天窗端部第一柱间。横向位置（道）：一般垂直支撑设置在天窗两侧。水平系杆：在未设置上弦横向水平支撑的天窗架间设置；应在上弦节点处设置柔性系杆；对有檩屋盖体系，檩条可以代替柔性系杆。

2. 柱间支撑布置

柱间支撑是纵向平面排架中最主要的抗侧力构件。由交叉钢杆件组成，交叉倾角宜取 45°，支撑钢构件的截面尺寸需经承载力和稳定计算确定。其作用是：提高厂房的纵向刚度和稳定性；将吊车纵向水平制动力、山墙及天窗端壁的风荷载、纵向水平地震作用等传至基础，如图 9-6 所示。当柱间要通行或放置设备，或柱距较大而不宜采用交叉支撑时，可采用门架式支撑。

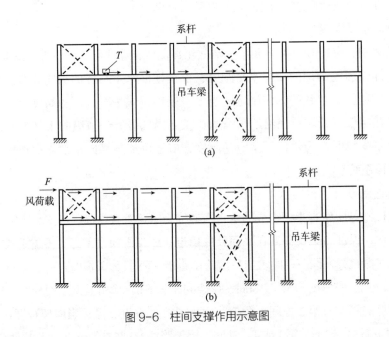

图 9-6　柱间支撑作用示意图

对于有吊车的厂房，按其位置可分为上柱柱间支撑和下柱柱间支撑。上柱柱间支撑：位于牛腿上部，并在柱顶设置通长的刚性系杆；承受作用在山墙及天窗壁端的风荷载，并保证厂房上部的纵向刚度。下柱柱间支撑：位于牛腿下部；承受上部支撑传来的内力、吊车纵向制动力和纵向水平地震作用等，并将其传至基础。

当设有 A6 ~ A8 的吊车，或 A1 ~ A5 的吊车起重重量 ≥ 10t 时或厂房跨度 ≥ 18m，或柱高 ≥ 8m 时，或厂房每列纵向柱总数 < 7 根时，或设有 3t 以上的悬挂吊车时，或有露

天吊车栈桥的柱列，应设置柱间支撑。上柱柱间支撑设置：一般设置在伸缩缝区段两端与屋盖横向水平支撑相对应的柱间以及伸缩缝区段中央或临近中央的柱间。下柱柱间支撑设置：一般设置在伸缩缝区段中部与上柱柱间支撑相应的位置。纵向水平荷载作用下传力路线较短；厂房两端的温度伸缩变形较小；厂房纵向构件的伸缩受柱间支撑的约束较小，所引起的结构温度应力也较小。

9.2.4 围护结构

厂房的围护结构包括：屋面板、墙体、抗风柱、圈梁、连系梁、过梁、基础梁等构件。其作用是承受围护结构受到的各种荷载，并把这些荷载传给主体结构。

1. 抗风柱

单层厂房的山墙受风面积较大，一般需设置抗风柱将山墙分成区格，使墙面受到的风荷载一部分（靠近纵向柱列的区格）直接传至纵向柱列，另一部分传给抗风柱，再由抗风柱下端直接传至基础，而上端则通过屋盖系统传至纵向柱列。

当厂房跨度和高度均不大（如跨度不大于 12m，柱顶标高 8m 以下）时，可在山墙设置砌体壁柱作为抗风柱。当跨度和高度均较大时，一般设置钢筋混凝土抗风柱，柱外侧再贴砌山墙，在很高的厂房中，可加设水平抗风梁或钢抗风桁架作为抗风柱的中间铰支点。抗风柱一般与基础刚接，与屋架上弦铰接；当屋架设有下弦横向水平支撑时，也可与下弦铰接或同时与上、下弦铰接。抗风柱与屋架之间一般采用竖向可以移动、水平方向又有较大刚度的弹簧板连接；如厂房沉降量较大时，宜采用槽形孔螺栓连接。抗风柱主要承受山墙风荷载，一般情况下其竖向荷载只有柱自重，故设计时可近似按照受弯构件计算，并应考虑正、反两个方向的弯矩。当抗风柱还承受由承重墙、雨篷传来的竖向荷载时，则按偏心受压构件计算。

2. 圈梁、连系梁、过梁和基础梁

圈梁是设置于墙体内并与柱子连接的现浇钢筋混凝土构件，其作用是将墙体与排架柱、抗风柱等箍在一起，以增强厂房的整体刚度，防止由于地基的不均匀沉降或较大的振动荷载对厂房产生不利影响。连系梁除承受墙体荷载外，还具有连系纵向柱列、增强厂房的纵向刚度、传递纵向水平荷载的作用。当墙体开有门窗洞口时，需设置钢筋混凝土过梁，以支承洞口上部墙体的重量。进行围护结构布置时，应尽可能地将圈梁、连系梁和过梁结合起来，使一种梁能兼作两种或三种梁的作用，以简化构造、节约材料、方便施工。在单层厂房中，一般采用基础梁来承托围护墙体的重量，并将其传至柱基础顶面，而不另做墙基础，以使墙体和柱的沉降变形一致。

9.3 排架内力分析

单层厂房排架结构实际上是空间结构，为了方便，可简化为平面结构进行计算。在横向（跨度方向）按横向平面排架计算，在纵向（柱距方向）按纵向平面排架计算，并且近似地认为，各个横向平面排架之间以及各个纵向平面排架之间都互不影响，各自独立工作。纵向平面排架由柱列、基础、连系梁、吊车梁和柱间支撑等组成。由于纵向平面排架的柱较多，抗侧刚度较大，每根柱承受的水平力不大，因此往往不必计算，仅当抗侧刚度较差、柱较少、需要考虑水平地震作用或温度内力时才进行计算。所以本节讲的排架计算是针对横向平面排架而言的，以下除说明的以外，一般简称为排架。

排架计算主要是为柱和基础设计提供内力数据，主要内容为：确定计算简图、荷载计算、柱控制截面的内力分析和内力组合。必要时，还应验算排架的水平位移值。

9.3.1 排架计算简图

1. 计算单元

可在结构平面图上由相邻柱距的中线截出一个典型的区段，作为排架的计算单元，如图 9-7 所示。

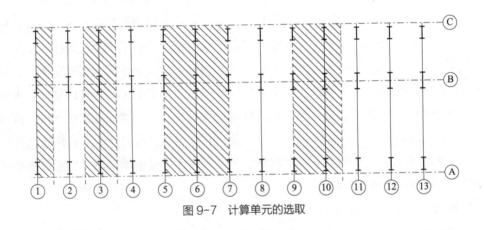

图 9-7　计算单元的选取

2. 基本假定

（1）柱下端嵌固于基础中，固定端位于基础顶面。由于钢筋混凝土柱插入基础杯口有一定的深度，并用细石混凝土与基础浇捣成整体，基础刚度比柱的刚度大得多，柱下端不致与基础产生相对转角；且基础下地基土的变形受到控制，其本身的转角一般很小；因此柱下端可以作为固定端考虑，固定端的位置在基础顶面。但是房屋地基土质较差、变形较大或有较重的大面积地面荷载时，则应考虑基础转动和位移对排架内力的影响。

（2）柱顶与屋架或屋面梁为铰接，只能传递竖向轴力和水平剪力，不能传递弯矩。屋架或屋面梁两端用预埋件焊接在柱顶或采用螺栓连接，这种连接可以可靠地传递竖向轴力和水平剪力，但抵抗转动的能力很小，因此柱顶与屋架的连接可按铰接考虑。

（3）横梁（即屋架或屋面梁）为轴向刚度很大的刚性连杆。横梁一般采用钢筋混凝土屋架、预应力混凝土屋架或屋面梁，这类构件的刚度通常比柱大得多，受力后长度变化很小，可以忽略不计。因此，进行排架内力分析时可假定横梁是一个刚性连杆，不产生变形，即横梁两端柱的侧移相等。但是，如横梁采用下弦刚度较小的组合式屋架或带拉杆的两铰拱、三铰拱屋架时，由于它们的轴向变形较大，横梁两端柱顶侧移不相等，计算排架内力时不宜将横梁假定为刚性连杆，而应考虑横梁的轴向变形对排架内力的影响。

横向排架的计算简图如图 9-8 所示。

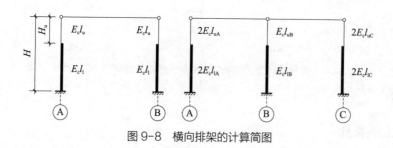

图 9-8　横向排架的计算简图

9.3.2　排架结构上的荷载

作用在横向排架结构上的荷载有恒载、屋面活荷载、雪荷载、积灰荷载、吊车荷载和风荷载等，除吊车荷载外，其他荷载均取自计算单元范围内。

1. 恒载

恒载包括屋盖、柱、吊车梁及轨道连接件、围护结构等自重重力荷载，其值可根据构件的设计尺寸和材料重度计算。若选用标准构件，则可直接从相应的构件标准图集中查得。恒载作用位置及相应的排架计算简图如图 9-9 所示。

（1）屋盖自重 G_1：屋盖自重包括屋架或屋面梁、屋面板、天沟板、天窗架、屋面构造层以及屋盖支撑等重力荷载。

（2）悬墙自重 G_2：当设有连系梁支承围护墙体时，排架柱承受着计算单元范围内连系梁、墙体和窗等重力荷载。

（3）吊车梁和轨道及连接件自重 G_3。

（4）柱自重 G_4（G_5）。

2. 屋面活荷载

屋面活荷载包括屋面均布活荷载、屋面雪荷载和屋面积灰荷载三部分。其荷载分项系数均为 1.4。

（1）屋面均布活荷载

屋面水平投影面上的屋面均布活荷载标准值，按下列情况取值：不上人屋面为 $0.5kN/m^2$；上人屋面为 $2.0kN/m^2$。

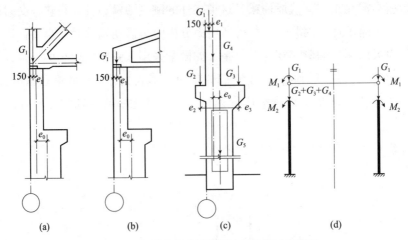

图 9-9　恒载作用位置及相应的排架计算简图

（2）屋面雪荷载

屋面水平投影面上的雪荷载标准值 S_k（单位为 kN/m²）按式（9-1）计算：

$$S_k = \mu_r S_0 \tag{9-1}$$

式中　S_0——基本雪压，系指当地一般空旷平坦地面上概率统计所得 50 年一遇最大积雪的自重；

μ_r——屋面积雪分布系数（当坡面坡度小于 25°，$\mu_r = 1.0$）。

S_0 和 μ_r 均由《建筑结构荷载规范》GB 50009—2012 查得。

（3）屋面积灰荷载

对某些工业企业的厂房及其邻近厂房，应考虑由于生产所产生的灰落积于屋面上。对设计生产中有大量排灰的厂房及其临近建筑时，应考虑屋面积灰荷载的影响。屋面均布活荷载不与雪荷载同时考虑，取两者中的较大值；当有屋面积灰荷载时，积灰荷载应与雪荷载或不上人屋面均布活荷载两者中的较大值同时考虑。

3. 风荷载

作用在排架上的风荷载，是由计算单元这部分墙面及屋面传来的，其作用方向垂直于建筑物表面，有压力和吸力两种情况，沿建筑物表面均匀分布。当厂房较高时，风荷载对排架内力往往起控制作用。《建筑结构荷载规范》GB 50009—2012 规定，当计算主要承重结构时，垂直于建筑物表面上的风荷载标准值 ω_k（单位为 kN/m²）按式（9-2）计算：

$$\omega_k = \beta_z \mu_s \mu_z \omega_0 \tag{9-2}$$

式中　ω_0——基本风压值，是以当地比较空旷平坦地面上离地 10m 高统计所得的 50 年一遇 10min 平均最大风速为标准确定的风压值；

β_z——高度 z 处的风振系数，对高度小于 30m 的单层厂房，取 $\beta_z = 1.0$；

μ_s——风荷载体型系数，是风吹到厂房表面引起的压力或吸力与理论风压的比值，与厂房的外表体型和尺度有关；

μ_z——风压高度变化系数，根据所在地区的地面粗糙程度类别和所求风压值处离地面的高度查表。

风荷载的计算简图如图9-10所示。

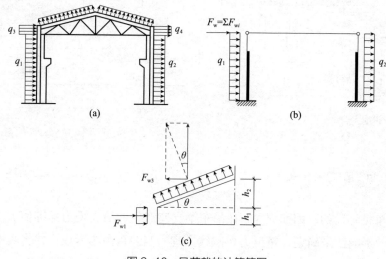

图9-10　风荷载的计算简图

4. 吊车荷载

单层工业厂房中的吊车有悬挂吊车、手动吊车、电动吊车及桥式吊车，悬挂吊车水平荷载不列入排架计算，由支撑系统承受，手动吊车和电动吊车可不考虑水平荷载。吊车按生产工艺要求和构造特点不同有不同的型号和规格，从A1到A8共有8个级别，不同类型的吊车当其起重量和跨度均相同时，作用在厂房的荷载是不同的。吊车的工作级别越高，其工作繁重程度越高，利用次数也越多。对于一般的桥式吊车，作用在厂房横向排架上的吊车荷载有竖向荷载和横向水平荷载，作用在厂房纵向排架上的为吊车纵向水平荷载。

（1）吊车的竖向荷载

桥式吊车由大车和小车组成，大车在吊车轨道上沿厂房的纵向运行，小车在大车的轨道上沿厂房横向运行。当小车满载运行至大车一侧的极限位置时，小车所在的一侧轮压将出现最大值，称为最大轮压（$P_{max,k}$），另一侧吊车轮压称为最小轮压（$P_{min,k}$）。最大轮压和最小轮压可以从吊车规格、型号查得。因生产需要，厂房的吊车不止一台，《建筑结构荷载规范》GB 50009—2012规定：考虑多台吊车竖向荷载时，对一层吊车单跨厂房的每个排架，参与组合的吊车台数不宜多于2台。对于四轮吊车：

$$P_{min,k} = \frac{G_{1k} + G_{2k} + G_{3k}}{2} - P_{max,k} \qquad (9-3)$$

式中　G_{1k}、G_{2k}——大车、小车自重重力标准值；

　　　　G_{3k}——吊车额定起重量标准值。

吊车工作示意图如图 9-11 所示，吊车荷载及其影响线如图 9-12 所示。

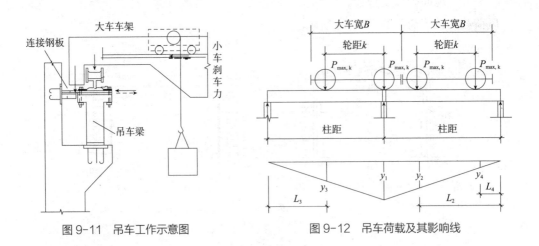

图 9-11　吊车工作示意图　　　　　图 9-12　吊车荷载及其影响线

由于吊车是移动的，因而 $P_{max,k}$ 在吊车梁支座产生的最大反力标准值 $D_{max,k}$ 须由吊车支座反力的影响线来确定；按反力影响线原理，当两台吊车紧挨，并将其中最大的轮压力作用于反力影响线最大处，会在该侧排架柱上产生最大的竖向压力 $D_{max,k}$，$D_{max,k}$ 可能发生在左柱，也可能发生在右柱。单排框架 $D_{max,k}$、$D_{min,k}$ 示意图如图 9-13 所示。

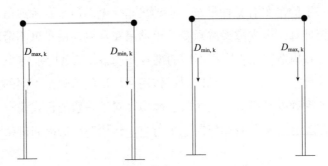

图 9-13　单排框架 $D_{max,k}$、$D_{min,k}$ 示意图

$$D_{max,k} = \xi \sum P_{max,k} \cdot y_i \qquad (9-4)$$

$$D_{min,k} = D_{max,k} \frac{P_{min,k}}{P_{max,k}} \qquad (9-5)$$

式中　$D_{max,k}$——横向排架上最大轮压作用侧的吊车竖向荷载标准值；

　　　　$D_{min,k}$——横向排架上最小轮压作用侧的吊车竖向荷载标准值；

　　　　y_i——各轮压对应的反力影响线数值；

　　　　ξ——多台吊车的荷载折减系数。

多台吊车的荷载折减系数见表9-3。

多台吊车的荷载折减系数

表9-3

参与组合的吊车台数	吊车工作级别	
	A1 ~ A5	A6 ~ A8
2	0.90	0.95
3	0.85	0.90
4	0.80	0.85

（2）吊车的水平荷载

吊车的纵向水平荷载是由大车在刹车时引起的纵向水平惯性力。纵向水平荷载标准值是按最大轮压乘刹车轮与钢轨间的滑动摩擦系数求得。吊车的横向水平荷载标准值，应按小车重力标准值与额定起重力标准值之和乘以横向水平荷载系数求得。小车是沿横向左、右运行的，有两个方向的刹车，因此两个方向都要考虑，对于单排框架有两种情况。

$$\sum T_{k} = \alpha \cdot (g_{2k}+G_{3k}) \tag{9-6}$$

$$T_{max,\ k} = \xi \cdot T_k \sum y_i = \frac{1}{4}\alpha \cdot \xi (g_{2k}+G_{3k}) \sum y_i \tag{9-7}$$

$$T_{max,\ k} = D_{max,\ k}\frac{T_k}{P_{max,\ k}} \tag{9-8}$$

式中　α——吊车横向水平力系数；

　　　T_k——一个吊车轮的横向水平刹车力标准值。

9.3.3　等高排架内力分析

1. 柱的抗侧刚度

因为等高排架柱顶标高相同，由结构力学可知，要使柱顶产生侧向位移Δu，则需要在柱顶施加单位侧向的$1/\Delta u$剪力，定义为柱的抗侧（推）刚度，用D表示。

$$\Delta u = \frac{H^3}{C_0 EI_1} \tag{9-9}$$

$$C_0 = \frac{3}{1+\lambda^3\left(\frac{1}{n}-1\right)} \tag{9-10}$$

$$n = \frac{I_u}{I_1} \tag{9-11}$$

$$\lambda = \frac{H_u}{H} \tag{9-12}$$

$$D = 1/\Delta u = \frac{C_0 EI_1}{H^3} \tag{9-13}$$

式中　　H_u，H——分别为上部柱高和柱的总高；

　　　　I_u，I_l——分别为上、下柱的截面惯性矩；

　　　　C_0——单阶变截面柱柱顶位移系数；

　　　　n——上下柱惯性矩的比值；

　　　　λ——上部柱高与柱总高的比值。

在柱顶水平集中力作用下，等高排架各柱顶侧移相等，沿横梁与柱的连接处将各柱的柱顶切开，在各柱顶的切口上作用一对相应的剪力。假设有 n 根柱，各柱顶的水平位移为 u，柱顶剪力 V_i 可根据平衡条件得：

$$F = \sum_{i=1}^{n} V_i \tag{9-14}$$

因为各柱顶水平位移相等：

$$V_i = D_i \cdot u_i \tag{9-15}$$

由几何条件：$u_1 = \cdots\cdots = u_i = \cdots\cdots u_n$

$$V_i = \eta_i \cdot F \tag{9-16}$$

$$\eta_i = \frac{D_i}{\sum_{j=1}^{n} D_j} = \frac{1/\Delta u_i}{\sum_{j=1}^{n} 1/\Delta u_j} \tag{9-17}$$

η_i 为柱 i 的剪力分配系数，$\sum \eta_i = 1$，当排架结构柱顶作用水平集中力 F 时，各柱的剪力按其抗剪刚度与各柱抗剪刚度总和的比例关系进行分配。η_i 为柱 i 的剪力分配系数，$\sum \eta_i = 1$，各柱的柱顶剪力 V_i 仅与 P 的大小有关，而与其作用在排架左侧或右侧柱顶处位置无关，但 P 的作用位置对横梁内力有影响，如图 9-14 所示。

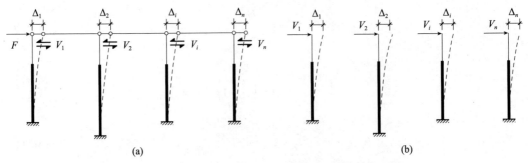

(a)　　　　　　　　　　　　　　　　　　　　　　(b)

图 9-14　柱顶水平集中力作用下等高排架的变形和内力

2. 任意荷载作用下等高排架内力分析

等高排架在任意荷载作用下，为了利用剪力分配法求解，通常可采用以下三个步骤来进行排架内力分析。

对承受任意荷载作用的排架，先在排架柱顶部附加一个不动铰支座以阻止其侧移，则各柱为单阶一次超静定柱，应用柱顶反力系数（附表 17）可求得各柱反力 R_i 及相应的柱端剪力，柱顶假想的不动铰支座总反力为 $R = \sum R_i$。撤除假想的附加不动铰支座，将支座总反力 R 反向作用于排架柱顶，应用剪力分配法可求出柱顶水平力 R 作用下各柱顶剪力 $\eta_i R$。前面的计算结果相叠加，可得到在任意荷载作用下排架柱顶剪力 $R_i + \eta_i R$，然后可求出各柱的内力，如图 9-15 所示。

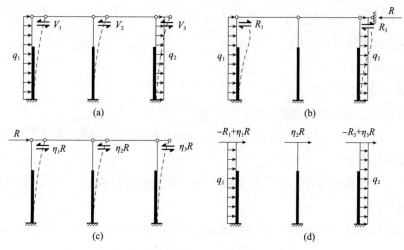

图 9-15 任意荷载作用下等高排架内力分析

9.3.4 内力组合

所谓内力组合，就是将排架柱在各单项荷载作用下的内力，按照它们在使用过程中同时出现的可能性，求出在某些荷载共同作用下，柱控制截面可能产生的最不利内力，作为柱和基础配筋计算的依据。

1. 柱的控制截面

控制截面是指对截面配筋起控制作用的截面，当柱上作用有较大的集中荷载时，可根据其内力大小将集中荷载作用处的截面作为控制截面。当柱高度较大时，下柱中间某截面也可能为控制截面。如图 9-16 所示，在上柱各截面的配筋中，配筋相同，Ⅰ—Ⅰ 截面内力最大，Ⅰ—Ⅰ截面为上柱的控制截面。牛腿截面Ⅱ—Ⅱ和柱下截面Ⅲ—Ⅲ为下柱的控制截面，Ⅲ—Ⅲ截面为柱下基础设计的依据。Ⅰ—Ⅰ截面和Ⅱ—Ⅱ截面虽处一处，截面内力值却不相同。

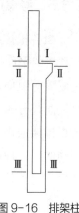

图 9-16 排架柱的控制截面

2. 荷载效应组合

对于一般排架结构，永久荷载和可能出现的可变荷载同时出现，对某个控制截面的同一种内力都会产生荷载效应，可对内力的不同组合找寻最不利的情况。按照《建筑结构荷载规范》GB 50009—2012，荷载效应组合的设计值 S 应从下列组合值中取最不利值确定：

$$S = 1.3S_{Gk}+1.5S_{Qk} \tag{9-18}$$

3. 不利内力组合

在排架的内力计算中，控制截面内力种类有轴压压力 N，弯矩 M 和水平剪力 V。排架柱为偏心受压构件，其纵向受力钢筋的计算主要取决于轴向压力 N 和弯矩 M，根据可能最大的配筋量，一般考虑以下四种内力组合作为截面最不利内力组合：

（1）+M_{max} 及相应的 N，V；

（2）-M_{max} 及相应的 N，V；

（3）N_{max} 及相应的 M，V；

（4）N_{min} 及相应的 M，V。

4. 内力组合注意事项

（1）每次内力组合时，都必须考虑恒荷载产生的内力。

（2）每次内力组合时，只能以一种内力为目标来决定可变荷载的取舍，并求得与其相应的其余两种内力。

（3）在吊车竖向荷载中，同一柱的同一侧牛腿上有 D_{max} 或 D_{min} 作用，两者只能选择一种参加组合。

（4）吊车横向水平荷载 T_{max} 同时作用在同一跨内的两个柱子上，向左或向右，组合时只能选取其中一个方向。

（5）风荷载，左风、右风不同时存在，故不同时参加组合。

（6）T_{max} 参加组合时，必有垂直荷载项 D（D_{max} 或 D_{min}），而垂直荷载参加组合时，不一定有 T_{max} 项（未必刹车）。

9.3.5 考虑厂房整体空间作用的排架内力分析

当各榀排架柱顶均受水平集中力 F，且厂房两端无山墙时，每一榀排架都相当于一个独立的平面排架。当各榀排架柱顶均受水平集中力 F，但厂房两端有山墙时，山墙则通过屋盖等纵向连系构件对其他各榀排架有不同程度的约束作用，使各榀排架柱顶水平位移呈曲线分布，且 $u_b<u_a$。当结构布置或荷载分布不均匀时，由于屋盖等纵向连系构件将各榀排架或山墙连系在一起，故各榀排架或山墙的受力及变形都不是单独的，而是相互制约的。这种排架与排架、排架与山墙之间的相互制约作用，称为厂房的整体空间作用。单层厂房整体空间作用的程度主要取决于屋盖的水平刚度、荷载类型、山墙刚度和间距等因素。

柱顶水平位移的比较如图 9-17 所示。

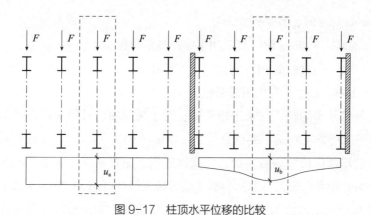

图 9-17　柱顶水平位移的比较

9.4　排架柱设计

9.4.1　排架柱的形式

单层厂房柱的形式一般有矩形柱、工字形柱、双肢柱等，如图 9-18 所示。矩形柱的外形简单，施工方便，但混凝土用量多，经济指标较差。工字形柱的材料利用比较合理，目前在单层厂房中应用广泛，但其混凝土用量比双肢柱多，特别是当截面尺寸较大（如截面高度 $h \geqslant 160\text{mm}$）时更甚，同时自重大，施工吊装也较困难，因此使用范围也受到一定限制。双肢柱有平腹杆和斜腹杆两种，前者构造较简单，制作也较方便，在一般情况下受力合理，而且腹部整齐的矩形孔洞便于布置管道，当承受较大水平荷载时宜采用具有桁架受力特点的斜腹杆双肢柱，但其施工制作较复杂，若采用预制腹杆则制作条件将得到改善。双肢柱与工字形柱相比较，混凝土用量少，自重较轻，在柱高大时尤为显著，但其整体刚度差些，钢筋构造也较复杂，用钢量稍多。根据工程经验，目前对预制柱可按截面高度 h 确定截面形式：

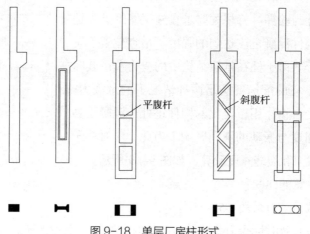

图 9-18　单层厂房柱形式

257

（1）当 $h < 600$mm 时，宜采用矩形柱；

（2）当 $h = 600 \sim 800$mm 时，宜采用工字形或矩形柱：

（3）当 $h = 900 \sim 1400$mm 时，宜采用工字形柱；

（4）当 $h > 1400$mm 时，宜采用双肢柱。

对于设有悬臂吊车的柱，宜采用矩形柱；对于易受撞击及设有壁行吊车的柱，宜采用矩形柱或腹板厚度 $\geqslant 120$mm，翼缘高度 $\geqslant 150$mm 的工字形柱；当采用双肢柱时，则在安装壁行吊车的局部区段宜做成实腹柱。实践表明，矩形柱、工字形柱和斜腹杆双肢柱的侧移刚度和抗剪能力都较大，因此根据《建筑抗震设计规范》（2016 年版）GB 50011—2010 规定，当抗震设防烈度为 8 度和 9 度时，厂房宜采用矩形柱、工字形柱和斜腹杆双肢柱，不直用薄壁开孔或预制腹板的工字形柱；柱底至室内地坪以上 500mm 范围内和阶形柱的上柱宜采用矩形截面。

9.4.2　排架柱的设计

1. 矩形、工字形柱的设计内容

矩形、工字形柱的设计内容一般包括：确定柱的外形构造尺寸和截面尺寸；根据各控制截面最不利的内力组合进行截面设计；施工吊装运输阶段的承载力和裂缝宽度验算；与屋架、吊车梁等构件的连接构造和绘制施工图。当有吊车时还需进行牛腿设计，截面尺寸和外形构造尺寸除应保证柱具有足够的承载力外，还必须使其具有足够的刚度，以免造成厂房横向和纵向变形过大。如发生吊车轮和轨道的过早磨损，会影响吊车正常运行或导致墙和屋盖产生裂缝，影响厂房的正常使用。

截面设计中，在求出柱控制截面的不利内力组合后，矩形截面偏压柱和工字形截面偏压柱，即可按偏压柱截面设计理论进行计算。刚性屋盖的单厂房排架柱、露天吊车柱计算长度。

2. 柱的吊装验算

对于现场预制、吊装施工的构件，在结构设计中均应同时进行吊装设计与验算。将相关要求在施工图纸上表达清楚，如吊装时构件混凝土应达到的强度、吊点位置、是否必须翻身起吊等。由于柱在排架结构中的受力和吊装时的受力完全不同，柱的配筋要满足两种情况下的承载力。柱在吊装时仅承受自重作用，但此刻构件正处于混凝土强度最低和吊装加速度与振动的不利影响。为此，应对柱子吊装阶段进行承载力和裂缝宽度验算，如图 9-19 所示。

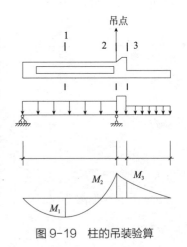

图 9-19　柱的吊装验算

计算过程应注意的问题：

（1）自重荷载乘动力系数 1.5；

（2）吊装阶段系暂时性受力，故吊装验算时，构件安全等级降低一级；

（3）柱混凝土强度按设计强度的70%考虑，当必须高于该值方可进行吊装时，应在施工图上注明；

（4）当使用阶段确定的配筋无法满足吊装验算时，采用局部加钢筋的办法；

（5）验算时，画出吊装简图，求出控制截面内力，按受弯构件承载力和裂缝宽度验算。

9.4.3 牛腿

1. 试验研究

在厂房结构钢筋混凝土柱中，常在其支承屋架、托架、吊车梁和连系梁等构件的部位，设置从柱侧面伸出的短悬臂，称为牛腿。牛腿按承受的竖向力作用点至牛腿根部柱边缘水平距离的不同分为两类：长牛腿，按悬臂梁进行设计；短牛腿，按变截面短悬臂深梁进行设计。

试验研究表明，从加载至破坏，牛腿大体经历弹性、裂缝出现与开展和破坏三个阶段。

弹性阶段：对 $a/h = 0.5$ 的环氧树脂牛腿模型进行光弹性试验得到主应力迹线，弹性阶段的应力分布如图9-20所示。在牛腿上部，主拉应力迹线基本上与牛腿上边缘平行，且牛腿上表面的拉应力沿长度方向比较均匀；牛腿下部主压应力连线大致与从加载点到牛腿下部转角的连线 ab 平行。牛腿中下部主拉应力迹线是倾斜的，这大致能说明为什么下面所描述的从加载板内侧开始的裂缝有向下倾斜的现象。

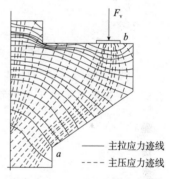

图9-20 牛腿弹性试验结果示意

裂缝出现与开展阶段：试验表明，当荷载达到极限荷载的20%～40%时，由于上柱根部与牛腿交界处的主拉应力集中现象，在该处首先出现自上而下的竖向裂缝，裂缝细小且开展较慢，对牛腿的受力性能影响不大；当荷载达到极限荷载的40%～60%时，在加载垫板内侧附近出现一条斜裂缝，其方向大体与主压应力轨迹线平行。

破坏阶段：继续加载，随着 a/h_0 值的不同，牛腿主要有以下几种破坏形态：

（1）弯曲破坏，当 $a/h_0 > 0.75$ 和纵向受力钢筋配筋率较低时，一般发生弯曲破坏。其特征是当出现裂①后，随荷载增加，该裂缝不断向受压区延伸，水平纵向钢筋应力也随之增大并逐渐达到屈服强度，这时裂缝①外侧部分绕牛腿下部与柱的交接点转动，致使受压区混凝土压碎面发生破坏，如图9-21（a）所示。

（2）剪切破坏又分纯剪破坏、斜压破坏和斜拉破坏三种。纯剪破坏，当 a/h_0 值小（≤0.1）或 a/h_0 值虽较大而边缘高度 h_1 较小时，可能发生沿加载板内侧接近竖直截面的纯剪破坏，其特征是在牛腿与下柱交接面上出现一系列短斜裂缝，最后牛腿沿此裂缝从柱上切下而破坏，如图 9-21（b）所示，这时牛腿内纵向钢筋应力较低。斜压破坏和斜拉破坏如图 9-21（c）和（d）所示。

（3）局部破坏，由于加载板过小而导致加载板下混凝土局部压碎破坏，如图 9-21（e）所示，以及由于纵向受力钢筋锚固不良而被拔出等破坏形态。

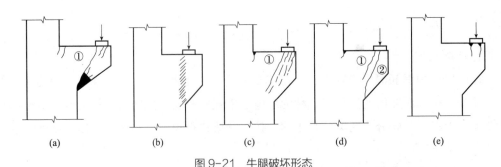

图 9-21　牛腿破坏形态
（a）弯曲破坏；（b）纯剪破坏；（c）斜压破坏；（d）斜拉破坏；（e）局部破坏

2. 牛腿设计

（1）牛腿截面尺寸的确定

牛腿的截面宽度与柱宽相同，牛腿在使用阶段一般要求不出现斜裂缝或极少出现斜裂缝，牛腿的高度由不出现斜裂缝为控制条件来确定。

$$F_{vk} \leqslant \beta \cdot \left(1 - 0.5 \frac{F_{hk}}{F_{vk}}\right) \frac{f_{tk} \cdot bh_0}{0.5 + \dfrac{a}{h_0}} \tag{9-19}$$

式中　F_{vk}、F_{hk}——分别为作用于牛腿顶部按荷载效应标准组合计算的竖向拉力值；

　　　　β——裂缝控制系数：对承受重级工作制吊车的牛腿，β 取值 0.65，其他牛腿取 0.8；

　　　　a——竖向力的作用点至下柱边缘的水平距离；

　　　　b——牛腿宽度；

　　　　h_0——牛腿与下柱交接处的垂直截面有效高度。

为了防止牛腿顶面加载垫板下混凝土的局部受压破坏，垫板下的局部压应力应满足：

$$\sigma_c = \frac{F_{vk}}{A} \leqslant 0.75 f_c \tag{9-20}$$

式中　A——局部受压面积；

　　　　f_c——混凝土轴心抗压强度设计值。

牛腿尺寸及配筋如图 9-22 所示。

牛腿的计算简图图 9-23 表明，牛腿在竖向力和水平拉力作用下，其受力特征可以用

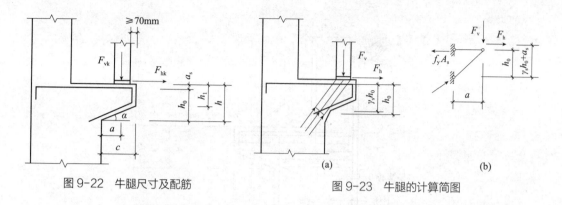

图 9-22 牛腿尺寸及配筋   图 9-23 牛腿的计算简图

由牛腿顶部水平纵向受力钢筋为拉杆和牛腿内的斜向受压混凝土为压杆组成的三角桁架模型来描述。纵向受力钢筋计算：在竖向力设计值 F_v 和水平拉力设计值 F_h 共同作用下，通过对 A 点取力矩平衡可得：

$$F_v a + F_h (\gamma_s h_0 + a_s) \leq f_y A_s \gamma_s h_0 \qquad (9-21)$$

近似取 $\gamma_s = 0.85$，$(\gamma_s h_0 + a_s) / \gamma_s h_0 = 1.2$，则由上式可得纵向受力钢筋总截面面积 A_s 为：

$$A_s \geq \frac{F_v a}{0.85 f_y h_0} + 1.2 \frac{F_h}{f_y} \qquad (9-22)$$

式中 F_v、F_h——分别为作用在牛腿顶部的竖向力设计值和水平拉力设计值；

a——意义同前，当 $a < 0.3 h_0$ 时，取 $a = 0.3 h_0$；

f_y——纵向受拉钢筋强度设计值。

（2）水平箍筋及弯起钢筋的构造要求

当牛腿的剪跨比 $a/h_0 \geq 0.3$ 时，宜设置弯起钢筋。由于斜裂缝控制条件比斜截面受剪承载力条件严格，所以不再要求进行牛腿的斜截面受剪承载力计算，但应按构造要求设置水平箍筋和弯起钢筋。在总结我国工程设计经验及参考国外有关设计规范的基础上，《混凝土结构设计规范》（2015 年版）GB 50010—2010 规定：水平箍筋的直径应取 6 ~ 12mm，间距为 100 ~ 150mm，且在上部 $2h_0/3$ 范围内的水平箍筋总截面面积不应小于承受竖向力的水平纵向受拉钢筋截面面积的 1/2。试验表明，弯起钢筋对牛腿抗裂的影响不大，但对限制斜裂缝展开的效果较显著。试验还表明，当剪跨比 $a/h_0 \geq 0.3$ 时，弯起钢筋可提高牛腿的承载力达 10% ~ 30%，剪跨比较小时在牛腿内设置弯起钢筋不能充分发挥作用。因此，《混凝土结构设计规范》（2015 年版）GB 50010—2010 规定，当 $a/h_0 \geq 0.3$ 时，应设置弯起钢筋。弯起钢筋宜用 HRB400 级钢筋，并宜使其与集中荷载作用点到牛腿斜边下部端点连线的交点在牛腿上部 1/6 至 1/2 之间的范围内。其截面面积不应少于承受竖向力的受拉钢筋截面面积的 1/2，其根数不应少于 2 根，直径不应小于 12mm。当满足以上构造要求时，就能满足牛腿受剪承载力的要求。牛腿配筋构造如图 9-24 所示。

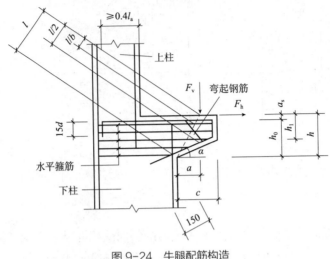

图 9-24　牛腿配筋构造

9.5　钢筋混凝土柱下独立基础设计

　　柱的基础是单层厂房中的重要受力构件，上部结构传来的荷载都是通过基础传至地基的。按受力形式，柱下独立基础有轴心受压和偏心受压两种。在单层厂房中，柱下独立基础一般是偏心受压的。按施工方法，柱下独立基础可分为预制柱下基础和现浇柱下基础两种。

　　单层厂房柱下独立基础的常用形式是扩展基础，有阶梯形和锥形两类，如图 9-25 所示，预制柱下基础因与预制柱连接的部分做成杯口，故又称为杯形基础。

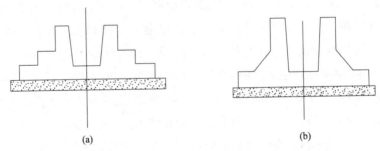

图 9-25　柱下杯形基础
（a）阶梯形杯形基础；（b）锥形杯形基础

　　钢筋混凝土柱下扩展基础的设计详见二维码 9-1。

9-1　钢筋混凝土柱下扩展基础的设计

本章小结

　　1. 单层厂房的结构形式主要有排架结构与刚架结构两种。排架结构是单层厂房中应用最广泛的一种形式，结构分析一般将其简化为横向平面排架和纵向平面排架。排架结构中，屋架（或屋面梁）、托架、柱、吊车梁和基础是主要承重构件。

2. 排架内力分析步骤：

（1）确定计算单元和计算简图。根据厂房平、剖面图选取一榀中间横向排架，初选柱的形式和尺寸，画出计算简图。

（2）荷载计算：确定计算单元范围内的屋面恒荷载、活荷载、风荷载；根据吊车规格及台数计算吊车荷载，注意竖向力在排架柱上的作用位置，不能忽视力的偏心影响。

（3）在各种荷载作用下，分别进行排架内力分析。等高排架用剪力分配法。

（4）进行柱控制截面的最不利内力组合。根据偏压构件（大、小偏压）特点和荷载效应组合原则列表进行。

3. 牛腿的计算简图是以纵向水平钢筋为拉杆、混凝土斜向压力带为压杆所构成的三角形桁架。牛腿的截面宽度与柱宽相同，牛腿的截面高度是由斜裂缝宽度的控制条件以及构造要求确定的。牛腿顶部纵向水平受力钢筋的截面面积是由正截面受弯承载力计算确定的。

思考与练习题

1. 单层厂房排架结构中，哪些构件是主要承重构件？单层厂房中的支撑分几类？支撑的主要作用是什么？

2. 简述横向平面排架承受竖向荷载和水平荷载的传力途径。

3. 排架柱"抗剪刚度"或"侧向刚度"的物理意义是什么？

4. 任意荷载作用下，等高铰接排架的剪力分配法是如何计算的？

5. 何谓荷载效应组合？进行荷载效应组合的目的是什么？可变荷载组合值系数的含义是什么？

6. 牛腿的破坏形态有哪些？设计中如何防止发生这些破坏？

7. 牛腿的设计内容有哪些？哪些属于计算内容？哪些属于构造内容？

8. 如图 9-26 所示的单跨排架，试用剪力分配法计算左风荷载作用下各柱的内力。已知基本风压 $w_0 = 0.45\text{kN/m}^2$，上柱截面惯性矩 $I_u = 2.13 \times 10^9\text{mm}^4$，下柱截面惯性矩 $I_l = 14.38 \times 10^9\text{mm}^4$。

9. 如图 9-26 所示排架，在 A、B 柱牛腿顶面分别作用有力矩 $M_1 = 153.2\text{kN·m}$，$M_2 = 131\text{kN·m}$，试计算排架内力。

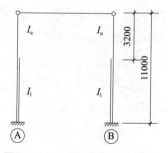

图 9-26　思考与练习题 8、9 图

第 10 章　混凝土多高层房屋结构设计

【本章要点及学习目标】

（1）掌握框架结构的布置，梁、柱截面尺寸的选择，框架结构的荷载计算。

（2）熟悉框架内力的计算方法（竖向荷载作用下的分层法、水平荷载作用下的 D 值法）。

（3）理解框架梁、柱的内力组合原则和方法。

（4）掌握框架梁、柱配筋计算，能运用有关构造要求绘制框架配筋图。

10.1　概述

在《民用建筑设计统一标准》GB 50352—2019 中，按建筑的使用功能分为居住建筑和公共建筑两大类，其中居住建筑包括住宅建筑和宿舍。民用建筑按地上建筑高度或层数进行了下列分类规定：

（1）建筑高度不大于 27.0m 的住宅建筑、建筑高度不大于 24.0m 的公共建筑及建筑高度大于 24.0m 的单层公共建筑为低层或多层民用建筑；

（2）建筑高度大于 27.0m 的住宅建筑和建筑高度大于 24.0m 的非单层公共建筑，且高度不大于 100.0m 的，为高层民用建筑；

（3）建筑高度大于 100.0m 为超高层建筑。

其中，建筑防火设计应符合现行国家标准《建筑设计防火规范》（2018 年版）GB 50016—2014 有关建筑高度和层数计算的规定。《高层建筑混凝土结构技术规程》JGJ 3—2010 中规定：高层建筑是 10 层及 10 层以上或房屋高度大于 28m 的住宅建筑和房屋高度大于 24m 的其他高层民用建筑。

在美国，24.6m 或 7 层以上视为高层建筑；在日本，31m 或 8 层及以上视为高层建筑；在英国，把等于或大于 24.3m 的建筑视为高层建筑。

在我国，一般接近 20 层的建筑称为中高层建筑，30 层左右接近 100m 的建筑称为高层建筑，而 50 层左右 200m 以上的建筑称为超高层建筑。

10.2 混凝土多层及高层房屋结构体系及其布置原则

10.2.1 多高层房屋结构体系

1. 砌体结构体系

砌体结构主要指在建筑中以砌体为主制作的结构。它包括砖结构、石结构和其他材料的砌块结构，分为无筋砌体结构和配筋砌体结构。一般民用和工业建筑的墙、柱和基础都可采用砌体结构，烟囱、隧道、涵洞、挡土墙、坝、桥和渡槽等也常采用砖、石或砌块砌体建造。

2. 框架结构体系

框架结构一般用于钢结构和钢筋混凝土结构中，由楼板、梁、柱及基础四种承重构件组成。由梁、柱、基础构成平面框架，它是主要承重结构，各平面框架再由连系梁连系起来，即形成一个空间结构体系。框架结构的最大特点是承重构件与围护构件有明确分工，建筑的内外墙处理十分灵活，应用范围很广。但框架结构本身柔性较大，抗侧力能力较差，在风荷载、地震荷载作用下，非结构构件破坏比较严重。这种结构形式虽然出现较早，但直到钢和钢筋混凝土出现后才得以迅速发展。框架结构的合理层数一般是6～15层，最经济的层数是10层左右。框架结构适合多种工艺与使用要求，已广泛应用于办公、住宅、商店、医院、旅馆、学校及多层工业厂房和仓库中。它也是高层建筑常用的结构形式之一。

3. 剪力墙结构体系

在高层建筑中为了提高房屋结构的抗侧力刚度，利用建筑的内墙或外墙做成钢筋混凝土墙体，因其承受的主要荷载是水平荷载，使它受剪受弯，所以称为"剪力墙"，以便与一般承受垂直荷载的墙体进行区分。剪力墙结构的主要作用在于提高整个房屋的抗剪强度和刚度，墙体同时也作为围护及房间分格构件。

剪力墙结构的侧向刚度很大，变形小，既承重又围护，适用于住宅和旅馆等建筑。国外采用剪力墙结构的建筑已达70层，并且可以建造高达100～150层的居住建筑。由于剪力墙的间距一般为3～8m，使建筑平面布置和使用受到一定限制，对需要较大空间的建筑通常难以满足要求。剪力墙结构可以现场捣制，也可预制装配。装配式大型墙板结构与盒子结构实质上也是剪力墙结构。

4. 框架—剪力墙结构体系

框架—剪力墙结构是指由若干个框架和剪力墙共同作为承重结构的建筑结构体系。框架结构建筑布置比较灵活，可以形成较大的空间，但抵抗水平荷载的能力较差，而剪力墙结构则相反。框架—剪力墙结构使两者结合起来，取长补短，在框架的某些柱间布置剪力墙，既有框架结构布置灵活、使用方便的特点，又有较大的刚度和较强的抗震能力，因而广泛地应用于高层建筑中。在这种结构中，框架和剪力墙是协同工作的，框架主要承受垂直荷载，剪力墙主要承受水平荷载。

5. 筒体结构体系

由一个或数个筒体作为主要抗侧力构件而形成的结构称为筒体结构。筒体是指由密柱高梁空间框架或空间剪力墙组成，在水平荷载作用下起整体空间作用的抗侧力构件。筒体结构适用于平面或竖向布置繁杂、水平荷载大的高层建筑。筒体结构分为筒体—框架、框筒、筒中筒、束筒四种结构。筒体—框架结构是中心为抗剪薄壁筒，外围是普通框架所组成的结构。框筒结构是外围为密柱框筒，内部为普通框架柱组成的结构。筒中筒结构是中央为薄壁筒，外围为框筒组成的结构。束筒结构是由若干个筒体并列连接为整体的结构。

10.2.2 多高层建筑结构体系布置设计原则

1. 框架结构体系

（1）概述

框架结构体系是指由梁、柱组成的框架作为竖向承重和抗水平作用的结构体系。其优点是在建筑上能够提供较大的空间，平面布置灵活，因而适用于多层工业厂房以及民用建筑中的多高层办公楼、旅馆、医院、学校、商店和住宅建筑。其缺点是框架结构抗侧刚度较小，在水平荷载作用下位移大，抗震性能较差，故亦称框架结构为"柔性结构"。因此，这种结构体系在房屋高度和地震区使用方面会受到限制。图10-1为一些框架结构的平面形式。

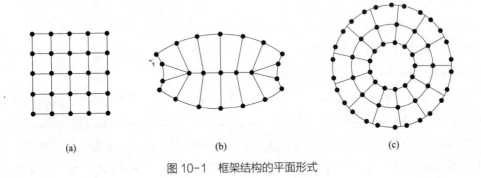

（a）　　　　　　　　（b）　　　　　　　　（c）

图10-1　框架结构的平面形式

（2）框架结构的组成、分类与布置

1）框架结构的组成

框架结构是由梁和柱连接而成的。梁、柱连接处一般为刚性连接，也可为铰接，当为铰接时，我们通常叫它排架结构。为利于结构受力合理，框架结构中框架梁宜连通，框架柱在纵横两个方向应由框架梁连接，梁、柱中心线宜重合，框架柱宜纵横对齐、上下对中等。但有时由于使用功能或建筑造型上的要求，框架结构也可作成抽梁、抽柱、内收、外挑、斜梁、斜柱等形式，如图10-2所示。

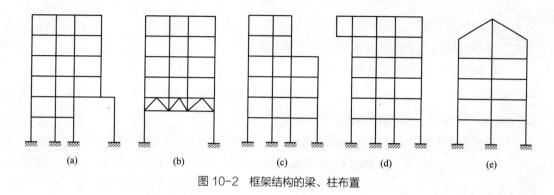

图 10-2 框架结构的梁、柱布置

2）框架结构的分类

框架结构按施工方法的不同，分为全现浇式、半现浇式、装配式和装配整体式四种。

①全现浇式框架

承重构件梁、板、柱均在现场绑扎、支模、浇筑、养护而成，其整体性和抗震性都非常好。但也存在缺点：现场工程量大，模板耗费多，工期较长。近年来，随着施工工艺及技术水平的发展和提高，如定型钢模板、商品混凝土、泵送混凝土、早强混凝土等工艺和措施的逐步推广，这些缺点正在逐步克服。全现浇式框架是框架结构中使用最广泛的，大量应用于多高层建筑及抗震地区。

②半现浇式框架

半现浇式框架是指梁、柱为现浇，板为预制的结构。由于楼板采用预制，减少了混凝土浇筑量，节约了模板，降低了成本，但其整体性及抗震性能不如全现浇式框架，其应用也较少。

③装配式框架

装配式框架是指梁、柱、板均为预制，然后通过焊接拼装连接成整体的结构。这种框架的构件由构件预制厂预制，在现场进行焊接装配。具有节约模板、工期短、便于机械化生产、改善劳动条件等优点。但构件预埋件多，用钢量大，房屋整体性差，不利于抗震，因此在抗震设防地区不宜采用。

④装配整体式框架

装配整体式框架是指将预制的梁、板、柱安装就位后，焊接或绑扎节点区钢筋，通过对节点区浇筑混凝土，使之结合成整体，故兼有现浇式和装配式框架的一些优点，但节点区现场浇筑混凝土施工复杂，其应用较为广泛。

3）框架结构的布置

房屋结构布置是否合理，对结构的安全性、实用性及造价影响很大。因此结构设计者对结构的方案选择尤为重要，要确定一个合理的结构布置方案，需要充分考虑建筑的功能、造型、荷载、高度、施工条件等。虽然建筑千变万化，但结构布置总有一些基本的规律。总的来说，框架结构布置包括框架柱布置和梁格布置两个方面。

①框架柱的布置

框架结构柱网的布置应满足以下几个方面的要求：

a. 柱网布置应满足建筑功能的要求

在住宅、旅馆等民用建筑中，柱网布置应与建筑隔墙布置相协调，一般常将柱子设在纵横墙交叉点上，以尽量减少柱网对建筑使用功能的影响。

b. 柱网布置应规则、整齐、间距适中，传力体系明确，结构受力合理

框架结构全部由梁、柱构件组成，承受竖向荷载的同时承受水平荷载，并且框架结构只能承受自身平面内的水平力，因此沿建筑物的两个主轴方向都应设置框架；柱网的尺寸还受到梁跨度的限制，一般梁跨度在 6 ~ 9m 为宜。

c. 柱网布置应便于施工

结构布置应考虑施工方便，以加快施工进度，降低工程造价。设计时应尽量考虑到构件尺寸的模数化、标准化，尽量减少构件规格，柱网布置时应尽量使梁、板布置简单、规则。

②梁格布置

柱网确定后，用梁把柱连起来，即形成框架结构。实际的框架结构是一个空间受力体系。但为计算分析方便起见，可把实际框架结构看成纵横两个方向的平面框架。沿建筑物长向的称为纵向框架，沿建筑物短向的称为横向框架。纵向框架和横向框架分别承受各自方向上的水平力，而楼面竖向荷载则依楼盖结构布置方式不同而按不同的方式传递。

按楼面竖向荷载传递路线的不同，框架的布置方案有横向框架承重、纵向框架承重和纵横向框架共同承重三种。

a. 横向框架承重方案

横向框架承重方案是在横向布置框架承重梁，而在纵向布置连系梁，横向框架处在建筑短向，跨数较少，主框架梁沿横向布置，梁截面加大有利于提高建筑物的横向抗侧刚度。而纵向框架往往跨数较多，其刚度较大，这样布置有利于使结构在纵横两个方向的刚度更趋接近，使结构受力合理。因此，宜优先采用横向框架承重方案。

b. 纵向框架承重方案

纵向框架承重方案是在纵向布置框架承重梁，在横向布置连系梁。纵向框架承重方案的缺点是房屋的横向抗侧刚度较差，当为大开间柱网且房屋进深较小时采用。这种方案受力不合理，设计中较少采用。

c. 纵横向框架共同承重方案

纵横向框架共同承重方案是在两个方向上均需布置框架承重梁以承受楼面荷载。当采用现浇板楼盖时，当楼面上作用有较大荷载，或楼面有较大开洞，或当柱网布置为正方形或接近正方形时，常采用这种承重方案。纵横向框架共同承重方案具有较好的整体工作性能，框架柱均为双向偏心受压构件，为空间受力体系，因此也称为空间框架，应用也较广泛。

框架的布置方案如图 10-3 所示。

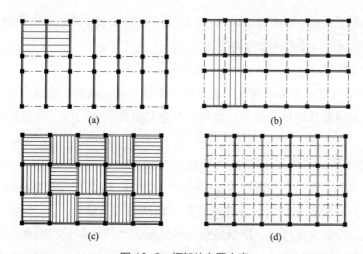

图 10-3　框架的布置方案

（a）横向框架承重方案；（b）纵向框架承重方案；（c）纵横向框架共同承重方案一；（d）纵横向框架共同承重方案二

（3）变形缝的设置

前面我们已经学习了框架结构的基本布置原则，但在实际设计中我们经常遇到房屋纵向太长、立面高差太大、体形比较复杂的情况，这时我们对建筑就应进行变形缝的设置，使结构受力合理。变形缝有伸缩缝、沉降缝、防震缝三种。

1）伸缩缝也叫温度缝，其设置主要与结构的长度有关，当未采取可靠措施时，伸缩缝间距不宜超过表 10-1 的限值。

钢筋混凝土结构伸缩缝最大间距（m）　　　　　　　　　　　　表 10-1

结构类别		室内或土中	露天
排架结构	装配式	100	70
框架结构	装配式	75	50
	现浇式	55	35
剪力墙结构	装配式	65	40
	现浇式	45	30
挡土墙、地下室墙壁等类别结构	装配式	40	30
	现浇式	30	20

注：①装配整体式结构房屋的伸缩缝间距宜按表中现浇式的数值取用。
　　②框架—剪力墙结构或框架—核心筒结构房屋的伸缩缝间距可根据结构的具体布置情况取表中框架结构与剪力墙结构之间的数值。
　　③当屋面无保温或隔热措施时，框架结构、剪力墙结构的伸缩缝间距宜按表中露天栏的数值取用。
　　④现浇挑檐、雨罩等外露结构的伸缩缝间距不宜大于 12m。

对于不具有独立基础的排架、框架结构，当设置伸缩缝时，双柱基础可以不断开。

2）沉降缝的设置：主要与基础受到的上部荷载及场地的地质条件有关。当上部荷载差异较大，或地基土的物理力学指标相差较大，则应设置沉降缝。沉降缝可利用挑梁、搁置预制板、预制梁、设双柱等方法处理。

温度缝与沉降缝的缝宽一般不小于50mm。

3）防震缝的设置：主要与建筑平面形状、质量分布、刚度、地理位置等有关；防震缝的设置应力求使各结构单元简单、规则，刚度和质量分布均匀，避免发生地震作用下的扭转效应。

框架结构房屋的防震缝宽度：当高度不超过15m时可采用70mm；超过15m时，6度、7度、8度和9度相应每增加高度5m、4m、3m和2m，宜加宽20mm。

在多层及高层建筑结构中，设缝时宜尽可能地将"三缝合一"，尽量少设缝或不设缝，这可简化构造、方便施工、降低造价、增强结构整体性和空间刚度。在进行建筑设计时，应通过调整平面形状、尺寸、体形等措施；在进行结构设计时，应通过选择节点连接方式、配置构造钢筋、设置刚性层等措施；在施工方面，应通过分阶段施工、设置后浇带、做好保温隔热层等措施，来防止由于温度变化、不均匀沉降、地震作用等因素引起的结构或非结构构件的损坏。

（4）抗震设计的基本要求

我国是一个多地震的国家，因此我们所设计的房屋应该考虑地震的影响，对于房屋的抗震设计，不仅是结构设计的内容，我们应该在进行建筑方案设计时就考虑到抗震设计，这对于设计好一栋建筑是非常重要的。

1）框架结构房屋最大适用高度和抗震等级

考虑到抗震设计规定，现浇钢筋混凝土框架结构的最大高度见表10-2。

钢筋混凝土建筑的最大适用高度（m）　　　　　表10-2

结构体系	非抗震设计	抗震设防烈度				
		6度	7度	8度		9度
				0.2g	0.3g	
框架	70	60	50	40	35	—

抗震设计时，钢筋混凝土结构构件应根据抗震设防分类、烈度、结构类型和房屋高度采用不同的抗震等级，并符合相应的计算和构造措施要求。钢筋混凝土的抗震等级应按表10-3确定。

钢筋混凝土抗震等级　　　　　表10-3

结构类型	烈度			
	6度	7度	8度	9度
框架结构	三	二	一	一

2）框架结构的布置要求

在抗震设防区，框架体系房屋的建筑体形以及结构布置应注意如下要求：

①结构平面要求

平面宜简单、规则、对称，减少偏心；平面长度不宜过长，突出部分长度 l 不宜过大（图10-4），L、l 等值宜满足表 10-4 的要求；不宜采用角部重叠的平面图形或细腰形平面图形。

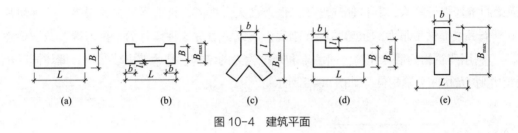

图 10-4 建筑平面

L、l 的限值   表 10-4

设防烈度	L/B	l/B_{max}	l/b
6度、7度	≤ 6.0	≤ 0.35	≤ 2.0
8度、9度	≤ 5.0	≤ 0.30	≤ 1.5

②结构竖向布置要求

竖向体系宜规则、均匀、对称，避免过大的外挑和内收；结构上部楼层收进部位到室外地面的高度 H_1 与房屋高度 H 之比大于 0.2 时，上部楼层收进后的水平尺寸 B_1 不宜小于下部楼层水平尺寸的 0.75 倍，如图 10-5（a）（b）所示；当上部结构楼层相对于下部楼层外挑时，下部楼层的水平尺寸 B 不宜小于上部楼层水平尺寸 B_1 的 0.9 倍，且水平外挑尺寸 a 不宜大于 4m，如图 10-5（c）（d）所示。

当不能满足上述各项要求时，应调整建筑平面、立面尺寸和刚度沿房屋平面和高度的分布，选择合理的建筑结构方案，避免设置防震缝。因为相关规范规定的防震缝宽度，

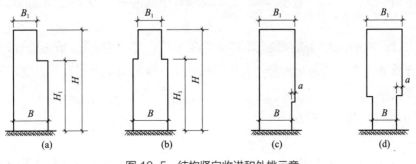

图 10-5 结构竖向收进和外挑示意

有时仍难免会使相邻结构局部碰撞而造成装修损坏，但防震缝宽度过大，又会给建筑立面处理和抗震构造带来较大的困难。

2. 剪力墙结构体系

（1）概述

随着房屋层数和高度的进一步增加（一般当房屋层数超过 25 层以上时），水平荷载对房屋的影响更加严重，则宜采用剪力墙结构，一般应为刚度较大的钢筋混凝土墙片，如图 10-6 所示。此墙片在水平力作用下的工作犹如悬臂的深梁，如图 10-7 所示。由于深梁的抗弯惯性矩大，其抗侧刚度相比框架柱大大提高，抗剪强度也大得多。这种墙片为整个房屋提供了很大的抗剪强度和刚度，所以一般称这种墙片为"抗剪墙"或"剪力墙"。利用建筑物的墙体作为竖向承重和抵抗侧力的结构，称为剪力墙结构。墙体同时也作为围护及房间分隔构件，如图 10-8 所示。

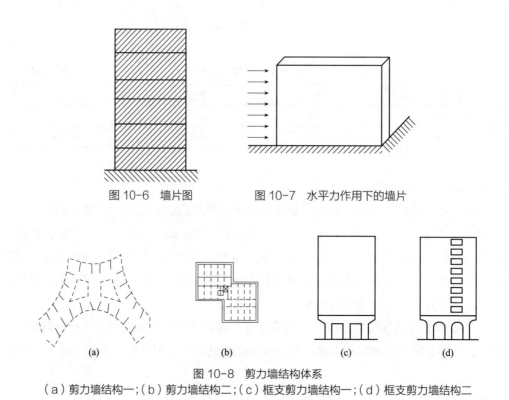

图 10-6　墙片图　　　　　图 10-7　水平力作用下的墙片

图 10-8　剪力墙结构体系
（a）剪力墙结构一；（b）剪力墙结构二；（c）框支剪力墙结构一；（d）框支剪力墙结构二

在剪力墙结构中，由钢筋混凝土墙体承受全部水平和竖向荷载，剪力墙沿建筑横向、纵向正交布置或沿多轴线斜交布置。在抗震结构中，应避免单向布置剪力墙，并宜使两个方向刚度接近。

1）剪力墙结构体系的特点

优点是：

①结构整体性强，抗侧刚度大，侧向变形小，在承载力方面的要求易得到满足，适

用于建造较高的建筑；

②集承重、抗风、抗震、围护与分隔为一体，经济合理地利用了结构材料；

③抗震性能好，具有承受强烈地震裂而不倒的良好性能；

④用钢量较省；

⑤与框架结构体系相比，施工相对简便与快速。

缺点是：

①墙体较密，使建筑平面布置和空间利用受到限制，较难满足大空间建筑功能的要求；

②结构自重较大，加上抗侧刚度较大，结构自振周期较短，导致较大的地震作用。

2）剪力墙的分类

①按施工工艺分为：

a.大模现浇剪力墙结构体系；

b.滑模现浇剪力墙结构体系；

c.全装配大板结构体系；

d.内浇外挂剪力墙结构体系。

②按剪力墙的整体性（墙体开洞大小）分为：

a.实体剪力墙：如图10-9（a）所示。当剪力墙未开洞或开洞较小时，剪力墙的整体工作性能较好，整个剪力墙犹如一个竖向放置的悬臂杆，剪力墙截面内的正应力分布在整个剪力墙截面高度范围内，且呈线性分布或接近线性分布；

b.双肢剪力墙，如图10-9（b）所示；

c.联肢剪力墙，如图10-9（c）所示；

d.壁式框架，如图10-9（d）所示：剪力墙开洞面积很大，连系梁和墙肢的刚度均比较小，整个剪力墙的受力与变形接近于框架，几乎每层墙肢均有一个反弯点，这类剪力墙称为壁式框架；

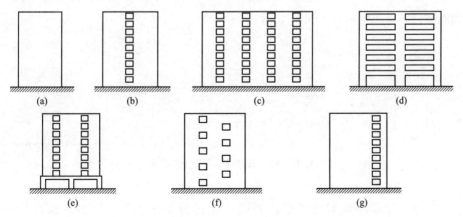

图 10-9　各种类型剪力墙

（a）实体剪力墙；（b）双肢剪力墙；（c）联肢剪力墙；（d）壁式框架；
（e）框支剪力墙；（f）错洞剪力墙；（g）带小墙肢的剪力墙

e. 框支剪力墙，如图 10-9（e）所示：为满足底部大空间的建筑要求，可将底部剪力墙改为框架，常称为底部大空间剪力墙结构。在进行底部大空间剪力墙结构布置时，应控制建筑物沿高度方向的刚度变化不要突变太大。一般做法是将部分底部剪力墙改为框架，增加落地剪力墙的厚度，提高落地剪力墙的混凝土强度等级，把落地剪力墙布置成筒状或工字形等来增加结构底部的总抗侧刚度，使结构转换层上下刚度较为接近；

f. 错洞剪力墙，如图 10-9（f）所示；

g. 带小墙肢的剪力墙，如图 10-9（g）所示。

联肢剪力墙及壁式框架一般用于外墙；带小墙肢的剪力墙用于内墙；框支剪力墙一般用于上部为住宅、旅馆，下部为大空间公共建筑的情况。

3）剪力墙的形状

根据建筑的需要，剪力墙的形状并无任何限制，但由于剪力墙对水平荷载的反映与它的形状及方向有很大关系，因此，除截面为一字形的以外，常将剪力墙结合建筑分隔或专门从受力角度考虑，设计为 L 形、Z 形、T 形、I 形、匚形以及封闭型的囗形、△形、O 形，如图 10-10 所示。

图 10-10　剪力墙截面的形式

（2）剪力墙结构布置原则

1）剪力墙在平面上应沿建筑物主轴方向布置

当建筑物为矩形、T 形和 L 形平面时，剪力墙应沿两个主轴方向布置；建筑物为△形、Y 形、十字形平面时，剪力墙应沿三个或四个主轴方向布置；建筑物为 O 形平面时，剪力墙则沿径向布置成辐射状，如图 10-11 所示。

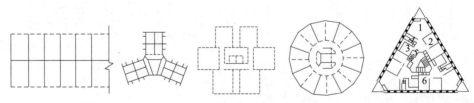

图 10-11　剪力墙在平面上的布置

2）剪力墙片应尽量对直拉通，否则不能视为整体墙片。但当两道墙错开距离 $d \leqslant 3b_w$（b_w 为墙厚度）时；或当墙体在平面上为转折形状，其转角 $\alpha \leqslant 15°$ 时才可近似当作整体平面剪力墙对待，如图 10-12 所示。

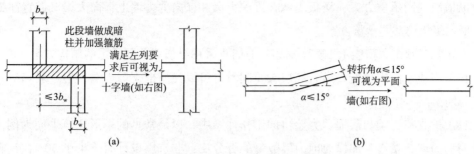

图 10-12 内外墙错开或转折时的要求
（a）墙体错开时；（b）墙体转折时

3）剪力墙结构的平面形状力求简单、规则、对称，墙体布置力求均匀，使质量中心与刚度中心尽量接近。

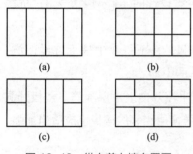

图 10-13 纵向剪力墙布置图

4）剪力墙结构应尽量避免竖向刚度突变，墙体沿竖向宜贯通全高，墙厚度沿竖向宜逐渐减薄，在同一结构单元内宜避免错层及局部夹层。

5）全剪力墙体系从剪力墙布置均衡来考虑，在民用建筑中，一般横墙短而数量多，纵墙长而数量少。因此，纵横向剪力墙的布置需适应这个特点。

横向剪力墙的间距从经济考虑不宜太密，一般不小于 6 ~ 8m。纵向剪力墙一般设为二道、二道半、三道或四道，如图 10-13 所示。

6）对抗震有要求的建筑，应避免抗震性能不良的鱼骨式剪力墙平面布置，如图 10-14 所示。

7）当建筑平面形状任意时，在受力复杂处，剪力墙应适当加密，如图 10-15 所示。

8）剪力墙宜设于建筑物两端、楼梯间、电梯间及平面刚度有变化处，同时以能纵横向相互连在一起为有利，这样对增大剪力墙刚度很有好处。

9）剪力墙平面布置有两种方案：

横墙承重方案：横墙间距即为楼板的跨度，通常剪力墙的间距为 6 ~ 8m，较经济。

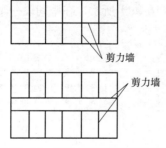

图 10-14 鱼骨式剪力墙平面布置图

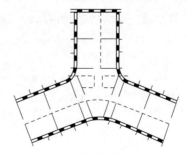

图 10-15 在受力复杂处加密剪力墙

纵横墙共同承重方案：楼板支承在进深大梁和横向剪力墙上，而大梁又搁置在纵墙上，形成纵横墙共同承重方案。

在实际工程中以横墙承重方案居多，有时也采用纵横墙共同承重的结构方案。

10）当建筑使用功能要求有底层大空间时，可以使用框支剪力墙，但一般均应有落地剪力墙协同工作。

11）框支剪力墙与落地剪力墙协同工作体系中，以最常见的矩形建筑平面为例，落地横向剪力墙数量占全部横向剪力墙数量的百分比：非抗震设计时不少于30%，抗震设计时不少于50%。

12）落地剪力墙的间距 L 应满足的条件：

非抗震设计时：$L \leqslant 3B$，$L \leqslant 36m$（B 为楼面宽度）。

抗震设计时：$L \leqslant 2B$，$L \leqslant 24m$（底部为 1～2 层框支层时）。

13）上下层剪力墙的刚度比 γ 宜尽量接近于 1。非抗震设计时，γ 不应大于 3；抗震设计时，γ 不应大于 2。

14）框支剪力墙托梁上方的一层墙体不宜设置边门洞，且不得在中柱上方设门洞。落地剪力墙尽量少开窗洞，若必需开洞时，宜布置在墙体的中部。

15）转换层楼板混凝土强度等级不宜低于 C30，并应采用双向上下层配筋。楼板开洞位置尽可能远离外侧边，大空间部分的楼板不宜开洞，与转换层相邻的楼板也应适当加强。

16）框支梁、柱截面尺寸：

框支梁宽度 b_b 不宜小于上层墙体厚度的 2 倍，且不小于 400mm。框支梁高度 h_b：当进行抗震设计时不应小于跨度的 1/6；进行非抗震设计时不应小于跨度的 1/8，也可采用加腋梁。框支柱的截面宽度 b_c 宜与梁宽 b_b 相等，也可比梁宽 b_b 大 50mm。非抗震设计时 b_c 不宜小于 400mm，框支柱截面高度 h_c 不宜小于梁跨度的 1/15；进行抗震设计时 b_c 不宜小于 450mm，h_c 不宜小于梁跨度的 1/12，柱净高与截面长边尺寸之比宜大于 4。

17）框支梁、柱的混凝土等级均不应低于 C30。

18）对于底层大空间、上层鱼骨式剪力墙结构，当建筑总高度不超过 50m，抗震烈度为 7～8 度时，纵横方向的落地剪力墙与框支剪力墙宜采用图 10-22 所示的平面布置方式。图 10-16（a）表示在一个结构单元（一般不宜超过 60m）中，落地剪力墙纵横向集中为筒体，布置在结构单元的两端；图 10-16（b）表示当结构单元较长时，可在中部加一道落地剪力墙，如结构单元再加长，如图 10-16（c）所示，在中间设一个落地筒体。

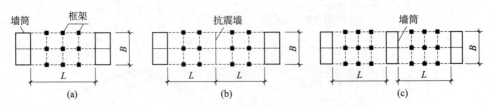

图 10-16　落地剪力墙（筒）与框支剪力墙的平面布置

（3）剪力墙的一般规定及要求

1）剪力墙的厚度要求

按一、二级抗震等级设计时，剪力墙的厚度不应小于楼层高度的1/20，且不应小于160mm；按三、四级抗震等级和非抗震设计时，剪力墙的厚度不应小于楼层高度的1/25，且不应小于160mm。有边框即嵌在框架梁柱间时，剪力墙的厚度不应小于墙体净高的1/30，且不应小于120mm。

2）剪力墙所适用的最大高度和高宽比

钢筋混凝土结构的最大适用高度和高宽比应分为A级和B级（B级高度的高层建筑结构的最大适用高度和高宽比可较A级适当放宽，其结构抗震等级、有关构造措施应按规范规定相应加严）。

A级、B级高度钢筋混凝土剪力墙结构体系适用的最大高度分别在表10-5、表10-6中列出。表中对全部落地剪力墙及部分框支剪力墙给出了不同高度数值的限制，可以看出，部分框支剪力墙的最大高度限制比无框支剪力墙更严格些。

A级高度剪力墙建筑结构体系适用的最大高度（m）　表10-5

结构体系	非抗震设计	抗震设防烈度				
		6度	7度	8度（0.2g）	8度（0.3g）	9度
全部落地剪力墙	150	140	120	100	80	60
部分框支剪力墙	130	120	100	80	50	不应采用

B级高度剪力墙建筑结构体系适用的最大高度（m）　表10-6

结构体系	非抗震设计	抗震设防烈度			
		6度	7度	8度（0.2g）	8度（0.3g）
全部落地剪力墙	180	170	150	130	110
部分框支剪力墙	150	140	120	100	80

A级、B级高度钢筋混凝土剪力墙结构体系建筑高宽比限值不宜超过表10-7、表10-8的数值。

A级高度剪力墙结构体系建筑高宽比限值　表10-7

非抗震设计	抗震设防烈度		
	6度、7度	8度	9度
7	6	5	4

B 级高度剪力墙结构体系建筑高宽比限值　　　　　　表 10-8

非抗震设计	抗震设防烈度	
	6度、7度	8度
7	7	6

3）剪力墙墙体上开洞的基本要求

剪力墙墙体上开洞的位置和大小会从根本上影响剪力墙的分类及其相应的受力状态与变形特点。设计中要求建筑、结构、设备等专业协作配合，合理布置墙体上的洞口，避免出现对抗风、抗震不利的洞口位置。对于较大的洞口应尽量设计为上下洞口对齐成列布置，形成明确的墙肢和连梁，尽量避免上下洞口错列的不规则布置。

如果建筑使用功能要求上下洞口不能对齐成列而需要错开时，应根据《高层建筑混凝土结构技术规程》JGJ 3—2010 的规定进行应力分析及截面配筋设计。

对于错洞墙，工程实践中常采取下列措施：

①一般错洞墙

当必须采用错洞墙时，洞口错开距离不宜小于 2m，如图 10-17（a）所示。

②叠合错洞墙

抗震设计及非抗震设计中均不宜采用叠合错洞墙，当必须采用时，应按图 10-17（b）所示的暗框式配筋。

③底层局部错洞墙

当采用这种形式的剪力墙时，其标准层洞口部位的竖向钢筋应延伸至底层，并在一、二层形成上下连续的暗柱，二层洞口下设暗梁，并加强配筋。底层墙截面的暗柱应伸入二层，如图 10-17（c）所示。

对于宽墙肢（即剪力墙的截面高度过大），一般当其截面高度大于 8m 时可开门窗洞（若建筑使用功能许可）或开结构洞（若建筑使用功能在该部位不需要开洞），事后再

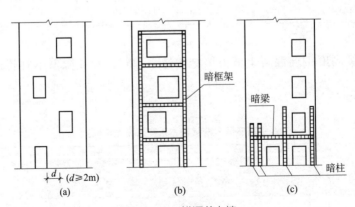

图 10-17　错洞剪力墙

（a）一般错洞墙；（b）叠合错洞墙；（c）底层局部错洞墙

行堵砌，如图 10-18 所示，使一道剪力墙分为若干较均匀的墙肢。各墙肢可以是整体墙、小开口墙、联肢墙或壁式框架，各墙肢的高宽比均不宜小于 2。

洞口位置距墙端要保持一定的距离，以使墙体受力合理及有利于配筋构造，可按图 10-19 所示要求来保证洞口位置距墙端保持必要的距离。

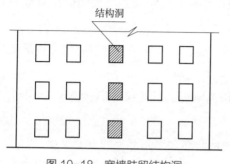

图 10-18　宽墙肢留结构洞

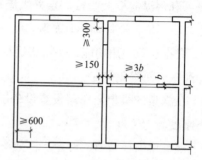

图 10-19　洞口位置距墙端的最小距离

门窗洞口的设置中应避免出现宽度 $B < 3b$（b 为墙肢厚度）的薄弱小墙肢。研究表明，这种薄弱小墙肢在地震作用下会出现早期破坏，即使加强纵向配筋及箍筋也很难避免。

关于上述剪力墙开洞与不开洞相比，不仅受力效能不同，而且计算方法也不一样。总之，剪力墙以不开洞比开洞好；少开洞比多开洞好；开小洞比开大洞好；单排洞比多排洞好；洞口靠中比洞口靠边好。

（4）框支剪力墙

框支剪力墙是剪力墙结构的一种特殊形式，对于上部为小开间的住宅、旅馆，而下部为大空间的公共福利设施、商贸娱乐设施的高层建筑，往往由于建筑功能的需要而采用框支剪力墙结构。采用剪力墙结构体系的高层建筑，可能在底部一层甚至三层范围内，因使用上要求做成大空间，迫使一些剪力墙不能全部直通到底，而由底部框架、梁柱来抬上部的剪力墙，这样就形成框支墙了。这种底部具有大空间的框支剪力墙结构体系已经被较广泛采用，在科学试验上亦积累了一些成果。

由于框支剪力墙底层的竖向荷载和水平荷载全部由底层框架来承受，其主要特点是侧向刚度在底层楼盖处发生突变。从已有的框支剪力墙震害资料表明：这种结构在地震作用下往往由于从上到下刚度突变，底层框架刚度太弱、强度不足、侧移过大、延性不足而出现破坏，甚至导致结构倒塌，这类结构的震害是严重的。

归纳设计中常遇到的一些问题分述总结如下：

1）框支剪力墙与落地剪力墙的比例。在地震区，一般要限制框支剪力墙的总榀数不超过全部横墙榀数的 50%，也就是说，框支剪力墙占墙体的比例宜控制在 1/2 以内。

2）增加落地剪力墙的厚度（但不宜超过原墙厚的 2 倍），提高落地剪力墙与框架柱的强度等级，减少洞口尺寸，控制落地剪力墙的间距不宜大于建筑物宽度的 2.5 倍；把落地剪力墙组合布置成筒状或工字形等来增加结构底部的总抗侧刚度。

3）避免在框支楼盖顶处发生刚度急剧突变，为了保证刚度的变化能顺利地传递和转变，必须对框支楼盖层的设计作特殊的要求，如板厚不宜小于 180mm，采用现浇钢筋混凝土且强度等级不宜低于 C30，并应采用双向上下配筋，配筋率不宜低于 0.25%；楼板的外侧边可利用纵向框架梁或底层外纵墙加强。楼板开洞位置距外侧边应尽量远一些，在框支剪力墙部位，楼板则不宜开洞。

4）根据建筑使用功能，也可将底层框架扩展为 2 ~ 3 层，刚度随层高逐渐变化，使刚度逐渐减弱而避免突变。

5）在框架的最上面一层设置设备层，作为刚度的过渡层（即转换层），使结构转换层上下刚度较为接近。

6）框支梁、柱截面的确定。框架梁、柱是底部大空间部分的重要支承，它主要承受垂直荷载及地震倾覆力矩，其断面尺寸要通过内力分析，从结构强度、稳定和变形等方面确定。框架梁高度一般可取 1/8 ~ 1/6 梁跨；框架柱截面应符合轴压比 $N/f_cbh \le 0.6$，N 为地震力及竖向荷载作用组合的计算轴力，f_c 为混凝土柱轴心受压设计强度。

综上所述，框支剪力墙在竖向布置时为防止刚度突变应采取各种措施，使其大空间底层的层刚度变化率（γ）接近于 1，不宜大于 2；不宜在地震区单独使用框支剪力墙结构，即需要时可采取框支剪力墙与落地剪力墙协同工作结构体系，如图 10-20 所示。

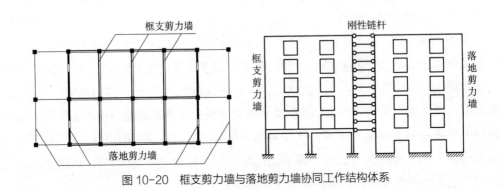

图 10-20　框支剪力墙与落地剪力墙协同工作结构体系

3. 框架—剪力墙结构体系

（1）概述

框架—剪力墙结构体系（简称框剪结构体系）是由框架和剪力墙组成，二者共同作为承重结构。如上所述，框架结构的建筑布置比较灵活，可以形成较大空间，但抗侧刚度较小，抵抗水平力的能力较弱；剪力墙结构的刚度较大，抵抗水平力的能力较强，但结构布置不灵活，难以形成大空间。框架—剪力墙结构结合了两个体系各自的优点，因而被广泛地应用于高层办公楼及宾馆等建筑中。图 10-21 为一些框架—剪力墙结构的平面形式。

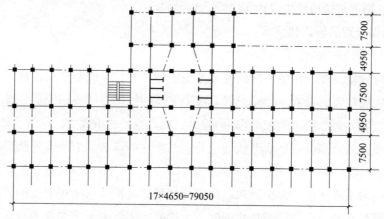

图 10-21 框架—剪力墙结构平面形式

（2）结构的布置要求

1）一般要求

框架—剪力墙结构体系中，框架的梁、柱截面要求，与框架结构体系中的基本要求相同。框架梁的截面可根据荷载情况及柱网尺寸而定，梁截面高度一般可取跨度的 1/10左右；对于抗震设计的情况，纵向框架与横向框架梁都应按主梁来设计。框架柱的截面，对于非抗震设计的情况，根据荷载情况确定；对于抗震设计的情况，还应满足框架柱轴压比限制的要求，以保证柱子的延性。

周边有梁、柱的剪力墙厚度不应小于 160mm，且不应小于墙净高的 1/20。墙的中线与边柱中心宜重合，防止偏心。梁的截面宽度不宜小于墙厚的 2 倍，高度不宜小于墙厚的 3 倍。端柱宽度不宜小于墙厚的 2.5 倍，柱截面高度不宜小于柱宽度。

2）结构布置原则

框架—剪力墙结构布置的关键是剪力墙的数量和位置。在剪力墙数量较少的情况下，可使建筑平面布置更灵活，且能够节约造价，但若剪力墙数量不足，刚度过小，在地震作用下结构会出现过大的侧向变形，从而导致严重的震害，所以剪力墙的数量不能过少。因此，在框架—剪力墙结构的设计中，兼顾结构和经济两个方面的要求确定剪力墙的适宜数量非常重要。

剪力墙是框架—剪力墙结构中重要的抗侧力构件，应沿纵横两个方向同时布置，并使两个方向的自振周期比较接近。在非抗震设计的条件下，也允许只设横向剪力墙而不设纵向剪力墙，由框架承担全部的纵向水平荷载。

剪力墙的布置应遵循"均匀、对称、分散、周边"的原则。其中，均匀、分散是要求剪力墙的片数多，且每片的刚度不要太大，在楼层平面内均匀布开。对称、周边布置是高层建筑抵抗扭转的要求。若在平面内对称布置剪力墙有困难，则可以调整有关部位剪力墙的长度和厚度，使框架—剪力墙结构体系的抗侧刚度中心与质量中心尽量接近，以减轻地震作用下对结构产生扭转作用的不利影响。

3）剪力墙布置的位置和要求

一般情况下，剪力墙适宜布置在以下位置：

①竖向荷载较大处。在竖向荷载较大处布置剪力墙，可以避免设置截面尺寸过大的柱子，满足建筑布置的要求。此外，剪力墙是主要的抗侧力构件，能承受很大的弯矩和剪力，较大的竖向荷载可以避免出现轴向拉力，提高截面的承载力，也便于基础设计。

②建筑平面复杂部位或平面形状变化处。由于这些部位受力状态复杂，设置剪力墙予以加强非常必要。

③楼梯间和电梯间处。楼梯间和电梯间处楼板开大洞，对楼板刚度削弱严重，采用剪力墙来加强是有效的措施。而且楼梯间、电梯间本来就需要用墙来围护，在该处设置剪力墙也能满足建筑的要求。

④横向剪力墙宜布置在接近房屋端部，但又不在建筑物尽端的部位。剪力墙布置在房屋近端时不利于剪力墙底部的嵌固，且需要较大刚度的基础，而布置在中部不能有效地发挥抵抗扭转的作用。

⑤纵向剪力墙宜布置在中部附近。纵向剪力墙布置在端部会产生约束作用，使结构受到较大的温度和收缩应力。

此外，考虑到施工时支模困难，一般不在伸缩缝、沉降缝和防震缝两侧同时布置剪力墙。当一侧设置剪力墙后，另一侧的剪力墙可内推一个柱间。

框架—剪力墙结构中，纵、横向剪力墙宜互相交联布置成 L 形、T 形、□形等形状，以使纵、横墙可以互相作为对方的翼缘，从而提高剪力墙的强度和刚度，如图 10-22 所示。剪力墙宜贯通建筑物的全高，避免沿高度方向突然中断而出现刚度突变，且剪力墙的厚度宜沿高度逐渐减小。

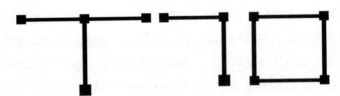

图 10-22 纵横剪力墙的合理布置方式

剪力墙中心线应与框架柱中心线重合，任何情况下，剪力墙中心线偏离框架柱中心线的距离不宜大于柱子宽度的 1/4。此外，剪力墙在各楼层开设的较大洞口宜上下对齐，洞口面积与墙面面积的比值不宜大于 1/6，洞口梁高不宜小于层高的 1/5。

为保证剪力墙具有足够的延性，不发生脆性的剪切破坏，每一道剪力墙不应过长，总高度与总长度之比 H/L 宜大于 2，且连成一片的单个墙肢长度不宜大于 8m，否则应按剪力墙开洞的基本要求开洞。

为防止楼板在自身平面内变形过大，使楼层水平剪力可靠地传递给剪力墙，剪力墙的间距不宜过大，其最大间距值应满足表10-9的规定。当剪力墙之间的楼面有较大开洞时，剪力墙的间距还应当减小一点。

剪力墙的最大间距

表 10-9

楼盖形式	非抗震设计	抗震设防烈度		
		6度、7度	8度	9度
现浇	≤ 5B，且 ≤ 60m	≤ 4B，且 ≤ 50m	≤ 3B，且 ≤ 40m	≤ 2B，且 ≤ 30m
装配整体	≤ 3.5B，且 ≤ 50m	≤ 3B，且 ≤ 40m	≤ 2.5B，且 ≤ 30m	—

注：①表中 B 为楼盖的宽度。
　　②装配整体式楼盖指装配式楼盖上做配筋现浇层。
　　③现浇部分厚度大于 60mm 的预应力或非预应力叠合楼板可作为现浇楼板考虑。

4. 筒体结构体系

（1）概述

随着建筑物层数增多、高度加大以及抗震设防烈度提高后，以平面结构状态工作的框架、剪力墙和框架—剪力墙所组成的三大常规体系往往难以满足要求。有时，建筑功能上也要求建筑体形灵活多样、富于变化。于是，平面剪力墙可以组成空间薄壁筒体；框架通过减小柱距，形成空间密柱框筒。这些以一个或多个筒体来抵抗水平力的结构便是筒体结构。图 10-23 为一些筒体结构的平面形式。

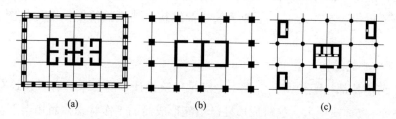

图 10-23　筒体结构平面形式
（a）筒中筒结构；（b）框架—筒体结构（简称框筒结构）；（c）多筒结构

筒体结构以空间整体受力为特征，具有很大的抗侧力刚度和承载力，并有很好的抗扭刚度。100m 以上的高层建筑中，采用筒体结构的占 70% 以上。

（2）筒体结构的类型

筒体结构包括框筒结构、筒中筒结构、框架核心筒结构、多重筒结构和成束筒结构等，如图 10-24 所示。

1）框筒结构

框筒结构是由周边密集柱和高跨比很大的窗裙梁所组成的空腹筒结构，如图 10-24（a）所示。为减少楼盖结构的内力和挠度，中间往往要布置一些柱子，以承受楼面竖向荷载，如图 10-24（b）所示。

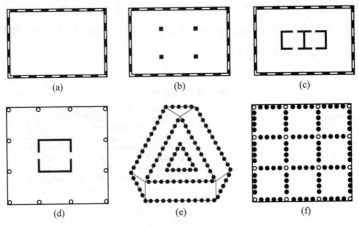

图 10-24　筒体结构的平面布置

2）筒中筒结构

在高层建筑中，往往有一定数量的电梯间或楼梯间及设备井道，这时可把电梯间、楼梯间及设备井道的墙布置成钢筋混凝土墙，它既可承受竖向荷载，又可承受水平力作用。在高层建筑平面中，为充分利用建筑物四周的景观和采光，楼梯间、电梯间等服务性用房常位于房屋的中部，核心筒也因此而得名。因筒壁上仅开有少量洞口，故有时也称为"实腹筒"。

核心筒一般不单独作为承重结构，而是与其他结构组合形成新的结构形式。当把框筒结构与核心筒结合在一起时，便成为筒中筒结构。典型的筒中筒结构如图 10-24（c）所示。

3）框架核心筒结构

筒中筒结构外部柱距较密，常常不能满足建筑设计中的要求。有时建筑布置上要求外部柱距在 4 ~ 5m 或更大，这时周边柱已不能形成筒的工作状态，而相当于空间框架的作用，这种结构称为框架核心筒结构，如图 10-24（d）所示。

4）多重筒结构

当建筑物平面尺寸很大或当内筒较小时，内外筒之间的距离较大，即楼盖结构的跨度变大，这样势必会增加楼板厚度或楼面大梁的高度。为降低楼盖结构的高度，可在筒中筒结构的内外筒之间增设一圈柱或剪力墙，如果将这些柱或剪力墙连接起来使之亦形成一个筒的作用，则可以认为由三个筒共同工作来抵抗侧向荷载，亦即成为一个三重筒结构，如图 10-24（e）所示。

5）成束筒结构

当建筑物高度或其平面尺寸进一步加大，以至于框筒结构或筒中筒结构可以看成若干个框筒结构的组合，它可以有效地减少外筒翼缘框架中的剪力滞后效应，使内筒或内部柱充分发挥作用，如图 10-24（f）所示。

框筒结构或筒中筒结构的外筒柱距较密，常常不能满足建筑使用上的要求。为扩大底层出入洞口，减少底层柱的数目，常用巨大的拱、梁或桁架等支撑上部的柱，如图 10-25 所示。

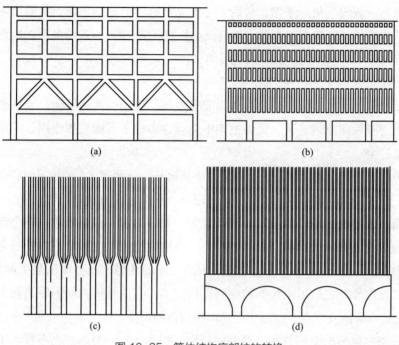

图 10-25　筒体结构底部柱的转换

（3）筒体结构的布置

1）平面布置

①平面形状

确定筒体结构平面形状的原则：一是要有利于筒体空间整体工作特性的充分发挥；二是要具有双轴对称，使地震引起的扭转振动减小到最低限度。因此，平面形状采用圆形和正多边形最为有利。

如表 10-10 所列，当平面面积相同，筒壁混凝土消耗量 st（s 为周长，t 为厚度）相同时，若以正方形为标准，则结构侧移和柱子轴力均以圆形为最优，1：2 的矩形平面性能最差。

规则平面形状框筒工作性能　　　　　　　　　　　表 10-10

形状		圆形	正六边形	正方形	正三角形	1：2矩形
水平荷载相同时	位移	0.91	0.96	1	1	1.72
	柱子最不利轴力	0.67	0.96	1	1.54	1.47
基本风压相同时	位移	0.48	0.83	1	1.63	2.46
	柱子最不利轴力	0.35	0.83	1	2.53	2.69

尤其在风力作用下，当迎风面积相同时，圆形风荷载体形系数为 0.8，而矩形的风荷载体形系数达 1.3 ~ 1.4，更显出其特点。

因此，筒体结构宜采用简单的平面形状。对于筒中筒和框筒结构，为了防止扭转偏心产生的不利影响，应首先考虑有双轴对称的圆形、正方形、矩形和正多边形平面，其次为正三角形、截角三角形平面，最后才考虑无对称性的复杂平面形状的筒体。矩形平面的筒体结构应尽可能接近正方形，尽量减小长宽比 L / B。一般情况下，矩形平面框筒长宽比不宜大于 1.5，任何情况下均不应大于 2。

②平面尺寸

为了使框筒的空间整体工作特性得以充分发挥，单个框筒的平面尺寸不能过大。翼缘越宽，剪力滞后现象越显著，翼缘框架中会有许多柱子不能发挥作用。因此，外框筒边长不应超过 45m。

工程中遇有超过上述尺寸限制及矩形平面框筒长宽比超过 1.5 的情况时，应考虑采用束筒结构，即在长边的中点附近增加一片由密柱、深梁组成的横向框架。

筒中筒结构的内筒与外筒之间的距离以 7 ~ 12m 为宜，内筒面积占整个筒体面积的比例对结构的受力有较大影响。内筒做得大，结构的抗侧刚度大，但内外筒之间的建筑使用面积减少。一般来讲，外筒尺寸宜为内筒尺寸的 3 倍，一方面满足了刚度的要求，另一方面也使内外筒之间留出足够的空间以供使用。当内外筒之间的距离较大时，可另设柱子作为楼面梁的支承点，以减少楼盖结构所占的高度。

为发挥密柱框架的空间作用，框筒的柱距一般为 1.2 ~ 3.0m，也不宜大于层高。当柱距大于 3.5m 时，空间作用逐渐减弱。横梁跨高比一般为 2.5 ~ 4，截面高度不得小于 600mm。当横梁尺寸较大时，柱间距也可相应加大。在长宽比较大的矩形平面中，位于长边中部柱子的作用较小，因而可以局部采用较大的柱距。当外柱柱距逐渐加大时，筒中筒结构演变为框筒结构。

③构件截面尺寸

a. 内筒

内筒的筒墙厚度一般较大，可为 350mm 以上，一般采用 400 ~ 500mm。深圳国际贸易中心（50 层，160m）内筒为 18m × 18m，底层筒墙厚为 800mm；广州广东国际大厦（63 层，199m）内筒为 16.8m × 22.8m，底层筒墙厚为 1000mm。

内筒其他墙厚度一般为 200 ~ 250mm。如果刚度不够，则内筒除筒墙外，可以适当加厚几道主要的其他墙。

b. 外框筒柱

外框筒柱主要在筒壁平面内受力，因此不论是翼缘框架柱还是腹板框架柱，都宜用矩形截面，长边在框筒平面内。尽量少用方柱和圆柱。

有时可以在框筒柱外侧加肋形成 T 形截面柱，T 形柱形成的竖线条可以满足建筑艺术的要求，而且可以提高柱子在平面外的稳定性。

角柱是形成结构空间工作的重要构件，它协调翼缘框架与腹板框架的变形，使之共同受力，因此角柱宜有较大的刚度，角柱截面面积取一般柱的 2 倍以上。角柱可以采用 L 形、方形，甚至可以采用箱形截面的小角筒。

c. 外框筒梁

框筒梁截面高度不得小于 600mm，一般为 1 ~ 1.5m，以保证框筒的空间整体作用。

在有条件时，可以在建筑物的顶部或中间部位设置截面很高的刚性环梁，这些环梁刚度大、不变形，像一个箍一样保证建筑物整个截面共同工作，大大提高了它的强度与刚度。一般将刚性大梁所在层作为设备层。

2）竖向布置

①高宽比

筒体结构宜上下体形一致，竖向结构不宜外伸内收，使整个结构如同等截面悬臂箱形梁一样整体工作。因而，筒体结构一般都具有棱柱状、圆柱状的简单体形。

筒体结构只有在细高的情况下，才能类似于竖向悬臂箱形梁那样，发挥立体构件整体弯曲的空间作用，因此，外框筒高宽比值宜大于 4。如果框筒的高宽比值在 3 以下，其工作性能就比较接近于四片框架，翼缘框架参与整体抗弯的作用很小。所以，在 30 ~ 40 层以上、高度不低于 60m 的建筑中，用筒中筒和框筒结构才较合理。

外框筒的高宽比也不能过大。否则，可能出现如下情况：

a. 建筑物会因框筒抗推刚度不足而产生过量侧移；

b. 框筒柱因巨大倾覆力矩引起的拉应力超过重力荷载引起的压应力，而出现轴向受拉；

c. 建筑物在阵风作用下所产生的振动加速度难以控制在允许限值以内。根据工程经验，位于非地震区的钢结构框筒，其高宽比值不宜超过 8。对位于地震区内的钢筋混凝土框筒结构，高宽比还应控制得小一些。《高层建筑混凝土结构技术规程》JGJ 3—2010 对钢筋混凝土筒中筒体系所作的规定是：设防烈度为 6、7、8 和 9 度时，外框筒的高宽比分别不应超过 6、6、5 和 4。

为了保证内墙筒具有足够的抗推刚度，能与外框筒比较协调地共同抵抗水平荷载引起的水平剪力和倾覆力矩，内墙筒的高宽比不宜大于 12。

②开洞率

外筒要求作为箱形截面整体工作，因此开孔面积不宜过大。开孔过大，梁、柱截面减少，会接近于一般框架。一般情况下，钢筋混凝土框筒的立面开洞率不宜大于 40%，任何情况下都不得大于 50%。此外，窗洞的形状对框筒受力状态也有很大影响，对于钢筋混凝土框筒，洞口的高宽比 h_0/l_0 应尽量接近于层高与柱距的比值 h/l。避免过于细高和过于扁宽的洞口。细高的洞口使窗裙梁高度减小，剪力滞后效应增大；扁宽的洞口使框架平面内的柱宽减小，整体剪切变形增大。

（4）简体结构的楼盖

筒中筒结构体系中内外筒的间距较大，一般达 8 ~ 12m。相应地，内外筒之间的楼盖跨度也较大，在楼盖的选型及布置上有其特点，宜选用结构高度小、整体性强、结构自重轻及有利于施工的楼盖结构形式。

筒体结构的楼盖除了承受竖向荷载外，还可作为筒体结构的水平隔板。当选用现浇钢筋混凝土楼盖时，由于它在自身平面内有很大的刚度，在水平荷载作用下能有效地起到保持筒体结构平面形状的作用。

筒体结构楼面体系常用形式有：

1）梁板体系。这种梁板体系用料较省，经济指标好。因为梁、板的截面高度较大，当要求楼层净高较大时不宜采用。

2）扁梁梁板体系。在层高受到限制时，梁可采用宽而扁的截面形式，这样可以减小结构总高度。

3）密肋楼盖。由于梁间距小（1.2 ~ 1.5m），梁的高度可以降低。

4）平板体系。平板占用的结构高度很小，楼面光洁，适用于小的层高；但平板厚度大，不经济，自重也较大。

5）预应力平板体系。在平板内施加预应力，可以增大刚度、减小板厚，但施工较复杂。

楼板体系的选择十分重要。高层建筑层数多，楼板厚度每增加 10mm，影响就相当大。图 10-26 为筒中筒结构体系中常见的楼盖平面布置。

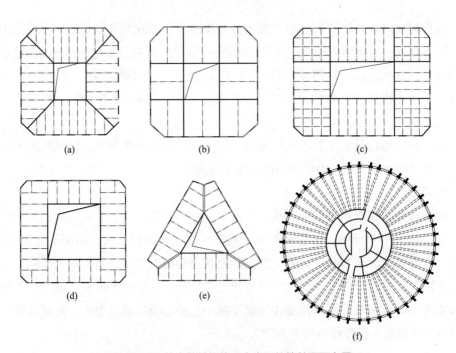

图 10-26　筒中筒结构体系中常见的楼盖平面布置

10.3 混凝土多层及高层框架结构内力与侧移的近似计算

框架结构一般承担的荷载主要有恒载、使用活荷载、风荷载、地震作用，其中恒载、活荷载一般为竖向作用，风荷载、地震则为水平方向作用，手算多层多跨框架结构的内力（M、N、V）及侧移时，一般采用近似方法。如求竖向荷载作用下的内力时，有弯矩分配法、分层法、迭代法等；求水平荷载作用下的内力时，有反弯点法、改进反弯点法（D值法）、迭代法等。这些方法采用的假设不同，计算结果有所差异，但一般都能满足工程设计要求的精度。本章主要介绍竖向荷载作用下无侧移框架的弯矩分配法和水平荷载作用下 D 值法的计算。在计算各项荷载作用效应时，一般按标准值进行计算，以便于后面荷载效应的组合。

10.3.1 竖向荷载作用下框架内力计算

本节仅详细介绍弯矩分配法和分层法。

1. 弯矩分配法

在竖向荷载作用下较规则的框架产生的侧向位移很小，可忽略不计。框架的内力采用无侧移的弯矩分配法进行简化计算。具体方法是对整体框架按照结构力学的一般方法，计算出各节点的弯矩分配系数、计算各节点的不平衡弯矩，然用进行分配、传递。在工程设计中，每节点只分配 2～3 次即可满足精度要求。

相交于同一点的多个杆件中的某一杆件，其在该节点的弯矩分配系数的计算过程为：

（1）确定各杆件在该节点的转动刚度

杆件的转动刚度与杆件远端的约束形式有关，如图 10-27 所示：

（2）计算弯矩分配系数 μ

$$\sum_A S = S_{AB} + S_{AC} + S_{AD}$$

$$\mu_{AB} = \frac{S_{AB}}{\sum\limits_A S}, \quad \mu_{AC} = \frac{S_{AC}}{\sum\limits_A S}, \quad \mu_{AD} = \frac{S_{AD}}{\sum\limits_A S}$$

$$\sum_A \mu = \mu_{AB} + \mu_{AC} + \mu_{AD} = 1$$

（3）相交于一点杆件间的弯矩分配

弯矩分配之前，还要先求出节点的固端弯矩，这可查阅相关静力计算手册得到。表 10-11 为常见荷载作用下杆件的固端弯矩。在弯矩分配过程中，一个循环可同时放松和固定多个节点（各个放松节点和固定节点间隔布置，如图 10-28 所示），以加快收敛速度。计算杆件固端弯矩产生的节点不平衡弯矩时，不能忽略由于纵向框架梁对柱偏心所产生的节点弯矩。

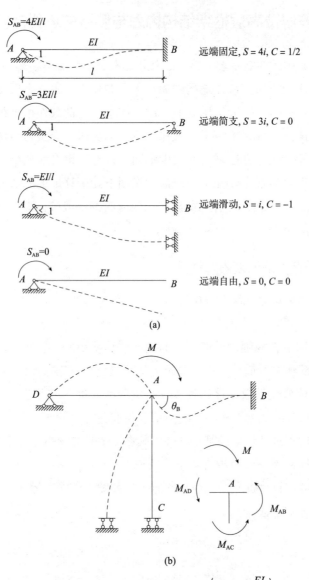

(a)

(b)

图 10-27 A 节点弯矩分配系数 $\left(\text{图中}\, i = \dfrac{EI}{l}\right)$

（a）杆件在节点 A 处的转动刚度；（b）某节点各杆件弯矩分配系数

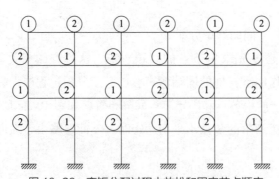

图 10-28 弯矩分配过程中放松和固定节点顺序

常见荷载作用下杆件的固端弯矩 表 10-11

荷载形式	图	公式
集中荷载		$\overline{M}_A = -\dfrac{F_p ab^2}{l^2}$，$\overline{M}_B = \dfrac{F_p a^2 b}{l^2}$ $R_A = \dfrac{F_p b^2}{l^2}\left(1+\dfrac{2a}{l}\right)$，$R_B = \dfrac{F_p a^2}{l^2}\left(1+\dfrac{2b}{l}\right)$
均布荷载		$\overline{M}_A = -\overline{M}_B = -\dfrac{1}{12}ql^2$ $R_A = R_B = \dfrac{ql}{2}$
梯形荷载		$\overline{M}_A = -\overline{M}_B = -\dfrac{1}{12}ql^2(1-2a^2/l^2+a^3/l^3)$ $\overline{M}_{中} = -\dfrac{1}{24}ql^2[1-2\times(a/l)^3]$ $R_A = R_B = (l-a)\times q/2$
三角形荷载		$\overline{M}_C = -\overline{M}_D = -\dfrac{5}{96}ql^2$ $\overline{M}_{中} = -\dfrac{1}{32}ql^2$ $R_C = R_D = \dfrac{1}{4}ql$

注：梯形和三角形分布荷载下的固端弯矩以及反力。

2. 分层法

分层法是弯矩分配法的进一步简化，它的基本假定是：①框架在竖向荷载作用下的侧移忽略不计；②可假定作用在某一层框架梁上的竖向荷载只对本楼层的梁以及与本层梁相连的框架柱产生弯矩和剪力，而对其他楼层的框架梁和隔层的框架柱都不产生弯矩和剪力。计算过程仍然是先计算出各节点的弯矩分配系数、求出节点的固端弯矩，计算各节点的不平衡弯矩，然用进行分配、传递，只是分层法是对各个开口刚架单元进行计算（图 10-29），这里各个刚架的上下端均为固定端。在求得各开口刚架中的结构内力以后，则可将相邻两个开口刚架中同层同柱号的柱内力叠加，作为原框架结构中柱的内力，而分层计算所得的各层梁的内力即为原框架结构中相应层次的梁的内力。如果叠加后节点不平衡弯矩较大，可在该节点重新分配一次，但不再作传递，最后根据静力平衡条件求出框架的轴力和剪力，并绘制框架的轴力图和剪力图。在计算柱的轴力时，应特别注意某一柱的轴力除与相连的梁的剪力有关外，不要忘记节点的集中荷载对柱轴力的贡献。为了改善误差，计算开口刚架内力时，应作以下修正：①除底层以外，其他各层柱的线刚度均乘 0.9 的折减系数；②除底层以外，其他各层柱的弯矩传递系数取为 1/3。

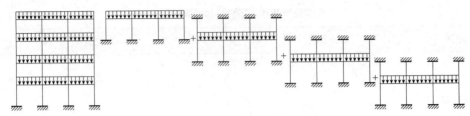

图 10-29　分层法的计算单元划分

10.3.2　框架活荷载不利布置

活荷载为可变荷载，应按其最不利位置确定框架梁、柱计算截面的最不利内力。竖向活荷载最不利布置原则：

（1）求某跨跨中最大正弯矩——本层同连续梁（本跨布置，其他隔跨布置），其他按同跨隔层布置，如图 10-30（a）所示；

（2）求某跨梁端最大负弯矩——本层同连续梁（本跨及相邻跨布置，其他隔跨布置），相邻层与横梁同跨的及远的邻跨布置活荷载，其他按同跨隔层布置，如图 10-30（b）所示；

（3）求某柱柱顶左侧及柱底右侧受拉最大弯矩——该柱右侧跨的上、下邻层横梁布置活荷载，然后隔跨布置，其他层按同跨隔层布置，如图 10-30（c）所示。

当活荷载作用相对较小时，常先按满布活荷载计算内力，然后用对计算内力进行调整的近似简化法，调整系数：跨中弯矩为 1.1～1.2，支座弯矩为 1.0。

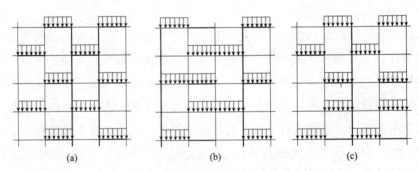

图 10-30　竖向活荷载最不利布置

【例 10-1】如图 10-31（a）所示为三层两跨框架，各层横梁上作用均布线荷载。图中括号内的数值表示杆件相对线刚度值，梁跨度值与柱高度值均以"mm"为单位。试用分层法计算各杆件的弯矩。

【解】首先将原框架分解为三个敞口框架，如图 10-31（b）所示。然后用弯矩分配法计算这三个敞口框架的杆端弯矩，计算过程如图 10-32（a）（b）（c）所示，其中梁的

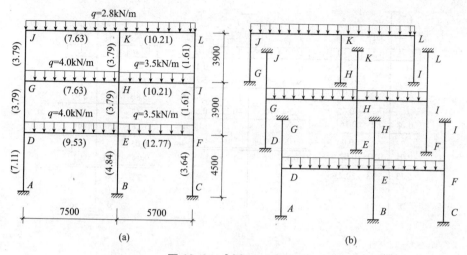

图 10-31　【例 10-1】附图
（a）框架结构简图；（b）分层后的敞口框架

固端弯矩按 $M = ql^2/12$ 计算。在计算弯矩分配系数时，GJ、HK、IL、DG、EH 和 FI 柱的线刚度已乘系数 0.9，这六根柱的传递系数均取 1/3，其他杆件的传递系数取 1/2。

　　根据图 10-32 的弯矩分配结果，可计算出各杆端的弯矩。例如，对节点 J 而言，由图 10-32（a）得梁端弯矩为 −4.79kN·m，柱端弯矩为 4.79kN·m，而由图 10-32（b）得柱端弯矩为 1.71kN·m，则最后的梁、柱端弯矩分别为 −4.79kN·m 和 4.79+1.71 = 6.5kN·m。显然，节点出现的不平衡弯矩值为 1.71kN·m。现对此不平衡弯矩再作一次分配，则得梁端弯矩为 −4.79+（−1.71）×0.67 = −5.94kN·m，柱端弯矩为 6.5+（−1.71）×0.33 = 5.94kN·m。对其余节点均如此计算，可得出用分层法计算所得的杆端弯矩，如图 10-33 所示。图中还给出了梁跨中弯矩值，它是根据梁上作用的荷载及梁端弯矩值由静力平衡条件所得。

下柱	右梁		左梁	下柱	右梁		左梁	下柱
0.33	0.67		0.35	0.18	0.47		0.86	0.14
J	−13.13		13.13	K	−7.58		7.58	L
	−0.97	←	−1.94	−1.00	−2.61		−1.30	
4.65	9.45	→	4.73		−2.70	→	−5.40	−0.88
	−0.36	←	−0.71	−0.37	−0.95	←	−0.48	
0.12	0.24	→	0.12		0.20	→	0.41	0.07
	−0.06	←	−0.11	−0.06	−0.15	←	−0.08	
0.02	0.04		15.22	−1.43	−13.79		0.07	0.01
4.79	−4.79						0.80	−0.80
1.6	G			−0.48	H		I	−0.27

图 10-32　弯矩分配（单位：kN·m）

293

(b)

	1.71 J				−0.58 K				−0.29 L	
上柱	下柱	右梁		左梁	上柱	下柱	右梁	左梁	上柱	下柱
0.25	0.25	0.50		0.30	0.15	0.15	0.40	0.76	0.12	0.12
G		−18.75		18.75 H			−9.48	9.48		I
		−1.39 ←		−2.78	−1.39	−1.39	−3.71 →	−1.85		
5.04	5.04	10.07 →		5.04			−2.90 ←	−5.80	−0.92	−0.92
		−0.32 ←		−0.64	−0.32	−0.32	−0.86 →	−0.43		
0.08	0.08	0.16 →		0.08			0.17 ←	0.33	0.05	0.05
		−0.04 ←		−0.07	−0.04	−0.04	−0.10 →	−0.05		
0.01	0.01	0.02		20.38	−1.75	−1.75	−16.88	0.04	0.01	0.01
5.13	5.13	−10.25						1.72	−0.86	−0.86
D	1.71			E	−0.58			F	−0.29	

(c)

	1.23 G				−0.46 H				−0.21 I	
上柱	下柱	右梁		左梁	上柱	下柱	右梁	左梁	上柱	下柱
0.18	0.35	0.47		0.31	0.12	0.16	0.41	0.71	0.09	0.20
D		−18.75		18.75 E			−9.48	9.48		F
		−1.44 ←		−2.87	−1.11	−1.48	−3.80 →	−1.90		
3.63	7.07	9.49 →		4.74			−2.69 ←	−5.38	−0.68	−1.52
		−0.32 ←		−0.64	−0.25	−0.33	−0.84 →	−0.42		
0.06	0.11	0.15 →		0.08			0.15 ←	0.30	0.04	0.08
		−0.04 ←		−0.07	−0.04	−0.04	−0.10 →	−0.05		
0.01	0.01	0.02		19.99	−1.39	−1.85	−16.75	0.04	0.00	0.01
3.70	7.19	−10.89						2.07	−0.64	−1.43
A	3.60			B	−0.93			C	−0.72	

图 10-32 弯矩分配（单位：kN·m）（续）

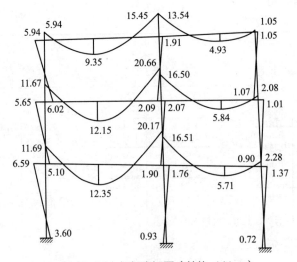

图 10-33 框架弯矩图（单位：kN·m）

10.3.3　水平荷载作用下框架内力计算

本节仅详细介绍反弯点法和 D 值法。

1. 反弯点法

在图 10-34 中，如能确定各柱内的剪力及反弯点的位置，便可求得各柱的柱端弯矩，并进而由节点平衡条件求得梁端弯矩及整个框架结构的其他内力。为此反弯点法中假定：

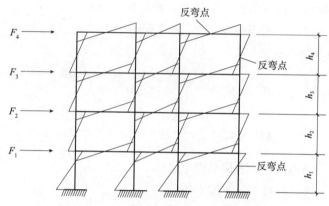

图 10-34　框架在水平力作用下的弯矩图

（1）求各个柱的剪力时，假定各柱上、下端都不发生角位移，即认为梁的线刚度与柱的线刚度之比为无限大。

（2）在确定柱的反弯点位置时，假定除底层以外，各个柱的上、下端节点转角均相同，即除底层外，各层框架柱的反弯点位于层高的中点；对于底层柱，则假定其反弯点位于距支座 2/3 层高处。

（3）梁端弯矩可由节点平衡条件求出，并按节点左右梁的线刚度进行分配。

当梁的线刚度与柱的线刚度之比超过 3 时，由上述假定所引起的误差能够满足工程设计的精度要求，可采用反弯点法。

反弯点法具体计算方法是将每层的层间总剪力按柱的抗侧刚度直接分配到每根柱上，求出每根柱的剪力，然后根据反弯点位置，即能求出柱端弯矩，计算公式为：

$$V_{jk} = \frac{i_{jk}}{\sum\limits_{k=1}^{m} i_{jk}} V_j \qquad (k = 1,\ 2,\ 3,\ \cdots,\ m;\ j = 1,\ 2,\ 3,\ \cdots,\ n) \qquad (10\text{-}1)$$

式中　V_{jk}——第 j 层第 k 柱所分配到的剪力；

　　　i_{jk}——第 j 层第 k 柱的线刚度；

　　　m——j 层框架柱数；

　　　V_j——第 j 层层间剪力。

根据柱剪力和反弯点位置，可计算柱上、下端弯矩，对于底层柱，柱端弯矩为：

$$M_{1k上} = V_{1k}h_1/3 \qquad (10\text{–}2)$$

$$M_{1kn} = V_{1k}\cdot 2h_1/3 \qquad (10\text{–}3)$$

对于上部各层，柱端弯矩为：

$$M_{jk上} = M_{jk下} = V_{jk}h_j/2 \ (j = 1,\ 2,\ 3,\ \cdots,\ n) \qquad (10\text{–}4)$$

式中 $M_{jk上}$、$M_{jk下}$——第 j 层第 k 柱的上、下端部弯矩；

h_j——第 j 层柱柱高。

求出柱端弯矩后，再求节点弯矩平衡，最后按节点左、右梁的线刚度对节点不平衡弯矩进行分配可求出梁端弯矩，如图 10-35 所示。

$$M_b^l = \frac{i_b^l}{i_b^l + i_b^r}(M_c^u + M_c^l) \qquad (10\text{–}5)$$

$$M_b^r = \frac{i_b^r}{i_b^l + i_b^r}(M_c^u + M_c^l) \qquad (10\text{–}6)$$

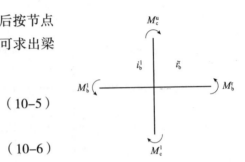

图 10-35 梁端弯矩计算简图

式中 M_b^l、M_b^r——节点处左、右梁端弯矩；

M_c^u、M_c^l——节点处柱上、下端弯矩；

i_b^l、i_b^r——节点处左、右梁的线刚度。

最后以各梁为隔离体，将梁的左、右端弯矩之和除以该梁的跨长，可得梁内剪力，自上而下逐层叠加节点左、右的梁端剪力，即可得到柱内轴向力。

2. D 值法

D 值法为修正反弯点法，修正后柱的抗侧刚度为 $D = \alpha\dfrac{12i_z}{h^2}$，式中 α 为柱刚度修正系数，可按表 10-12 采用；柱的反弯点高度比修正后可按下式计算：$y = y_0 + y_1 + y_2 + y_3$，式中 y_0 为标准反弯点高度比，是在各层等高、各跨相等、各层梁和柱线刚度都不改变的情况下求得的反弯点高度比；y_1 为因上、下层梁刚度比变化的修正值；y_2 为因上层层高变化的修正值；y_3 为因下层层高变化的修正值。y_0、y_1、y_2、y_3 的取值见附表 18-2 ~ 附表 18-4。风荷载作用下的反弯点高度按均布水平力考虑，地震作用下按倒三角分布水平力考虑。

D 值法具体计算步骤为：先计算各层柱修正后的抗侧刚度 D 及柱的反弯点高度，将该层层间剪力分配到每个柱，柱剪力分配式为：

$$V_{jk} = \frac{D_{jk}}{\sum\limits_{k=1}^{m}D_{jk}} V_j \ (k = 1,\ 2,\ 3,\ \cdots,\ m; j = 1,\ 2,\ 3,\ \cdots,\ n) \qquad (10\text{–}7)$$

根据柱剪力和反弯点位置，可计算柱上、下端弯矩为：

$$M_{jk上} = V_{jk}(1 - y_{jk})h \qquad (10\text{–}8)$$

$$M_{jk下} = V_{jk}y_{jk}h \qquad (10\text{–}9)$$

式中　V_{jk}——第 j 层第 k 柱所分配到的剪力；

　　　D_{jk}——第 j 层第 k 柱的侧向刚度 D 值；

　　　m——j 层框架柱数；

　　　V_j——第 j 层层间剪力；

　　　M_{jk}——第 j 层第 k 柱的弯矩；

　　　y_{jk}——第 j 层第 k 柱的反弯点高度比 $y_{jk} = y_0 + y_1 + y_2 + y_3$；

　　　h——柱高。

梁端弯矩的计算与反弯点法相同。

柱刚度修正系数　　　　　　　表 10-12

楼层	简图	K	α
一般层	i_2　　i_1　i_2 i_c　　i_3　i_4	$K = \dfrac{i_1 + i_2 + i_3 + i_4}{2i_c}$	$\alpha = \dfrac{K}{2+K}$
底层	i_2　　i_1　i_2 i_c　　　i_c	$K = \dfrac{i_1 + i_2}{i_c}$	$\alpha = \dfrac{0.5 + K}{2 + K}$

注：边框情况下，式中 i_3、i_1 取 0 值。

水平荷载作用下侧移近似计算一般采用 D 值法，层间侧移及顶点总侧移计算公式为：

$$\Delta u_j = \frac{V_j}{\sum\limits_{k=1}^{m} D_{jk}} \tag{10-10}$$

$$u = \sum_{j=1}^{n} \Delta u_j \tag{10-11}$$

式中　V_j——第 j 层层间剪力；

　　　D_{jk}——第 j 层第 k 柱的侧向刚度 D 值；

　　　Δu_j——第 j 层由梁柱弯曲变形所产生的层间位移；

　　　u——框架顶点总侧移；

　　　n——框架结构总层数。

【例 10-2】如图 10-36 所示为三层两跨框架，图中括号内的数字表示杆件的相对线刚度值（$i/10^8$）。试用 D 值法计算该框架结构的内力。

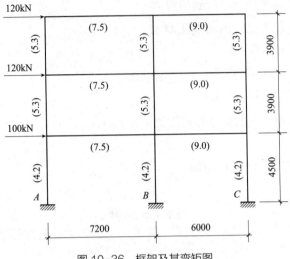

图 10-36　框架及其弯矩图

【解】（1）计算层间剪力：

$V_3 = 120\text{kN}；V_2 = 120+120 = 240\text{kN}；V_1 = 120+120+100 = 340\text{kN}$

（2）计算各柱的侧向刚度，其中$\overline{K}$按表 10-13 的相应公式计算，计算过程见表 10-14。

柱侧向刚度计算表　　　　　　　　　　　　　　　　表 10-13

层次	柱别	$\overline{K}$	α_c	D_{ij}（N/mm）	$\sum D_{ij}$（N/mm）
3	A	$\dfrac{7.5+7.5}{2 \times 5.3} = 1.415$	$\dfrac{1.415}{2+1.415} = 0.414$	$0.414 \times \dfrac{12 \times 5.3 \times 10^8}{3900^2} = 173.112$	619.692
	B	$\dfrac{2 \times (7.5+9)}{2 \times 5.3} = 3.113$	$\dfrac{3.113}{2+3.113} = 0.609$	$0.609 \times \dfrac{12 \times 5.3 \times 10^8}{3900^2} = 254.651$	
	C	$\dfrac{9.0+9.0}{2 \times 5.3} = 1.698$	$\dfrac{1.698}{2+1.698} = 0.459$	$0.459 \times \dfrac{12 \times 5.3 \times 10^8}{3900^2} = 191.929$	
2	A	$\dfrac{7.5+7.5}{2 \times 5.3} = 1.415$	$\dfrac{1.415}{2+1.415} = 0.414$	$0.414 \times \dfrac{12 \times 5.3 \times 10^8}{3900^2} = 173.112$	619.692
	B	$\dfrac{2 \times (7.5+9)}{2 \times 5.3} = 3.113$	$\dfrac{3.113}{2+3.113} = 0.609$	$0.609 \times \dfrac{12 \times 5.3 \times 10^8}{3900^2} = 254.651$	
	C	$\dfrac{9.0+9.0}{2 \times 5.3} = 1.698$	$\dfrac{1.698}{2+1.698} = 0.459$	$0.459 \times \dfrac{12 \times 5.3 \times 10^8}{3900^2} = 191.929$	
1	A	$\dfrac{7.5}{4.2} 1.786$	$\dfrac{0.5+1.786}{2+1.786} = 0.604$	$0.604 \times \dfrac{12 \times 4.2 \times 10^8}{4500^2} = 150.329$	495.04
	B	$\dfrac{7.5+9.0}{4.2} = 3.929$	$\dfrac{0.5+3.929}{2+3.929} = 0.747$	$0.747 \times \dfrac{12 \times 4.2 \times 10^8}{4500^2} = 185.92$	
	C	$\dfrac{9.0}{4.2} = 2.143$	$\dfrac{0.5+2.143}{2+2.143} = 0.638$	$0.638 \times \dfrac{12 \times 4.2 \times 10^8}{4500^2} = 158.791$	

柱端剪力及弯矩计算表　　　　　　　　　　　　　　　　　表 10-14

层次	柱别	$V_{ij} = \dfrac{D_{ij}}{\sum D_{ij}} V_i$	y	$M_{ij}^{b} = V_{ij} \cdot yh$	$M_{ij}^{u} = V_{ij} \cdot (1-y) h$
3	A	$\dfrac{173.112}{619.692} \times 120 = 33.522$	0.371	$33.522 \times 0.371 \times 3.9 = 48.503$	$33.522 \times 0.629 \times 3.9 = 82.233$
	B	$\dfrac{254.651}{619.692} \times 120 = 49.312$	0.45	$49.312 \times 0.45 \times 3.9 = 86.543$	$49.312 \times 0.55 \times 3.9 = 105.774$
	C	$\dfrac{191.929}{619.692} \times 120 = 37.166$	0.385	$37.166 \times 0.385 \times 3.9 = 55.805$	$37.166 \times 0.615 \times 3.9 = 89.143$
2	A	$\dfrac{173.112}{619.692} \times 240 = 67.044$	0.45	$67.044 \times 0.45 \times 3.9 = 117.662$	$67.044 \times 0.55 \times 3.9 = 143.809$
	B	$\dfrac{254.651}{619.692} \times 240 = 98.624$	0.50	$98.624 \times 0.50 \times 3.9 = 192.317$	$98.624 \times 0.50 \times 3.9 = 192.317$
	C	$\dfrac{191.929}{619.692} \times 240 = 74.332$	0.45	$74.332 \times 0.45 \times 3.9 = 130.453$	$74.332 \times 0.55 \times 3.9 = 159.442$
1	A	$\dfrac{150.329}{459.04} \times 340 = 103.248$	0.561	$103.248 \times 0.561 \times 4.5 = 260.65$	$103.248 \times 0.439 \times 4.5 = 203.966$
	B	$\dfrac{185.92}{459.04} \times 340 = 127.692$	0.55	$127.692 \times 0.55 \times 4.5 = 316.038$	$127.692 \times 0.45 \times 4.5 = 258.576$
	C	$\dfrac{158.791}{459.04} \times 340 = 109.060$	0.55	$109.060 \times 0.55 \times 4.5 = 269.924$	$109.060 \times 0.45 \times 4.5 = 220.847$

注：表中剪力的量纲为 kN，弯矩的量纲为 kN·m。

（3）根据表 10-13 所列的 D_{ij} 及 $\sum D_{ij}$ 值，计算各柱的剪力值 V_{ij}，计算过程及结果见表 10-14。

（4）确定各柱的反弯点高度比，然后计算各柱上、下端的弯矩值。计算过程及结果见表 10-14。

根据图 10-36 所示的水平分布力，确定 y_n 时可近似地按均布荷载考虑；本例中 $y_1 = 0$，对第一层柱，因 $\alpha_2 = \dfrac{3.9}{4.5} = 0.867$，所以 y_2 为负值，但由 α_2 及表 10-13 中的相应 $\overline{K}$ 值，查附表 18 得 $y_2 = 0$；对第二层柱，因 $\alpha_2 = 1.0, \alpha_3 = \dfrac{4.5}{3.9} = 1.154 > 1.0$，所以 $y_2 = 0, y_3$ 为负值，但由 α_3 及表 10-13 中的相应 $\overline{K}$ 值，查附表 18 得 $y_3 = 0$；对第三层柱，因 $\alpha_3 = 0$，所以 $y_3 = 0$，由此可知，附表 18 中根据数值大小及其影响，已作了一定简化。

（5）计算梁端弯矩，再由梁端弯矩计算梁端剪力，最后由梁端剪力计算柱轴力。计算过程及结果见表 10-15。

框架弯矩图如图 10-37 所示。

梁端弯矩、剪力及柱轴力计算表

表 10-15

层次	梁别	M_b^l（kN·m）	M_b^r（kN·m）	V_b（kN）	N_A（kN）	N_B（kN）	N_C（kN）
3	AB	82.233	$\dfrac{7.5}{7.5+9.0} \times 105.774$ = 48.079	$-\dfrac{82.233+48.079}{7.2}$ = −18.099	−18.099	−（24.473−18.099） = −6.374	24.473
	BC	$\dfrac{9.0}{7.5+9.0} \times 105.774$ = 57.695	89.143	$-\dfrac{57.695+89.143}{6.0}$ = −24.473			
2	AB	48.503+143.809 = 192.312	$\dfrac{7.5}{7.5+9.0} \times$（86.543+192.312） = 126.755	$-\dfrac{192.312+126.755}{7.2}$ = −44.315	−（18.099+44.315） = −62.414	−（61.225−44.315+6.374） = −23.284	24.473+61.225 = 85.698
	BC	$\dfrac{7.5}{7.5+9.0} \times$（86.543+192.317） = 152.105	55.805+159.442 = 215.247	$-\dfrac{152.105+215.2475}{6.0}$ = −61.225			
1	AB	117.662+203.996 = 321.628	$\dfrac{7.5}{7.5+9.0} \times$（192.317+258.576） = 204.951	$-\dfrac{321.628+204.9515}{7.2}$ = −73.136	−（62.414+73.136） = −135.55	−（99.54−73.136−23.284） = −49.688	85.698+99.54 = 185.238
	BC	$\dfrac{7.5}{7.5+9.0} \times$（192.317+258.576） = 245.942	130.453+220.847 = 351.30	$-\dfrac{245.942+351.305}{6.0}$ = −99.540			

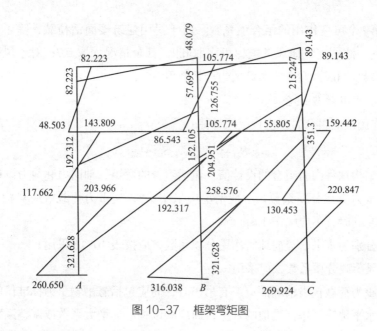

图 10-37　框架弯矩图

10.4　混凝土多层及高层框架截面设计

框架在各种荷载作用下的内力确定后，必须找出各构件的控制截面及其最不利内力组合。

10.4.1　荷载组合

1. 无地震作用效应组合（一般荷载组合）

对于一般的框架结构，基本组合可采用简化规则，取下式中最不利值确定：

$$S_d = S\left(\sum_{i \geqslant 1} \gamma_{Gi} G_{ik} + \gamma_{Q1} Q_{1k} + \sum_{j>1} \gamma_{Qj} \psi_{cj} Q_{jk} \right) \qquad (10\text{-}12)$$

式中　$S(\cdot)$——作用组合的效应函数；

$\quad\quad G_{ik}$——第 i 个永久作用的标准值；

$\quad\quad Q_{1k}$——第 1 个可变作用的标准值；

$\quad\quad Q_{jk}$——第 j 个可变作用的标准值；

$\quad\quad \gamma_{Gi}$——永久荷载的分项系数，具体取值为：当其效应对结构不利时，应取 1.3；当其效应对结构有利时，一般情况下应取 1.0；对结构的倾覆、滑移或漂浮验算，应取 0.9；

$\quad\quad \gamma_{Qj}$——第 j 个可变荷载的分项系数，其中 γ_{Q1} 为可变荷载 Q_1 的分项系数，可变荷载的分项系数一般情况下应取 1.5。对于某些特殊情况，可按建筑结构有关设计规范的规定确定；

ψ_{cj}——第 j 个可变作用的组合值系数，对于民用建筑楼面活荷载，除了书库、档案室、储藏室、通风及电梯机房取 0.9，其余情况均取 0.7；对于风荷载的组合系数取 0.6；对于雪荷载的组合系数取 0.7。

2. 有地震作用效应组合

有地震作用效应组合时，应按下式计算：

$$S = \gamma_G S_{GE} + \gamma_{Eh} S_{Ehk} + \gamma_{Ev} S_{Evk} + \psi_w \gamma_w S_{wk} \qquad (10\text{--}13)$$

式中　S——结构构件内力组合的设计值，包括组合的弯矩、轴向力和剪力设计值；

γ_G——重力荷载分项系数，一般情况应采用 1.3，当重力荷载效应对构件承载能力有利时，不应大于 1.0；

γ_{Eh}、γ_{Ev}——分别为水平、竖向地震作用分项系数，应按表 10–16 采用；

γ_w——风荷载分项系数，应采用 1.5；

S_{GE}——重力荷载代表值的效应，有吊车时，尚应包括悬吊物重力标准值的效应；

S_{Ehk}——水平地震作用标准值的效应，尚应乘以相应的增大系数或调整系数；

S_{Evk}——竖向地震作用标准值的效应，尚应乘以相应的增大系数或调整系数；

S_{wk}——风荷载标准值的效应；

ψ_w——风荷载组合值系数，一般结构取 0，风荷载起控制作用的高层建筑应采用 0.2。

地震作用分项系数　　　　　　　　　　　　表 10–16

地震作用	γ_{Eh}	γ_{Ev}
仅计算水平地震作用	1.3	0
仅计算竖向地震作用	0	1.3
同时计算水平与竖向地震作用	1.3	0.5

本章各内力组合时的单位及方向：

（1）柱的内力及梁的剪力仍沿用结构力学的规定（与前几章规定相同）：

弯矩 M——kN·m，顺时针为正，逆时针为负；

轴力 N——kN，柱受压为正，受拉为负；

剪力 V——kN，顺时针为正，逆时针为负。

（2）梁的弯矩方向以下部受拉为正，上部受拉为负（与前几章规定不同）。

10.4.2　控制截面及最不利内力

1. 控制截面

框架梁的控制截面是跨内最大弯矩截面和支座截面。跨内最大弯矩截面可用求极值的方法准确求出，为了简便，通常取跨中截面作为控制截面；支座截面一般由受弯和受

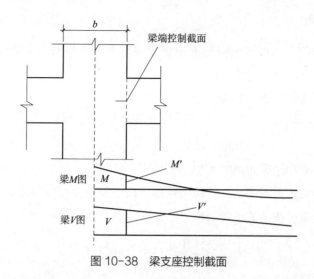

图 10-38　梁支座控制截面

剪承载力控制，梁支座截面的最不利位置在柱边，配筋时应采用梁端部截面内力，而不是轴线处的内力，如图 10-38 所示。柱边梁端的剪力和弯矩可按下式计算：

$$V' = V - (g+p) b/2 \tag{10-14}$$

$$M' = M - V'b/2 \tag{10-15}$$

式中　V'、M'——梁端柱边截面的剪力和弯矩，当计算水平荷载或竖向集中荷载产生的内力时，则 $V' = V$；

　　V、M——内力计算得到的梁端柱轴线截面的剪力和弯矩；

　　g、p——作用在梁上的竖向分布恒荷载和活荷载。

对于框架柱，其弯矩、轴力和剪力沿柱高是线性变化的，柱两端截面的弯矩最大，而剪力和轴力在一层内的变化较小，因此，柱的控制截面在柱的上、下端。

2. 最不利内力组合

框架梁截面最不利内力组合有：

（1）梁端截面：$+M_{max}$、$-M_{max}$、V_{max}；

（2）梁跨中截面：$+M_{max}$，$-M_{max}$。

柱端的最不利内力有下列四种情况：

（1）$+M_{max}$ 及相应的 N、V；

（2）$-M_{min}$ 及相应的 N、V；

（3）N_{max} 及相应的 M、V；

（4）N_{min} 及相应的 M、V。

由于 M、N 比值的不同使柱的破坏形态也随之变化：对大偏压破坏，弯矩不变，轴力越小所需配筋越多；对小偏压破坏，弯矩不变，轴力越大所需配筋越多；对大偏压和小偏压破坏，轴力不变，弯矩越大所需配筋越多。应在多组组合内力中选出所需配筋最多的内力组合进行配筋计算，若不能明确最不利组合内力，则需分别计算配筋，确定最大配筋。

10.4.3 弯矩调幅

在竖向荷载作用下，可考虑框架梁端塑性变形内力重分布，对梁端负弯矩乘以调幅系数进行调幅，并应符合下列规定：

（1）现浇框架梁端负弯矩调幅系数 β 可取 $0.8 \sim 0.9$。

$$M^l = \beta M^{l0}$$

$$M^r = \beta M^{r0}$$

M^{l0}、M^{r0}：未调幅前梁左、右两端的弯矩。

（2）框架梁端负弯矩调幅后，梁跨中弯矩应按平衡条件相应增大。

调幅后跨中弯矩可按公式（10–16）或公式（10–17）计算：

$$M = M_{中} - \frac{1}{2}（1-\beta）（M^{l0}+M^{r0}） \tag{10–16}$$

$$M = M_0 + \frac{1}{2}（M^{l0}+M^{r0}）\beta \tag{10–17}$$

式中　$M_{中}$——调幅前梁跨中弯矩标准值；

　　　M_0——按简支梁计算的跨中弯矩标准值；

　M^{l0}、M^{r0}——连续梁左、右支座截面弯矩调幅前的弯矩标准值；

　　　M——弯矩调幅后梁跨中弯矩标准值。

注：梁的弯矩方向以下部受拉为正，上部受拉为负。

（3）应先对竖向荷载作用下框架梁的弯矩进行调幅，再与水平作用产生的框架梁弯矩进行组合。

（4）截面设计时，框架梁跨中截面正弯矩设计值不应小于竖向荷载作用下按简支梁计算的跨中弯矩设计值的 50%。

由于对梁在竖向荷载作用下产生的支座弯矩进行了调幅，因此，其界限相对受压区高度应取 0.35 而不是 ξ_b。

10.4.4 框架梁、柱抗震设计

计算出框架梁柱控制截面内力后，应分别进行无地震作用效应组合内力和有地震作用效应组合内力截面设计。截面设计时分别采用下列设计表达式，实际配筋取两者中计算出的较大值：

无地震作用效应内力组合时：$\gamma_0 S \leq R$ $\tag{10–18}$

有地震作用效应内力组合时：$S \leq R/\gamma_{RE}$ $\tag{10–19}$

式中　γ_0——结构重要性系数，对安全等级为一级或设计使用年限为 100 年及以上的结构构件，不应小于1.1；对安全等级为二级或设计使用年限为 50 年的结构构件，不应小于1.0；

　　　S——荷载效应组合的设计值；

　　　R——结构构件抗力设计值，即承载力设计值；

γ_{RE}——构件承载力抗震调整系数，混凝土受弯梁取 0.75，轴压比小于 0.15 的偏压柱取 0.75，轴压比不小于 0.15 的偏压柱取 0.80，混凝土各类受剪、偏拉构件取 0.85；当仅考虑竖向地震作用组合时，各类结构构件的承载力抗震调整系数均应取为 1.0。

1. 框架梁截面设计

框架梁的截面设计包括正截面抗弯承载力设计和斜截面抗剪承载力设计，然后再根据构造要求统一调整和布置纵向钢筋和箍筋。

为确保框架"强剪弱弯"，抗震设计中，抗震等级为一、二、三级的框架梁，其梁端截面组合的剪力设计值应按下式调整：

$$V = \eta_{Vb} \left(M_b^l + M_b^r \right) / l_n + V_{Gb} \qquad (10-20)$$

一级框架结构及 9 度抗震设防时尚应符合：

$$V = 1.1 \left(M_{bua}^l + M_{bua}^r \right) / l_n + V_{Gb} \qquad (10-21)$$

式中　　V——梁端截面组合的剪力设计值；

$\quad\quad\ l_n$——梁的净跨；

$\quad\quad V_{Gb}$——梁在重力荷载代表值（9 度时高层建筑还应包括竖向地震作用标准值）作用下，按简支梁分析的梁端截面剪力设计值；

M_b^l、M_b^r——分别为梁左、右端截面逆时针或顺时针方向抗震组合的弯矩设计值，一级框架两端弯矩均为负弯矩时，绝对值较小的弯矩应取零；

M_{bua}^l、M_{bua}^r——分别为梁左、右端截面逆时针或顺时针方向实际的正截面受弯承载力所对应的弯矩值，可根据实配钢筋面积（计入受压筋）和材料强度标准值确定；

$\quad\quad \eta_{Vb}$——梁端剪力增大系数，抗震等级一级取 1.3，二级取 1.2，三级取 1.1。

2. 框架柱截面设计

框架柱在压（拉）力、弯矩、剪力的共同作用下，纵筋按正截面抗弯承载力进行设计，箍筋按斜截面抗剪承载力进行设计，此外为了柱具有一定的延性，要控制柱的轴压比。

为了满足和提高框架结构"强柱弱梁"程度，在抗震设计中采用增大柱端弯矩设计值的方法，在抗震等级一、二、三级框架的梁柱节点处，除框架顶层和柱轴压比小于 0.15 者及框支梁与框支柱的节点外，柱端组合的弯矩设计值应符合下式要求：

$$\sum M_c = \eta_c \sum M_b \qquad (10-22)$$

一级框架结构及 9 度抗震设计时尚应符合下式要求：

$$\sum M_c = 1.2 \sum M_{bua} \qquad (10-23)$$

式中　$\sum M_c$——节点上下柱端截面顺时针或逆时针方向组合的弯矩设计值之和，上下柱端的弯矩设计值可按弹性分析分层进行分配；

$\sum M_{\mathrm{b}}$——节点左右梁端截面逆时针或顺时针方向组合的弯矩设计值之和，一级框架节点左右梁端均为负弯矩时，绝对值较小的弯矩应取零；

$\sum M_{\mathrm{bua}}$——节点左右梁端截面逆时针或顺时针方向实配的正截面抗震受弯承载力所对应的弯矩值之和，可根据实配钢筋面积（计入受压筋）和材料强度标准值确定；

η_{c}——柱端弯矩增大系数，抗震等级一级取 1.4，二级取 1.2，三级取 1.1。

当反弯点不在柱的层高范围内时，柱端截面组合的弯矩设计值可乘以上述柱端弯矩增大系数。

为了避免框架结构底层柱下端过早屈服，影响整个结构的变形能力，抗震等级一、二、三级框架结构的底层，柱下端截面组合的弯矩设计值应分别乘以增大系数 1.5、1.25 和 1.15。底层柱纵向钢筋宜按上下端的不利情况配置。这里的底层指无地下室的基础以上或地下室以上的首层。

抗震设计时，框架柱的剪力设计值要适当提高，抗震等级一、二、三级的框架柱和框支柱组合的剪力设计值应按下式调整：

$$V = \eta_{\mathrm{Vc}} \left(M_{\mathrm{c}}^{\mathrm{t}} + M_{\mathrm{c}}^{\mathrm{b}} \right) / H_{\mathrm{n}} \qquad (10\text{--}24)$$

一级框架结构及 9 度抗震设计时尚应符合下式要求：

$$V = 1.2 \left(M_{\mathrm{cua}}^{\mathrm{b}} + M_{\mathrm{cua}}^{\mathrm{t}} \right) / H_{\mathrm{n}} \qquad (10\text{--}25)$$

式中　　V——柱端截面组合的剪力设计值；

H_{n}——柱的净高；

$M_{\mathrm{c}}^{\mathrm{b}}$、$M_{\mathrm{c}}^{\mathrm{t}}$——分别为柱的上下端顺时针或逆时针方向截面调整后的组合弯矩设计值；

$M_{\mathrm{cua}}^{\mathrm{b}}$、$M_{\mathrm{cua}}^{\mathrm{t}}$——分别为偏心受压柱的上下端顺时针或逆时针方向实配的正截面抗震受弯承载力所对应的弯矩值，根据实配钢筋面积、材料强度标准值和轴压力等确定；

η_{Vc}——柱剪力增大系数，抗震等级一级取 1.4，二级取 1.2，三级取 1.1。

抗震等级一、二、三级框架的角柱，经调整后的组合弯矩设计值、剪力设计值还应乘以不小于 1.10 的增大系数。

一般多层框架柱计算长度按下式取：

现浇楼盖 $\begin{cases} \text{底层柱 } l_0 = 1.0H \\ \text{其他层柱 } l_0 = 1.25H \end{cases}$ $\qquad (10\text{--}26)$

装配式楼盖 $\begin{cases} \text{底层柱 } l_0 = 1.25H \\ \text{其他层柱 } l_0 = 1.5H \end{cases}$ $\qquad (10\text{--}27)$

式中　H——柱的高度，其取值对底层柱为基础顶面到一层楼盖顶面的高度，对其余各层柱为上下两层楼盖顶面之间的距离。

混凝土多层及高层框架一般构造要求相关内容详见二维码 10–1。

混凝土多层及高层框架结构抗震设计及构造要求相关内容详见二维码 10-2。

10-1 混凝土多层及
高层框架一般构造要求

10-2 混凝土多层及
高层框架结构抗震设计
及构造要求

本章小结

　　框架结构是多、高层建筑的一种主要结构形式。结构设计时，需首先进行结构布置和拟定梁、柱截面尺寸，确定结构计算简图，然后进行荷载计算、结构分析、内力组合和截面设计，并绘制结构施工图。

　　竖向荷载作用下框架结构的内力可用弯矩分配法、分层法等近似方法计算。水平荷载作用下框架结构内力可用 D 值法、反弯点法等近似方法计算。

　　在水平荷载作用下，框架结构各层产生层间剪力和倾覆力矩。层间剪力使梁、柱产生弯曲变形，使框架结构侧移曲线具有整体剪切变形特点。当框架结构房屋较高或其高宽比较大时，宜考虑柱轴向变形对框架结构侧移的影响。

思考与练习题

　　1. 什么是框架结构？简述这种结构的特点。

　　2. 在竖向荷载作用下，框架结构的承重方案有几种？各有何特点？应用范围是什么？

　　3. 框架结构的梁、柱截面尺寸如何确定？应考虑哪些因素？

　　4. 简述分层法的计算要点和步骤。

　　5. D 值的物理意义是什么？影响因素有哪些？

　　6. 如何确定框架梁、柱的控制截面？其最不利内力是什么？

　　7. 剪力墙结构与框架—剪力墙结构受力特征有何不同？

　　8. 抗震设计时框架梁设计应符合哪些要求？

　　9. 一个两层两跨框架（图 10-39），用分层法作框架的弯矩图，括号内数字表示每根杆线刚度的相对值。

　　10. 作图 10-40 框架结构的弯矩图，图中括号内数字为杆的相对线刚度。

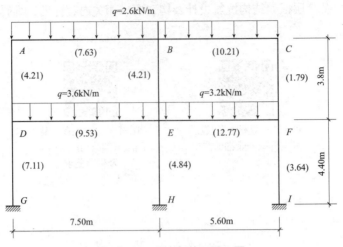

图 10-39　思考与练习题 9 图

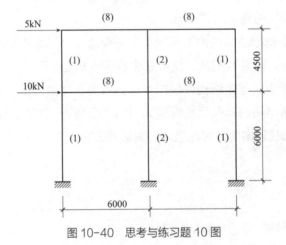

图 10-40　思考与练习题 10 图

第11章 砌体结构设计

【本章要点及学习目标】

（1）熟练掌握砌体材料的种类以及强度等级测定方法。

（2）掌握砌体的受压、受拉、受弯、受剪的力学性能，砌体的变形性能。

（3）掌握以概率理论为基础的极限状态设计方法。

（4）熟练掌握受压构件局部受压性能；了解轴心受拉、受弯、受剪构件性能；了解配筋砌体构件的计算方法。

（5）熟练掌握混合结构房屋的结构布置方案、静力计算方案，掌握墙、柱高厚比验算方法，墙体设计计算方法。

（6）了解圈梁设置及墙体的构造措施，掌握过梁、墙梁及挑梁的计算。

11.1 概述

1. 砌体结构

砌体结构是指由天然的或人工合成的石材、黏土、混凝土、工业废料等材料制成的块体和水泥、石灰膏等胶凝材料与砂、水拌和而成的砂浆砌筑而成的墙、柱等作为建筑物主要受力构件的结构。由烧结普通砖、烧结多孔砖、蒸压灰砂砖、蒸压粉煤灰砖作为块体与砂浆砌筑而成的结构称为砖砌体结构。由天然毛石或经加工的料石与砂浆砌筑而成的结构称为石砌体结构。由普通混凝土、轻骨料混凝土等材料制成的空心砌块作为块体与砂浆砌筑而成的结构称为砌块砌体结构。根据需要在砌体的适当部位配置水平钢筋、竖向钢筋或钢筋网作为建筑物主要受力构件的结构则总称为配筋砌体结构。砖砌体结构、石砌体结构、砌块砌体结构以及配筋砌体结构统称砌体结构。

2. 砌体结构特点

砌体结构有着与其他结构迥然独到的特点。其主要优点有：

（1）砌体结构所用的主要材料来源方便，易就地取材。天然石材易于开采加工；黏土、砂等几乎到处都有，且块材易于生产；利用工业固体废弃物生产的新型砌体材料既有利于节约天然资源，又有利于保护环境。

（2）砌体结构造价低。不仅比钢结构节约钢材，而且较钢筋混凝土结构节约水泥和钢筋，砌筑砌体时不需模板及特殊的技术设备，可以节约木材。

（3）砌体结构比钢结构甚至较钢筋混凝土结构有更好的耐火性，且具有良好的保温、隔热性能，节能效果明显。

（4）砌体结构施工操作简单快捷。一般新砌筑的砌体上即可承受一定荷载，因而可以连续施工；在寒冷地区，必要时还可以用冻结法施工。

（5）当采用砌块或大型板材作墙体时，可以减轻结构自重，加快施工进度，进行工业化生产和施工。采用配筋混凝土砌块的高层建筑较现浇钢筋混凝土高层建筑可节省模板，加快施工进度。

（6）目前，随着高强度混凝土砌块等块体的开发和利用，专用砌筑砂浆和专用灌孔混凝土材料的配套使用以及对芯柱内放置钢筋的砌体受力性能的研究和理论分析，配筋砌块砌体剪力墙结构由于其具有造价低、材料省、施工周期短，在等厚度墙体内可随平面和高度方向改变重量、刚度、配筋，砌块竖缝的存在一定程度上可以吸收能量，增加延性，有利于抗震，总体收缩量比混凝土小等优点，因此在地震区、高层民用建筑应用中取得了较大的进展。

砌体结构除上述优点外，也存在下列一些缺点：

（1）砌体结构的自重大。因为砖石砌体的抗弯、抗拉性能很差，强度较低，故必须采用较大截面尺寸的构件，致使其体积大，自重也大（在一般砖砌体结构居住建筑中，砖墙重约占建筑物总重的一半），材料用量多，运输量也随之增加。因此，应加强轻质高强材料的研究，以减小截面尺寸并减轻自重。

（2）由于砌体结构工程多为小型块材经人工砌筑而成，砌筑工作相当繁重（在一般砖砌体结构居住建筑中，砌砖用工量占1/4以上）。因此在砌筑时，应充分利用各种机具来搬运块材和砂浆，以减轻劳动量；但目前的砌筑操作基本上还是采用手工方式，因此必须进一步推广砌块和墙板等工业化施工方法，以逐步克服这一缺点。

（3）现场的手工操作，不仅工期缓慢，而且使施工质量不易保证。应十分注意在设计时提出对块材和砂浆的质量要求，在施工时对块材和砂浆等材料质量以及砌体的砌筑质量进行严格的检查。

（4）砂浆和块材间的黏结力较弱，使无筋砌体的抗拉、抗弯及抗剪强度都很低，造成砌体抗震能力较差，有时需采用配筋砌体。

（5）采用烧结普通黏土砖建造砌体结构，不仅毁坏大量的农田，严重影响农业生产，而且会对环境造成污染。所以，应加强采用工业废料和地方性材料代替黏土实心砖的研究，以解决上述矛盾。现在我国一些大城市已禁止使用实心黏土砖。

3. 砌体结构应用范围

由于砌体结构的优点，使得它具有广泛的应用范围。在我国大约90%的民用建筑采用砌体结构，在美国、英国、德国分别约为60%、70%、80%。目前，一般民用建筑中的基础、内外墙、柱和过梁等构件都可用砌体建造。由于砖砌体质量的提高和计算理论的进一步发展，国内住宅、办公楼等 5 层或 6 层的房屋，采用以砖砌体承重的砌体结构非常普遍，不少城市已建到 7 层或 8 层。重庆市 20 世纪 70 年代建成了高达 12 层的以砌体承重的住宅。在国外有建成 20 层以上的砖墙承重房屋。在我国某些产石地区，建成不少以毛石或料石作承重墙的房屋。毛石砌体作承重墙的房屋高达 6 层。对中、小型单层厂房和多层轻工业厂房，以及影剧院、食堂、仓库等建筑，也广泛地采用砌体作墙身或立柱的承重结构。在交通运输方面，砌体可用于建造桥梁、隧道、涵洞、挡土墙等。在水利建设方面，可以用石料砌筑坝、堰和渡槽等。此外砌体还用于建造各种构筑物，如烟囱、水池、管道支架、料仓等。

由于砌体结构存在的缺点，限制了它在某些场合的应用。为有效地提高砌体结构房屋的抗震性能，在地震设防区建造砌体结构房屋，除保证施工质量外，还需采取适当的构造措施，如设置钢筋混凝土构造柱和圈梁。经震害调查和抗震研究表明，地震设防烈度在六度以下地区，一般的砌体结构房屋能经受地震的考验；如按抗震设计要求进行改进和处理，完全可在七度或八度设防区建造砌体结构房屋。

4. 砌体结构的发展

砌体结构在我国有着悠久的历史。在约 6000 年前，就已有木构架和木骨泥墙。公元前 20 世纪，有土夯实的城墙。公元前 1783 年～公元前 1122 年，已逐渐开始采用黏土做成的板筑墙。公元前 1388 年～公元前 1122 年，逐步采用晒干的土坯砌筑墙。公元前 1134 年～公元前 771 年，已有烧制的瓦。公元前 475 年～公元前 221 年，已有烧制的大尺寸空心砖。公元 317 年～558 年，已有实心砖的使用。石料也由最初的装饰浮雕、台基和制作栏杆，到后来用于砌筑建筑物。

在国外，大约在 8000 年前已开始采用晒干的土坯；5000～6000 年前左右经凿琢的天然石材已广泛使用；采用烧制的砖约有 3000 年的历史。

砌体是包括多种材料的块体砌筑而成的，其中砖石是最古老的建筑材料，几千年来由于其良好的物理力学性能，易于取材、生产和施工，造价低廉，至今仍是我国主导的建筑材料。"绿色建材"的提出，确认了"可持续发展"的战略方针，其目标是：依据环境再生、协调共生、持续自然的原则，尽量减少自然资源的消耗，尽可能做到对废弃物的再利用和净化。保护生态环境以确保人类社会的可持续发展。

积极开发节能环保型的新型建材。加大限制高能耗、高资源消耗、高污染低效益的产品的生产力度，大力发展蒸压灰砂废渣制品，废渣轻型混凝土墙板，GRC 板，蒸压纤维水泥板。利用页岩生产多孔砖，大力推广复合墙板和复合砌块、复合砌块墙体材料。

发展高强块材的同时，研制高强度等级的砌筑砂浆，如干拌砂浆和商品砂浆。我国目前虽已初步建立了配筋砌体结构体系，但需研制和定型生产砌块建筑施工用的机具，如铺砂浆器、小直径振捣棒（$\phi \leqslant 25$）、小型灌孔混凝土浇筑泵、小型钢筋焊机、灌孔混凝土检测仪等。这些机具对配筋砌块结构的质量至关重要。

预应力砌体其原理同预应力混凝土，能明显地改善砌体的受力性能和抗震能力。国外，特别是英国在配筋砌体和预应力砌体方面的水平很高。我国在 20 世纪 80 年代初期曾有过研究。

11.2 砌体结构材料及砌体力学性能

11.2.1 砌体的材料及其强度等级

构成砌体的材料包括块体材料和胶结材料，块体材料和胶结材料（砂浆）的强度等级主要是根据其抗压强度划分的，亦是确定砌体在各种受力状态下强度的基础数据。

1. 砖

砖是构筑砖砌体整体结构中的块体材料。我国目前用于砌体结构的砖主要可分为烧结砖和非烧结砖两大类。

烧结砖可分为烧结普通砖与烧结多孔砖，一般是由黏土、煤矸石、页岩或粉煤灰等为主要原料，压制成坯后经烧制而成。烧结砖按其主要原料种类的不同又可分为烧结黏土砖、烧结页岩砖、烧结煤矸石砖及烧结粉煤灰砖等。

烧结普通砖包括实心或孔洞率不大于 25% 且外形尺寸符合规定的砖，其规格尺寸为 240mm×115mm×53mm，如图 11-1（a）所示。烧结普通砖重力密度在 16 ~ 18kN/m³ 之间，具有较高的强度，良好的耐久性和保温隔热性能，且生产工艺简单，砌筑方便，故生产应用最为普遍，但烧结黏土砖的生产会占用和毁坏农田，在一些大中城市现已逐渐被禁止使用。

烧结多孔砖是指孔洞率不大于 35%，孔的尺寸小而数量多，多用于承重部位的砖。多孔砖分为 P 型砖与 M 型砖，P 型砖的规格尺寸为 240mm×115mm×90mm，如图 11-1（b）所示。M 型砖的规格尺寸为 190mm×190mm×90mm，如图 11-1（c）所示。此外，用黏土、页岩、煤矸石等原料还可经焙烧制成孔洞较大、孔洞率大于 35% 的烧结空心砖，如图 11-1(d) 所示，多用于砌筑围护结构。一般烧结多孔砖的重力密度在 11 ~ 14kN/m³ 之间，而大孔空心砖的重力密度则在 9 ~ 11kN/m³ 之间。多孔砖与实心砖相比，可以减轻结构自重、节省砌筑砂浆、减少砌筑工时，此外其原料用量与耗能亦可相应减少。

非烧结砖包括蒸压灰砂砖和蒸压粉煤灰砖。蒸压灰砂砖是指以石灰和砂为主要原料，经坯料制备、压制成型、蒸压养护而成的实心砖，简称灰砂砖。蒸压粉煤灰砖是指以粉煤灰、石灰为主要原料，掺加适量石膏和集料，经坯料制备、压制成型、高压蒸汽养护而成的实心砖，简称粉煤灰砖。蒸压灰砂砖与蒸压粉煤灰砖的规格尺寸与烧结普通砖相同。

烧结砖中以烧结黏土砖的应用最为久远，也最为普遍，但由于黏土砖生产要侵占农田，影响社会经济的可持续发展，且我国因人口众多、人均耕地面积少，更应逐步限制或取消黏土砖的生产和应用，并进行墙体材料的改革，积极发展黏土砖的替代产品，利

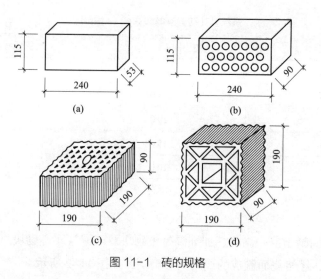

图 11-1 砖的规格

用当地资源或工业废料研制生产新型墙体材料。烧结黏土砖在我国目前已被列入限时、限地禁止使用的墙体材料。蒸压灰砂砖与蒸压粉煤灰砖均属硅酸盐制品，这类砖的生产不需要黏土，且可大量利用工业废料，减少环境污染，是值得大力推广应用的一类墙体材料。

砖的强度等级按试验实测值来进行划分。实心砖的强度等级是根据标准试验方法所得到的砖的极限抗压强度值来划分的（《烧结普通砖》GB/T 5101—2017），多孔砖强度等级的划分除考虑抗压强度外，尚应考虑其抗折荷重（《烧结多孔砖和多孔砌块》GB 13544—2011）。

烧结普通砖、烧结多孔砖的强度等级有 MU30、MU25、MU20、MU15 和 MU10，其中 MU 表示砌体中的块体（Masonry Unit），其后数字表示块体的抗压强度值，单位为 MPa。蒸压灰砂砖与蒸压粉煤灰砖的强度等级有 MU25、MU20、MU15 和 MU10。确定粉煤灰砖的强度等级时，其抗压强度应乘以自然碳化系数，当无自然碳化系数时，可取人工碳化系数的 1.15 倍。烧结普通砖、烧结多孔砖的强度等级指标分别见表 11-1 和表 11-2。

烧结普通砖强度等级指标（MPa） 表 11-1

强度等级	抗压强度平均值 $\bar{f} \geqslant$	抗压强度标准值 $f_k \geqslant$
MU30	30.0	22.0
MU25	25.0	18.0
MU20	20.0	14.0
MU15	15.0	10.0
MU10	10.0	6.5

烧结多孔砖强度等级指标（MPa） 表 11-2

强度等级	抗压强度平均值 $\bar{f} \geqslant$	抗压强度标准值 $f_k \geqslant$
MU30	30.0	22.0
MU25	25.0	18.0
MU20	20.0	14.0
MU15	15.0	10.0
MU10	10.0	6.5

2. 砌块

砌块一般指混凝土空心砌块、加气混凝土砌块及硅酸盐实心砌块。此外还有用黏土、煤矸石等为原料，经焙烧而制成的烧结空心砌块，如图 11-2 所示。

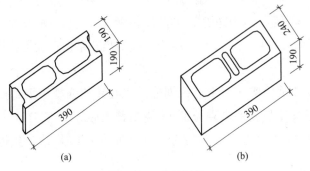

(a)　　　　　(b)

图 11-2　砌块材料

砌块按尺寸大小可分为小型、中型和大型三种，我国通常把砌块高度为 180～350mm 的称为小型砌块，高度为 360～900mm 的称为中型砌块，高度大于 900mm 的称为大型砌块。我国目前在承重墙体材料中使用最为普遍的是混凝土小型空心砌块，它是由普通混凝土或轻集料混凝土制成，主要规格尺寸为 390mm×190mm×190mm，空心率一般在 25%～50% 之间，一般简称为混凝土砌块或砌块。混凝土空心砌块的重力密度一般在 12～18kN/m³ 之间，而加气混凝土砌块及板材的重力密度在 10kN/m³ 以下，可用作隔墙。采用较大尺寸的砌块代替小块砖砌筑砌体，可减轻劳动量并可加快施工进度，是墙体材料改革的一个重要方向。

实心砌块以粉煤灰硅酸盐砌块为主，其加工工艺与蒸压粉煤灰砖类似，其重力密度一般在 15～20kN/m³ 之间，主要规格尺寸有 880mm×190mm×380mm 和 580mm×190mm×380mm 等。加气混凝土砌块由加气混凝土和泡沫混凝土制成，其重力密度一般在 4～6kN/m³ 之间，由于自重轻，加工方便，故可按使用要求制成各种尺寸，且可在工地进行切锯，因此广泛应用于工业与民用建筑的围护结构。

混凝土砌块的强度等级是根据标准试验方法，按毛截面面积计算的极限抗压强度值来划分的。根据《普通混凝土小型砌块》GB/T 8239—2014，混凝土小型砌块的强度等级有 MU40、MU35、MU30、MU25、MU20、MU15、MU10、MU7.5、MU5 九个等级，其强度等级指标见表 11-3。根据《轻集料混凝土小型空心砌块》GB/T 15229—2011，轻集料混凝土小型空心砌块的强度等级有 MU10、MU7.5、MU5、MU3.5、MU2.5 五个等级，其强度等级指标见表 11-4。非承重砌块的强度等级为 MU3.5。

混凝土小型砌块强度等级指标（MPa） 表 11-3

强度等级	砌块抗压强度	
	平均值不小于	单块最小值不小于
MU40	40.0	32.0
MU35	35.0	28.0
MU30	30.0	24.0
MU25	25.0	20.0
MU20	20.0	16.0
MU15	15.0	12.0
MU10	10.0	8.0
MU7.5	7.5	6.0
MU5	5.0	4.0

轻集料混凝土小型空心砌块强度等级指标（MPa） 表 11-4

强度等级	砌块抗压强度		密度等级范围（kg/m³）
	平均值不小于	单块最小值不小于	
MU10	10.0	8.0	≤ 1200[a]
			≤ 1400[b]
MU7.5	7.5	6.0	≤ 1200[a]
			≤ 1300[b]
MU5	5.0	4.0	≤ 1200
MU3.5	3.5	2.8	≤ 1000
MU2.5	2.5	2.0	≤ 800

对掺有粉煤灰 15% 以上的混凝土砌块，在确定其强度等级时，砌块抗压强度应乘以自然碳化系数，当无自然碳化系数时，可取人工碳化系数的 1.15 倍。

3. 石材

天然建筑石材重力密度多大于 18kN/m³，并具有很高的抗压强度，良好的耐磨性、耐久性和耐水性，表面经加工后具有较好的装饰性，可在各种工程中用于承重和装饰，且其资源分布较广，蕴藏量丰富，是所有块体材料中应用历史最为悠久、最为广泛的土木工程材料之一。

砌体中的石材应选用无明显风化的石材。因石材的大小和规格不一，通常由边长为70mm 的立方体试块进行抗压试验，取 3 个试块破坏强度的平均值作为确定石材强度等级的依据。石材的强度等级划分为 MU100、MU80、MU60、MU50、MU40、MU30 和 MU20。

4. 砌筑砂浆

将砖、石、砌块等块体材料黏结成砌体的砂浆即砌筑砂浆，它由胶结料、细集料和水配制而成，为改善其性能，常在其中添加掺入料和外加剂。砂浆的作用是将砌体中的单个块体连成整体，并抹平块体表面，从而促使其表面均匀受力，同时填满块体间的缝隙，减少砌体的透气性，提高砌体的保温性能和抗冻性能。

砂浆按胶结料成分不同可分为水泥砂浆、水泥混合砂浆以及不含水泥的石灰砂浆、黏土砂浆和石膏砂浆等。水泥砂浆是由水泥、砂和水按一定配合比拌制而成，水泥混合砂浆是在水泥砂浆中加入一定量的熟化石灰膏拌制成的砂浆，而石灰砂浆、黏土砂浆和石膏砂浆分别是用石灰、黏土和石膏与砂和水按一定配合比拌制而成的砂浆。工程上常用的砂浆为水泥砂浆和水泥混合砂浆，临时性砌体结构砌筑时多采用石灰砂浆。对于混凝土小型空心砌块砌体，应采用由胶结料、细集料、水及根据需要掺入的掺合料及外加剂等组分，按照一定比例，采用机械搅拌的专门用于砌筑混凝土砌块的砌筑砂浆。

砂浆的强度等级是根据其试块的抗压强度确定，试验时应采用同类块体为砂浆试块底模，由边长为 70.7mm 的立方体标准试块，在温度为 15 ~ 25℃环境下硬化、龄期 28d（石膏砂浆为 7d）的抗压强度来确定。砌筑砂浆的强度等级为 M15、M10、M7.5、M5 和 M2.5。其中 M 表示砂浆（Mortar），其后数字表示砂浆的强度大小（单位为 MPa）。混凝土小型空心砌块砌筑砂浆的强度等级用 Mb 标记（b 表示 block），以区别于其他砌筑砂浆，其强度等级有Mb20、Mb15、Mb10、Mb7.5 和 Mb5，其后数字同样表示砂浆的强度大小（单位为 MPa）。当验算施工阶段砂浆尚未硬化的新砌体强度时，可按砂浆强度为零来确定其砌体强度。

砌体施工时，应高度重视配置砂浆的强度等级和质量，应使用强度和安定性均符合标准要求的水泥，不同品种的水泥不得混用，并应严格计量，按设计配合比采用机械拌制，使配置的砂浆达到设计强度等级，减小砂浆强度和质量上的离散性。工程中由于砂浆强度等级低于设计规定的强度等级造成的事故将是十分严重的。对于砌体所用砂浆，总的要求是：砂浆应具有足够的强度，以保证砌体结构物的强度；砂浆应具有适当的保水性，以保证砂浆硬化所需的水份；砂浆应具有一定的可塑性，即和易性应良好，以便于砌筑，提高工效，保证质量和提高砌体强度。

砂浆的保水性是指新拌砂浆在存放、运输和使用过程中能够保持其中水份不致很快流失的能力。保水性不好的砂浆在施工过程中容易泌水、分层、离析、失水而降低砂浆的可塑性。在砌筑时，保水性不好的砂浆中的水份很容易被砖或砌块迅速吸收，砂浆很快干硬失去水份，影响胶结材料的正常硬化，从而降低了砂浆的强度，最终导致降低砌体强度，影响砌筑质量。

砂浆的可塑性是指砂浆在自重和外力作用下所具有的变形性能。砂浆的可塑性可用标准圆锥体沉入砂浆中的深度来测定，即用砂浆稠度表示。可塑性良好的砂浆在砌筑时容易铺成均匀密实的砂浆层，既便于施工操作又能提高砌筑质量。砂浆的可塑性可通过在砂浆中掺入塑性掺料来改变。试验表明，在砂浆中掺入一定量的石灰膏等无机塑化剂和皂化松香等有机塑化剂，可提高砂浆的塑性，提高劳动效率，还可提高砂浆的保水性，保证砌筑质量，同时还可节省水泥。根据砂浆的用途一般规定标准圆锥体的沉入深度为：用于砖砌体的为 70～100mm；用于石材砌体的为 40～70mm；用于振动法石块砌体的为 10～30mm。对于干燥及多孔的砖、石，采用上述较大值；对于潮湿及密实的砖、石，则应采用较小值。

砂浆的强度等级、保水性、可塑性是砂浆性能的几个重要指标，在砌体工程的设计和施工中一定要保证砂浆的这几个性能指标要求，将其控制在合理的范围内。

5. 砌体材料的选择

砌体结构所用材料应因地制宜、就地取材，并确保砌体在长期使用过程中具有足够的承载力和符合要求的耐久性，还应满足建筑物整体或局部部位处于不同环境条件下正常使用时建筑物对其材料的特殊要求。除此之外，还应贯彻执行国家墙体材料革新政策，研制使用新型墙体材料来代替传统的墙体材料，以满足建筑结构设计经济、合理、技术先进的要求。

对于具体的设计，砌体材料的选择应遵循如下原则：对于地面以下或防潮层以下的砌体所用材料，应提出最低强度要求，对于潮湿房间所用材料的最低强度等级要求见表 11-5；对于长期受热 200℃以上、受急冷急热或有酸性介质侵蚀的建筑部位，《砌体结构通用规范》GB 55007—2021 和《砌体结构设计规范》GB 50003—2011 规定不得采用蒸压灰砂砖和粉煤灰砖，MU15 和 MU15 以上的蒸压灰砂砖可用于基础及其他建筑部位，蒸压粉煤灰砖可用于基础或用于受冻融和干湿交替作用的建筑部位，必须使用一等砖；对于五层及五层以上房屋的墙，以及受振动或层高大于 6m 的墙、柱所用材料的最低强度等级：砖 MU10、砌块 MU30、砌筑砂浆 M5；对于安全等级为一级或设计使用年限大于 50 年的房屋，墙、柱所用材料的最低强度等级，还应比上述规定至少提高一级。

地面以下或防潮层以下的砌体、潮湿房间墙体所用材料的最低强度等级　　表 11-5

潮湿程度	烧结普通砖	混凝土普通砖蒸压普通砖	混凝土砌块	石材	水泥砂浆
稍潮湿的	MU15	MU20	MU7.5	MU30	M5
很潮湿的	MU20	MU20	MU10	MU30	M7.5
含水饱和的	MU20	MU25	MU15	MU40	M10

注：在冻胀地区，地面以下或防潮层以下的砌体，当采用多孔砖时，其孔洞应用水泥砂浆灌实；当采用混凝土砌块时，其孔洞应采用强度等级不低于 Cb20 的混凝土灌实。

11.2.2 砌体的种类

砌体可按照所用材料、砌法以及在结构中所起作用等方面的不同进行分类。按所用材料不同砌体可分为砖砌体、砌块砌体及石砌体；按砌体中有无配筋可分为无筋砌体与配筋砌体；按实心与否可分为实心砌体与空斗砌体；按在结构中所起的作用不同可分为承重砌体与自承重砌体等。

1. 砖砌体

由砖和砂浆砌筑而成的整体材料称为砖砌体，砖砌体包括烧结普通砖砌体、烧结多孔砖砌体和蒸压硅酸盐砖砌体。在房屋建筑中，砖砌体常用作一般单层和多层工业与民用建筑的内外墙、柱、基础等承重结构以及多高层建筑的围护墙与隔墙等自承重结构等。

实心砖砌体墙常用的砌筑方法有一顺一丁（砖长面与墙长度方向平行的则为顺砖，砖短面与墙长度方向平行的则为丁砖）、梅花丁和三顺一丁，如图 11-3 所示，过去的五顺一丁做法已很少采用。

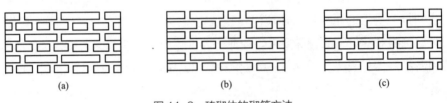

图 11-3　砖砌体的砌筑方法
（a）一顺一丁；（b）梅花丁；（c）三顺一丁

试验表明，采用相同强度等级的材料，按照上述几种方法砌筑的砌体，其抗压强度相差不大。但应注意上下两皮顶砖间的顺砖数量越多，则意味着宽为 240mm 的两片半砖墙之间的连系越弱，很容易产生"两片皮"的效果而急剧降低砌体的承载能力。

标准砌筑的实心墙体厚度常为 240mm（一砖）、370mm（一砖半）、490mm（二砖）、620mm（二砖半）、740mm（三砖）等。有时为节省材料，墙厚可不按半砖长而按 1/4 砖长的倍数设计，即砌筑成所需的 180mm、300mm、420mm 等厚度的墙体。试验表明，这些厚度的墙体的强度是符合要求的。

在我国南方及广大农村地区，为节省材料，曾采用砖砌体砌筑空斗墙，如一眠一斗、一眠多斗、无眠斗，如图 11-4 所示。这种墙能减轻结构自重，可节省砖 30% 左右，节省砂浆 50% 左右，还可提高隔热保温性能，但空斗墙的施工十分不便，浪费人工，影响施工进度，而且抗剪、抗风、抗震性能较差，同时外层砖、砂浆的腐蚀对空斗墙的受力性能影响极大。因此取消了空斗墙的使用。

砖砌体使用面广，确保砌体的质量尤为重要。如在砌筑作为承重结构的墙体或砖柱时，应严格遵守施工规程操作，应防止强度等级不同的砖混用，特别是应防止大量混入低于要求强度等级的砖，并应使配制的砂浆强度符合设计强度的要求。一般地，混入低

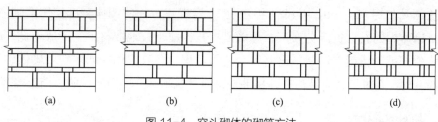

图 11-4 空斗砌体的砌筑方法
（a）一眠一斗；（b）一眠多斗；（c）无眠斗 1；（d）无眠斗 2

于设计强度等级的砖或使用不符设计强度要求的砂浆砌筑而成的砌体墙、柱等都将会降低其结构的强度。此外，应严禁用包心砌法砌筑砖柱。这种柱仅四边搭接，整体性极差，承受荷载后柱的变形大，强度不足，极易引起严重的工程事故。

2. 砌块砌体

由砌块和砂浆砌筑而成的整体材料称为砌块砌体，目前国内外常用的砌块砌体以混凝土空心砌块砌体为主，其中包括以普通混凝土为块体材料的普通混凝土空心砌块砌体和以轻骨料混凝土为块体材料的轻骨料混凝土空心砌块砌体。

砌块按尺寸大小的不同分为小型、中型和大型三种。小型砌块尺寸较小，型号多，尺寸灵活，施工时可不借助吊装设备而用手工砌筑，适用面广，但劳动量大。中型砌块尺寸较大，适于机械化施工，便于提高劳动生产率，但其型号少，使用不够灵活。大型砌块尺寸大，有利于生产工厂化，施工机械化，可大幅提高劳动生产率，加快施工进度，但需要有相当的生产设备和施工能力。

砌块砌体主要用作住宅、办公楼及学校等建筑以及一般工业建筑的承重墙或围护墙。砌块大小的选用主要取决于房屋墙体的分块情况及吊装能力。砌块排列设计是砌块砌体砌筑施工前的一项重要工作，设计时应充分利用其规律性，尽量减少砌块类型，使其排列整齐，避免通缝，并砌筑牢固，以取得较好的经济技术效果。

3. 石砌体

由天然石材和砂浆（或混凝土）砌筑而成的整体材料称为石砌体。用作石砌体块材的石材分为毛石和料石两种。毛石又称片石，是采石场由爆破直接获得的形状不规则的石块。根据平整程度又将其分为乱毛石和平毛石两类，其中乱毛石指形状完全不规则的石块，平毛石指形状不规则但有两个平面大致平行的石块。料石是由人工或机械开采出的较规则的六面体石块，再经凿琢而成。根据表面加工的平整程度分为毛料石、粗料石、半细料石和细料石四种。根据石材的分类，石砌体又可分为料石砌体、毛石砌体和毛石混凝土砌体等。毛石混凝土砌体是在模板内交替铺置混凝土层及形状不规则的毛石构成。

石材是最古老的土木工程材料之一，用石材建造的砌体结构具有很高的抗压强度，良好的耐磨性和耐久性，且石砌体表面经加工后美观又富于装饰性。利用石砌体具有永久保存的可能性，人们常用它来建造重要的建筑物和纪念性的结构物；利用石砌体给人以威严雄浑、庄重高贵的感觉，欧洲许多皇家建筑采用石砌体，例如欧洲最大的皇宫——法国凡尔赛宫（1661～1689年建造），宫殿建筑物的墙体全部使用石砌体建成。另外，石砌体中的石材资源分布广，蕴藏量丰富，便于就地取材，生产成本低，故古今中外在修建城垣、桥梁、房屋、道路和水利等工程中多有应用。如用料石砌体砌筑房屋建筑上部结构、石拱桥、储液池等，用毛石砌体砌筑基础、堤坝、城墙、挡土墙等。

11.2.3 砌体的受压性能

在实际工程中，砌体主要用于墙、柱等受压构件，砌体的抗压性能是我们需要研究和掌握的性能。

1. 砌体的受压破坏特征

试验研究表明，砌体轴心受压从加载直到破坏，按照裂缝的出现、发展和最终破坏，大致经历三个阶段，如图11-5所示。

第一阶段，从砌体受压开始，当压力增大至50%～70%的破坏荷载时，砌体内出现第一条（批）裂缝。对于砖砌体，在此阶段，单块砖内产生细小裂缝，且多数情况下裂缝约有数条，但一般均不穿过砂浆层，如果不再增加压力，单块砖内的裂缝也不继续发展，如图11-5（a）所示。对于混凝土小型空心砌块，在此阶段，砌体内通常只产生一条细小裂缝，但裂缝往往在单个块体的高度内贯通。

第二阶段，随着荷载的增加，当压力增大至80%～90%的破坏荷载时，单个块体内的裂缝将不断发展，裂缝沿着竖向灰缝通过若干皮砖或砌块，并逐渐在砌体内连接成一段段较连续的裂缝。此时荷载即使不再增加，裂缝仍会继续发展，砌体已临近破坏，在工程实践中可视为处于十分危险状态，如图11-5（b）所示。

第三阶段，随着荷载的继续增加，砌体中的裂缝迅速延伸、宽度扩展，连续的竖向贯通裂缝把砌体分割形成小柱体，砌体个别块体材料可能被压碎或小柱体失稳，从而导致整个砌体的破坏，如图11-5（c）所示。以砌体破坏时的压力除以砌体截面面积所得的应力值称为该砌体的极限抗压强度。

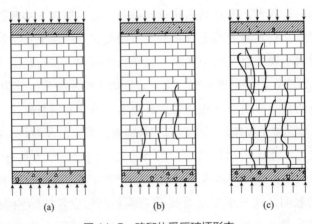

图 11-5　砖砌体受压破坏形态

2. 砌体的受压应力状态

砌体在压力作用下，其强度将取决于砌体中块体和砂浆的受力状态，这与单一匀质材料的受压强度是不同的。在砌体试验时，测得的砌体强度远低于块体的抗压强度，这是因为砌体中单个块体所处复杂应力状态造成的，其复杂应力状态可用砌体本身的性质加以说明。

首先，由于砌体中的块体材料本身的形状不完全规则平整、灰缝的厚度不一且不一定均匀饱满密实，故使得单个块体材料在砌体内受压不均匀，且在受压的同时还处于受弯和受剪状态，如图11-6所示。由于砌体中块体的抗弯和抗剪能力一般都较差，故砌体内第一批裂缝的出现在单个块体材料内，这是因单个块体材料受弯、受剪所引起的。

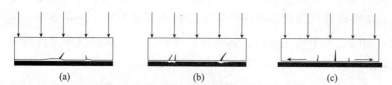

图 11-6 砌体中单个块体的受力状态
（a）块体表面不规整；（b）砂浆表面不平；（c）砂浆变形

其次，砌体内的块体材料可视为作用在弹性地基上的梁，砂浆可视为这一弹性地基。当砌体受压时，由于砌块与砂浆的弹性模量及横向变形系数并不同，砌体中块体材料的弹性模量一般均比强度等级低的砂浆的弹性模量大。而砂浆强度越低，砂浆弹性模量与块体材料的弹性模量差值越大时，块体和砂浆在同一压力作用下其变形的差值越大，即在砌体受压时块体的横向变形将小于砂浆的横向变形，但由于砌体中砂浆的硬化黏结，块体材料和砂浆间存在切向黏结力，在此黏结力作用下，块体将约束砂浆的横向变形，而砂浆则有使块体横向变形增加的趋势，并由此在块体内产生拉应力，故而单个块体在砌体中处于压、弯、剪及拉的复合应力状态，其抗压强度降低；相反砂浆的横向变形由于块体的约束而减小，因而砂浆处于三向受压状态，抗压强度提高。由于块体与砂浆的这种交互作用，使得砌体的抗压强度比相应块体材料的强度要低很多，而当用较低强度等级的砂浆砌筑砌体时，砌体的抗压强度却接近或超过砂浆本身的强度，甚至刚砌筑好的砌体，砂浆强度为零时也能承受一定荷载，这即与砌块和砂浆的交互作用有关。对于用较低强度等级砂浆砌筑的砌体，由于砌块内附加拉应力产生早、发展快，从而砌块内裂缝出现较早，发展也较快。对于用较高强度等级砂浆砌筑的砌体，由于砂浆和砌块的弹性模量相差不大，其横向变形也相差不大，故两者之间的交互作用不明显，砌体强度就不能高于砂浆本身的强度。

最后，砌体的竖向灰缝不饱满、不密实，易在竖向灰缝上产生应力集中，同时竖向灰缝内的砂浆和砌块的黏结力也不能保证砌体的整体性。因此，在竖向灰缝上的单个块体内将产生拉应力和剪应力的集中，从而加快块体的开裂，引起砌体强度的降低。

3. 影响砌体抗压强度的因素

砌体是一种复合材料，其抗压性能不仅与块体和砂浆材料的物理、力学性能有关，还受施工质量以及试验方法等多种因素的影响。通过对各种砌体在轴心受压时的受力分析和试验研究，结果表明，影响砌体抗压强度的主要因素有以下几个：

（1）块体和砂浆的强度

块体与砂浆的强度等级是确定砌体强度最主要的因素。一般来说，砌体强度将随块体和砂浆强度的提高而增高，且单个块体的抗压强度在某种程度上决定了砌体的抗压强度，块体抗压强度高时，砌体的抗压强度也较高，但砌体的抗压强度并不会与块体和砂浆强度等级的提高同比例增高。例如，对于一般砖砌体，当砖的抗压强度提高一倍时，砌体的抗压强度大约提高60%。此外，砌体的破坏主要是由于单个块体受弯剪应力作用引起的，故对单个块体材料除了要求要有一定的抗压强度外，还必须有一定的抗弯或抗折强度。对于砌体结构中所用砂浆，其强度等级越高，砂浆的横向变形越小，砌体的抗压强度也将有所提高。

对于灌孔的混凝土小型空心砌块砌体，块体强度和灌孔混凝土强度是影响其砌体强度的主要因素，而砌筑砂浆强度的影响则不明显，为了充分发挥材料的强度，应使砌块混凝土的强度和灌孔混凝土的强度接近。

（2）砂浆的性能

除了强度以外，砂浆的保水性、流动性和变形能力均对砌体的抗压强度有影响。砂浆的流动性大与保水性好时，容易铺成厚度均匀和密实性良好的灰缝，可降低单个块体内的弯、剪应力，从而提高砌体强度。但如用流动性过大的砂浆，如掺入过多塑化剂的砂浆，砂浆在硬化后的变形率大，反而会降低砌体的强度。而对于纯水泥砂浆，其流动性差，且保水性较差，不易铺成均匀的灰缝层，影响砌体的强度，所以同一强度等级的混合砂浆砌筑的砌体强度要比相应纯水泥砂浆砌筑的砌体强度高。砂浆弹性模量的大小及砂浆的变形性能对砌体强度亦具有较大的影响。当块体强度不变时，砂浆的弹性模量决定其变形率，砂浆强度等级越低，变形越大，块体受到的拉应力与剪应力就越大，砌体强度也就越低；而砂浆的弹性模量越大，其变形率越小，相应砌体的抗压强度也越高。

（3）块体的尺寸、形状与灰缝的厚度

块体的尺寸、几何形状及表面的平整程度对砌体抗压强度的影响也较为明显。砌体中块体的高度增大，其块体的抗弯、抗剪及抗拉能力增大，砌体受压破坏时第一批裂缝推迟出现，其抗压强度提高；砌体中块体的长度增加时，块体在砌体中引起的弯、剪应力也较大，砌体受压破坏时第一批裂缝相对出现早，其抗压强度降低。因此砌体强度随块体高度的增大而加大，随块体长度的增大而降低。而当块体的形状越规则，表面越平整时，块体的受弯、受剪作用越小，单块块体内的竖向裂缝将推迟出现，故而砌体的抗压强度可得到提高。

砂浆灰缝的作用在于将上层砌体传下来的压力均匀地传到下层去。灰缝厚，容易铺砌均匀，对改善单块砖的受力性能有利，但砂浆横向变形的不利影响也相应增大。灰缝薄，虽然砂浆横向变形的不利影响可大大降低，但难以保证灰缝的均匀与密实性，使单块块体处于弯、剪作用明显的不利受力状态，严重影响砌体的强度。因此，应控制灰缝的厚度，使其处于既容易铺砌均匀密实，厚度又尽可能的薄。实践证明，对于砖和小型砌块砌体，灰缝厚度应控制在 8～12mm，对于料石砌体，一般不宜大于 20mm。

（4）砌筑质量

砌筑质量的影响因素是多方面的，砌体砌筑时水平灰缝的饱满度、水平灰缝厚度、块体材料的含水率以及组砌方法等关系着砌体质量的优劣。

砂浆铺砌饱满、均匀，可改善块体在砌体中的受力性能，使之较均匀地受压而提高砌体的抗压强度；反之，则降低砌体的抗压强度。因此《砌体结构工程施工质量验收规范》GB 50203—2011 规定，砌体水平灰缝的砂浆饱满程度不得低于 80%，砖柱和宽度小于 lm 的窗间墙竖向灰缝的砂浆饱满程度不得低于 60%。在保证质量的前提下，采用快速砌筑法能使砌体在砂浆硬化前即受压，可增加水平灰缝的密实性而提高砌体的抗压强度。

砌体在砌筑前，应先将块体材料充分湿润。例如，在砌筑砖砌体时，砖应在砌筑前提前 1～2 天浇水湿透。砌体的抗压强度将随块体材料砌筑时含水率的增大而提高，而采用干燥的块体砌筑的砌体比采用饱和含水率块体砌筑的砌体的抗压强度约下降 15%。

砌体的组砌方法对砌体的强度和整体性的影响也很明显。工程中常采用的一顺一丁、梅花丁和三顺一丁法砌筑的砖砌体，整体性好，砌体抗压强度可得到保证。但如采用包心砌法，由于砌体的整体性差，其抗压强度大大降低，容易酿成严重的工程事故。

砌体工程除与上述砌筑质量有关外，还应考虑施工现场技术水平和管理水平等因素的影响。《砌体结构工程施工质量验收规范》GB 50203—2011 依据施工现场的质量管理、砂浆和混凝土强度、砌筑工人技术等级综合水平，从宏观上将砌体工程施工质量控制等级分为 A、B、C 三级，将直接影响到砌体强度的取值。在表 11-6 中，砂浆与混凝土强度有离散性小、离散性较小和离散性大之分，与砂浆、混凝土施工质量为"优良""一般""差"三个水平相应，其划分方法见表 11-7 和表 11-8。

砌体的抗压强度除以上一些影响因素外，还与砌体的龄期和抗压试验方法等因素有关。因砂浆强度随龄期增长而提高，故砌体的强度亦随龄期增长而提高，但在龄期超过 28d 后，强度增长缓慢。砌体抗压时试件的尺寸、形状和加载方式的不同，其所得的抗压强度也不同。砌体抗压强度及其基本力学性能试验，应按照《砌体基本力学性能试验方法标准》GB/T 50129—2011 的规定进行。

砌体施工质量控制等级　　　　　　　　表 11-6

项目	施工质量控制等级		
	A	B	C
现场质量管理	制度健全，并严格执行；非施工方质量监督人员经常到现场，或现场设有常驻代表；施工方有在岗专业技术管理人员，人员齐全，并持证上岗	制度基本健全，并能执行；非施工方质量监督人员间断地到现场进行质量控制；施工方有在岗专业技术管理人员，并持证上岗	有制度；非施工方质量监督人员很少作现场质量控制；施工方有在岗专业技术管理人员
砂浆、混凝土强度	试块按规定制作，强度满足验收规定，离散性小	试块按规定制作，强度满足验收规定，离散性较小	试块强度满足验收规定，离散性大
砂浆拌合方式	机械拌合；配合比计量控制严格	机械拌合；配合比计量控制一般	机械或人工拌合；配合比计量控制较差
砌筑工人	中级工以上，其中高级工不少于20%	高、中级工不少于70%	初级工以上

砌筑砂浆质量水平　　　　　　　　表 11-7

质量水平	M2.5	M5	M7.5	M10	M15	M20
	强度标准差 σ（MPa）					
优良	0.5	1.00	1.50	2.00	3.00	4.00
一般	0.62	1.25	1.88	2.50	3.75	5.00
差	0.75	1.50	2.25	3.00	4.50	6.00

混凝土质量水平　　　　　　　　表 11-8

评定指标	生产单位	质量水平					
		优良		一般		差	
		< C20	≥ C20	< C20	≥ C20	< C20	≥ C20
强度标准差（MPa）	预拌混凝土厂	≤ 3.0	≤ 3.5	≤ 4.0	≤ 5.0	> 4.0	> 5.0
	集中搅拌混凝土的施工现场	≤ 3.5	≤ 4.0	≤ 4.5	≤ 5.5	> 4.5	> 5.5
强度等于或大于混凝土强度等级值的百分率（%）	预拌混凝土厂、集中搅拌混凝土的施工现场	≥ 95		> 85		≤ 85	

4. 砌体抗压强度的计算

影响砌体抗压强度的因素很多，如若能建立一个相关关系式，全面而正确地反映影响砌体抗压强度的各种因素，就能准确计算出砌体的抗压强度，而这在目前是比较困难的。在我国，有关单位多年来对各类砌体进行了大量的抗压强度试验，根据所取得的大量试验数据表明，各类砌体轴心抗压强度平均值主要取决于块体的抗压强度平均值 f_1，其次为砂浆的抗压强度平均值 f_2，《砌体结构通用规范》GB 55007—2021 和《砌体结构设计规范》GB 50003—2011 依据物理概念明确，变异系数尽量小，在表达式方面尽量向国际靠拢的原则，提出了如下计算公式：

$$f_m = k_1 f_1^{\alpha} \left(1 + 0.07 f_2 \right) k_2 \qquad (11\text{-}1)$$

式中 f_m——砌体轴心抗压强度平均值（MPa）；

$\quad\quad$ f_1——块体的抗压强度平均值（MPa）；

$\quad\quad$ f_2——砂浆的抗压强度平均值（MPa）；

$\quad\quad$ k_1——与块体类别及砌体类别有关的参数，见表11-9；

$\quad\quad$ k_2——砂浆强度影响的修正参数，见表11-9；

$\quad\quad$ α——与块体类别及砌体类别有关的参数，见表11-9。

砌体抗压强度平均值计算公式——式（11-1）具有以下特点：

（1）各类砌体的抗压强度平均值计算公式是统一的，避免了不同砌体采用不同计算公式的缺点，公式形式简单，与国际标准接近，而且式中各参数的物理概念明确。

（2）引入了近年来的新型材料，如蒸压灰砂砖、蒸压粉煤灰砖、轻集料混凝土砌块及混凝土小型空心砌块、灌孔砌体的计算指标。

（3）为适应砌块建筑的发展，增加了MU20强度等级的混凝土砌块，补充收集了高强混凝土砌块抗压强度试验数据，并进行了适当的修正使之更符合试验结果。

f_m 的计算参数 $\qquad\qquad$ 表11-9

砌体类别	k_1	α	k_2
烧结普通砖、烧结多孔砖、蒸压灰砂砖、蒸压粉煤灰砖	0.78	0.5	当 $f_2<1$ 时，$k_2 = 0.6+0.4f_2$
混凝土砌块	0.46	0.9	当 $f_2=0$ 时，$k_2 = 0.8$
毛料石	0.79	0.5	当 $f_2<1$ 时，$k_2 = 0.6+0.4f_2$
毛石	0.22	0.5	当 $f_2<2.5$ 时，$k_2 = 0.4+0.24f_2$

注：①混凝土砌块砌体的轴心抗压强度平均值，当 $f_2>10$MPa 时应乘系数 $1.1-0.01f_2$，MU20 的砌体应乘以系数 0.95，且满足 $f_1 \geqslant f_2$，$f_1 \leqslant 20$MPa。

$\quad\quad$②k_2 在表列条件以外时均等于 1.0。

砌体的受拉、受弯、受剪性能相关内容详见二维码11-1。

砌体的其他性能相关内容详见二维码11-2。

11-1 砌体的受拉、
受弯、受剪性能

11-2 砌体的
其他性能

11.2.4 砌体的强度标准值和设计值

1. 砌体的强度标准值

砌体的强度标准值取具有 95% 保证率的强度值，即按下式计算：

$$f_k = f_m - 1.645\sigma_f \quad\quad (11-2)$$

式中　f_k——砌体的强度标准值；

　　　f_m——砌体的强度平均值；

　　　σ_f——砌体强度的标准差。

根据我国所取得的大量试验数据，通过统计分析，得到了砌体抗压、砌体轴心抗拉、砌体弯曲抗拉及抗剪等强度平均值 f_m 的计算公式以及砌体强度的标准差 σ_f。由此得出的各类砌体的强度标准值见《砌体结构设计规范》GB 50003—2011。

2. 砌体的强度设计值

砌体的强度设计值是在承载能力极限状态设计时采用的强度值，可按下式计算：

$$f = \frac{f_k}{\gamma_f} \quad\quad (11-3)$$

式中　f——砌体的强度设计值；

　　　γ_f——砌体结构的材料分项性能系数，一般情况下，宜按施工控制等级为 B 级考虑，取 $\gamma_f = 1.6$；当为 C 级时，取 $\gamma_f = 1.8$。

施工质量控制等级为 B 级、龄期为 28d、以毛截面计算的各类砌体的抗压强度设计值、轴心抗拉强度设计值、弯曲抗拉强度设计值及抗剪强度设计值可查表 11-10 ~ 表 11-16。当施工质量控制等级为 C 级时，表中数值应乘以系数 0.89；当施工质量控制等级为 A 级时，可将表中数值乘以系数 1.05。

烧结普通砖和烧结多孔砖砌体的抗压强度设计值（MPa）　　表 11-10

砖强度等级	砂浆强度等级					砂浆强度
	M15	M10	M7.5	M5	M2.5	0
MU30	3.94	3.27	2.93	2.59	2.26	1.15
MU25	3.60	2.98	2.68	2.37	2.06	1.05
MU20	3.22	2.67	2.39	2.12	1.84	0.94
MU15	2.79	2.31	2.07	1.83	1.60	0.82
MU10	—	1.89	1.69	1.50	1.30	0.67

蒸压灰砂砖和粉煤灰砖砌体的抗压强度设计值（MPa）　　表 11-11

砖强度等级	砂浆强度等级				砂浆强度
	M15	M10	M7.5	M5	0
MU25	3.60	2.98	2.68	2.37	1.05
MU20	3.22	2.67	2.39	2.12	0.94

续表

砖强度等级	砂浆强度等级				砂浆强度
	M15	M10	M7.5	M5	0
MU15	2.79	2.31	2.07	1.83	0.82

单排孔混凝土和轻骨料混凝土砌块砌体的抗压强度设计值（MPa）　表 11-12

砌块强度等级	砂浆强度等级				砂浆强度
	Mb15	Mb10	Mb7.5	Mb5	0
MU20	5.68	4.95	4.44	3.94	2.33
MU15	4.61	4.02	3.61	3.20	1.89
MU10	—	2.79	2.50	2.22	1.31
MU7.5	—	—	1.93	1.71	1.01
MU5	—	—	—	1.19	0.70

注：①对错孔砌筑的砌体，应按表中数值乘以 0.8。
②对独立柱或厚度为双排组砌的砌块砌体，应按表中数值乘以 0.7。
③对 T 形截面砌体，应按表中数值乘以 0.85。
④表中轻骨料混凝土砌块为煤矸石和水泥煤渣混凝土砌块。

轻骨料混凝土砌块砌体的抗压强度设计值（MPa）　表 11-13

砌块强度等级	砂浆强度等级			砂浆强度
	Mb10	Mb7.5	Mb5	0
MU10	3.08	2.76	2.45	1.44
MU7.5	—	2.13	1.88	1.12
MU5	—	—	1.31	0.78
MU3.5	—	—	0.95	0.56

注：①表中的砌块为火山渣、浮石和陶粒轻骨料混凝土砌块。
②本表用于孔洞率不大于 35% 的双排孔或多排孔轻骨料混凝土砌块砌体。
③对厚度方向为双排组砌的轻骨料混凝土砌块砌体的抗压强度设计值，应按表中数值乘以 0.8。

毛料石砌体的抗压强度设计值（MPa）　表 11-14

毛料石强度等级	砂浆强度等级			砂浆强度
	M7.5	M5	M2.5	0
MU100	5.42	4.80	4.18	2.13
MU80	4.85	4.29	3.73	1.91
MU60	4.20	3.71	3.23	1.65
MU50	3.83	3.39	2.95	1.51
MU40	3.43	3.04	2.64	1.35
MU30	2.97	2.63	2.29	1.17
MU20	2.42	2.15	1.87	0.95

注：对下列各类料石砌体，应按表中数值分别乘以如下系数：细料石砌体为 1.5；半细料石砌体为 1.3；粗料石砌体为 1.2；干砌勾缝石砌体为 0.8。

毛石砌体的抗压强度设计值（MPa）　　　　　　　　　表 11-15

毛石强度等级	砂浆强度等级			砂浆强度
	M7.5	M5	M2.5	0
MU100	1.27	1.12	0.98	0.34
MU80	1.13	1.00	0.87	0.30
MU60	0.98	0.87	0.76	0.26
MU50	0.90	0.80	0.69	0.23
MU40	0.80	0.71	0.62	0.21
MU30	0.69	0.61	0.53	0.18
MU20	0.56	0.51	0.44	0.15

砌体沿灰缝截面破坏时的轴心抗拉强度设计值、弯曲抗拉强度设计值和
抗剪强度设计值（MPa）　　　　　　　　　表 11-16

强度类别	破坏特征砌体种类		砂浆强度等级			
			≥ M10	M7.5	M5	M2.5
轴心抗拉	沿齿缝	烧结普通砖、烧结多孔砖	0.19	0.16	0.13	0.09
		蒸压灰砂砖、蒸压粉煤灰砖	0.12	0.10	0.08	0.06
		混凝土砌块	0.09	0.08	0.07	—
		毛石	0.08	0.07	0.06	0.04
弯曲抗拉	沿齿缝	烧结普通砖、烧结多孔砖	0.33	0.29	0.23	0.17
		蒸压灰砂砖、蒸压粉煤灰砖混凝土砌块	0.24	0.20	0.16	0.12
			0.11	0.09	0.08	—
		毛石	0.13	0.11	0.09	0.07
	沿通缝	烧结普通砖、烧结多孔砖	0.17	0.14	0.11	0.08
		蒸压灰砂砖、蒸压粉煤灰砖	0.12	0.10	0.08	0.06
		混凝土砌块	0.18	0.06	0.05	—
抗剪	烧结普通砖、烧结多孔砖		0.17	0.14	0.11	0.08
	蒸压灰砂砖、蒸压粉煤灰砖		0.12	0.10	0.08	0.06
	混凝土砌块		0.09	0.08	0.06	—
	毛石		0.21	0.19	0.16	0.11

注：①对于用形状规则的块体砌筑的砌体，当搭接长度与块体高度的比值小于 1 时，其轴心抗拉强度设计值
　　和弯曲抗拉强度设计值应按表中数值乘以搭接长度与块体高度比值后采用。
　　②对孔洞率不大于 35% 的双排孔或多排孔轻骨料混凝土砌块砌体的抗剪强度设计值，可按表中混凝土砌
　　块砌体抗剪强度设计值乘以 1.1。
　　③对蒸压灰砂砖、蒸压粉煤灰砖砌体，当有可靠的试验数据时，表中强度设计值，允许作适当调整。
　　④对烧结页岩砖、烧结煤矸石砖、烧结粉煤灰砖砌体，当有可靠的试验数据时，表中强度设计值，允许
　　作适当调整。

单排孔混凝土砌块对孔砌筑时，灌孔砌体的抗压强度设计值和抗剪强度设计值分别按下式计算：

$$f_g = f + 0.6\alpha f_c \qquad (11-4)$$

$$f_{vg} = 0.2 f_g^{0.55} \qquad (11-5)$$

式中　f_g——灌孔砌体的抗压强度设计值，不应大于未灌孔砌体抗压强度设计值的 2 倍；

　　　f——未灌孔砌体的抗压强度设计值，按表 11-12 采用；

　　　f_c——灌孔混凝土的轴心抗压强度设计值；

　　　α——砌块砌体中灌孔混凝土面积与砌体毛面积的比值，$\alpha = \delta\rho$；

　　　δ——混凝土砌块的孔洞率；

　　　ρ——混凝土砌块砌体的灌孔率，为截面灌孔混凝土面积和截面孔洞面积的比值，ρ 不应小于 33%；

　　　f_{vg}——灌孔砌体的抗剪强度设计值。

灌孔混凝土的强度等级用符号 Cb×× 表示，其强度指标等同于对应的混凝土强度等级 C××。砌块砌体中灌孔混凝土的强度等级不应低于 Cb20，也不宜低于两倍的块体强度等级。

3. 砌体的强度设计值调整系数

考虑实际工程中各种可能的不利因素，各类砌体的强度设计值，当符合表 11-17 所列使用情况时，应乘以调整系数 γ_a。

砌体强度设计值的调整系数　　　　　　　表 11-17

使用情况		γ_a
有吊车房屋砌体、跨度 ≥ 9m 的梁下烧结普通砖砌体、跨度 ≥ 7.5m 的梁下烧结多孔砖、蒸压灰砂砖、蒸压粉煤灰砖砌体，混凝土和轻骨料混凝土砌块砌体		0.9
构件截面面积 $A < 0.3\mathrm{m}^2$ 的无筋砌体		0.7+A
构件截面面积 $A < 0.2\mathrm{m}^2$ 的配筋砌体		0.8+A
采用水泥砂浆砌筑的砌体（若为配筋砌体，仅对砌体的强度设计值乘以调整系数）	对表 11-10 ～ 表 11-15 中的数值	0.9
	对表 11-16 中的数值	0.8
验算施工中房屋的构件时		1.1

注：①表中构件截面面积 A 以 m² 计。
　　②当砌体同时符合表中所列几种使用情况时，应将砌体的强度设计值连续乘以调整系数 γ_a。

11.3　砌体结构构件的承载力计算

11.3.1　受压构件

在砌体结构中，最常用的是受压构件，例如，墙、柱等。砌体受压构件的承载力主要与构件的截面面积、砌体的抗压强度、轴向压力的偏心距以及构件的高厚比有关。构件的高厚比是构件的计算高度 H_0 与相应方向边长 h 的比值，用 β 表示，即 $\beta = H_0/h$。当构件的 $\beta \leqslant 3$ 时称为短柱，反之称为长柱。对短柱的承载力可不考虑构件高厚比的影响。

1. 短柱的承载力分析

如图 11–7 所示为承受轴向压力的砌体受压短柱。如果按材料力学的公式计算，对偏心距较小全截面受压（图 11–7b）和偏心距略大受拉区未开裂（图 11–7c）的情况，当截面受压边缘的应力 σ 达到砌体抗压强度 f_m 时，砌体受压短柱的承载力 N_u' 为：

$$N_u' = \frac{1}{1+\frac{ey}{i^2}} f_m A = \varphi' f_m A \tag{11–6}$$

$$\varphi' = \frac{1}{1+\frac{ey}{i^2}} \tag{11–7}$$

对矩形截面：

$$\varphi' = \frac{1}{1+\frac{6e}{h}} \tag{11–8}$$

对偏心距较大受拉区已开裂（图 11–7d）的情况，当截面受压边缘的应力 σ 达到砌体抗压强度 f_m 时，如果不计受拉区未开裂部分的作用，根据受压区压应力的合力与轴向压力的力平衡条件，可得矩形截面砌体受压短柱的承载力 N_u' 为：

$$N_u' = \left(0.75 - 1.5\frac{e}{h}\right) f_m A = \varphi' f_m A \tag{11–9}$$

此时：

$$\varphi' = 0.75 - 1.5\frac{e}{h} \tag{11–10}$$

由以上公式可见，偏心距对砌体受压构件的承载力有较大的影响。当轴心受压时，$e = 0$，此时按公式计算 φ' 小于 0，故不受偏心距影响，取 $\varphi' = 1$。当偏心受压时，$\varphi'<1$；且随偏心距的增大，φ' 值明显地减小，如图 11–8 所示。因此，将 φ' 称为砌体受压构件承载力的偏心影响系数。

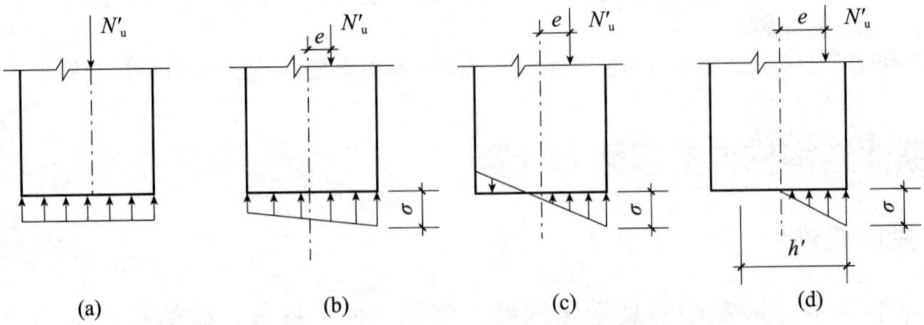

图 11–7 按材料力学公式计算的砌体截面应力图形
（a）轴心受压；（b）偏心距较小；（c）偏心距略大；（d）偏心距较大

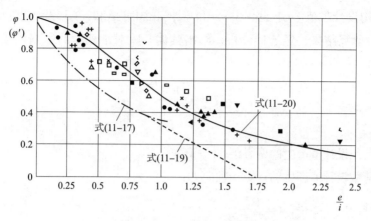

图 11-8　偏心影响系数曲线

对砌体受压短柱进行大量的试验，所得试验点如图 11-8 所示。由图 11-8 可见，试验值均高于按材料力学公式计算的值，这一方面是因为对轴心受压情况（图 11-9a），其截面上的压应力为均匀分布，当构件达到极限承载力 N_{ua} 时，截面上的压应力达到砌体抗压强度 f。对偏心距较小的情况（图 11-9b），此时虽为全截面受压，但因砌体为弹塑性材料，截面上的压应力分布为曲线，构件达到极限承载力 N_{ub} 时，虽然 $N_{ub} < N_{ua}$，但轴向压力一侧的压应力 σ_b 大于砌体抗压强度 f。随着轴向压力的偏心距继续增大（图 11-9c、图 11-9d），截面由出现小部分为受拉区大部分为受压区，逐渐过渡到受拉区开裂且部分截面退出工作的受力情况。此时，对出现裂缝后的剩余受力截面，纵向力的偏心距将减小，故裂缝不至于无限制发展导致构件破坏，而是在新的状态下达到新的平衡。这时截面上的压应力虽然随受压区面积的减小而增加较多，但构件承载力仍未耗尽，可以继续承受荷载。随着荷载的不断增加，平衡周而复始，边缘压应力不断增大。当截面减小到一定程度时，砌体受压边出现竖向裂缝，最后导致构件破坏。另一方面，砌体材料随着极限变形的增大，塑性性能增强，极限强度较轴心受压时有所提高，且提高的程度随着偏心距的增大而增大。由此可见，按材料力学原理进行计算，未能考虑这些因素对砌体承载力的有利影响，低估了砌体的承载力，尤其是在偏心距较大时更是如此。

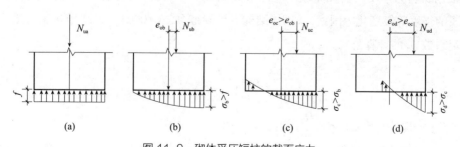

图 11-9　砌体受压短柱的截面应力
（a）轴心受压；（b）偏心距较小；（c）偏心距略大；（d）偏心距较大

《砌体结构设计规范》GB 50003—2011 根据我国对矩形、T 形及十字形截面受压短柱的大量试验研究结果，经统计分析，给出其偏心距对承载力的影响系数 φ 的计算公式为：

$$\varphi = \frac{1}{1 + \left(\dfrac{e}{i}\right)^2} \tag{11-11}$$

式中　e——荷载设计值产生的偏心距，$e = M/N$；

　M，N——荷载设计值产生的弯矩和轴向力；

　　　i——截面回转半径，$i = \sqrt{\dfrac{I}{A}}$；

　I，A——截面惯性矩和截面面积。

当为矩形截面时，影响系数 φ 按下式计算：

$$\varphi = \frac{1}{1 + 12\left(\dfrac{e}{h}\right)^2} \tag{11-12}$$

式中　h——矩形截面沿轴向力偏心方向的边长，当轴心受压时为截面较小边长。

当为 T 形或十字形截面时，影响系数 φ 按下式计算：

$$\varphi = \frac{1}{1 + 12\left(\dfrac{e}{h_{\mathrm{T}}}\right)^2} \tag{11-13}$$

式中　h_{T}——T 形或十字形截面的折算厚度，$h_{\mathrm{T}} = 3.5i$。

由图 11-8 可见，φ 值曲线较好地反映了砌体受压短柱的试验结果。

2. 长柱的承载力分析

（1）轴向受压长柱

轴心受压长柱由于构件轴线的弯曲、截面材料的不均匀和荷载作用偏离重心轴等原因，不可避免地引起侧向变形，使柱在轴向压力作用下发生纵向弯曲而破坏。此时，砌体的材料得不到充分利用，承载力较同条件的短柱减小。因此，《砌体结构设计规范》GB 50003—2011 用轴心受压构件稳定系数 φ_0 来考虑这种影响。

根据材料力学中长柱发生纵向弯曲破坏的临界应力计算公式，考虑砌体的弹性模量和砂浆的强度等级变化等因素，《砌体结构设计规范》GB 50003—2011 给出轴心受压构件的稳定系数 φ_0 的计算公式为：

$$\varphi_0 = \frac{1}{1 + \alpha\beta^2} \tag{11-14}$$

式中　β——构件高厚比，$\beta = \dfrac{H_0}{h}$，当 $\beta \leqslant 3$ 时，$\varphi_0 = 1.0$；

　α——与砂浆强度等级有关的系数，当砂浆强度等级大于或等于 M5 时，$\alpha = 0.0015$；

当砂浆强度等级等于 M2.5 时，$\alpha = 0.002$；当砂浆强度为

0 时，$\alpha = 0.009$。

（2）偏心受压长柱

偏心受压长柱在偏心距为 e 的轴向压力作用下，因侧向变形而产生纵向弯曲，引起附加偏心距 e_i（图 11-10），使得柱中部截面的轴向压力偏心距增大为（$e+e_i$），加速了柱的破坏。所以，对偏心受压长柱应考虑附加偏心距对承载力的影响。

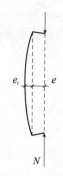

图 11-10　偏心受压长柱的纵向弯曲

将柱中部截面的偏心距（$e+e_i$）代替式（11-11）中的偏心距 e，可得偏心受压长柱考虑纵向弯曲和偏心距影响的系数 φ 为：

$$\varphi = \frac{1}{1+\left(\dfrac{e+e_i}{i}\right)^2} \tag{11-15}$$

当轴心受压 $e = 0$ 时，应有 $\varphi = \varphi_0$，即：

$$\varphi_0 = \frac{1}{1+\left(\dfrac{e_i}{i}\right)^2} \tag{11-16}$$

由式（11-16）可得：

$$e_i = i\sqrt{\frac{1}{\varphi_0}-1} \tag{11-17}$$

对于矩形截面 $i = h / \sqrt{12}$，代入式（11-17），则附加偏心距 e_i 的计算公式为：

$$e_i = \frac{h}{\sqrt{12}}\sqrt{\frac{1}{\varphi_0}-1} \tag{11-18}$$

将式（11-18）代入式（11-15），得《砌体结构设计规范》GB 50003—2011 给出的矩形截面受压构件承载力的影响系数 φ 的计算公式：

$$\varphi = \frac{1}{1+12\left[\dfrac{e}{h}+\sqrt{\dfrac{1}{12}\left(\dfrac{1}{\varphi_0}-1\right)}\right]^2} \tag{11-19}$$

对 T 形或十字形截面受压构件，将式（11-19）中的 h 用 h_{T} 代替即可。

当式（11-19）中的 $e = 0$ 时，可得 $\varphi = \varphi_0$，即为轴心受压构件的稳定系数；当 $\beta \leqslant 3$，$\varphi_0 = 1$ 时，即得受压短柱的承载力影响系数。可见，式（11-19）是计算受压构件承载力影响系数的统一公式。

为了便于应用，受压构件承载力的影响系数 φ 已制成表格，可根据砂浆强度等级、β 及 e/h 或 e/h_{T} 查表 11-18 ~ 表 11-20 得出。

影响系数 φ（砂浆强度等级 $\geqslant$ M5） 表 11-18

β	$\dfrac{e}{h}$ 或 $\dfrac{e}{h_{\mathrm{T}}}$						
	0	0.025	0.05	0.075	0.1	0.125	0.15
$\leqslant 3$	1	0.99	0.97	0.94	0.89	0.84	0.79
4	0.98	0.95	0.90	0.85	0.80	0.74	0.69
6	0.95	0.91	0.86	0.81	0.75	0.69	0.64
8	0.91	0.86	0.81	0.76	0.70	0.64	0.59
10	0.87	0.82	0.76	0.71	0.65	0.60	0.55
12	0.845	0.77	0.71	0.66	0.60	0.55	0.51
14	0.795	0.72	0.66	0.61	0.56	0.51	0.47
16	0.72	0.67	0.61	0.56	0.52	0.47	0.44
18	0.67	0.62	0.57	0.52	0.48	0.44	0.40
20	0.62	0.595	0.53	0.48	0.44	0.40	0.37
22	0.58	0.53	0.49	0.45	0.41	0.38	0.35
24	0.54	0.49	0.45	0.41	0.38	0.35	0.32
26	0.50	0.46	0.42	0.38	0.35	0.33	0.30
28	0.46	0.42	0.39	0.36	0.33	0.30	0.28
30	0.42	0.39	0.36	0.33	0.31	0.28	0.26

β	$\dfrac{e}{h}$ 或 $\dfrac{e}{h_{\mathrm{T}}}$					
	0.175	0.2	0.225	0.25	0.275	0.3
$\leqslant 3$	0.73	0.68	0.62	0.57	0.52	0.48
4	0.64	0.58	0.53	0.49	0.45	0.41
6	0.59	0.54	0.49	0.45	0.42	0.38
8	0.54	0.50	0.46	0.42	0.39	0.36
10	0.50	0.46	0.42	0.39	0.36	0.33
12	0.49	0.43	0.39	0.36	0.33	0.31
14	0.43	0.40	0.36	0.34	0.31	0.29
16	0.40	0.37	0.34	0.31	0.29	0.27
18	0.37	0.34	0.31	0.29	0.27	0.25
20	0.34	0.32	0.29	0.27	0.25	0.23
22	0.32	0.30	0.27	0.25	0.24	0.22
24	0.30	0.28	0.26	0.24	0.22	0.21
26	0.28	0.26	0.24	0.22	0.21	0.19
28	0.26	0.24	0.22	0.21	0.19	0.18
30	0.24	0.22	0.21	0.20	0.18	0.17

影响系数 φ（砂浆强度等级为 M2.5）　　　　表 11-19

β	$\frac{e}{h}$ 或 $\frac{e}{h_\mathrm{T}}$						
	0	0.025	0.05	0.075	0.1	0.125	0.15
≤ 3	1	0.99	0.97	0.94	0.89	0.84	0.79
4	0.97	0.94	0.89	0.84	0.78	0.73	0.67
6	0.93	0.89	0.84	0.78	0.73	0.67	0.62
8	0.89	0.84	0.78	0.72	0.67	0.62	0.57
10	0.83	0.78	0.72	0.67	0.61	0.56	0.52
12	0.78	0.72	0.67	0.61	0.56	0.52	0.47
14	0.72	0.66	0.61	0.56	0.51	0.47	0.43
16	0.66	0.61	0.56	0.51	0.47	0.43	0.40
18	0.61	0.56	0.51	0.47	0.43	0.40	0.36
20	0.56	0.51	0.47	0.43	0.39	0.36	0.33
22	0.51	0.47	0.43	0.39	0.36	0.33	0.31
24	0.46	0.43	0.39	0.36	0.33	0.31	0.28
26	0.42	0.39	0.36	0.33	0.31	0.28	0.26
28	0.39	0.36	0.33	0.30	0.28	0.26	0.24
30	0.36	0.33	0.30	0.28	0.26	0.24	0.22

β	$\frac{e}{h}$ 或 $\frac{e}{h_\mathrm{T}}$					
	0.175	0.2	0.225	0.25	0.275	0.3
≤ 3	0.73	0.68	0.62	0.57	0.52	0.48
4	0.62	0.57	0.52	0.48	0.44	0.40
6	0.57	0.52	0.48	0.44	0.40	0.37
8	0.52	0.48	0.44	0.40	0.37	0.34
10	0.47	0.43	0.40	0.37	0.34	0.31
12	0.43	0.40	0.37	0.34	0.31	0.29
14	0.40	0.36	0.34	0.31	0.29	0.27
16	0.36	0.34	0.31	0.29	0.26	0.25
18	0.33	0.31	0.29	0.26	0.24	0.23
20	0.31	0.28	0.26	0.24	0.23	0.21
22	0.28	0.26	0.24	0.23	0.21	0.20
24	0.26	0.24	0.23	0.21	0.20	0.18
26	0.24	0.22	0.21	0.20	0.18	0.17
28	0.22	0.21	0.20	0.18	0.17	0.16
30	0.21	0.20	0.18	0.17	0.16	0.15

影响系数 φ（砂浆强度为 0） 表 11-20

β	$\dfrac{e}{h}$ 或 $\dfrac{e}{h_T}$						
	0	0.025	0.05	0.075	0.1	0.125	0.15
≤ 3	1	0.99	0.97	0.94	0.89	0.84	0.79
4	0.87	0.82	0.77	0.71	0.66	0.60	0.55
6	0.76	0.70	0.65	0.59	0.64	0.50	0.46
8	0.63	0.58	0.54	0.49	0.45	0.41	0.38
10	0.53	0.48	0.44	0.41	0.37	0.34	0.32
12	0.44	0.40	0.37	0.34	0.31	0.29	0.27
14	0.36	0.33	0.31	0.28	0.26	0.24	0.23
16	0.30	0.28	0.26	0.24	0.22	0.21	0.19
18	0.26	0.24	0.22	0.21	0.19	0.18	0.17
20	0.22	0.20	0.19	0.18	0.17	0.16	0.15
22	0.19	0.18	0.16	0.15	0.14	0.14	0.13
24	0.16	0.15	0.14	0.13	0.13	0.12	0.11
26	0.14	0.13	0.13	0.12	0.11	0.11	0.10
28	0.12	0.12	0.11	0.11	0.10	0.10	0.09
30	0.11	0.10	0.10	0.09	0.09	0.09	0.08

β	$\dfrac{e}{h}$ 或 $\dfrac{e}{h_T}$					
	0.175	0.2	0.225	0.25	0.275	0.3
≤ 3	0.73	0.68	0.62	0.57	0.52	0.48
4	0.51	0.46	0.43	0.39	0.36	0.33
6	0.42	0.39	0.36	0.33	0.30	0.28
8	0.35	0.32	0.30	0.28	0.25	0.24
10	0.29	0.27	0.25	0.23	0.22	0.20
12	0.25	0.23	0.21	0.20	0.19	0.17
14	0.21	0.20	0.18	0.17	0.16	0.15
16	0.18	0.17	0.16	0.15	0.14	0.13
18	0.16	0.15	0.14	0.13	0.12	0.12
20	0.14	0.13	0.12	0.12	0.11	0.10
22	0.12	0.12	0.11	0.10	0.10	0.09
24	0.11	0.10	0.10	0.09	0.09	0.08
26	0.10	0.09	0.09	0.08	0.08	0.07
28	0.09	0.08	0.08	0.08	0.07	0.07
30	0.08	0.07	0.07	0.07	0.07	0.06

3. 受压构件的承载力计算

（1）计算公式

根据上述分析，砌体受压构件的承载力按下式计算：

$$N \leqslant \varphi f A \qquad (11-20)$$

式中　N——轴向力设计值；

　　　φ——高厚比 β 和轴向力的偏心距 e 对受压构件承载力的影响系数，可按式（11-19）计算或查表 11-18 ~ 表 11-20；

　　　f——砌体的抗压强度设计值，按表 11-1 ~ 表 11-4 采用，并考虑调整系数 γ_a；

　　　A——截面面积，对各类砌体均应按毛截面计算；带壁柱墙的计算截面翼缘宽度 b_f 按如下规定采用：对多层房屋，当有门窗洞口时，可取窗间墙宽度；当无门窗洞口时，每侧翼缘墙宽度可取壁柱高度的 1/3；对单层房屋，可取壁柱宽加 2/3 墙高，但不大于窗间墙宽度和相邻壁柱间距离。

（2）注意的问题

1）对矩形截面构件，当轴向力偏心方向的截面边长大于另一方向的边长时，除按偏心受压计算外，还应对较小边长方向按轴心受压进行验算，验算公式为 $N \leqslant \varphi_0 f A$，$\varphi_0$ 可查影响系数 φ 表（表 11-18 ~ 表 11-20）中 $e = 0$ 的栏或用式（11-14）计算。

2）由于砌体材料的种类不同，构件的承载能力有较大的差异，因此，计算影响系数 φ 或查 φ 表时，构件高厚比 β 按下列公式确定：

对矩形截面：
$$\beta = \gamma_\beta \frac{H_0}{h} \qquad (11-21)$$

对 T 形截面：
$$\beta = \gamma_\beta \frac{H_0}{h_T} \qquad (11-22)$$

式中　γ_β——不同砌体材料构件的高厚比修正系数，按表 11-21 采用；

　　　H_0——受压构件的计算高度，按 11.4.3 节中表 11-25 确定。

高厚比修正系数 γ_β 　　　　　　　　　　表 11-21

砌体材料的类别	γ_β
烧结普通砖、烧结多孔砖	1.0
混凝土及轻骨料混凝土砌块	1.1
蒸压灰砂砖、蒸压粉煤灰砖、细料石、半细料石	1.2
粗料石、毛石	1.5

3）由于轴向力的偏心距 e 较大时，构件在使用阶段容易产生较宽的水平裂缝，使构件的侧向变形增大，承载力显著下降，既不安全也不经济。因此，《砌体结构设计规范》

GB 50003—2011 规定，按内力设计值计算的轴向力的偏心距 $e \leq 0.6y$。y 为截面重心到轴向力所在偏心方向截面边缘的距离。

当轴向力的偏心距 e 超过 $0.6y$ 时，宜采用组合砖砌体构件；亦可采取减少偏心距的其他可靠工程措施。

【例 11-1】某房屋中截面尺寸为 400mm×600mm 的柱，采用 MU10 混凝土小型空心砌块和 Mb5 混合砂浆砌筑，柱的计算高度 $H_0 = 3.6$m，柱底截面承受的轴心压力标准值 $N_k = 220$kN（其中由永久荷载产生的为 170kN，已包括柱自重）。试计算柱的承载力。

【解】查表 11-12 得砌块砌体的抗压强度设计值 $f = 2.22$MPa。

因为 $A = 0.4 \times 0.6 = 0.24 \text{m}^2 < 0.3\text{m}^2$，故砌体抗压强度设计值 f 应乘以调整系数。

$\gamma_a = 0.7 + A = 0.7 + 0.24 = 0.94$

由于柱的计算高度 $H_0 = 3.6$m。$\beta = \gamma_\beta H_0 / b = 1.1 \times 3600 / 400 = 9.9$，按轴心受压 $e = 0$ 查表 11-18 得 $\varphi = 0.87$。

考虑为独立柱，且双排组砌，故乘以强度降低系数 0.7，则柱的极限承载力为：

$N_u = \varphi \gamma_a A f = 0.87 \times 0.94 \times 0.24 \times 10^6 \times 2.22 \times 10^{-3} \times 0.7 = 305$kN

柱截面的轴心压力设计值为：

$N = 1.3S_{GK} + 1.5S_{QK} = 1.3 \times 170 + 1.5 \times 50 = 296$kN

可见，$N < N_u$，满足承载力要求。

11.3.2 局部受压

1. 局部受压的基本性能

当轴向力仅作用在砌体的部分面积上时，即为砌体的局部受压。它是砌体结构中常见的一种受力形式。如果砌体的局部受压面积 A_1 上受到的压应力是均匀分布的，称为局部均匀受压；否则，为局部非均匀受压。例如：支承轴心受压柱的砌体基础为局部均匀受压；梁端支承处的砌体一般为局部非均匀受压。

通过大量的试验发现，砌体局部受压可能有三种破坏形态。

（1）纵向裂缝发展而破坏

图 11-11（a）所示为一在中部承受局部压力作用的墙体，当砌体的截面面积 A 与局部受压面积 A_1 的比值较小时，在局部压力作用下，试验钢垫板下 1 或 2 皮砖以下的砌体内产生第一批纵向裂缝；随着压力的增大，纵向裂缝逐渐向上和向下发展，并出现其他纵向裂缝和斜裂缝，裂缝数量不断增加。当其中的部分纵向裂缝延伸形成一条主要裂缝时，试件即将破坏。开裂荷载一般小于破坏荷载。在砌体的局部受压中，这是一种较为常见的破坏形态。

（2）劈裂破坏

当砌体的截面面积 A 与局部受压面积 A_1 的比值相当大时，在局部压力作用下，砌体产生数量少但较集中的纵向裂缝，如图11-11（b）所示；而且纵向裂缝一出现，砌体很快就发生犹如刀劈一样的破坏，开裂荷载一般接近破坏荷载。在大量的砌体局部受压试验中，仅有少数为劈裂破坏情况。

（3）局部受压面积处破坏

在实际工程中，当砌体的强度较低，但所支承的墙梁的高跨比较大时，有可能发生梁端支承处砌体局部被压碎而破坏。在砌体局部受压试验中，这种破坏极少发生。

试验分析表明：在局部压力作用下，砌体中的压应力不仅能扩散到一定的范围，如图11-12所示，而且非直接受压部分的砌体对直接受压部分的砌体有约束作用，从而使直接受压部分的砌体处于双向或三向受压状态，其抗压强度高于砌体的轴心抗压强度设计值f。

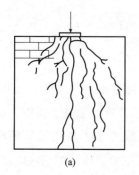

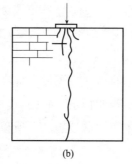

图11-11　砌体局部均匀受压破坏形态
（a）纵向裂缝发展而破坏；（b）劈裂破坏

图11-12　砌体中局部压应力的分布

2. 局部均匀受压

（1）砌体局部抗压强度提高系数γ

根据试验研究结果，砌体的局部抗压强度可取γf。γ称为砌体局部抗压强度提高系数，按下式计算：

$$\gamma = 1 + 0.35 \sqrt{\frac{A_0}{A_1} - 1}$$　　　　　　（11-23）

式中　A_1——局部受压面积；

　　　A_0——影响砌体局部抗压强度的计算面积（图11-13），按下列规定采用：

1）对图11-13（a），$A_0 = (a+c+h)\,h$；

2）对图11-13（b），$A_0 = (b+2h)\,h$；

3）对图11-13（c），$A_0 = (a+h)\,h + (b+h_1-h)\,h_1$；

4）对图11-13（d），$A_0 = (a+h)\,h$。

由式（11-23）可以看出，砌体的局部抗压强度主要取决于砌体原有的轴心抗压强度和周围砌体对局部受压区的约束程度。当砌体为中心局部受压时，随着周围砌体的截面面积A与局部受压面积A_1之比增大，周围砌体对局部受压区的约束作用增强，砌体的局

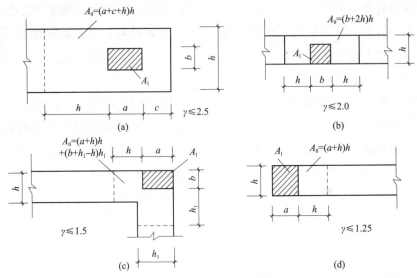

图 11-13　影响局部抗压强度的计算面积 A_0 及 γ 限值

部抗压强度提高。但当 A/A_1 较大时，砌体的局部抗压强度提高幅度减少。为此，《砌体结构设计规范》GB 50003—2011 规定了影响砌体局部抗压强度的计算面积 A_0。同时，试验还表明，当 A/A_1 较大时，可能导致砌体产生劈裂破坏。所以按式（11-23）计算所得的 γ 值不得超过图 11-13 中所注的相应值；对多孔砖砌体及按规定要求灌孔的砌块砌体，$\gamma \leqslant 1.5$；未灌孔的混凝土砌块砌体，$\gamma = 1.0$。

（2）局部均匀受压承载力计算

砌体截面中受局部均匀压力时的承载力按下式计算：

$$N_1 \leqslant \gamma f A_1 \tag{11-24}$$

式中　N_1——局部受压面积 A_1 上的轴向力设计值；

　　　f——砌体的抗压强度设计值，可不考虑强度调整系数 γ_a 的影响。

3.梁端支承处砌体局部受压

（1）上部荷载对砌体局部抗压的影响

如图 11-14 所示为梁端支承在墙体中部的局部受压情况。梁端支承处砌体的局部受压面积上除承受梁端传来的支承压力 N_1 外，还承受由上部荷载产生的轴向力 N_0，如图 11-14（a）所示。如果上部荷载在梁端上部砌体中产生的平均压应力 σ_0 较小，即上部砌体产生的压缩变形较小；而此时，若 N_1 较大，梁端底部的砌体将产生较大的压缩变形；由此使梁端顶面与砌体逐渐脱开形成水平缝隙，砌体内部

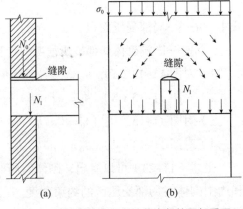

图 11-14　梁端支承在墙体中部的局部受压

产生应力重分布。上部荷载将通过上部砌体形成的内拱传到梁端周围的砌体，直接传到局部受压面积上的荷载将减少，如图11-14（b）所示。但如果 σ_0 较大，N_1 较小，梁端上部砌体产生的压缩变形较大，梁端顶面不再与砌体脱开，上部砌体形成的内拱卸荷作用将消失。试验指出，当 $A_0/A_1 > 2$ 时，可忽略不计上部荷载对砌体局部抗压的影响。《砌体结构设计规范》GB 50003—2011 偏于安全地取 $A_0/A_1 \geqslant 3$ 时，不计上部荷载的影响，即 $N_0 = 0$。

对于上部荷载对砌体局部抗压的影响，《砌体结构设计规范》GB 50003—2011 用上部荷载的折减系数 ψ 来考虑，ψ 按下式计算：

$$\psi = 1.5 - 0.5\frac{A_0}{A_1} \tag{11-25}$$

当 $A_0/A_1 \geqslant 3$ 时，取 $\psi = 0$。

（2）梁端有效支承长度

当梁支承在砌体上时，由于梁受力变形翘曲，支座内边缘处砌体的压缩变形较大，使得梁的末端部分与砌体脱开，梁端有效支承长度 a_0 可能小于其实际支承长度 a，如图11-15所示。

经试验分析，为了便于工程应用，《砌体结构设计规范》GB 50003—2011 给出梁端有效支承长度的计算公式为：

$$a_0 = 10\sqrt{\frac{h_c}{f}} \tag{11-26}$$

式中　a_0——梁端有效支承长度（mm），当 $a_0 > a$ 时，取 $a_0 = a$；

　　　h_c——梁的截面高度（mm）；

　　　f——砌体抗压强度设计值（MPa）。

（3）梁端支承处砌体局部受压承载力计算

考虑上部荷载对砌体局部抗压的影响，根据上部荷载在局部受压面积上产生的实际平均压应力 σ_0' 与梁端支承压力 N_1 在相应面积上产生的最大压应力 σ_1 之和不大于砌体局部抗压强度 γf 的强度条件，如图11-16所示，即 $\sigma_{\max} \leqslant \gamma f$，可推得梁端支承处砌体局部

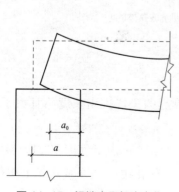

图11-15　梁端支承长度变化

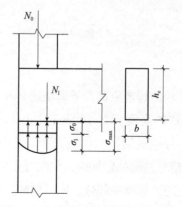

图11-16　梁端支承处砌体应力状态

受压承载力计算公式为：

$$\psi N_0 + N_1 \leq \eta \gamma A_1 f \tag{11-27}$$

式中　ψ——上部荷载的折减系数，按式（11-25）计算；

　　　N_0——局部受压面积内上部轴向力设计值，$N_0 = \sigma_0 A_1$；

　　　σ_0——上部平均压应力设计值；

　　　N_1——梁端支承压力设计值；

　　　η——梁端底面压应力图形的完整系数，一般取 0.7，对于过梁和墙梁可取 1.0；

　　　A_1——局部受压面积，$A_1 = a_0 b$；

　　　a_0——梁端有效支承长度，按式（11-26）计算；

　　　b——梁宽。

4. 梁端垫块下砌体局部受压

梁端支承处的砌体局部受压承载力不满足式（11-27）的要求时，可在梁端下的砌体内设置垫块。通过垫块可增大局部受压面积，减少其上的压应力，有效地解决砌体局部承载力不足的问题。

（1）刚性垫块的构造要求

实际工程中常采用刚性垫块。刚性垫块按施工方法不同分为预制刚性垫块和与梁端现浇成整体的刚性垫块，如图 11-17 所示。垫块一般采用素混凝土制作；当荷载较大时，也可采用钢筋混凝土。

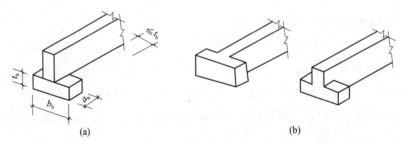

图 11-17　刚性垫块
（a）预制刚性垫块；（b）与梁端现浇成整体的刚性垫块

刚性垫块的构造应符合下列规定：

1）垫块的高度 $t_b \geq 180mm$，且自梁边缘算起的垫块挑出长度不宜大于垫块的高度 t_b。

2）在带壁柱墙的壁柱内设置刚性垫块时（图 11-18），其计算面积应取壁柱范围内的面积，而不应计算翼缘部分，同时壁柱上垫块伸入翼墙内的长度不应小于 120mm。

3）当现浇垫块与梁端整体浇筑时，垫块可在梁高范围内设置。

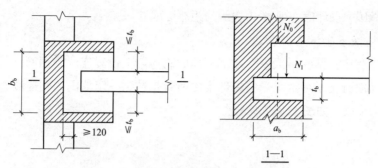

图 11-18 壁柱上设置垫块时梁端局部承压

（2）垫块下砌体局部受压承载力计算

试验表明，垫块底面积以外的砌体对局部受压范围内的砌体有约束作用，使垫块下的砌体抗压强度提高，但考虑到垫块底面压应力分布不均匀，偏于安全，取垫块外砌体的有利影响系数 $\gamma_1 = 0.8\gamma_1$；同时，垫块下砌体的受力状态接近偏心受压情况。故垫块下砌体局部受压承载力可按下式计算：

$$N_0 + N_1 \leqslant \varphi \gamma_1 f A_b \qquad (11-28)$$

式中　N_0——垫块面积 A_b 内上部轴向力设计值，$N_0 = \sigma_0 A_b$，σ_0 的意义同前；

　　　φ——垫块上 N_0 及 N_1 合力的影响系数，可根据 e/a_b 查表 11-18 ～ 表 11-20 中 $\beta \leqslant 3$ 的 φ 值，$e = [N_1 (a_b/2 - 0.4a_0)]/N_0 + N_1$；

　　　γ_1——垫块外砌体面积的有利影响系数，$\gamma_1 = 0.8\gamma$，但不小于 1.0；

　　　γ——砌体局部抗压强度提高系数，按式（3-23）计算，并以 A_b 代替 A_1；

　　　A_b——垫块面积，$A_b = a_b b_b$；

　　　a_b——垫块伸入墙内长度；

　　　b_b——垫块宽度。

（3）梁端有效支承长度

当梁端设有刚性垫块时，梁端有效支承长度 a_0 考虑刚性垫块的影响，按下式计算：

$$a_0 = \delta_1 \sqrt{\frac{h}{f}} \qquad (11-29)$$

式（11-29）中符号 h、f 的意义同式（11-26）中 h_c、f 的意义；δ_1 为刚性垫块的影响系数，按表 11-22 采用。

刚性垫块的影响系数 δ_1 　　　　　　　　　　　表 11-22

$\dfrac{\sigma_0}{f}$	0	0.2	0.4	0.6	0.8
δ_1	5.4	5.7	6.0	6.9	7.8

注：表中其间的数值可采用插入法求得。

梁端支承压力设计值 N_1 距墙内边缘的距离可取 $0.4a_0$。

5. 梁端垫梁下砌体局部受压

在实际工程中，常在梁或屋架端部下面的砌体墙上设置连续的钢筋混凝土梁，如圈梁等。此钢筋混凝土梁可把承受的局部集中荷载扩散到一定范围的砌体墙上起到垫块的作用，故称为垫梁，如图 11-19 所示。

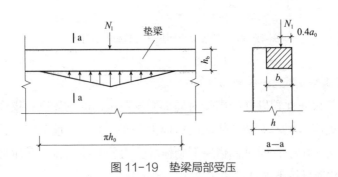

图 11-19　垫梁局部受压

根据试验分析，当垫梁长度大于 πh_0 时，在局部集中荷载作用下，垫梁下砌体受到的竖向压应力在长度 πh_0 范围内分布为三角形，应力峰值可达 $1.5f$。此时，垫梁下的砌体局部受压承载力可按下列公式计算：

$$N_0+N_1 \leqslant 2.4\delta_2 f b_b h_0 \tag{11-30}$$

$$N_0 = \frac{\pi b_b h_0 \sigma_0}{2} \tag{11-31}$$

$$h_0 = 2\sqrt[3]{\frac{E_b I_b}{Eh}} \tag{11-32}$$

式中　N_0——垫梁上部轴向力设计值（N）；

　　　δ_2——当荷载沿墙厚方向均匀分布时，δ_2 取 1.0；不均匀分布时，δ_2 取 0.8；

　　　b_b——垫梁在墙厚方向的宽度（mm）；

　　　h_0——垫梁折算高度（mm）；

　　　σ_0——上部平均压应力设计值（MPa）；

　　E_b、I_b——分别为垫梁的混凝土弹性模量和截面惯性矩；

　　　E——砌体的弹性模量；

　　　h——墙厚（mm）。

11-3　例题

垫梁上梁端有效支承长度 a_0，可按设有刚性垫块时的式（11-29）计算。

【例 11-2】某房屋窗间墙上梁的支承情况如图 11-20 所示。梁的截面尺寸 $b \times h =$ 250mm × 500mm，在墙上支承长度 $a = 240$mm。窗间墙截面尺寸为 1200mm × 370mm，采用 MU10 烧结煤矸石砖和 M5 混合砂浆砌筑。梁端支承压力设计值 $N_1 = 100$kN，梁

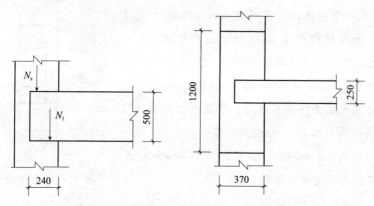

图 11-20　【例 11-2】窗间墙上梁的支承情况

底截面上部荷载设计值产生的轴向力 N_s = 175kN。试验算梁端支承处砌体局部受压承载力。

【解】由表 11-16 查得砌体抗压强度设计值 f = 1.50MPa，梁端底面压应力图形的完整系数 η = 0.7。

梁端有效支承长度：

$$a_0 = 10\sqrt{\frac{h_c}{f}} = 10 \times \sqrt{\frac{500}{f}} = 182.6\text{mm} < a = 240\text{mm}$$

梁端局部受压面积：$A_1 = a_0 b = 182.6 \times 250 = 45650\text{mm}^2$

影响砌体局部抗压强度的计算面积：$A_0 = (b+2h)h = (250+2 \times 370) \times 370 = 366300\text{mm}^2$

砌体局部抗压强度提高系数：

$$\gamma = 1+0.35\sqrt{\frac{A_0}{A_1}-1} = 1+0.35 \times \sqrt{\frac{366300}{45650}-1} = 1.93 < 2.0$$

取 γ = 1.93。

上部轴向力设计值 N_s 由整个窗间墙承受，故上部平均压应力设计值：

$$\sigma_0 = \frac{175000}{370 \times 1200} = 0.39\text{MPa}$$

则局部受压面积内上部轴向力设计值：

$$N_0 = \sigma_0 A_1 = 0.39 \times 45650 \times 10^{-3} = 18\text{kN}$$

因为 A_0/A_1 = 366300/45650 = 8.024 > 3

所以，取 ψ = 0，即不考虑上部荷载的影响，则 $\psi N_0 + N_1$ = 100kN。

梁端支承处砌体局部受压承载力 $\eta\gamma A_1 f$ = 0.7 × 1.93 × 45650 × 1.50 × 10^{-3} = 92.5kN < N_1，不满足要求。

【例 11-3】同【例 11-2】。因梁端砌体局部受压承载力不满足要求，故在梁端设置刚性垫块，并进行验算。

【解】在梁端下砌体内设置厚度 $t_b = 180\text{mm}$，宽度 $b_b = 600\text{mm}$，伸入墙内长度 $a_b = 240\text{mm}$ 的垫块，尺寸符合刚性垫块的要求，其平面图如图 11-21 所示。

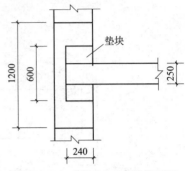

图 11-21 【例 11-3】垫块平面

垫块面积：$A_b = a_b b_b = 240 \times 600 = 144000\text{mm}^2$

因窗间墙宽度减去垫块宽度后，垫块每侧窗间墙仅余 300mm，故垫块外取 $h' = 300\text{mm}$，则：

$$A_0 = (b_b + 2h')\, h = (600 + 2 \times 300) \times 370 = 444000\text{mm}^2$$

砌体局部抗压强度提高系数：

$$\gamma = 1 + 0.35\sqrt{\frac{A_0}{A_b} - 1} = 1 + 0.35\sqrt{\frac{444000}{144000} - 1} = 1.5 < 2.0$$

取 $\gamma = 1.5$，则垫块外砌体面积的有利影响系数 $\gamma_1 = 0.8\gamma = 0.8 \times 1.5 = 1.2 > 1.0$，可以。

因设有刚性垫块，由 $\sigma_0/f = 0.39/1.5 = 0.26$，查表 11-22 得 $\delta_1 = 5.8$，则梁端有效支承长度为：

$$a_0 = \delta_1\sqrt{\frac{h}{f}} = 5.8 \times \sqrt{\frac{500}{1.5}} = 105.9\text{mm}$$

梁端支承压力设计值 N_1 至墙内缘的距离取 $0.4a_0 = 0.4 \times 105.9 = 42.4\text{mm}$，$N_1$ 对垫块形心的偏心矩为：

$$\frac{a_b}{2} - 0.4a_0 = \frac{240}{2} - 42.4 = 77.6\text{mm}$$

垫块面积 A_b 内上部轴向力设计值：

$N_0 = \sigma_0 A_b = 0.39 \times 144000 \times 10^{-3} = 56.2\text{kN}$，$N_0$ 作用于垫块形心。

全部轴向力 $N_0 + N_1$ 对垫块形心的偏心矩为：

$$e = \frac{N_1(a_b/2 - 0.4a_0)}{N_0 + N_1} = \frac{100 \times 77.6}{56.2 + 100} = 49.7\text{mm}$$

由 $e/h = e/a_b = 49.7/240 = 0.21$，并按 $\beta \leqslant 3$ 查表 11-18 得 $\varphi = 0.68$。

梁端垫块下砌体局部受压承载力为：

$$\varphi\gamma_1 f A_b = 0.68 \times 1.2 \times 1.5 \times 144000 \times 10^{-3} = 176.3\text{kN} > N_0 + N_1 = 156.2\text{kN}$$

可见，设垫块后局部受压承载力满足要求。

受拉、受弯及受剪构件相关内容详见二维码 11-4。

11-4 受拉、受弯及受剪构件

11.4 砌体结构的承重体系及静力方案

11.4.1 砌体结构房屋的组成及结构布置

砌体结构房屋通常是指主要承重构件由砖、石、砌块等不同的砌体材料组成的房屋。

如房屋的楼（屋）盖采用钢筋混凝土结构、轻钢结构或木结构，而墙体、柱、基础等承重构件采用砌体材料。

一般情况下，砌体结构房屋的墙、柱占房屋总重的60%左右，其造价约占40%。由于砌体结构房屋的墙体材料通常就地取材，因此砌体结构房屋具有造价低的优点，被广泛应用于多层住宅、宿舍、办公楼、中小学教学楼、商店、酒店、食堂等民用建筑中；同时还大量应用于中小型单层及多层工业厂房、仓库等工业建筑中。

过去我国砌体结构房屋的墙体材料大多数采用黏土砖，由于黏土砖的烧制要占用大量农田，破坏环境资源，近年来国家已经限制了黏土实心砖的使用，主要采用黏土空心砖、蒸压灰砂砖、蒸压粉煤灰砖等墙体材料。

在砌体结构房屋的设计中，承重墙、柱的布置十分重要。因为承重墙、柱的布置直接影响到房屋的平面划分、空间大小、荷载传递，结构强度、刚度、稳定、造价及施工的难易。通常将平行于房屋长向布置的墙体称为纵墙；平行于房屋短向布置的墙体称为横墙；房屋四周与外界隔离的墙体称为外墙；外横墙又称为山墙；其余墙体称为内墙。

砌体结构房屋中的屋盖、楼盖、内外纵墙、横墙、柱和基础等是主要承重构件，它们互相连接，共同构成承重体系。根据结构的承重体系和荷载的传递路线，房屋的结构布置可分为以下几种方案。

1. 纵墙承重方案

纵墙承重方案是指纵墙直接承受屋面、楼面荷载的结构方案。对于要求有较大空间的房屋（如单层工业厂房、仓库等）或隔墙位置可能变化的房屋，通常无内横墙或横墙间距很大，因而由纵墙直接承受楼面或屋面荷载，从而形成纵墙承重方案，如图11-22所示。这种方案房屋竖向荷载的主要传递路线为：板→梁（屋架）→纵向承重墙→基础→地基。

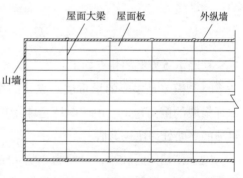

图11-22　纵墙承重方案

纵墙承重方案的特点如下：

（1）纵墙是主要的承重墙。横墙的设置主要是为了满足房间的使用要求，保证纵墙的侧向稳定和房屋的整体刚度，因而房屋的划分比较灵活。

（2）由于纵墙承受的荷载较大，在纵墙上设置的门、窗洞口的大小及位置都受到一定的限制。

（3）纵墙间距一般比较大，横墙数量相对较少，房屋的空间刚度不如横墙承重体系。

（4）与横墙承重体系相比，楼盖材料用量相对较多，墙体的材料用量较少。

纵墙承重方案适用于使用上要求有较大空间的房屋（如教学楼、图书馆）以及常见的单层及多层空旷砌体结构房屋（如食堂、俱乐部、中小型工业厂房）等。纵墙承重的多层房屋，特别是空旷的多层房屋，层数不宜过多，因纵墙承受的竖向荷载较大，若层数较多，需显著增加纵墙厚度或采用大截面尺寸的壁柱，这从经济上或适用性上都不合理。因此，当层数较多、楼面荷载较大时，宜选用钢筋混凝土框架结构。

2. 横墙承重方案

房屋的每个开间都设置横墙，楼板和屋面板沿房屋纵向搁置在墙上。板传来的竖向荷载全部由横墙承受，并由横墙传至基础和地基，纵墙仅承受墙体自重。因此，这类房屋称为横墙承重方案，如图 11-23 所示。这种方案房屋竖向荷载的主要传递路线为：楼（屋）面板→横墙→基础→地基。

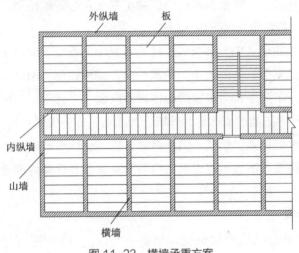

图 11-23　横墙承重方案

横墙承重方案的特点如下：

（1）横墙是主要的承重墙。纵墙的作用主要是围护、隔断以及与横墙拉结在一起，保证横墙的侧向稳定。由于纵墙是非承重墙，对纵墙上设置门、窗洞口的限制较少，外纵墙的立面处理比较灵活。

（2）横墙间距较小，一般为 3 ~ 4.5m，同时又有纵向拉结，形成良好的空间受力体系，刚度大，整体性好。对抵抗沿横墙方向作用的风力、地震作用以及调整地基的不均匀沉降等较为有利。

（3）由于在横墙上放置预制楼板，结构简单，施工方便，楼盖的材料用量较少，但墙体的用料较多。

横墙承重方案适用于宿舍、住宅、旅馆等居住建筑和由小房间组成的办公楼等。横墙承重方案中，横墙较多，承载力及刚度比较容易满足要求，故可建造较高层的房屋。

3. 纵横墙混合承重方案

当建筑物的功能要求房间的大小变化较多时，为了结构布置的合理性，通常采用纵横墙混合承重方案，如图 11-24 所示。这种方案房屋竖向荷载的主要传递路线

为：楼（屋）面板→$\left\{\begin{array}{l}梁→纵墙 \\ 横墙或纵墙\end{array}\right\}$→基础→地基。

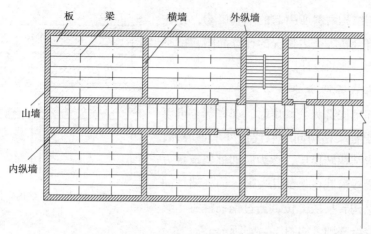

图 11-24　纵横墙混合承重方案

纵横墙混合承重方案的特点如下：

（1）纵横墙均作为承重构件，使得结构受力较为均匀，能避免局部墙体承载力过大。

（2）由于钢筋混凝土楼板（及屋面板）可以依据建筑设计的使用功能灵活布置，较好地满足使用要求，结构的整体性较好。

（3）在占地面积相同的条件下，外墙面积较小。

纵横墙混合承重方案，既可保证有灵活布置的房间，又具有较大的空间刚度和整体性，所以适用于教学楼、办公楼、医院等建筑。

4. 内框架承重方案

当房屋需要较大空间，且允许中间设柱时，可取消房屋的内承重墙而用钢筋混凝土柱代替，由钢筋混凝土柱及楼盖组成钢筋混凝土内框架。楼盖及屋盖梁在外墙处仍然支承在砌体墙或壁柱上。这种由内框架柱和外承重墙共同承担竖向荷载的承重体系称为内框架承重体系，如图 11-25 所示。这种方案房屋竖向荷载的主要传递路线为：

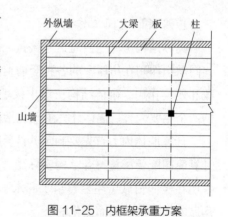

图 11-25　内框架承重方案

$$板 \to 梁 \to \begin{cases} 外纵墙 \to 外纵墙基础 \\ 柱 \to 柱基础 \end{cases} \to 地基。$$

内框架承重方案的特点如下：

（1）外墙和柱为竖向承重构件，内墙可取消，因此有较大的使用空间，平面布置灵活。

（2）由于竖向承重构件材料不同，基础形式亦不同，因此施工较复杂，易引起地基不均匀沉降。

（3）横墙较少，房屋的空间刚度较差。

内框架承重方案一般用于多层工业车间、商店等建筑。此外，某些建筑的底层为了获得较大的使用空间，有时也采用这种承重方案。必须指出，对内框架承重房屋应充分注意两种不同结构材料所引起的不利影响，并在设计中选择符合实际受力情况的计算简图，精心地进行承重墙、柱的设计。

5. 底部框架承重方案

当沿街住宅底部为公共房时，在底部也可以用钢筋混凝土框架结构同时取代内外承重墙体，相关部位形成结构转换层，称为底部框架承重方案。此时，梁板荷载在上部几层通过内外墙体向下传递，在结构转换层部位，通过钢筋混凝土梁传给柱，再传给基础，如图 11-26 所示。

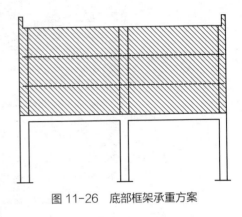

图 11-26　底部框架承重方案

底部框架承重方案的特点如下：

（1）墙和柱都是主要承重构件。以柱代替内外墙体，在使用上可获得较大的使用空间。

（2）由于底部结构形式的变化，其抗侧刚度发生了明显的变化，成为上部刚度较大、底部刚度较小的上刚下柔结构房屋。

以上是从大量工程实践中概括出来的几种承重方案。设计时，应根据不同的使用要求以及地质、材料、施工等条件，按照安全可靠、技术先进、经济合理的原则，正确选用比较合理的承重方案。

11.4.2　砌体结构房屋的静力计算方案

1. 房屋的空间工作性能

砌体结构房屋是由屋盖、楼盖、墙、柱、基础等主要承重构件组成的空间受力体系，共同承担作用在房屋上的各种竖向荷载（结构的自重，屋面、楼面的活荷载）、水平风荷载和地震作用。砌体结构房屋中仅墙、柱为砌体材料，因此墙、柱设计计算即成为本章的两个主要内容。墙体计算主要包括内力计算和截面承载力计算（或验算）。

计算墙体内力首先要确定其计算简图，也就是如何确定房屋的静力计算方案的问题。计算简图既要尽量符合结构实际受力情况，又要使计算尽可能简单。现以单层房屋为例，说明在竖向荷载（屋盖自重）和水平荷载（风荷载）作用下，房屋的静力计算是如何随房屋空间刚度不同而变化的。

情况一，如图 11-27 所示为两端没有设置山墙的单层房屋，外纵墙承重，屋盖为装配式钢筋混凝土楼盖。该房屋的水平风荷载传递路线是：风荷载→纵墙→纵墙基础→地基；竖向荷载的传递路线是：屋面板→屋面梁→纵墙→纵墙基础→地基。

假定作用于房屋的荷载是均匀分布的，外纵墙的刚度是相等的，因此在水平荷载作用下整个房屋墙顶的水平位移是相同的。如果从其中任意取出一单元，则这个单元的受力状态将和整个房屋的受力状态一样。因此，可以用这个单元的受力状态来代表整个房屋的受力状态，这个单元称为计算单元。

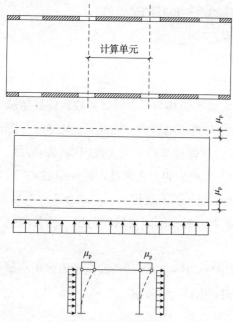

图 11-27 无山墙单跨房屋的受力状态及计算
简图

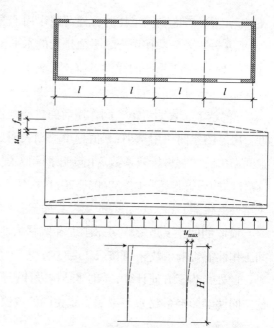

图 11-28 有山墙单跨房屋在水平力作用下的
变形情况

在这类房屋中，荷载作用下的墙顶位移主要取决于纵墙的刚度，而屋盖结构的刚度只是保证传递水平荷载时两边纵墙位移相同。如果把计算单元的纵墙看作排架柱、屋盖结构看作横梁，把基础看作柱的固定支座，屋盖结构和墙的连接点看作铰结点，则计算单元的受力状态就如同一个单跨平面排架，属于平面受力体系，其静力分析可采用结构力学的分析方法。

情况二，如图 11-28 所示为两端设置山墙的单层房屋。在水平荷载作用下，屋盖的水平位移受到山墙的约束，水平荷载的传递路线发生了变化。屋盖可以看作是水平方向的梁（跨度为房屋长度，梁高为屋盖结构沿房屋横向的跨度），两端弹性支承在山墙上，而山墙可以看作竖向悬臂梁支承在基础上。因此，该房屋水平风荷载的传递路

线是：风荷载→纵墙→$\left\{\begin{array}{l}纵墙基础 \\ 屋盖结构→山墙→山墙基础\end{array}\right\}$→地基。

从上面的分析可以清楚地看出，对于这类房屋，风荷载的传递体系已经不是平面受力体系，而是空间受力体系。此时，墙体顶部的水平位移不仅与纵墙自身刚度有关，而且与屋盖结构水平刚度和山墙顶部水平方向的位移有关。

可以用空间性能影响系数 η 来表示房屋空间作用的大小。假定屋盖在水平面内是支承于横墙上的剪切型弹性地基梁，纵墙（柱）为弹性地基，由理论分析可以得到空间性能影响系数为：

$$\eta = \frac{\mu_s}{\mu_p} = 1 - \frac{1}{chks} \leqslant 1 \tag{11-33}$$

式中 μ_s——考虑空间工作时，外荷载作用下房屋排架水平位移的最大值；

$\quad\quad\mu_p$——外荷载作用下，平面排架的水平位移值；

$\quad\quad k$——屋盖系统的弹性系数，取决于屋盖的刚度；

$\quad\quad s$——横墙的间距。

η 值越大，表明考虑空间作用后的排架柱顶最大水平位移与平面排架的柱顶位移越接近，房屋的空间作用越小；η 值越小，则表明房屋的空间作用越大。因此，η 又称为考虑空间作用后的侧移折减系数。由于按照相关理论来计算弹性系数 k 是比较困难的，为此，《砌体结构设计规范》GB 50003—2011 采用半经验、半理论的方法来确定弹性系数 k：对于第一类屋盖，$k = 0.03$；对于第二类屋盖，$k = 0.05$；对于第三类屋盖，$k = 0.065$。

横墙的间距 s 是影响房屋刚度和侧移大小的重要因素，不同横墙间距房屋的各层空间工作性能影响系数 η_i 可按表 11-23 查得。

此外，为了方便计算，《砌体结构设计规范》GB 50003—2011 偏于安全地取多层房屋的空间性能影响系数 η_i 与单层房屋相同的数值，即按表 11-23 取用。

房屋各层的空间性能影响系数 η_i 表 11-23

屋盖或楼盖类别	横墙间距 s（m）														
	16	20	24	28	32	36	40	44	48	52	56	60	64	68	72
1	—	—	—	—	0.33	0.39	0.45	0.50	0.55	0.60	0.64	0.68	0.71	0.74	0.77
2	—	0.35	0.45	0.54	0.61	0.68	0.73	0.78	0.82	—	—	—	—	—	—
3	0.37	0.49	0.60	0.68	0.75	0.81	—	—	—	—	—	—	—	—	—

注：i 取 $1 \sim n$，n 为房屋的层数。

2. 房屋的静力计算方案

影响房屋空间性能的因素很多，除上述屋盖刚度和横墙间距外，还有屋架的跨度、排架的刚度、荷载类型及多层房屋层与层之间的相互作用等。《砌体结构设计规范》GB 50003—2011 为方便计算，仅考虑屋盖刚度和横墙间距两个主要因素的影响，按房屋空间刚度（作用）大小，将砌体结构房屋静力计算方案分为三种，见表 11-24。

房屋的静力计算方案 表 11-24

屋盖或楼盖类别	刚性方案	刚弹性方案	弹性方案
整体式、装配整体式和装配式无檩体系钢筋混凝土屋盖或钢筋混凝土楼盖	$s < 32$	$32 \leqslant s \leqslant 72$	$s > 72$
装配式有檩体系钢筋混凝土屋盖、轻钢屋盖和有密铺望板的木屋盖或楼盖	$s < 20$	$20 \leqslant s \leqslant 48$	$s > 48$
瓦材屋面的木屋盖和轻钢屋盖	$s < 16$	$16 \leqslant s \leqslant 36$	$s > 36$

注：①表中 s 为房屋横墙间距，其长度单位为 m。

②当多层房屋的屋盖、楼盖类别不同或横墙间距不同时，可按本表规定分别确定各层（底层或顶部各层）房屋的静力计算方案。

③对无山墙或伸缩缝无横墙的房屋，应按弹性方案考虑。

（1）刚性方案

房屋的空间刚度很大，在水平风荷载作用下，墙、柱顶端的相对位移 $u_s/H \approx 0$（H 为纵墙高度）。此时屋盖可看成纵向墙体上端的不动铰支座，墙柱内力可按上端有不动铰支承的竖向构件进行计算，这类房屋称为刚性方案房屋。

（2）弹性方案

房屋的空间刚度很小，即在水平风荷载作用下 $\mu_s \approx \mu_p$，墙顶的最大水平位移接近于平面结构体系，其墙柱内力计算应按不考虑空间作用的平面排架或框架计算，这类房屋称为弹性方案房屋。

（3）刚弹性方案

房屋的空间刚度介于上述两种方案之间，在水平风荷载作用下 $0 < \mu_s < \mu_p$ 纵墙顶端水平位移比弹性方案要小，但又不可忽略不计，其受力状态介于刚性方案和弹性方案之间，这时墙柱内力计算应按考虑空间作用的平面排架或框架计算，这类房屋称为刚弹性方案房屋。

有关计算表明，当房屋的空间性能影响系数 $\eta < 0.33$ 时，可以近似按刚性方案计算；当 $\eta > 0.77$ 时，按弹性方案计算是偏于安全的；当 $0.33 < \eta < 0.77$ 时，可按刚弹性方案计算。在设计多层砌体结构房屋时，不宜采用弹性方案，否则会造成房屋的水平位移较大，当房屋高度增大时，可能会因为房屋的位移过大而影响结构的安全。

3.《砌体结构设计规范》GB 50003—2011 对横墙的要求

由上面的分析可知，房屋墙、柱的静力计算方案是根据房屋空间刚度的大小确定的，而房屋的空间刚度则由两个主要因素确定：一是房屋中屋（楼）盖的类别；二是房屋中横墙间距及其刚度的大小。因此作为刚性和刚弹性方案房屋的横墙，《砌体结构设计规范》GB 50003—2011 规定应符合下列要求：

（1）横墙中开有洞口时，洞口的水平截面面积不应超过横墙水平全截面面积的 50%。

（2）横墙的厚度不宜小于 180mm。

（3）单层房屋的横墙长度不宜小于其高度，多层房屋的横墙长度不宜小于 $H/2$（H 为横墙总高度）。

当横墙不能同时符合上述要求时，应对横墙的刚度进行验算。如其最大水平位移值 $u_{max} \leq H/4000$（H 为横墙总高度）时，仍可视作刚性和刚弹性方案房屋的横墙；凡符合此刚度要求的一段横墙或其他结构构件（如框架等），也可以视作刚性或刚弹性方案房屋的横墙。

横墙在水平集中力 P_1 作用下产生剪切变形（u_v）和弯曲变形（u_b），故总水平位移由两部分组成。对于单层单跨房屋，如纵墙受均布风荷载作用，且当横墙上门、窗洞口的水平截面面积不超过其水平全截面面积的 75% 时，横墙顶点的最大水平位移 u_{max} 可按下式计算，如图 11-29 所示：

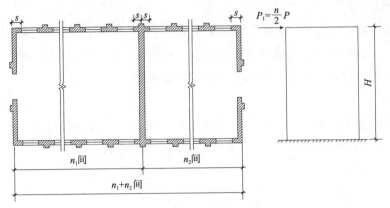

图 11-29　单层房屋横墙简图

$$u_{\max} = u_{\mathrm{v}} + u_{\mathrm{b}} = \frac{P_1 H^3}{3EI} + \frac{\tau}{G} H = \frac{nPH^3}{6EI} + \frac{2.5nPH}{EA} \qquad (11\text{-}34)$$

式中　P_1——作用于横墙顶端的水平集中荷载，$P_1 = nP/2$，且 $P = W + R$；

　　　n——与该横墙相邻的两横墙间的开间数；

　　　W——由屋面风荷载折算为每个开间柱顶处的水平集中风荷载；

　　　R——假定排架无侧移时作用在纵墙上均布风荷载所求出的每个开间柱顶的反力；

　　　H——横墙总高度；

　　　E——砌体的弹性模量；

　　　I——横墙的惯性矩，考虑转角处有纵墙共同工作时按 I 型或 [型截面计算，但从横墙中心线算起的翼缘宽度每边取 $b_{\mathrm{f}} = 0.3H$；

　　　τ——横墙水平截面上的剪应力，$\tau = \dfrac{P}{\xi A}$；

　　　ξ——剪应力分布不均匀和墙体洞口影响的折算系数，近似取 0.5；

　　　A——横墙毛截面面积；

　　　G——砌体的剪变模量，$G = \dfrac{E}{2(1+\mu)} \approx 0.4E$。

多层房屋也可以仿照上述方法进行计算：

$$u_{\max} = u_{\mathrm{v}} + u_{\mathrm{b}} = \frac{n}{6EI} \sum_{i=1}^{m} P_i H_i^3 + \frac{2.5n}{EA} \sum_{i=1}^{m} P_i H_i \qquad (11\text{-}35)$$

式中　m——房屋总层数；

　　　P_i——假定每开间框架各层均为不动铰支座时，第 i 层的支座反力；

　　　H_i——第 i 层楼面至基础上顶面的高度。

11.4.3　墙、柱的高厚比验算

砌体结构房屋中的墙、柱均是受压构件，除了应满足承载力的要求外，还必须保证

其稳定性,《砌体结构设计规范》GB 50003—2011 规定：用验算墙、柱高厚比的方法来保证墙、柱的稳定性。

1. 墙、柱的计算高度

对墙、柱进行承载力计算或验算高厚比时所采用的高度，称为计算高度。它是由墙、柱的实际高度 H，并根据房屋类别和构件两端的约束条件来确定的。按照弹性稳定理论分析结果，并为了偏于安全,《砌体结构设计规范》GB 50003—2011 规定，受压构件的计算高度 H_0 可按表 11-25 采用。

受压构件的计算高度 H_0　　　　　　　　　　表 11-25

房屋类型			柱		带壁柱墙或周边拉结的墙		
			排架方向	垂直排架方向	$s>2H$	$2H \geq s>H$	$s \leq H$
有吊车的单层房屋	变截面柱上段	弹性方案	$2.5H_u$	$1.25H_u$	$2.5H_u$		
		刚性、刚弹性方案	$2.0H_u$	$1.25H_u$	$2.0H_u$		
	变截面柱下段		$1.0H_l$	$0.8H_l$	$1.0H_l$		
无吊车的单层房屋和多层房屋	单跨	弹性方案	$1.5H$	$1.0H$	$1.5H$		
		刚弹性方案	$1.2H$	$1.0H$	$1.2H$		
	多跨	弹性方案	$1.25H$	$1.0H$	$1.25H$		
		刚弹性方案	$1.10H$	$1.0H$	$1.10H$		
	刚性方案		$1.0H$	$1.0H$	$1.0H$	$0.4s+0.2H$	$0.6s$

注：①表中 H_u 为变截面柱的上段高度；H_l 为变截面柱的下段高度。
②对于上端为自由端的构件，$H_0=2H$。
③对独立柱，当无柱间支撑时，柱在垂直排架方向的 H_0 应按表中数值乘以 1.25 后采用。
④s 为房屋横墙间距。
⑤自承重墙的计算高度应根据周边支承或拉接条件确定。
⑥表中的构件高度 H 应按下列规定采用：在房屋底层，为楼板顶面到构件下端支点的距离，下端支点的位置可取在基础顶面，当埋置较深且有刚性地坪时，可取室外地面下 500mm 处；在房屋的其他层，为楼板或其他水平支点间的距离；对于无壁柱的山墙，可取层高加山墙尖高度的1/2；对于带壁柱山墙可取壁柱处山墙的高度。

对有吊车的房屋，当荷载组合不考虑吊车作用时，变截面柱上段的计算高度可按表 11-25 规定采用；变截面柱下段的计算高度应按下列规定采用（本规定也适用于无吊车房屋的变截面柱）：

（1）当 $H_u/H \leq 1/3$ 时，取无吊车房屋的 H_0。

（2）当 $1/3<H_u/H \leq 1/2$ 时，取无吊车房屋的 H_0 乘以修正系数 μ；其中 $\mu = 1.3-0.3I_u/I_l$，I_u 为变截面柱上段的惯性矩，I_l 为变截面柱下段的惯性矩。

（3）当 $H_u/H \geq 1/3$ 时，取无吊车房屋的 H_0；但在确定 β 值时，应采用上柱截面。

2. 高厚比的影响因素

影响墙、柱允许高厚比 $[\beta]$ 的因素比较复杂，难以用理论推导的公式来计算,《砌体结构设计规范》GB 50003—2011 规定的限值是综合考虑以下各种因素确定的。

（1）砂浆强度等级

砂浆强度直接影响砌体的弹性模量，而砌体弹性模量的大小又直接影响砌体的刚度。所以砂浆强度是影响允许高厚比的重要因素。砂浆强度越高，允许高厚比亦相应增大。

（2）砌体类型

毛石墙比一般砌体墙刚度差，允许高厚比要降低，而组合砌体由于钢筋混凝土的刚度好，允许高厚比可提高。

（3）横墙间距

横墙间距越小，墙体稳定性和刚度越好；横墙间距越大，墙体稳定性和刚度越差。高厚比验算时用改变墙体的计算高度来考虑这一因素，柱子没有横墙连系，其允许高厚比应比墙小些。这一因素，在计算高度和相应高厚比的计算中考虑。

（4）砌体截面刚度

砌体截面惯性矩较大，稳定性则好。当墙上门、窗洞口削弱较多时，允许高厚比值降低，可以通过有门、窗洞口墙允许高厚比的修正系数来考虑此项影响。

（5）构造柱间距及截面

构造柱间距越小，截面越大，对墙体的约束越大，因此墙体稳定性越好，允许高厚比可提高。通过修正系数来考虑。

（6）支承条件

刚性方案房屋的墙、柱在屋盖和楼盖支承处假定为不动铰支座，刚性好；而弹性和刚弹性房屋的墙、柱在屋（楼）盖处侧移较大，稳定性差。验算时用改变其计算高度来考虑这一因素。

（7）构件重要性和房屋使用情况

对次要构件，如自承重墙允许高厚比增大，通过修正系数考虑；对于使用时有振动的房屋，则应酌情降低。

3. 允许高厚比及其修正

墙、柱高厚比的允许极限值称允许高厚比，用 $[\beta]$ 表示，可按表 11-26 采用。需要指出，$[\beta]$ 值与墙、柱砌体材料的质量和施工技术水平等因素有关，随着科学技术的进步，在材料强度日益增高、砌体质量不断提高的情况下，$[\beta]$ 值将有所增大。

墙、柱允许高厚比 $[\beta]$ 值 　　　　　　　　　　　　表 11-26

砂浆强度等级	墙	柱
M2.5	22	15
M5.0	24	16
≥ M7.5	26	17

注：①毛石墙、柱允许高厚比应按表中数值降低 20%。
②组合砖砌体构件的允许高厚比，可按表中数值提高 20%，但不得大于 28。
③验算施工阶段砂浆尚未硬化的新砌砌体高厚比时，允许高厚比对墙取 14，对柱取 11。

自承重墙是房屋中的次要构件，且仅有自重作用。根据弹性稳定理论，对用同一材料制成的等高、等截面杆件，当两端支承条件相同且仅受自重作用时，失稳的临界荷载比上端的集中荷载要大，所以自承重墙允许高厚比的限值可适当放宽，即 $[\beta]$ 可乘以一个大于1的修正系数 μ_1。对于厚度 $h \leqslant 240\text{mm}$ 的自承重墙，μ_1 的取值分别为：

（1）当 $h = 240\text{mm}$ 时，$\mu_1 = 1.2$。

（2）当 $h = 180\text{mm}$ 时，$\mu_1 = 1.32$。

（3）当 $h = 120\text{mm}$ 时，$\mu_1 = 1.44$。

（4）当 $h = 90\text{mm}$ 时，$\mu_1 = 1.5$。

上端为自由端墙的允许高厚比，除按上述规定提高外，尚可再提高30%；对厚度小于90mm的墙，当双面用不低于M10的水泥砂浆抹面，包括抹面层的墙厚不小于90mm时，可按墙厚等于90mm验算高厚比。

对有门窗洞口的墙，允许高厚比 $[\beta]$ 可按表11-26所列数值乘以修正系数 μ_2，μ_2 可按下式计算：

$$\mu_2 = 1 - 0.4\frac{b_\text{s}}{s} \qquad （11\text{-}36）$$

式中　b_s——在宽度 s 范围内的门窗洞口总宽度，如图11-30所示；

s——相邻窗间墙或壁柱之间的距离。

当按式（11-36）计算的 μ_2 值小于0.7时，应采用0.7；当洞口高度等于或小于墙高的1/5时，取 $\mu_2 = 1.0$。

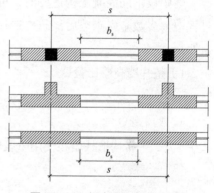

图11-30　门窗洞口宽度示意图

4. 墙、柱高厚比验算

（1）一般墙、柱高厚比验算

$$\beta = \frac{H_0}{h} \leqslant \mu_1 \mu_2 [\beta] \qquad （11\text{-}37）$$

式中　H_0——墙、柱的计算高度，按表11-25取用；

h——墙厚或矩形柱与 H_0 相对应的边长；

μ_1——自承重墙允许高厚比的修正系数，按前述规定采用；

μ_2——有门窗洞口的墙允许高厚比修正系数，按前述规定采用；

$[\beta]$——墙、柱允许高厚比，按表11-26取用。

（2）带壁柱墙的高厚比验算

1）整片墙高厚比验算

$$\beta = \frac{H_0}{h_\text{T}} \leqslant \mu_1 \mu_2 [\beta] \qquad （11\text{-}38）$$

式中 h_T——带壁柱墙截面的折算厚度，$h_T = 3.5i$；

i——带壁柱墙截面的回转半径，$i = \sqrt{I/A}$；I、A 分别为带壁柱墙截面的惯性矩和截面面积。

《砌体结构设计规范》GB 50003—2011 规定，当确定带壁柱墙的计算高度 H_0 时，s 应取相邻横墙间距。在确定截面回转半径 i 时，带壁柱墙的计算截面翼缘宽度 b_f 可按下列规定采用（取小值）：

①多层房屋，当有门窗洞口时，可取窗间墙宽度；当无门窗洞口时，每侧翼墙宽度可取壁柱高度的 1/3。

②单层房屋，可取壁柱宽加 2/3 墙高，但不大于窗间墙宽度和相邻壁柱间距离。

③计算带壁柱墙的条形基础时，可取相邻壁柱间的距离。

2）壁柱间墙的高厚比验算

壁柱间墙的高厚比可按无壁柱墙式（11–37）进行验算。此时可将壁柱视为壁柱间墙的不动铰支座。因此计算 H_0 时，s 应取相邻壁柱间距离，而且不论带壁柱墙体房屋的静力计算采用何种计算方案，H_0 一律按表 11–26 中的刚性方案取用。

（3）带构造柱墙高厚比验算

墙中设钢筋混凝土构造柱时，可提高墙体使用阶段的稳定性和刚度。但由于在施工过程中大多数是先砌墙后浇筑构造柱，所以应采取措施，保证构造柱墙在施工阶段的稳定性。

1）整片墙高厚比验算

$$\beta = \frac{H_0}{h_T} \leq \mu_1 \mu_2 \mu_c [\beta] \qquad (11–39)$$

式中 μ_c——带构造柱墙在使用阶段的允许高厚比提高系数，按下式计算。

$$\mu_c = 1 + \gamma \frac{b_c}{l} \qquad (11–40)$$

式中 γ——系数；对细料石、半细料石砌体，$\gamma = 0$；对混凝土砌块、粗料石、毛料石及毛砌体，$\gamma = 1.0$；其他砌体，$\gamma = 1.5$；

b_c——构造柱沿墙长方向的宽度；

l——构造柱间距。

当确定 H_0 时，s 取相邻横墙间距。

为与组合砖墙承载力计算相协调，规定：当 $b_c/l > 0.25$ 时，取 $b_c/l = 0.25$；当 $b_c/l < 0.05$ 时，取 $b_c/l = 0$。表明构造柱间距过大，对提高墙体稳定性和刚度的作用已很小，考虑构造柱有利作用的高厚比验算不适用于施工阶段，此时，对施工阶段直接取 $\mu_c = 1.0$。

2）构造柱间墙的高厚比验算

构造柱间墙的高厚比可按式（11–37）进行验算。此时可将构造柱视为壁柱间墙的不动铰支座。因此计算 H_0 时，s 应取相邻构造柱间距离，而且不论带壁柱墙体的房屋静力计算采用何种计算方案，H_0 一律按表 11-25 中的刚性方案取用。

《砌体结构设计规范》GB 50003—2011 规定，设有钢筋混凝土圈梁的带壁柱墙或带构造柱墙，当 $b/s \geq 1/30$ 时，圈梁可视作壁柱间墙或构造柱间墙的不动铰支点（b 为圈梁宽度）。这是由于圈梁的水平刚度较大，能够限制壁柱间墙体或构造柱间墙的侧向变形的缘故。如果墙体条件不允许增加圈梁的宽度，可按墙体平面外等刚度原则增加圈梁高度，以满足壁柱间墙或构造柱间墙不动铰支点的要求。

【例 11-4】某无吊车的单层仓库，平面尺寸、山墙立面尺寸、壁柱墙截面尺寸如图 11-31 所示，层高 4.2m，采用 M2.5 砂浆砌筑，采用装配式无檩体系钢筋混凝土屋盖，试验算纵墙与山墙的高厚比。

【解】（1）静力计算方案的确定

根据装配式无檩体系钢筋混凝土屋盖，查表 11-24 得 $s < 32\text{m}$ 时属刚性方案房屋，本题山墙间距 $s = 24\text{m} < 32\text{m}$，故为刚性方案。

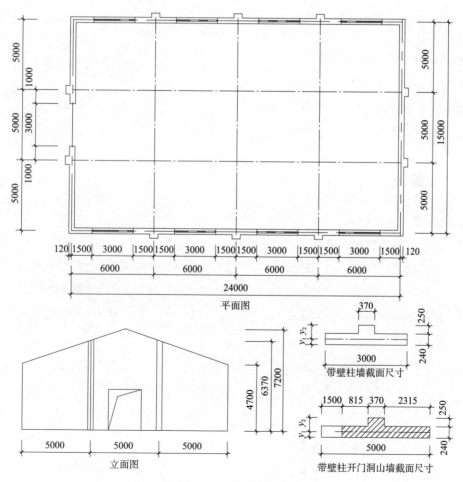

图 11-31 单层仓库尺寸图

（2）纵墙高厚比验算

1）求带壁柱墙截面几何特征

$A = 240 \times 3000 + 370 \times 250 = 8.13 \times 10^5 \text{mm}^2$

$y_1 = [3000 \times 240 \times 120 + 250 \times 370 \times (240 + 250/2)] / (8.13 \times 10^5) = 147.8 \text{mm}$

$I = 1/3 \times 3000 \times 147.8^3 + 1/3 \times 370 \times (250 + 240 - 147.8)^3 + 1/3 \times (3000 - 370)(240 - 147.8)^3$

$\quad = 8.86 \times 10^9 \text{mm}^4$

$i = \sqrt{\dfrac{I}{A}} = \sqrt{\dfrac{8.86 \times 10^9}{8.13 \times 10^5}} = 104.39 \text{mm}$

$h_T = 3.5i = 3.5 \times 104.39 = 365.37 \text{mm}$

2）纵墙整片墙高厚比验算

壁柱高度 $H = 4.2 + 0.5 = 4.7 \text{m}$（0.5m 是室内地面至基础顶面的距离）

$s = 24\text{m} > 2H = 2 \times 4.7 = 9.4 \text{m}$

查表 11-25 知：壁柱的计算高度 $H_0 = 1.0H = 4.7 \text{m}$；$[\beta] = 22$；$\mu_1 = 1.0$

$\mu_2 = 1 - 0.4 \dfrac{b_s}{s} = 1 - 0.4 \times \dfrac{3000}{24000} = 0.95$

$\beta = \dfrac{H_0}{h_T} = \dfrac{4.7 \times 10^3}{365.37} = 12.86 < \mu_1 \mu_2 [\beta] = 1.0 \times 0.95 \times 22 = 20.9$

3）纵墙壁柱间墙高厚比验算

$H = 4.7\text{m} < s = 6\text{m} < 2H = 9.4 \text{m}$

查表 11-25 得 $H_0 = 0.4s + 0.2H = 0.4 \times 6 + 0.2 \times 4.7 = 3.34 \text{m}$；$[\beta] = 22$；$\mu_1 = 1.0$

$\mu_2 = 1 - 0.4 \dfrac{b_s}{s} = 1 - 0.4 \times \dfrac{3000}{6000} = 0.8$

$\beta = \dfrac{H_0}{h} = \dfrac{3.34 \times 10^3}{240} = 13.92 < \mu_1 \mu_2 [\beta] = 1.0 \times 0.8 \times 22 = 17.6$

所以纵墙满足稳定性要求。

（3）山墙高厚比验算

1）求带壁柱开门洞山墙截面的几何特征

$A = 370 \times (240 + 250) \times (3500 - 370) \times 240 = 9.325 \times 10^5 \text{mm}^2$

$y_1 = [3500 \times 240 \times 120 + 250 \times 370 \times (240 + 250/2)] / (9.325 \times 10^5) = 144.3 \text{mm}$

$I = 1/3 \times 3500 \times 144.3^3 + 1/3 \times 370 \times (250 + 240 - 144.3)^3 + 1/3 \times (3500 - 370)(240 - 144.3)^3$

$\quad = 9.52 \times 10^9 \text{mm}^4$

$i = \sqrt{\dfrac{I}{A}} = \sqrt{\dfrac{9.52 \times 10^9}{9.325 \times 10^5}} = 101.04 \text{mm}$

$h_T = 3.5i = 3.5 \times 101.04 = 353.64 \text{mm}$

2）开门洞山墙整片墙高厚比验算

$H = 6.37 \text{m}$（取山墙壁柱高度）

$s = 15\text{m} > 2H = 12.74 \text{m}$；查表 11-25 得 $H_0 = 1.0H = 6.37 \text{m}$；$[\beta] = 22$；$\mu_1 = 1.0$

$$\mu_2 = 1 - 0.4 \frac{b_s}{s} = 1 - 0.4 \times \frac{3000}{15000} = 0.92$$

$$\beta = \frac{H_0}{h_T} = \frac{6.37 \times 10^3}{353.64} = 18.01 < \mu_1 \mu_2 [\beta] = 1.0 \times 0.92 \times 22 = 20.24$$

3）开门洞山墙壁柱间墙高厚比验算

墙高取中间壁柱间墙的平均高度，即 $H = (6.37 + 7.2) / 2 = 6.79\text{m}$；壁柱间墙长 $s = 5\text{m}$

由于 $s = 5\text{m} < H = 6.79\text{m}$；$H_0 = 0.6s = 0.6 \times 5 = 3.0\text{m}$；$[\beta] = 22$；$\mu_1 = 1.0$

$$\mu_2 = 1 - 0.4 \frac{b_s}{s} = 1 - 0.4 \times \frac{3000}{5000} = 0.76$$

$$\beta = \frac{H_0}{h} = \frac{3.0 \times 10^3}{240} = 12.5 < \mu_1 \mu_2 [\beta] = 1.0 \times 0.76 \times 22 = 16.72$$

所以山墙稳定性满足要求。

本章小结

1. 砌体由砌块用砂浆砌筑而成，砌体主要用于承受压力，砌体抗压强度主要与块体和砂浆等级有关，一般直接由表查得，砌体抗压强度高于轴心抗拉、弯曲抗拉和抗剪强度，但远低于块体的抗压强度。

2. 根据相对偏心距 e/h 和高厚比 β 不同，受压构件可分为轴心受压短柱、轴心受压长柱、偏心受压短柱和偏心受压长柱。无论是轴心还是偏心，是短柱还是长柱，均可按统一的公式进行承载力计算。

3. 受压构件进行承载力计算时，轴向力偏心距 e（按荷载设计值计算），根据实践经验，一般不应超过偏心距限值 $0.6y$。

4. 局部受压分为局部均匀和局部不均匀受压两种，前者可见于柱下受压，后者常见于梁下局部受压。当砌体局部受压承载力不够时，一般采用设置垫块的方法来提高砌体受压的承载力，满足设计要求。

5. 混合结构房屋墙体设计的内容和步骤是：进行墙体布置、确定静力计算方案（计算简图）、验算高厚比以及计算墙体的内力并验算其承载力。

6. 墙、柱高厚比验算的目的是为了保证墙、柱在施工阶段和使用阶段的稳定性。对于带壁柱的墙，除进行整片墙高厚比验算之外，还应进行壁柱间墙高厚比的验算。

思考与练习题

1. 在砌体结构中砌块与砂浆的作用如何？砖块体与砂浆常用的强度等级有哪些？

2. 砌体结构设计中对砖块体与砂浆有何基本要求？

3. 轴心受压砌体的破坏特征如何？影响砌体抗压强度的因素有哪些？

4. 影响无筋砌体受压构件承载力的主要因素有哪些？

5. 如何采用砌体强度设计值的调整系数？

6. 受压构件偏心距的限值是多少？设计中当偏心距超过该规定的限值时，应采取何种措施或方法？

7. 试述砌体局部抗压强度提高的原因？如何采用影响局部抗压强度的计算面积 A_0？在局部受压计算中，梁端有效支承长度 a_0 与哪些因素有关？

8. 为什么要对墙、柱进行高厚比验算？怎样验算？

9. 某教学楼门厅砖柱，柱的计算高度为 5.4m，柱顶处作用设计轴心压力 205kN，砖柱采用烧结普通砖 MU10 和混合砂浆 M5 砌筑，试设计该柱截面（考虑柱自重，柱的实际高度为 5.4m）。

10. 某宿舍的外廊砖柱，截面尺寸为 370mm×490mm，采用烧结普通砖 MU10，混合砂浆 M2.5，承受轴向力设计值 N = 150kN，已知荷载标准值产生的沿柱长边方向的偏心距为 65mm，柱的计算长度为 5.1m，试核算该柱的承载力。

11. 某窗间墙截面尺寸为 1200mm×370mm，采用烧结普通砖 MU10，混合砂浆 M2.5，墙上支承着截面尺寸为 250mm×600mm 的钢筋混凝土梁，梁伸入墙内的支承长度为 370mm，由荷载设计值产生的梁端支承压力为 130kN（荷载标准值产生的支承压力为 100kN），上部轴向力设计值为 156kN（上部轴向力标准值为 130kN）。试验算梁端支承处砌体的局部受压承载力，如不够则应采取什么措施加以解决？

12. 某房屋砖柱截面为 490mm×370mm，采用烧结普通砖 MU10 和砂浆 M2.5 砌筑，层高 4.5m，假定为刚性方案，试验算该柱的高厚比。

附　表

混凝土强度标准值（N/mm²）　附表1

强度种类	混凝土强度等级					
	C20	C25	C30	C35	C40	C45
轴心抗压 f_{ck}	13.4	16.7	20.1	23.4	26.8	29.6
轴心抗拉 f_{tk}	1.54	1.78	2.01	2.20	2.39	2.51

强度种类	混凝土强度等级						
	C50	C55	C60	C65	C70	C75	C80
轴心抗压 f_{ck}	32.4	35.5	38.5	41.5	44.5	47.4	50.2
轴心抗拉 f_{tk}	2.64	2.74	2.85	2.93	2.99	3.05	3.11

混凝土强度设计值（N/mm²）　附表2

强度种类	混凝土强度等级					
	C20	C25	C30	C35	C40	C45
轴心抗压 f_c	9.6	11.9	14.3	16.7	19.1	21.1
轴心抗拉 f_t	1.10	1.27	1.43	1.57	1.71	1.80

强度种类	混凝土强度等级					
	C55	C60	C65	C70	C75	C80
轴心抗压 f_c	25.3	27.5	29.7	31.8	33.8	35.9
轴心抗拉 f_t	1.96	2.04	2.09	2.14	2.18	2.22

普通钢筋强度标准值（N/mm²）　附表3

牌号	符号	屈服强度标准值 f_{yk}	极限强度标准值 f_{stk}
HPB300	ϕ	300	420
HRB400	ϕ	400	540
HRBF400	ϕ^F		
RRB400	ϕ^R		
HRB500	Φ	500	630
RRBF500	Φ^F		

普通钢筋强度设计值（N/mm²）　　　　　　　　附表 4

牌号	符号	抗拉强度设计值 f_y	抗压强度设计值 f_y'
HPB300	φ	270	270
HRB400	Φ	360	360
HRBF400	$Φ^F$		
RRB400	$Φ^R$		
HRB500	Φ	435	410
RRBF500	$Φ^F$		

钢筋弹性模量（×10⁵N/mm²）　　　　　　　　附表 5

种类	E_s
HPB300 钢筋	2.10
HRB400、HRB500 钢筋	2.00
HRBF400、HRBF500 钢筋	
RRB400 级钢筋	
预应力螺纹钢筋	
消除应力钢丝、中等强度预应力钢丝	
钢绞线	1.95

注：必要时可采用实测的弹性模量。

混凝土弹性模量（×10⁴N/mm²）　　　　　　　　附表 6

强度种类	混凝土强度等级					
	C20	C25	C30	C35	C40	C45
弹性模量 E_c	2.55	2.80	3.00	3.15	3.25	3.35

强度种类	混凝土强度等级					
	C50	C55	C60	C65	C70	C75	C80
弹性模量 E_c	3.45	3.55	3.60	3.65	3.70	3.75	3.80

钢筋混凝土轴心受压构件的稳定系数　　　　　　　　附表 7

l_0/b	≤ 8	10	12	14	16	18	20	22	24	26	28
l_0/d	≤ 7	8.5	10.05	12	14	15.5	17	19	21	22.5	24
l_0/i	≤ 28	35	42	48	55	62	69	76	83	90	97
φ	1.00	0.98	0.95	0.92	0.87	0.81	0.75	0.70	0.65	0.60	0.56
l_0/b	30	32	34	36	38	40	42	44	46	48	50
l_0/d	26	28	29.5	31	33	34.5	36.5	38	40	41.5	43
l_0/i	104	111	118	125	132	139	146	153	160	167	174
φ	0.52	0.48	0.44	0.40	0.36	0.32	0.29	0.26	0.23	0.21	0.19

钢筋混凝土矩形和 T 形截面受弯构件正截面承载力计算系数　　附表 8

ξ	γ_s	α_s	ξ	γ_s	α_s
0.01	0.995	0.010	0.34	0.830	0.282
0.02	0.990	0.020	0.35	0.825	0.289
0.03	0.985	0.030	0.36	0.820	0.295
0.04	0.980	0.039	0.37	0.815	0.301
0.05	0.975	0.048	0.38	0.810	0.309
0.06	0.970	0.058	0.39	0.805	0.314
0.07	0.965	0.067	0.40	0.800	0.320
0.08	0.960	0.077	0.41	0.795	0.326
0.09	0.955	0.085	0.42	0.790	0.332
0.10	0.950	0.095	0.43	0.785	0.337
0.11	0.945	0.104	0.44	0.780	0.343
0.12	0.940	0.113	0.45	0.775	0.349
0.13	0.935	0.121	0.46	0.770	0.354
0.14	0.930	0.130	0.47	0.765	0.359
0.15	0.925	0.139	0.48	0.760	0.365
0.16	0.920	0.147	0.482	0.759	0.366
0.17	0.915	0.155	0.49	0.755	0.370
0.18	0.910	0.164	0.50	0.750	0.375
0.19	0.905	0.172	0.51	0.745	0.380
0.20	0.900	0.180	0.518	0.741	0.384
0.21	0.895	0.188	0.52	0.740	0.385
0.22	0.890	0.196	0.53	0.735	0.390
0.23	0.885	0.203	0.54	0.730	0.394
0.24	0.880	0.211	0.55	0.725	0.400
0.25	0.875	0.219	0.56	0.720	0.403
0.26	0.870	0.226	0.57	0.715	0.408
0.27	0.865	0.234	0.576	0.712	0.410
0.28	0.860	0.241	0.58	0.710	0.412
0.29	0.855	0.248	0.59	0.705	0.416
0.30	0.850	0.255	0.60	0.700	0.420
0.31	0.845	0.262	0.610	0.695	0.424
0.32	0.840	0.269	0.614	0.693	0.426
0.33	0.835	0.275			

钢筋混凝土板每米宽的钢筋截面面积

附表 9

钢筋间距（mm）	钢筋直径（mm）								
	6	6/8	8	8/10	10	10/12	12	12/14	14
70	404.0	261.0	719.0	920.0	1121.0	1369.0	1616.0	1907.0	2199.0
75	377.0	524.0	671.0	859.0	1047.0	1277.0	1508.0	1780.0	2052.0
80	354.0	491.0	629.0	805.0	981.0	1198.0	1414.0	1669.0	1924.0
85	333.0	462.0	592.0	758.0	924.0	1127.0	1331.0	1571.0	1811.0
90	314.0	437.0	559.0	716.0	872.0	1064.0	1257.0	1483.0	1710.0
95	298.0	414.0	529.0	678.0	826.0	1008.0	1190.0	1405.0	1620.0
100	283.0	393.0	503.0	644.0	785.0	958.0	1131.0	1335.0	1539.0
110	257.0	357.0	457.0	585.0	714.0	871.0	1028.0	1214.0	1399.0
120	236.0	327.0	419.0	537.0	654.0	798.0	942.0	1113.0	1283.0
125	226.0	314.0	402.0	515.0	628.0	766.0	905.0	1068.0	1231.0
130	218.0	302.0	387.0	495.0	604.0	737.0	870.0	1027.0	1184.0
140	202.0	281.0	359.0	460.0	561.0	684.0	808.0	954.0	1099.0
150	189.0	262.0	335.0	429.0	523.0	639.0	754.0	890.0	1026.0
160	177.0	246.0	314.0	403.0	491.0	599.0	707.0	834.0	962.0
170	166.0	231.0	296.0	379.0	462.0	564.0	665.0	785.0	905.0
180	157.0	218.0	279.0	358.0	436.0	532.0	628.0	742.0	855.0
190	149.0	207.0	265.0	339.0	413.0	504.0	595.0	703.0	810.0
200	141.0	196.0	251.0	322.0	393.0	479.0	565.0	668.0	770.0
220	129.0	179.0	229.0	293.0	357.0	436.0	514.0	607.0	700.0
240	118.0	164.0	210.0	268.0	327.0	399.0	471.0	556.0	641.0
250	113.0	157.0	201.0	258.0	314.0	383.0	452.0	534.0	616.0
260	109.0	151.0	193.0	248.0	302.0	369.0	435.0	513.0	592.0
280	101.0	140.0	180.0	230.0	280.0	342.0	404.0	477.0	550.0
300	94.2	131.0	168.0	215.0	262.0	319.0	377.0	445.0	513.0
320	88.4	123.0	157.0	201.0	245.0	299.0	353.0	417.0	481.0

混凝土保护层最小厚度 c（mm）　　　　　　　　附表 10

环境类别	板、墙、壳	梁、柱、杆
一	15	20
二 a	20	25
二 b	25	35
三 a	30	40
三 b	40	50

说明：①混凝土强度等级不大于 C25 时，表中保护层厚度数值应增加 5mm。
　　　②钢筋混凝土基础宜设置混凝土垫层，基础中钢筋的混凝土保护层厚度应从垫层顶面算起，且不应小于 40mm。

钢筋的公称直径、公称截面面积及理论重量　　　　　附表 11

公称直径（mm）	不同根数钢筋的计算截面面积（mm²）									单根钢筋理论重量（kg/m）
	1	2	3	4	5	6	7	8	9	
6	28.3	57	85	113	142	170	198	226	255	0.222
8	50.3	101	151	201	252	302	352	402	453	0.395
10	78.5	157	236	314	393	471	550	628	707	0.617
12	113.1	226	339	452	565	678	791	904	1017	0.888
14	153.9	308	461	615	769	923	1077	1231	1385	1.21
16	201.1	402	603	804	1005	1206	1407	1608	1809	1.58
18	254.5	509	763	1017	1272	1527	1781	2036	2290	2.00
20	314.2	628	942	1256	1570	1884	2199	2513	2827	2.47
22	380.1	760	1140	1520	1900	2281	2661	3041	3421	2.98
25	490.9	982	1473	1964	2454	2945	3436	3927	4418	3.85
28	615.8	1232	1847	2463	3079	3695	4310	4926	5542	4.83
32	804.2	1609	2413	3217	4021	4826	5630	6434	7238	6.31
36	1017.9	2036	3054	4072	5089	6107	7125	8143	9161	7.99
40	1256.6	2513	3770	5027	6283	7540	8796	10053	11310	9.87
50	1963.5	3928	5892	7856	9820	11784	13748	15712	17676	15.42

结构构件的裂缝控制等级及最大裂缝宽度限值（mm）　　附表 12

环境类别	钢筋混凝土结构		预应力混凝土结构	
	裂缝控制等级	ω_{lim}（mm）	裂缝控制等级	ω_{lim}（mm）
一	三	0.30（0.4）	三	0.20
二 a		0.2		0.10
二 b			二	—
三 a、三 b			一	—

混凝土受弯构件挠度限值 附表 13

构件类型		挠度限值
吊车梁	手动吊车	$l_0/500$
	电动吊车	$l_0/600$
屋盖、楼盖及楼梯构件	当 $l_0 < 7m$ 时	$l_0/200$（$l_0/250$）
	当 $7m \leqslant l_0 \leqslant 9m$ 时	$l_0/250$（$l_0/300$）
	当 $l_0 > 9m$ 时	$l_0/300$（$l_0/400$）

注：①表中 l_0 为构件的计算跨度；计算悬臂构件的挠度限值时，其计算跨度 l_0 按实际悬臂长度的 2 倍取用。
②表中括号内的数值适用于使用上对挠度有较高要求的构件。
③如果构件制作时预先起拱，且使用上也允许，则在验算挠度时，可将计算所得的挠度值减去起拱值；对预应力混凝土构件，尚可减去预加力所产生的反拱值。
④构件制作时的起拱值和预加力所产生的反拱值，不宜超过构件在相应荷载组合作用下的计算挠度值。

混凝土结构环境类别 附表 14

环境类别	条件
一	室内干燥环境
	无侵蚀性静水浸没环境
二 a	室内潮湿环境
	非严寒和非寒冷地区的露天环境
	非严寒和非寒冷地区与无侵蚀性的水或土壤直接接触的环境
	严寒和寒冷地区的冰冻线以下与无侵蚀性的水或土壤直接接触的环境
二 b	干湿交替环境
	水位频繁变动环境
	严寒和寒冷地区的露天环境
	严寒和寒冷地区的冰冻线以上与无侵蚀性的水或土壤直接接触的环境
三 a	严寒和寒冷地区冬季水位冰冻区环境
	受除冰盐影响环境
	海风环境
三 b	盐渍土环境
	受除冰盐作用环境
	海岸环境
四	海水环境
五	受人为或自然的侵蚀性物质影响的环境

附表 15 等截面等跨连续梁在均布荷载和集中荷载作用下的内力系数表

均布荷载：$M =$ 表中系数 $\times ql^2$　　$V =$ 表中系数 $\times ql$

集中荷载：$M =$ 表中系数 $\times Pl$　　$V =$ 表中系数 $\times P$

式中　q——单位长度上的均布荷载；

　　　P——集中荷载；

　　　l——梁的计算跨度。

注：同跨数的梁，图中支座、跨内最大弯矩字母标注完全相同。

两跨梁内力系数表

附表 15—1

荷载图	跨内最大弯矩		支座弯矩	支座剪力			
	M_1	M_2	M_B	V_A	V_{Bl}	V_{Br}	V_C
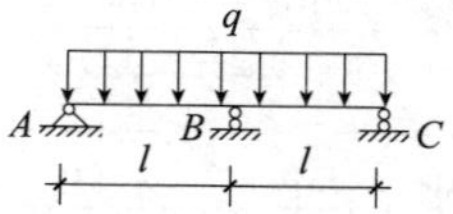	0.070	0.070	−0.125	0.375	−0.625	0.625	−0.375
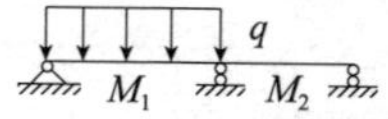	0.096	—	−0.063	0.437	−0.563	0.063	0.063
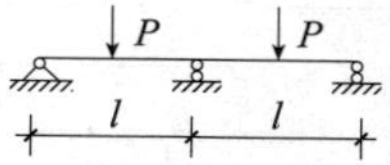	0.156	0.156	−0.188	0.312	−0.688	0.688	−0.312
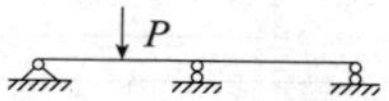	0.203	—	−0.094	0.406	−0.594	0.094	0.094
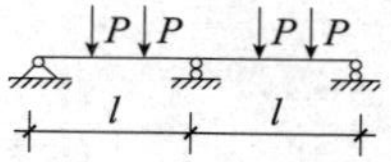	0.222	0.222	−0.333	0.667	−1.334	1.334	−0.667
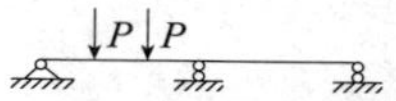	0.278	—	−0.167	0.833	−1.167	0.167	0.167

三跨梁内力系数表

附表 15-2

弯矩简图	跨内最大弯矩		支座弯矩		支座剪力					
	M_1	M_2	M_E	M_C	V_A	V_{Bl}	V_{Br}	V_{Cl}	V_{Cr}	V_D
	0.080	0.025	-0.100	-0.100	0.400	-0.600	0.500	-0.500	0.600	-0.400
	0.101	—	-0.050	-0.050	0.450	-0.550	0.000	0.000	0.550	-0.450
	—	0.075	-0.050	-0.050	0.050	-0.050	0.500	-0.500	0.050	0.050
	0.073	0.054	-0.117	-0.033	0.383	-0.617	0.583	-0.417	0.033	0.033
	0.094	—	-0.067	0.017	0.433	-0.567	0.083	0.083	-0.017	-0.017
	0.175	0.100	-0.150	-0.150	0.350	-0.650	0.500	-0.500	0.650	-0.350
	0.213	—	-0.075	-0.075	0.425	-0.575	0.000	0.000	0.575	-0.425
	—	0.175	-0.075	-0.075	-0.075	-0.075	0.500	-0.500	0.075	0.075

注：三跨梁中 $M_3 = M_1$。

续表

弯矩简图	跨内最大弯矩		支座弯矩		支座剪力					
	M_1	M_2	M_B	M_C	V_A	V_{Bl}	V_{Br}	V_{Cl}	V_{Cr}	V_D
	0.162	0.137	−0.175	−0.050	0.325	−0.675	0.625	−0.375	0.050	0.050
	0.200	—	−0.100	0.025	0.400	−0.600	0.125	−0.125	−0.025	−0.025
	0.244	0.067	−0.267	0.267	0.733	−1.267	1.000	−1.000	1.267	−0.733
	0.289	—	0.133	−0.133	0.866	−1.134	0.000	0.000	1.340	−0.866
	—	0.200	−0.133	0.133	0.133	−0.133	1.000	−1.000	0.133	0.133
	0.229	0.170	−0.311	−0.089	0.689	−1.311	1.222	−0.778	0.089	0.089
	0.274	—	−0.178	0.044	0.822	−1.178	0.222	0.222	−0.044	−0.044

注：三跨梁中 $M_3 = M_1$。

四跨梁内力系数表

附表 15-3

弯矩简图	跨内最大弯矩				支座弯矩			支座剪力				
	M_1	M_2	M_3	M_4	M_B	M_C	M_D	V_A	V_{Bl} / V_{Br}	V_{Cl} / V_{Cr}	V_{Dl} / V_{Dr}	V_E
	0.077	0.036	0.036	0.077	-0.107	-0.071	-0.107	0.393	-0.607 / 0.536	-0.464 / 0.464	-0.536 / 0.607	0.393
	0.100	—	0.081	—	-0.054	-0.036	-0.054	0.446	-0.554 / 0.018	0.018 / 0.482	-0.518 / 0.054	0.054
	0.072	0.061	—	0.098	-0.121	-0.018	-0.058	0.380	-0.620 / 0.603	-0.397 / -0.040	-0.040 / 0.558	-0.442
	—	0.056	0.056	—	-0.036	-0.107	-0.036	-0.036	-0.036 / 0.429	-0.571 / 0.571	-0.429 / 0.036	0.036
	0.094	—	—	—	-0.067	0.018	-0.004	0.433	-0.567 / 0.085	0.085 / -0.022	-0.022 / 0.004	0.004
	—	0.074	—	—	-0.049	-0.054	0.013	-0.049	-0.049 / 0.049	-0.504 / 0.067	0.067 / -0.013	-0.013
	0.169	0.116	0.116	0.169	-0.161	-0.107	-0.161	0.339	-0.661 / 0.554	-0.446 / 0.446	-0.554 / 0.661	-0.339
	0.210	—	0.183	—	-0.080	-0.054	-0.080	0.420	-0.580 / 0.027	0.027 / 0.470	-0.527 / 0.080	0.080
	0.159	0.146	—	0.206	-0.181	-0.027	-0.087	0.319	-0.681 / 0.654	-0.346 / -0.060	-0.060 / 0.587	-0.413

弯矩简图	M_1	M_2	M_3	M_4	M_B	M_C	M_D	V_A	V_{Bl} / V_{Br}	V_{Cl} / V_{Cr}	V_{Dl} / V_{Dr}	V_E
	跨内最大弯矩				支座弯矩			支座剪力				
	—	0.142	0.142	—	−0.054	−0.161	−0.054	−0.054	−0.054 / 0.393	−0.607 / 0.607	−0.393 / 0.054	0.054
	0.200	—	—	—	−0.100	0.027	−0.007	0.400	−0.600 / 0.127	0.127 / −0.033	−0.033 / 0.007	0.007
	—	0.173	—	—	−0.074	−0.080	0.020	−0.074	−0.074 / 0.493	−0.507 / 0.100	0.100 / −0.020	−0.020
	0.238	0.111	0.111	0.238	−0.286	−0.191	−0.286	0.714	−1.286 / 1.095	−0.905 / 0.905	−1.095 / 1.286	−0.714
	0.286	—	0.222	—	−0.143	−0.095	−0.143	0.857	−1.143 / 0.048	0.048 / 0.952	−1.048 / 0.143	0.143
	0.226	0.194	—	0.282	−0.321	−0.048	−0.155	0.679	−1.321 / 1.274	−0.726 / −0.107	−0.107 / 1.155	−0.845
	—	0.175	0.175	—	−0.095	−0.286	−0.095	−0.095	−0.095 / 0.810	−1.190 / 1.190	−0.810 / 0.095	0.095
	0.274	—	—	—	−0.178	0.048	−0.012	0.822	−1.178 / 0.226	0.226 / −0.060	−0.060 / 0.012	0.012
	—	0.198	—	—	−0.131	−0.143	0.036	−0.131	−0.131 / 0.988	−1.012 / 0.178	0.178 / −0.036	−0.036

五跨梁内力系数表

弯矩简图	跨内最大弯矩			支座弯矩				支座剪力					
	M_1	M_2	M_3	M_B	M_C	M_D	M_E	V_A	V_{Bl} / V_{Br}	V_{Cl} / V_{Cr}	V_{Dl} / V_{Dr}	V_{El} / V_{Er}	V_F
（满跨均布荷载）	0.078	0.033	0.046	-0.105	-0.079	-0.079	-0.105	0.394	-0.606 / 0.526	-0.474 / 0.500	-0.500 / 0.474	-0.526 / 0.606	-0.394
	0.100	—	0.085	-0.053	-0.040	-0.040	-0.053	0.447	-0.553 / 0.013	0.013 / 0.500	-0.500 / -0.013	-0.013 / 0.553	-0.447
	—	0.079	—	-0.053	-0.040	-0.040	-0.053	-0.053	-0.053 / 0.513	-0.487 / 0.000	0.000 / 0.487	-0.513 / 0.053	0.053
	0.073	0.059	—	-0.119	-0.022	-0.044	-0.051	0.380	0.620 / 0.598	-0.402 / -0.023	-0.023 / -0.493	-0.507 / 0.052	0.052
	—	0.055	0.064	-0.035	-0.111	-0.020	-0.057	-0.035	-0.035 / -0.424	-0.576 / 0.591	-0.409 / -0.037	-0.037 / 0.557	-0.443
	0.094	—	—	-0.067	0.018	-0.005	0.001	0.433	-0.567 / 0.085	0.085 / -0.023	-0.023 / 0.006	0.006 / -0.001	-0.001
	—	0.074	—	-0.049	-0.054	0.014	-0.004	-0.019	-0.049 / 0.495	-0.505 / 0.068	0.068 / -0.018	-0.018 / 0.004	0.004
	—	—	0.072	0.013	-0.053	-0.053	0.013	0.013	0.013 / -0.066	-0.066 / 0.500	-0.500 / 0.066	0.066 / -0.013	-0.013

注：五跨梁中 $M_4 = M_2$，$M_5 = M_1$。

续表

弯矩简图	跨内最大弯矩			支座弯矩				支座剪力					
	M_1	M_2	M_3	M_B	M_C	M_D	M_E	V_A	V_{Bl} V_{Br}	V_{Cl} V_{Cr}	V_{Dl} V_{Dr}	V_{El} V_{Er}	V_F
	0.171	0.112	0.132	−0.158	−0.118	−0.118	−0.158	0.342	−0.658 0.540	−0.460 0.500	−0.500 0.460	−0.540 0.658	−0.342
	0.211	−0.069	0.191	−0.079	−0.059	−0.059	−0.079	0.421	−0.579 0.020	0.020 0.500	−0.500 −0.020	−0.020 0.579	−0.421
	0.039	0.181	−0.059	−0.079	−0.059	−0.059	−0.079	−0.079	−0.079 0.520	−0.480 0.000	0.000 0.480	−0.520 0.079	0.079
	0.160	0.144	—	−0.179	−0.032	−0.066	−0.077	0.321	−0.679 0.647	−0.353 −0.034	−0.034 0.489	−0.511 0.077	0.077
	—	0.140	0.151	−0.052	−0.167	−0.031	−0.086	−0.052	−0.052 0.385	−0.615 0.637	−0.363 −0.056	−0.056 0.586	−0.414
	0.200	—	—	−0.100	0.027	−0.007	0.002	0.400	−0.600 0.127	0.127 −0.034	−0.034 0.009	0.009 −0.002	−0.002
	—	0.173	—	−0.073	−0.081	0.022	−0.005	−0.073	−0.073 0.493	−0.507 0.102	0.102 −0.027	−0.027 0.005	0.005
	—	—	0.171	0.020	−0.079	−0.079	0.020	0.020	0.020 −0.099	−0.099 0.500	−0.500 0.099	0.099 −0.020	−0.020

注：五跨梁中 $M_4 = M_2$，$M_5 = M_1$。

375

续表

弯矩简图	跨内最大弯矩			支座弯矩				支座剪力					
	M_1	M_2	M_3	M_B	M_C	M_D	M_E	V_A	V_{Bl} / V_{Br}	V_{Cl} / V_{Cr}	V_{Dl} / V_{Dr}	V_{El} / V_{Er}	V_F
	0.240	0.100	0.122	-0.281	-0.211	-0.211	-0.281	0.719	-1.281 / 1.070	-0.930 / 1.000	-1.000 / 0.930	-1.070 / 1.281	-0.719
	0.287	-0.117	0.228	-0.140	-0.105	-0.105	-0.140	0.860	-1.140 / 0.035	0.035 / 1.000	-1.000 / -0.035	-0.035 / 1.140	0.860
	-0.047	0.216	-0.105	-0.140	-0.105	-0.105	0.140	-0.140	-0.140 / 1.035	-0.965 / 0.000	0.000 / 0.965	-1.035 / 0.140	0.140
	0.227	0.189	—	-0.319	-0.057	-0.118	-0.137	0.681	-1.319 / 1.262	-0.738 / -0.061	-0.061 / 0.981	-1.019 / 0.137	0.137
	—	0.172	0.198	-0.093	-0.297	-0.054	-0.153	-0.093	-0.093 / 0.796	-1.204 / 1.243	-0.757 / -0.099	-0.099 / 1.153	-0.847
	0.274	—	—	-0.179	0.048	-0.013	0.003	0.821	-1.179 / 0.227	0.227 / -0.061	-0.061 / 0.016	0.016 / -0.003	-0.003
	—	0.198	—	0.131	-0.144	0.038	-0.010	-0.131	-0.131 / 0.987	-1.013 / 0.182	0.182 / -0.048	-0.048 / 0.010	0.010
	—	—	0.193	0.035	-0.140	-0.140	0.035	0.035	0.035 / -0.175	-0.175 / 1.000	-1.000 / 0.175	0.175 / -0.035	-0.035

注：五跨梁中 $M_4 = M_2$，$M_5 = M_1$。

附表 16　双向板在均匀荷载作用下的挠度和弯矩系数表

一、刚度

$$B_e = \frac{Eh^3}{12(1-\nu)^2}$$

式中　E——弹性模量；

　　　h——板厚；

　　　ν——泊松比。

（1）符号意义说明

　　f，f_{max}——分别为板中心点的挠度和最大挠度；

M_x，M_{xmax}——分别为平行于 l_x 方向板中心点的弯矩和板跨内最大弯矩；

M_y，M_{ymax}——分别为平行于 l_y 方向板中心点的弯矩和板跨内最大弯矩；

　　M_x^0——固定边中点沿 l_x 方向的弯矩；

　　M_y^0——固定边中点沿 l_y 方向的弯矩。

------------ 代表简支边　　mmmmmmm 代表固定边

（2）正负号的规定

弯矩——使板的受荷面受压者为正；

挠弯——变位方向与荷载方向相同者为正。

二、计算公式

挠度 = 表中系数 $\times ql^4/B_e$

弯矩 = 表中系数 $\times ql_2$

l 为表中 l_x 和 l_y 中之较小者。

三、均布荷载作用下计算系数表

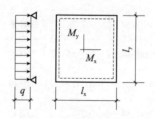

四边简支双向板（$\nu = 0$）　　　　附表 16-1

l_x/l_y	f	M_x	M_y	l_x/l_y	f	M_x	M_y
0.50	0.01013	0.0965	0.0174	0.80	0.00603	0.0561	0.0334
0.55	0.00940	0.0892	0.0210	0.85	0.00547	0.0506	0.0349
0.60	0.00867	0.0820	0.0240	0.90	0.00496	0.0456	0.0358
0.65	0.00796	0.0750	0.0271	0.95	0.00449	0.0410	0.0364
0.70	0.00727	0.0683	0.0296	1.00	0.00406	0.0368	0.0368
0.75	0.00663	0.0620	0.0317				

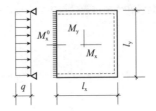

三边简支、一边固定双向板（$v = 0$） 附表 16-2

l_x/l_y	l_y/l_x	f	f_{max}	M_x	M_{xmax}	M_y	M_{ymax}	M_x^0
0.50		0.00488	0.00504	0.0583	0.0646	0.0060	0.0063	−0.1212
0.55		0.00471	0.00492	0.0563	0.0618	0.0081	0.0087	−0.1187
0.60		0.00453	0.00472	0.0539	0.0589	0.0104	0.0111	−0.1158
0.65		0.00432	0.00448	0.0513	0.0559	0.0126	0.0133	−0.1124
0.70		0.00410	0.00422	0.0485	0.0529	0.0148	0.0154	−0.1087
0.75		0.00388	0.00399	0.0457	0.0496	0.0168	0.0174	−0.1048
0.80		0.00365	0.00376	0.0428	0.0463	0.0187	0.0193	−0.1007
0.85		0.00343	0.00352	0.0400	0.0431	0.0204	0.0211	−0.0965
0.90		0.00321	0.00329	0.0372	0.0400	0.0219	0.0226	−0.0922
0.95		0.00299	0.00306	0.0345	0.0369	0.0232	0.0239	−0.0880
1.00	1.00	0.00279	0.00285	0.0319	0.0340	0.0243	0.0249	−0.0839
	0.95	0.00316	0.00324	0.0324	0.0345	0.0280	0.0287	−0.0882
	0.90	0.00360	0.00368	0.0328	0.0347	0.0322	0.0330	−0.0926
	0.85	0.00409	0.00417	0.0329	0.0347	0.0370	0.0378	−0.0970
	0.80	0.00464	0.00473	0.0326	0.0343	0.0424	0.0433	−0.1014
	0.75	0.00526	0.00536	0.0319	0.0335	0.0485	0.0494	−0.1056
	0.70	0.00595	0.00605	0.0308	0.0323	0.0553	0.0562	−0.1096
	0.65	0.00670	0.00680	0.0291	0.0306	0.0627	0.0637	−0.1133
	0.60	0.00752	0.00762	0.0268	0.0289	0.0707	0.0717	−0.1166
	0.55	0.00838	0.00848	0.0239	0.0271	0.0792	0.0801	−0.1193
	0.50	0.00927	0.00935	0.0205	0.0249	0.0880	0.0888	−0.1215

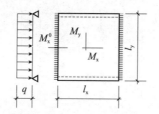

两对边简支、两对边固定双向板（ v = 0 ）　　附表 16–3

l_x/l_y	l_y/l_x	f	M_x	M_y	M_x^0
0.50		0.00261	0.0416	0.0017	−0.0843
0.55		0.00259	0.0410	0.0028	−0.0840
0.60		0.00255	0.0402	0.0042	−0.0834
0.65		0.00250	0.0392	0.0057	−0.0826
0.70		0.00243	0.0379	0.0072	−0.0814
0.75		0.00236	0.0366	0.0088	−0.0799
0.80		0.00228	0.0351	0.0103	−0.0782
0.85		0.00220	0.0335	0.0118	−0.0763
0.90		0.00211	0.0319	0.0133	−0.0743
0.95		0.00201	0.0302	0.0146	−0.0721
1.00	1.00	0.00192	0.0285	0.0158	−0.0698
	0.95	0.00223	0.0296	0.0189	−0.0746
	0.90	0.00260	0.0306	0.0224	−0.0797
	0.85	0.00303	0.0314	0.0266	−0.0850
	0.80	0.00354	0.0319	0.0316	−0.0904
	0.75	0.00413	0.0321	0.0374	−0.0959
	0.70	0.00482	0.0318	0.0441	−0.1013
	0.65	0.00560	0.0308	0.0518	−0.1066
	0.60	0.00647	0.0292	0.0604	−0.1114
	0.55	0.00743	0.0267	0.0698	−0.1156
	0.50	0.00844	0.0234	0.0798	−0.1191

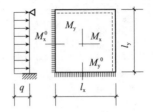

两邻边简支、两邻边固定双向板（$v=0$）　　　　　　　附表 16-4

l_x/l_y	f	f_{max}	M_x	M_{xmax}	M_y	M_{ymax}	M_x^0	M_y^0
0.50	0.00468	0.00471	0.0559	0.0562	0.0079	0.0135	−0.1179	−0.0786
0.55	0.00445	0.00454	0.0529	0.0530	0.0104	0.0153	−0.1140	−0.0785
0.60	0.00419	0.00429	0.0496	0.0498	0.0129	0.0169	−0.1095	−0.0782
0.65	0.00391	0.00399	0.0461	0.0465	0.0151	0.0183	−0.1045	−0.0777
0.70	0.00363	0.00368	0.0426	0.0432	0.0172	0.0195	−0.0992	−0.0770
0.75	0.00335	0.00340	0.0390	0.0396	0.0189	0.0206	−0.0938	−0.0760
0.80	0.00308	0.00313	0.0356	0.0361	0.0204	0.0218	−0.0883	−0.0748
0.85	0.00281	0.00286	0.0322	0.0328	0.0215	0.0229	−0.0829	−0.0733
0.90	0.00256	0.00261	0.0291	0.0297	0.0224	0.0238	−0.0776	−0.0716
0.95	0.00232	0.00237	0.0261	0.0267	0.0230	0.0244	−0.0726	−0.0698
1.00	0.00210	0.00215	0.0234	0.0240	0.0234	0.0249	−0.0677	−0.0677

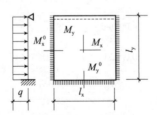

一边简支、三边固定双向板（$v=0$）　　　　　　　附表 16-5

l_x/l_y	l_y/l_x	f	f_{max}	M_x	M_{xmax}	M_y	M_{ymax}	M_x^0	M_y^0
0.50		0.00257	0.00258	0.0408	0.0409	0.0028	0.0089	−0.0836	−0.0569
0.55		0.00252	0.00255	0.0398	0.0399	0.0042	0.0093	−0.0827	−0.0570
0.60		0.00245	0.00249	0.0384	0.0386	0.0059	0.0105	−0.0814	−0.0571
0.65		0.00237	0.00240	0.0368	0.0371	0.0076	0.0116	−0.0796	−0.0572
0.70		0.00227	0.00229	0.0350	0.0354	0.0093	0.0127	−0.0774	−0.0572
0.75		0.00216	0.00219	0.0331	0.0335	0.0109	0.0137	−0.0750	−0.0572

l_x/l_y	l_y/l_x	f	f_{max}	M_x	M_{xmax}	M_y	M_{ymax}	M_x^0	M_y^0
0.80		0.00205	0.00208	0.0310	0.0314	0.0124	0.0147	−0.0722	−0.0570
0.85		0.00193	0.00196	0.0289	0.0293	0.0138	0.0155	−0.0693	−0.0567
0.90		0.00181	0.00184	0.0268	0.0273	0.0159	0.0163	−0.0663	−0.0563
0.95		0.00169	0.00172	0.0247	0.0252	0.0160	0.0172	−0.0631	−0.0558
1.00	1.00	0.00157	0.00160	0.0227	0.0231	0.0168	0.0180	−0.0600	−0.0550
	0.95	0.00178	0.00182	0.0229	0.0234	0.0194	0.0207	−0.0629	−0.0599
	0.90	0.00201	0.00206	0.0228	0.0234	0.0223	0.0238	−0.0656	−0.0653
	0.85	0.00227	0.00233	0.0225	0.0231	0.0255	0.0273	−0.0683	−0.0711
	0.80	0.00256	0.00262	0.0219	0.0224	0.0290	0.0311	−0.0707	−0.0772
	0.75	0.00286	0.00294	0.0208	0.0214	0.0329	0.0354	−0.0729	−0.0837
	0.70	0.00319	0.00327	0.0194	0.0200	0.0370	0.0400	−0.0748	−0.0903
	0.65	0.00352	0.00365	0.0175	0.0182	0.0412	0.0446	−0.0762	−0.0970
	0.60	0.00386	0.00403	0.0153	0.0160	0.0454	0.0493	−0.0773	−0.1033
	0.55	0.00419	0.00437	0.0127	0.0133	0.0496	0.0541	−0.0780	−0.1093
	0.50	0.00449	0.00463	0.0099	0.0103	0.0534	0.0588	−0.0784	−0.1146

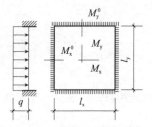

四边固定双向板（$v = 0$）　　　　　　附表 16-6

l_x/l_y	f	M_x	M_y	M_x^0	M_y^0
0.50	0.00253	0.0400	0.0038	−0.0829	−0.0570
0.55	0.00246	0.0385	0.0056	−0.0814	−0.0571
0.60	0.00236	0.0367	0.0076	−0.0793	−0.0571
0.65	0.00224	0.0345	0.0095	−0.0766	−0.0571
0.70	0.00211	0.0321	0.0113	−0.0735	−0.0569
0.75	0.00197	0.0296	0.0130	−0.0701	−0.0565
0.80	0.00182	0.0271	0.0144	−0.0664	−0.0559
0.85	0.00168	0.0246	0.0156	−0.0626	−0.0551
0.90	0.00153	0.0221	0.0165	−0.0588	−0.0541
0.95	0.00140	0.0198	0.0172	−0.0550	−0.0528
1.00	0.00127	0.0176	0.0176	−0.0513	−0.0513

附表 17　单阶柱柱顶反力和位移系数表

柱顶单位集中荷载作用下系数 C_0 数值　　　　　　附表 17-1

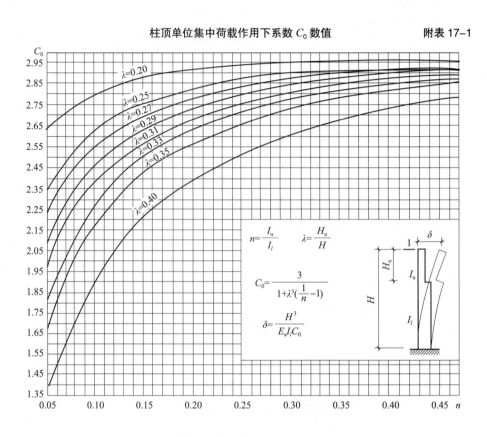

$$n=\frac{I_u}{I_l} \qquad \lambda=\frac{H_u}{H}$$

$$C_0=\frac{3}{1+\lambda^3\left(\frac{1}{n}-1\right)}$$

$$\delta=\frac{H^3}{E_a I_l C_0}$$

柱顶力矩作用下系数 C_1 的数值　　　　　　附表 17-2

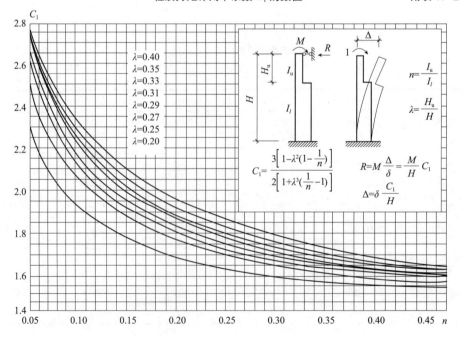

$$n=\frac{I_u}{I_l} \qquad \lambda=\frac{H_u}{H}$$

$$C_1=\frac{3\left[1-\lambda^2\left(1-\frac{1}{n}\right)\right]}{2\left[1+\lambda^3\left(\frac{1}{n}-1\right)\right]}$$

$$R=M\frac{\Delta}{\delta}=\frac{M}{H}C_1$$

$$\Delta=\delta\frac{C_1}{H}$$

力矩作用下牛腿面系数 C_3 的数值 附表 17–3

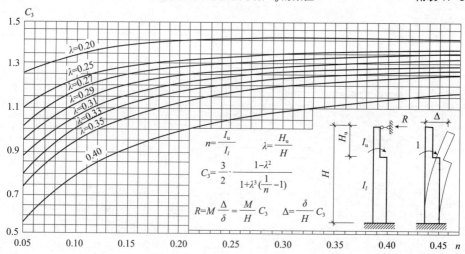

其中：

$$n=\frac{I_u}{I_l} \qquad \lambda=\frac{H_u}{H}$$

$$C_3=\frac{3}{2}\cdot\frac{1-\lambda^2}{1+\lambda^3\left(\frac{1}{n}-1\right)}$$

$$R=M\frac{\Delta}{\delta}=\frac{M}{H}C_3 \qquad \Delta=\frac{\delta}{H}C_3$$

集中荷载作用在上柱（$y=0.6H_u$）系数 C_5 的数值 附表 17–4

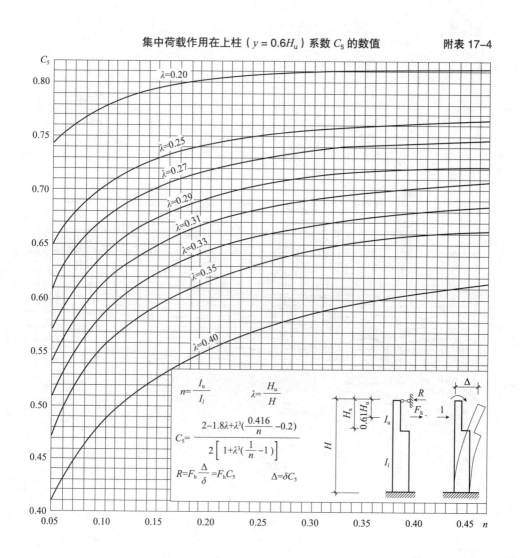

其中：

$$n=\frac{I_u}{I_l} \qquad \lambda=\frac{H_u}{H}$$

$$C_5=\frac{2-1.8\lambda+\lambda^3\left(\frac{0.416}{n}-0.2\right)}{2\left[1+\lambda^3\left(\frac{1}{n}-1\right)\right]}$$

$$R=F_h\frac{\Delta}{\delta}=F_h C_5 \qquad \Delta=\delta C_5$$

集中荷载作用在上柱（$y = 0.7H_u$）系数 C_5 的数值 　　　　附表 17-5

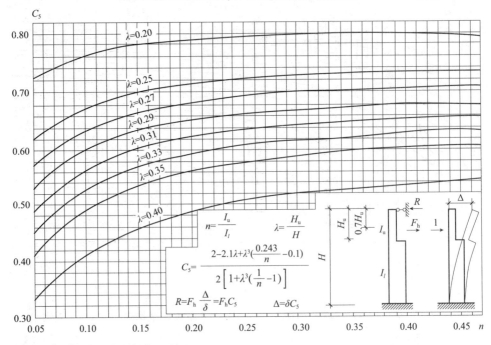

集中荷载作用在上柱（$y = 0.8H_u$）系数 C_5 的数值 　　　　附表 17-6

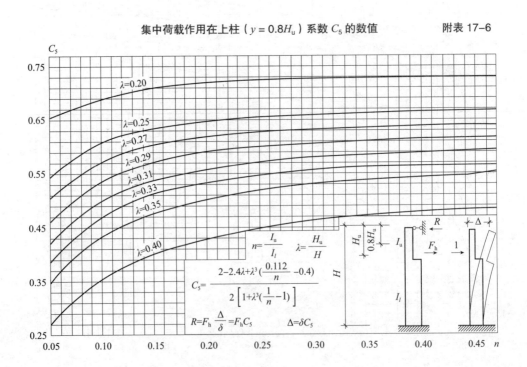

均布荷载作用在整个上柱系数 C_9 的数值 附表 17-7

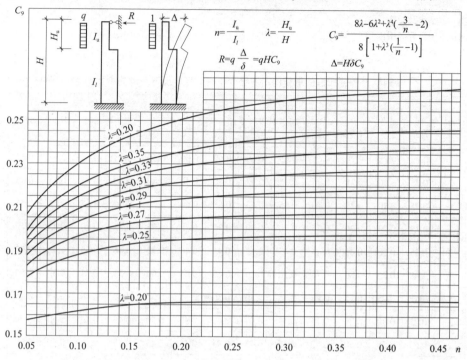

$$n=\frac{I_u}{I_l} \qquad \lambda=\frac{H_u}{H} \qquad C_9=\frac{8\lambda-6\lambda^2+\lambda^4(\frac{3}{n}-2)}{8\left[1+\lambda^3(\frac{1}{n}-1)\right]}$$

$$R=q\frac{\Delta}{\delta}=qHC_9 \qquad \Delta=H\delta C_9$$

均布荷载作用在整个上、下柱系数 C_{11} 的数值 附表 17-8

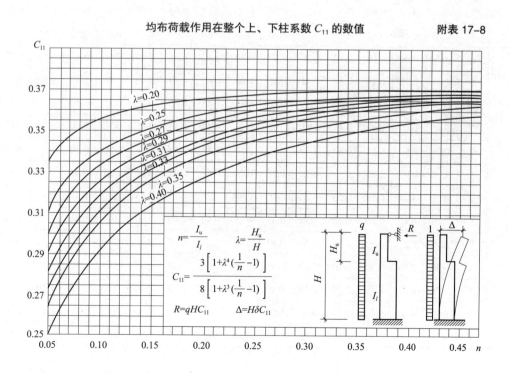

$$n=\frac{I_u}{I_l} \qquad \lambda=\frac{H_u}{H}$$

$$C_{11}=\frac{3\left[1+\lambda^4(\frac{1}{n}-1)\right]}{8\left[1+\lambda^3(\frac{1}{n}-1)\right]}$$

$$R=qHC_{11} \qquad \Delta=H\delta C_{11}$$

附表 18　规则框架和壁式框架承受均匀及倒三角形分布水平力作用时的反弯点高度比

表中　n——结构总层数；

　　　m——所计算的楼层；

　　　$\overline{K}$——梁柱的线刚度比。

规则框架和壁式框架承受均布水平力作用时标准反弯点的高度比 y_0 值　　附表 18-1

n	m	$\overline{K}$													
		0.1	0.2	0.3	0.4	0.5	0.6	0.7	0.8	0.9	1.0	2.0	3.0	4.0	5.0
1	1	0.80	0.75	0.70	0.65	0.65	0.60	0.60	0.60	0.60	0.55	0.55	0.55	0.55	0.55
2	2	0.45	0.40	0.35	0.35	0.35	0.35	0.40	0.40	0.40	0.40	0.45	0.45	0.45	0.45
	1	0.95	0.80	0.75	0.70	0.65	0.65	0.65	0.60	0.60	0.60	0.55	0.55	0.55	0.50
3	3	0.15	0.20	0.20	0.25	0.30	0.30	0.30	0.32	0.32	0.32	0.40	0.45	0.45	0.45
	2	0.55	0.50	0.45	0.45	0.45	0.45	0.45	0.45	0.45	0.45	0.45	0.50	0.50	0.50
	1	1.00	0.85	0.80	0.75	0.70	0.70	0.65	0.65	0.60	0.55	0.55	0.55	0.55	0.55
4	4	−0.05	0.05	0.15	0.20	0.25	0.30	0.30	0.35	0.35	0.35	0.40	0.45	0.45	0.45
	3	0.25	0.30	0.30	0.35	0.35	0.40	0.40	0.40	0.40	0.45	0.45	0.50	0.50	0.50
	2	0.65	0.55	0.50	0.50	0.45	0.45	0.45	0.45	0.45	0.45	0.50	0.50	0.50	0.50
	1	1.10	0.90	0.80	0.75	0.70	0.70	0.65	0.65	0.65	0.60	0.55	0.55	0.55	0.55
5	5	−0.20	0.00	0.15	0.20	0.25	0.30	0.30	0.30	0.35	0.35	0.40	0.45	0.45	0.45
	4	0.10	0.20	0.25	0.30	0.35	0.35	0.40	0.40	0.40	0.40	0.45	0.45	0.50	0.50
	3	0.40	0.40	0.40	0.40	0.40	0.45	0.45	0.45	0.45	0.45	0.45	0.50	0.50	0.50
	2	0.65	0.55	0.50	0.50	0.50	0.50	0.50	0.50	0.50	0.50	0.50	0.50	0.50	0.50
	1	1.20	0.95	0.80	0.75	0.75	0.70	0.70	0.65	0.65	0.65	0.55	0.55	0.55	0.55
6	6	−0.30	0.00	0.10	0.20	0.25	0.25	0.30	0.30	0.35	0.35	0.40	0.45	0.45	0.45
	5	0.00	0.20	0.25	0.30	0.35	0.35	0.40	0.40	0.40	0.40	0.45	0.45	0.45	0.45
	4	0.20	0.30	0.35	0.35	0.40	0.40	0.40	0.45	0.45	0.45	0.45	0.50	0.50	0.50
	3	0.40	0.40	0.40	0.45	0.45	0.45	0.45	0.45	0.45	0.45	0.50	0.50	0.50	0.50
	2	0.70	0.60	0.55	0.50	0.50	0.50	0.50	0.50	0.50	0.50	0.50	0.50	0.50	0.50
	1	1.20	0.95	0.85	0.80	0.75	0.70	0.70	0.65	0.65	0.65	0.55	0.55	0.55	0.55
7	7	−0.35	−0.05	0.10	0.20	0.20	0.25	0.30	0.30	0.35	0.35	0.40	0.45	0.45	0.45
	6	−0.10	0.15	0.25	0.30	0.35	0.35	0.35	0.40	0.40	0.40	0.45	0.45	0.50	0.50
	5	0.10	0.25	0.30	0.35	0.40	0.40	0.40	0.45	0.45	0.45	0.45	0.50	0.50	0.50
	4	0.30	0.35	0.40	0.40	0.40	0.45	0.45	0.45	0.45	0.45	0.50	0.50	0.50	0.50
	3	0.50	0.45	0.45	0.45	0.45	0.45	0.45	0.45	0.45	0.45	0.50	0.50	0.50	0.50
	2	0.75	0.60	0.55	0.50	0.50	0.50	0.50	0.50	0.50	0.50	0.50	0.50	0.50	0.50
	1	1.20	0.95	0.85	0.80	0.75	0.70	0.70	0.65	0.65	0.65	0.55	0.55	0.55	0.55

n	m	$\overline{K}$													
		0.1	0.2	0.3	0.4	0.5	0.6	0.7	0.8	0.9	1.0	2.0	3.0	4.0	5.0
8	8	−0.35	−0.15	0.10	0.15	0.25	0.25	0.30	0.30	0.35	0.35	0.40	0.45	0.45	0.45
	7	−0.10	0.15	0.25	0.30	0.35	0.35	0.40	0.40	0.40	0.40	0.45	0.50	0.50	0.50
	6	0.05	0.25	0.30	0.35	0.40	0.40	0.40	0.45	0.45	0.45	0.45	0.50	0.50	0.50
	5	0.20	0.30	0.35	0.40	0.40	0.45	0.45	0.45	0.45	0.45	0.50	0.50	0.50	0.50
	4	0.35	0.40	0.40	0.45	0.45	0.45	0.45	0.45	0.45	0.45	0.50	0.50	0.50	0.50
	3	0.50	0.45	0.45	0.45	0.45	0.45	0.45	0.45	0.50	0.50	0.50	0.50	0.50	0.50
	2	0.75	0.60	0.55	0.55	0.50	0.50	0.50	0.50	0.50	0.50	0.50	0.50	0.50	0.50
	1	1.20	1.00	0.85	0.80	0.75	0.70	0.70	0.65	0.65	0.65	0.55	0.55	0.55	0.55
9	9	−0.40	−0.05	0.10	0.20	0.25	0.25	0.30	0.30	0.35	0.35	0.45	0.45	0.45	0.45
	8	−0.15	0.15	0.25	0.30	0.35	0.35	0.35	0.40	0.40	0.40	0.45	0.45	0.45	0.45
	7	0.05	0.25	0.30	0.35	0.40	0.40	0.40	0.45	0.45	0.45	0.45	0.50	0.50	0.50
	6	0.15	0.30	0.35	0.40	0.40	0.45	0.45	0.45	0.45	0.45	0.50	0.50	0.50	0.50
	5	0.25	0.35	0.40	0.40	0.45	0.45	0.45	0.45	0.45	0.45	0.50	0.50	0.50	0.50
	4	0.40	0.40	0.40	0.45	0.45	0.45	0.45	0.45	0.45	0.45	0.50	0.50	0.50	0.50
	3	0.55	0.45	0.45	0.45	0.45	0.45	0.45	0.45	0.45	0.50	0.50	0.50	0.50	0.50
	2	0.80	0.65	0.55	0.55	0.50	0.50	0.50	0.50	0.50	0.50	0.50	0.50	0.50	0.50
	1	1.20	1.00	0.85	0.80	0.75	0.70	0.70	0.65	0.65	0.65	0.55	0.55	0.55	0.55
10	10	−0.40	−0.05	0.10	0.20	0.25	0.30	0.30	0.30	0.35	0.35	0.40	0.45	0.45	0.45
	9	−0.15	0.15	0.25	0.30	0.35	0.35	0.40	0.40	0.40	0.40	0.45	0.45	0.50	0.50
	8	0.00	0.25	0.30	0.35	0.40	0.40	0.40	0.45	0.45	0.45	0.45	0.50	0.50	0.50
	7	0.10	0.30	0.35	0.40	0.40	0.45	0.45	0.45	0.45	0.45	0.50	0.50	0.50	0.50
	6	0.20	0.35	0.40	0.40	0.45	0.45	0.45	0.45	0.45	0.45	0.50	0.50	0.50	0.50
	5	0.30	0.40	0.40	0.45	0.45	0.45	0.45	0.45	0.45	0.50	0.50	0.50	0.50	0.50
	4	0.40	0.40	0.45	0.45	0.45	0.45	0.45	0.45	0.45	0.50	0.50	0.50	0.50	0.50
	3	0.55	0.50	0.45	0.45	0.45	0.50	0.50	0.50	0.50	0.50	0.50	0.50	0.50	0.50
	2	0.80	0.65	0.55	0.55	0.55	0.50	0.50	0.50	0.50	0.50	0.50	0.50	0.50	0.50
	1	1.30	1.00	0.85	0.80	0.75	0.70	0.70	0.65	0.65	0.65	0.60	0.55	0.55	0.55

续表

n	m	$\overline{K}$													
		0.1	0.2	0.3	0.4	0.5	0.6	0.7	0.8	0.9	1.0	2.0	3.0	4.0	5.0
11	11	−0.40	0.05	0.10	0.20	0.25	0.30	0.30	0.30	0.35	0.35	0.40	0.45	0.45	0.45
	10	−0.15	0.15	0.25	0.30	0.35	0.35	0.40	0.40	0.40	0.40	0.45	0.45	0.50	0.50
	9	0.00	0.25	0.30	0.35	0.40	0.40	0.40	0.45	0.45	0.45	0.45	0.50	0.50	0.50
	8	0.10	0.30	0.35	0.40	0.40	0.45	0.45	0.45	0.45	0.45	0.50	0.50	0.50	0.50
	7	0.20	0.35	0.40	0.45	0.45	0.45	0.45	0.45	0.45	0.45	0.50	0.50	0.50	0.50
	6	0.25	0.35	0.40	0.45	0.45	0.45	0.45	0.45	0.45	0.45	0.50	0.50	0.50	0.50
	5	0.35	0.40	0.40	0.45	0.45	0.45	0.45	0.45	0.45	0.50	0.50	0.50	0.50	0.50
	4	0.40	0.45	0.45	0.45	0.45	0.45	0.45	0.50	0.50	0.50	0.50	0.50	0.50	0.50
	3	0.55	0.50	0.50	0.50	0.50	0.50	0.50	0.50	0.50	0.50	0.50	0.50	0.50	0.50
	2	0.80	0.65	0.60	0.55	0.55	0.50	0.50	0.50	0.50	0.50	0.50	0.50	0.50	0.50
	1	0.30	1.00	0.85	0.80	0.75	0.70	0.70	0.65	0.65	0.65	0.60	0.55	0.55	0.55
12以上	1	−0.40	−0.05	0.10	0.20	0.25	0.30	0.30	0.30	0.35	0.35	0.40	0.45	0.45	0.45
	2	−0.15	0.15	0.25	0.30	0.35	0.35	0.40	0.40	0.40	0.40	0.45	0.45	0.45	0.45
	3	0.00	0.25	0.30	0.35	0.40	0.40	0.40	0.45	0.45	0.45	0.50	0.50	0.50	0.50
	4	0.10	0.30	0.35	0.40	0.40	0.45	0.45	0.45	0.45	0.45	0.50	0.50	0.50	0.50
	5	0.20	0.35	0.40	0.40	0.45	0.45	0.45	0.45	0.45	0.45	0.50	0.50	0.50	0.50
	6	0.25	0.35	0.40	0.45	0.45	0.45	0.45	0.45	0.45	0.45	0.50	0.50	0.50	0.50
	7	0.30	0.40	0.40	0.45	0.45	0.45	0.45	0.45	0.50	0.50	0.50	0.50	0.50	0.50
	8	0.35	0.40	0.45	0.45	0.45	0.45	0.45	0.50	0.50	0.50	0.50	0.50	0.50	0.50
	中间	0.40	0.40	0.45	0.45	0.45	0.45	0.50	0.50	0.50	0.50	0.50	0.50	0.50	0.50
	4	0.45	0.45	0.45	0.45	0.50	0.50	0.50	0.50	0.50	0.50	0.50	0.50	0.50	0.50
	3	0.60	0.50	0.50	0.50	0.50	0.50	0.50	0.50	0.50	0.50	0.50	0.50	0.50	0.50
	2	0.80	0.65	0.60	0.55	0.55	0.50	0.50	0.50	0.50	0.50	0.50	0.50	0.50	0.50
	1	1.30	1.00	0.85	0.80	0.75	0.70	0.70	0.65	0.65	0.65	0.55	0.55	0.55	0.55

规则框架承受倒三角形分布水平力作用时标准反弯点的高度比 y_0 值　　附表 18-2

n	m	$\overline{K}$													
		0.1	0.2	0.3	0.4	0.5	0.6	0.7	0.8	0.9	1.0	2.0	3.0	4.0	5.0
1	1	0.80	0.75	0.70	0.65	0.65	0.60	0.60	0.60	0.60	0.55	0.55	0.55	0.55	0.55
2	2	0.50	0.45	0.40	0.40	0.40	0.40	0.40	0.40	0.40	0.45	0.45	0.45	0.45	0.45
	1	1.00	0.85	0.75	0.70	0.70	0.65	0.65	0.65	0.60	0.60	0.55	0.55	0.55	0.55
3	3	0.25	0.25	0.25	0.30	0.30	0.35	0.35	0.35	0.40	0.40	0.45	0.45	0.45	0.50
	2	0.60	0.50	0.50	0.50	0.50	0.45	0.45	0.45	0.45	0.45	0.50	0.50	0.50	0.50
	1	1.15	0.90	0.80	0.75	0.75	0.70	0.70	0.65	0.65	0.65	0.60	0.55	0.55	0.55
4	4	0.10	0.15	0.20	0.25	0.30	0.30	0.35	0.35	0.35	0.40	0.45	0.45	0.45	0.45
	3	0.35	0.35	0.35	0.40	0.40	0.40	0.40	0.45	0.45	0.45	0.45	0.50	0.50	0.50
	2	0.70	0.60	0.55	0.50	0.50	0.50	0.50	0.50	0.50	0.50	0.50	0.50	0.50	0.50
	1	1.20	0.95	0.85	0.80	0.75	0.70	0.70	0.70	0.65	0.65	0.55	0.55	0.55	0.55
5	5	−0.05	0.10	0.20	0.25	0.30	0.30	0.35	0.35	0.35	0.35	0.40	0.45	0.45	0.45
	4	0.20	0.25	0.35	0.35	0.40	0.40	0.40	0.40	0.40	0.45	0.45	0.50	0.50	0.50
	3	0.45	0.40	0.45	0.45	0.45	0.45	0.45	0.45	0.45	0.45	0.50	0.50	0.50	0.50
	2	0.75	0.60	0.55	0.55	0.50	0.50	0.50	0.50	0.50	0.50	0.50	0.50	0.50	0.50
	1	1.30	1.00	0.85	0.80	0.75	0.70	0.70	0.65	0.65	0.65	0.65	0.55	0.55	0.55
6	6	−0.15	0.05	0.15	0.20	0.25	0.30	0.30	0.35	0.35	0.35	0.40	0.45	0.45	0.45
	5	0.10	0.25	0.30	0.35	0.35	0.40	0.40	0.40	0.45	0.45	0.45	0.50	0.50	0.50
	4	0.30	0.35	0.40	0.40	0.45	0.45	0.45	0.45	0.45	0.45	0.50	0.50	0.50	0.50
	3	0.50	0.45	0.45	0.45	0.45	0.45	0.45	0.45	0.45	0.50	0.50	0.50	0.50	0.50
	2	0.80	0.65	0.55	0.55	0.55	0.55	0.50	0.50	0.50	0.50	0.50	0.50	0.50	0.50
	1	1.30	1.00	0.85	0.80	0.75	0.70	0.70	0.65	0.65	0.65	0.60	0.55	0.55	0.55
7	7	−0.20	0.05	0.15	0.20	0.25	0.30	0.30	0.35	0.35	0.35	0.45	0.45	0.45	0.45
	6	0.05	0.20	0.30	0.35	0.35	0.40	0.40	0.40	0.40	0.45	0.45	0.50	0.50	0.50
	5	0.20	0.30	0.35	0.40	0.40	0.45	0.45	0.45	0.45	0.45	0.50	0.50	0.50	0.50
	4	0.35	0.40	0.40	0.45	0.45	0.45	0.45	0.45	0.45	0.45	0.50	0.50	0.50	0.50
	3	0.55	0.50	0.50	0.50	0.50	0.50	0.50	0.50	0.50	0.50	0.50	0.50	0.50	0.50
	2	0.80	0.65	0.60	0.55	0.55	0.50	0.50	0.50	0.50	0.50	0.50	0.50	0.50	0.50
	1	1.30	1.00	0.90	0.80	0.75	0.70	0.70	0.70	0.65	0.65	0.60	0.55	0.55	0.55

n	m	$\overline{K}$													
		0.1	0.2	0.3	0.4	0.5	0.6	0.7	0.8	0.9	1.0	2.0	3.0	4.0	5.0
8	8	−0.20	0.50	0.15	0.20	0.25	0.30	0.30	0.35	0.35	0.35	0.45	0.45	0.45	0.45
	7	0.00	0.20	0.30	0.35	0.35	0.40	0.40	0.40	0.40	0.45	0.45	0.50	0.50	0.50
	6	0.15	0.30	0.35	0.40	0.40	0.45	0.45	0.45	0.45	0.45	0.50	0.50	0.50	0.50
	5	0.30	0.45	0.40	0.45	0.45	0.45	0.45	0.45	0.45	0.45	0.50	0.50	0.50	0.50
	4	0.40	0.45	0.45	0.45	0.45	0.45	0.45	0.50	0.50	0.50	0.50	0.50	0.50	0.50
	3	0.60	0.50	0.50	0.50	0.50	0.50	0.50	0.50	0.50	0.50	0.50	0.50	0.50	0.50
	2	0.85	0.65	0.60	0.55	0.55	0.55	0.50	0.50	0.50	0.50	0.50	0.50	0.50	0.50
	1	1.30	1.00	0.90	0.80	0.75	0.70	0.70	0.70	0.65	0.65	0.60	0.55	0.55	0.55
9	9	−0.25	0.00	0.15	0.20	0.25	0.30	0.30	0.35	0.35	0.40	0.45	0.45	0.45	0.45
	8	0.00	0.20	0.30	0.35	0.35	0.40	0.40	0.40	0.40	0.45	0.45	0.50	0.50	0.50
	7	0.15	0.30	0.35	0.40	0.40	0.45	0.45	0.45	0.45	0.45	0.50	0.50	0.50	0.50
	6	0.25	0.35	0.40	0.40	0.45	0.45	0.45	0.45	0.45	0.50	0.50	0.50	0.50	0.50
	5	0.35	0.40	0.45	0.45	0.45	0.45	0.45	0.45	0.50	0.50	0.50	0.50	0.50	0.50
	4	0.45	0.45	0.45	0.45	0.45	0.50	0.50	0.50	0.50	0.50	0.50	0.50	0.50	0.50
	3	0.60	0.50	0.50	0.50	0.50	0.50	0.50	0.50	0.50	0.50	0.50	0.50	0.50	0.50
	2	0.85	0.65	0.60	0.55	0.55	0.55	0.55	0.50	0.50	0.50	0.50	0.50	0.50	0.50
	1	1.35	1.00	0.90	0.80	0.75	0.75	0.70	0.70	0.65	0.65	0.60	0.55	0.55	0.55
10	10	−0.25	0.00	0.15	0.20	0.25	0.30	0.30	0.35	0.35	0.40	0.45	0.45	0.45	0.45
	9	−0.05	0.20	0.30	0.35	0.35	0.40	0.40	0.40	0.40	0.45	0.45	0.50	0.50	0.50
	8	0.10	0.30	0.35	0.40	0.40	0.40	0.45	0.45	0.45	0.45	0.50	0.50	0.50	0.50
	7	0.20	0.35	0.40	0.40	0.45	0.45	0.45	0.45	0.45	0.50	0.45	0.45	0.45	0.45
	6	0.30	0.40	0.40	0.45	0.45	0.45	0.45	0.45	0.45	0.50	0.50	0.50	0.50	0.50
	5	0.40	0.45	0.45	0.45	0.45	0.45	0.45	0.50	0.50	0.50	0.50	0.50	0.50	0.50
	4	0.50	0.45	0.45	0.45	0.50	0.50	0.50	0.50	0.50	0.50	0.50	0.50	0.50	0.50
	3	0.60	0.55	0.50	0.50	0.50	0.50	0.50	0.50	0.50	0.50	0.50	0.50	0.50	0.50
	2	0.85	0.65	0.60	0.55	0.55	0.55	0.55	0.50	0.50	0.50	0.50	0.50	0.50	0.50
	1	1.35	1.00	0.90	0.80	0.75	0.75	0.70	0.70	0.65	0.65	0.60	0.55	0.55	0.55

n	m	$\overline{K}$													
		0.1	0.2	0.3	0.4	0.5	0.6	0.7	0.8	0.9	1.0	2.0	3.0	4.0	5.0
11	11	−0.25	0.00	0.15	0.20	0.25	0.30	0.30	0.30	0.35	0.35	0.45	0.45	0.45	0.45
	10	−0.05	0.20	0.25	0.30	0.35	0.40	0.40	0.40	0.40	0.45	0.45	0.50	0.50	0.50
	9	0.10	0.30	0.35	0.40	0.40	0.45	0.45	0.45	0.45	0.45	0.50	0.50	0.50	0.50
	8	0.20	0.35	0.40	0.40	0.45	0.45	0.45	0.45	0.45	0.45	0.50	0.50	0.50	0.50
	7	0.25	0.40	0.40	0.45	0.45	0.45	0.45	0.45	0.45	0.50	0.50	0.50	0.50	0.50
	6	0.35	0.40	0.45	0.45	0.45	0.45	0.45	0.50	0.50	0.50	0.50	0.50	0.50	0.50
	5	0.40	0.45	0.45	0.45	0.45	0.50	0.50	0.50	0.50	0.50	0.50	0.50	0.50	0.50
	4	0.50	0.50	0.50	0.50	0.50	0.50	0.50	0.50	0.50	0.50	0.50	0.50	0.50	0.50
	3	0.65	0.55	0.50	0.50	0.50	0.50	0.50	0.50	0.50	0.50	0.50	0.50	0.50	0.50
	2	0.85	0.65	0.60	0.55	0.55	0.55	0.55	0.55	0.55	0.55	0.55	0.55	0.55	0.55
	1	1.35	1.05	0.90	0.80	0.75	0.75	0.70	0.70	0.65	0.65	0.55	0.55	0.55	0.55
12以上	1	−0.30	0.00	0.15	0.20	0.25	0.30	0.30	0.30	0.35	0.35	0.40	0.45	0.45	0.45
	2	−0.10	0.20	0.25	0.30	0.35	0.40	0.40	0.40	0.40	0.40	0.45	0.45	0.45	0.50
	3	0.05	0.25	0.35	0.40	0.40	0.40	0.45	0.45	0.45	0.45	0.45	0.50	0.50	0.50
	4	0.15	0.30	0.40	0.40	0.45	0.45	0.45	0.45	0.45	0.45	0.50	0.50	0.50	0.50
	5	0.25	0.35	0.50	0.45	0.45	0.45	0.45	0.45	0.45	0.45	0.50	0.50	0.50	0.50
	6	0.30	0.40	0.50	0.45	0.45	0.45	0.45	0.50	0.50	0.50	0.50	0.50	0.50	0.50
	7	0.35	0.40	0.55	0.45	0.45	0.45	0.50	0.50	0.50	0.50	0.50	0.50	0.50	0.50
	8	0.35	0.45	0.55	0.45	0.50	0.50	0.50	0.50	0.50	0.50	0.50	0.50	0.50	0.50
	中间	0.45	0.45	0.55	0.45	0.50	0.50	0.50	0.50	0.50	0.50	0.50	0.50	0.50	0.50
	4	0.55	0.50	0.50	0.50	0.50	0.50	0.50	0.50	0.50	0.50	0.50	0.50	0.50	0.50
	3	0.65	0.55	0.50	0.50	0.50	0.50	0.50	0.50	0.50	0.50	0.50	0.50	0.50	0.50
	2	0.70	0.70	0.60	0.55	0.55	0.55	0.55	0.50	0.50	0.50	0.50	0.50	0.50	0.50
	1	1.35	1.05	0.90	0.80	0.75	0.70	0.70	0.70	0.65	0.65	0.60	0.55	0.55	0.55

上下层横梁线刚度比对 y_0 的修正值 y_1

附表 18-3

α_1	$\overline{K}$													
	0.1	0.2	0.3	0.4	0.5	0.6	0.7	0.8	0.9	1.0	2.0	3.0	4.0	5.0
0.4	0.55	0.40	0.30	0.25	0.20	0.20	0.20	0.15	0.15	0.15	0.05	0.05	0.05	0.05
0.5	0.45	0.30	0.20	0.20	0.15	0.15	0.15	0.10	0.10	0.10	0.05	0.05	0.05	0.05
0.6	0.30	0.20	0.15	0.15	0.10	0.10	0.10	0.10	0.05	0.05	0.05	0.05	0	0
0.7	0.20	0.15	0.10	0.10	0.10	0.10	0.05	0.05	0.05	0.05	0.05	0	0	0
0.8	0.15	0.10	0.05	0.05	0.05	0.05	0.05	0.05	0.05	0	0	0	0	0
0.9	0.05	0.05	0.05	0.05	0	0	0	0	0	0	0	0	0	0

注：

$$\alpha_1 = \frac{i_1 + i_2}{i_3 + i_4}, \text{ 当 } i_1 + i_2 > i_3 + i_4 \text{ 时，} \alpha_1 \text{ 取倒数，即 } \alpha_1 = \frac{i_3 + i_4}{i_1 + i_2}, \text{ 并且 } y_1 \text{ 值取负号。}$$

上下层高变化对 y_0 的修正 y_2 和 y_3

附表 18-4

α_2	α_3	$\overline{K}$													
		0.1	0.2	0.3	0.4	0.5	0.6	0.7	0.8	0.9	1.0	2.0	3.0	4.0	5.0
2.0		0.25	0.15	0.15	0.1	0.1	0.1	0.1	0.1	0.05	0.05	0.05	0.05	0.0	0.0
1.8		0.2	0.15	0.1	0.1	0.1	0.05	0.05	0.05	0.05	0.05	0.05	0.0	0.0	0.0
1.6	0.4	0.15	0.1	0.1	0.05	0.05	0.05	0.05	0.05	0.05	0.05	0.0	0.0	0.0	0.0
1.4	0.6	0.1	0.05	0.05	0.05	0.05	0.05	0.05	0.05	0.05	0.0	0.0	0.0	0.0	0.0
1.2	0.8	0.05	0.05	0.05	0.05	0.0	0.0	0.0	0.0	0.0	0.0	0.0	0.0	0.0	0.0
1.0	1.0	0.0	0.0	0.0	0.0	0.0	0.0	0.0	0.0	0.0	0.0	0.0	0.0	0.0	0.0
0.8	1.2	−0.05	−0.05	−0.05	−0.05	0.0	0.0	0.0	0.0	0.0	0.0	0.0	0.0	0.0	0.0
0.6	1.4	−0.10	−0.05	−0.05	−0.05	−0.05	−0.05	−0.05	−0.05	−0.05	0.0	0.0	0.0	0.0	0.0
0.4	1.6	−0.15	−0.10	−0.10	−0.05	−0.05	−0.05	−0.05	−0.05	−0.05	−0.05	0.0	0.0	0.0	0.0
	1.8	−0.20	−0.15	−0.10	−0.10	−0.10	−0.05	−0.05	−0.05	−0.05	−0.05	−0.05	0.0	0.0	0.0
	2.0	−0.25	−0.15	−0.15	−0.10	−0.10	−0.10	−0.10	−0.10	−0.05	−0.05	−0.05	−0.05	0.0	0.0

注：

y_2——按照 $\overline{K}$ 及 α_2 求得，上层较高时为正值；

y_3——按照 $\overline{K}$ 及 α_3 求得。

参考文献

[1] 中华人民共和国住房和城乡建设部，国家市场监督管理总局．建筑结构可靠性设计统一标准：GB 50068—2018[S]．北京：中国建筑工业出版社，2018．

[2] 中华人民共和国住房和城乡建设部，国家市场监督管理总局．混凝土结构通用规范：GB 55008—2021 [S]．北京：中国建筑工业出版社，2021．

[3] 中华人民共和国住房和城乡建设部，中华人民共和国国家质量监督检验检疫总局．建筑结构荷载规范：GB 50009—2012[S]．北京：中国建筑工业出版社，2012．

[4] 中华人民共和国住房和城乡建设部，中华人民共和国国家质量监督检验检疫总局．建筑抗震设计规范（2016 年版）：GB 50011—2010 [S]．北京：中国建筑工业出版社，2016．

[5] 中华人民共和国住房和城乡建设部，中华人民共和国国家质量监督检验检疫总局．混凝土结构设计规范（2015 年版）：GB 50010—2010 [S]．北京：中国建筑工业出版社，2015．

[6] 邵永健，翁晓红，劳裕华．混凝土结构设计原理 [M]．第 2 版．北京：北京大学出版社，2013．

[7] 许成祥，关萍．工程结构 [M]．第 3 版．北京：科学出版社，2020．

[8] 曹双寅，吴京．工程结构设计原理 [M]．南京：东南大学出版社，2018．

[9] 邱洪兴．混凝土结构设计原理 [M]．北京：高等教育出版社，2017．

[10] 朱尔玉，刘磊，兰巍，李学民．现代桥梁预应力结构 [M]．北京：清华大学出版社，2012．

[11] 熊学玉．预应力结构原理与设计 [M]．北京：中国建筑工业出版社，2006．

[12] 李国平．预应力混凝土结构设计原理 [M]．北京：人民交通出版社，2013．